高等职业教育公共课程“十三五”规划教材

计算机基础实用教程

崔玉波　主　编
王文祺　张建国　刁立龙　副主编
杜天一　参　编

中国铁道出版社
CHINA RAILWAY PUBLISHING HOUSE

内 容 简 介

本书为高等职业教育公共课程“十三五”规划教材。全书共分 9 章，主要内容包括：计算机基础知识、中文 Windows 7 操作系统、文字处理软件 Word 2010、电子表格处理软件 Excel 2010、演示文稿制作软件 PowerPoint 2010、数据库管理软件 Access 2010、电子邮件管理软件 Outlook 2010、计算机网络基础与 Internet、常用工具软件介绍等。

本书适合作为高等职业院校计算机基础教学用书，也可作为社会各界人士计算机基础学习用书。

图书在版编目（CIP）数据

计算机基础实用教程/崔玉波主编. —北京：
中国铁道出版社，2016.8（2017.8重印）
高等职业教育公共课程“十三五”规划教材
ISBN 978-7-113-21923-9

Ⅰ. ①计… Ⅱ. ①崔… Ⅲ. ①电子计算机—高等职业教育—教材 Ⅳ. ①TP3

中国版本图书馆 CIP 数据核字（2016）第 169854 号

书　　名：计算机基础实用教程
作　　者：崔玉波　主编

策　　划：祁　云　张　铁　　**读者热线：**（010）63550836
责任编辑：祁　云　包　宁
封面设计：付　巍
封面制作：白　雪
责任校对：汤淑梅
责任印制：郭向伟

出版发行：中国铁道出版社（100054，北京市西城区右安门西街 8 号）
网　　址：http:// www.51eds.com
印　　刷：三河市宏盛印务有限公司
版　　次：2016 年 8 月第 1 版　　2017 年 8 月第 2 次印刷
开　　本：787 mm×1 092 mm　1/16　**印张：**20　**字数：**486 千
印　　数：4 001～8 000 册
书　　号：ISBN 978-7-113-21923-9
定　　价：39.80 元

前言

FOREWORD

高等职业教育是以培养高等技术应用人才为根本任务，以适应社会需要为目标，以培养技术应用能力为主线来设计学生的知识、能力、素质结构和培养方案的。其教学目的应充分体现学生毕业即能上岗的根本目标，在教学内容上应以技术的应用和熟练掌握为主，基础理论知识以必需、够用为度。全书始终以提高学生就业竞争力为导向，突出技能能力训练，培养实用型人才为目标，有丰富鲜活的工作实践案例，内容丰富、覆盖面广、详略得当、重点突出。编写时充分考虑了计算机学科发展快的特点，着力反映新知识、新内容，使之具有先进性。内容的选取力图做到具有广泛的代表性，讲解通俗易懂。与本书配套的《计算机基础实用指导与操作》同期出版，丰富的实例训练可以帮助学生更加深入地理解本书的内容，也有利于培养学生的动手能力。

本书是一本能提高学生计算机基础操作技能的实用教材。主要内容包括：计算机基础知识、中文 Windows 7 操作系统、文字处理软件 Word 2010、电子表格处理软件 Excel 2010、演示文稿制作软件 PowerPoint 2010、数据库管理软件 Access 2010、电子邮件管理软件 Outlook 2010、计算机网络基础与 Internet、常用工具软件介绍等。

在内容组织方面，本书以强化运用计算机解决实际问题的能力与技巧为主旨，内容力求新颖、严谨、广泛、实用。通过学习本书，学生能在较短的时间内提高自身计算机应用能力。

本书由崔玉波（哈尔滨铁道职业技术学院）任主编，王文祺（哈尔滨铁道职业技术学院）、张建国（黑龙江省农业科学研究院）、刁立龙（哈尔滨铁道职业技术学院）任副主编。参与编写本书的还有杜天一（哈尔滨铁道职业技术学院）。其中，第 1、3 章由崔玉波编写，第 2 章由刁立龙编写，第 4、8 章由张建国编写，第 5、6 章由王文祺编写，第 7、9 章由杜天一编写。

由于编者水平和经验有限，加之编写时间比较仓促，书中疏漏与不足之处在所难免，恳请读者批评指正。

编　者

2016 年 5 月

目录

CONTENTS

第1章 计算机基础知识

计算机是 20 世纪人类最伟大的发明之一，人类所使用的计算工具随着生产的发展和社会的进步不断演化，从简单到复杂、从低级到高级不断发展。然而，当现有技术还不能满足人类的需要时，新的发明创造总会代替旧的事物。

1.1 计算机的诞生及发展

电子计算机最初是为了计算弹道轨迹而研制的。世界上第一台真正意义上的计算机于 1946 年在美国宾夕法尼亚大学诞生，取名为电子数字积分计算机（Electronic Numerical Integrator And Calculator，ENIAC，埃尼阿克）。

ENIAC 重 30 t，占地面积约 170 m^2，大约使用 18 000 个电子管、1 500 个继电器、7 000 个电阻器，如图 1-1 所示。它有 20 B 的寄存器，每个字长 10 位，采用十进制进行运算，时钟频率是 100 kHz，功率为 150 kW，每秒能完成 5 000 次加法运算或 400 次乘法运算。尽管它是一台庞然大物，但由于它是最早问世的电子多用途计算机，所以是公认的现代计算机的始祖。正是这台原始而粗糙的庞然大物，标志着人类文明的一次飞跃和电子计算机时代的开始。

图 1-1　世界上第一台电子计算机 ENIAC

1.1.1 计算机的发展

计算机从诞生开始经过 70 多年的迅猛发展，已经从早起的专门从事科学与计算的巨型设备，慢慢演化到在单位、学校、机构及家庭中普遍使用的个人计算机甚至今天生活中无处不在的智能手机、智能家居、智能手表等。随着岁月流转，计算机也在不断地成长着。到目前为止，计算机的发展经历了四代，正向第五代过渡。

1. 第一代——电子管计算机

第一代（1946—1953 年）是电子管计算机，它的基本元件是电子管，内存储器采用汞延迟线，外存储器主要采用磁鼓、纸带、卡片、磁带等。由于当时电子技术的限制，运算速度只有每秒几千次至几万次基本运算，内存容量仅几千个字。程序设计处于最低级阶段，主要使用二进制表示的机器语言编程，后阶段采用汇编语言进行程序设计。因此，第一代计算机体积大、耗电量大、速度低、造价高，且使用不便，仅用于一些军事和科研部门的科学计算。

除 ENIAC 外，著名的第一代机还有 EDVAC、EDSAC、UNIVAC 等。第一代商品计算机起源于美国国际商业机器公司（International Business Machine Corporation， IBM）。

EDVAC（Electronic Discrete Variable Automatic Computer，电子离散变量自动计算机）是在 ENIAC 研制过程中，由美籍匈牙利科学家冯·诺依曼（John von Neumann）提出的一种改进计算机，如图 1-2 所示，主要改进有两点：一是为了充分发挥电子元件的高速性能而采用二进制，而 ENIAC 使用的是十进制；二是把指令和数据一起存储起来，让机器能自动地执行程序，而 ENIAC 内部还不能存储程序。

图 1-2 冯·诺依曼设计的名为 EDVAC 的计算机

2. 第二代——晶体管计算机

第二代（1954—1964 年）是晶体管计算机。1948 年，美国贝尔实验室发明了晶体管，10 多年后晶体管取代了计算机中的电子管，诞生了晶体管计算机。晶体管计算机的基本电子元件是晶体管，内存储器大量使用磁性材料研制成的磁芯存储器，外存储器有了磁盘、磁带等，运算速度提高到每秒几十万次基本运算，内存容量扩大到几十万字。同时设计软件技术有了较大发展，出现了 ALGOL 60、FORTRAN、COBOL 等高级程序语言，大大方便了计算机的使用。与第一代电子管计算机相比，晶体管计算机体积小、耗电小、成本低、逻辑功能强，且使用方便、可靠性高。因此，它的应用从军事研究、科学计算扩大到数据处理、工业过程控制等领域，并开始进入商业市场。

典型的第二代机有 UNIVACII、贝尔的 TRADIC（见图 1-3），以及 IBM 的 7090、7094、7044 等。

图 1-3 TRADIC 晶体管计算机

3．第三代——集成电路计算机

第三代（1965—1970 年）是集成电路计算机。随着半导体技术的发展，1958 年夏，美国得州仪器公司制成了第一个半导体集成电路。集成电路是在几平方毫米的范围内集中了几十个乃至上百个电子元件组成的小规模集成电路（Small Scale Integration，SSI）和中规模集成电路（Medium Scale Integration，MSI），磁芯存储器得到进一步发展，并开始采用性能更好的半导体存储器，运算速度提高到每秒几十万次到几百万次基本运算。计算机软件技术进一步发展，操作系统（见图 1-4）正式形成，并出现多种高级程序设计语言，如人机对话的 BASIC 语言等。由于采用了集成电路，因此第三代计算机各方面的性能都有了极大提高：体积缩小、价格降低、功能增强、可靠性大大提高。它广泛应用于科学计算、数据处理、工业控制等方面，进入众多的科学领域。

典型的第三代机有 IBM 360 系列（见图 1-5）、Honeywell 6000 系列、富士通 F230 系列等。

图 1-4 研究人员开发 UNIX 操作系统

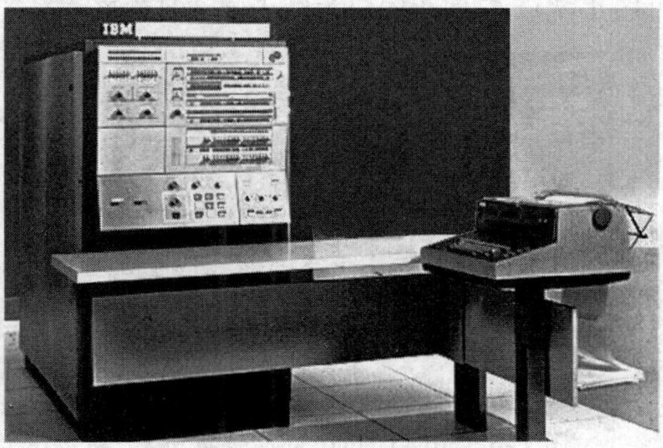

图 1-5 IBM 360 系列计算机

4．第四代——大规模集成电路计算机

第四代（1971 年至今）是大规模集成电路计算机。随着集成了上千甚至上万个电子元件的大规模集成电路（Large Scale Integration，LSI）和超大规模集成电路（Very Large Scale Integration，VLSI）的出现，电子计算机的发展进入了第四代。第四代电子计算机的基本电子元件是大规模集成电路，甚至超大规模集成电路，集成度很高的半导体存储器代替了磁芯存储器，运算速度可达每秒几百万次，甚至上亿次基本运算。计算机软件进一步发展，操作系统等系统软件不断完善，应用软件的开发已逐步成为一个现代产业，计算机的应用已渗透到社会生活的各个领域。

第四代机的主流产品有 IBM 的 4300 系列、3080 系列、3090 系列以及 IBM 9000 系列。

5．新一代计算机

从 20 世纪 80 年代开始，日本、美国以及欧盟都相继开展了新一代计算机的研究。新一代计算机是把信息采集、存储、处理、通信和人工智能结合在一起的计算机系统，它不仅能进行一般信息处理，而且能面向知识处理，具有形式推理、联想、学习和解释能力，能帮助人类开拓未知领域和获取新的知识。新一代计算机的研究领域大体包括人工智能、系统结构、软件工程和支援设备等。新一代计算机的典型研究方向有：根本改变四代计算机依据事先安排的既定程序处理问题的模式，而根据用户提出的问题，自动选择内置在知识库中的规则，通过推理来处理问题的“知识信息处理系统（KIPS）智能计算机”；用简单的数据处理单元模拟人脑的神经元，并利用神经元结点的分布式存储和关联，模拟人脑活动的“神经网络计算机（Neural Network Computer，NNC）”；使用由生物工程技术产生的蛋白质分子为主要原料的生物芯片，使之具有生物体自调节能力、自修复能力以及再生能力，更易于模拟人脑机制的“生物计算机（Biological Computer）”。新一代计算机的系统结构将突破传统的冯·诺依曼机器的结构和概念，实现高度并行处理。但新一代计算机的研究至今仍未有突破性进展。

随着计算机的发展，计算机的生产成本越来越低，体积越来越小，运算速度越来越快，耗电越来越少，存储容量越来越大，可靠性越来越高，软件配置越来越丰富，应用范围越来越广泛。尤其是处于信息技术前沿的超级计算机，已经在相当广泛的领域里体现出其超强的性能威力。超级计算机是通过联合使用大量芯片而创造的，有些超级计算机实质上就是由一大批个人计算机组成的计算机群。近年来较为优秀的超级计算机有 IBM 制造的 16 个机架的 Blue Gene/L 超级计算机（其内部拥有数以千计的处理芯片）它以每秒 70.72 万亿次浮点运算速度成为全球最强大的超级计算机，如图 1-6 所示。我国的超级计算机曙光 4000A 运算能力为 11 万亿次/秒（见图 1-7），它使我国成为继美国、日本之后第三个跨越 10 万亿次计算机研发和应用的国家。

图 1-6　Blue Gene/L 超级计算机

图 1-7　曙光 4000A

1.1.2　微型机的发展

1971 年，Intel 公司成功地在一块芯片上实现了中央处理器（包括控制器和运算器）的功能，制成世界上第一片微处理器（MPU）Intel 4004，并由它组成了第一台微型机 MCS-4，从此揭开了微型机发展的序幕。随后，许多公司竞相研制微处理器，相继推出了 8 位、16 位、32 位和 64 位微处理器。芯片的主频和集成度不断提高，由它们构成的微型机在功能上也不断完善。微型机发展非常迅速，以 2～3 年更换一代的速度更新。如今的微型机在某些方面已经可以和以往的大型机相媲美。

微型机的核心是微处理器，因此微型机的发展历程，从根本上说也就是微处理器的发展历程。

1. 第一代微型机

第一代 4～8 位微型机（1971—1977 年）。1971 年 Intel 公司推出了第一个微处理器芯片 Intel 4004，1974 年 Intel 公司又生产了一种 8 位的微处理器芯片 Intel 8080，另外，还有 Zilog 公司研制的 8 位 Z80 微处理器。

2. 第二代微型机

第二代 16 位微型机（1978—1984 年）。1978 和 1979 年 Intel 公司先后生产出了 16 位 8086 和 8088 微处理器，其内含 29 000 多个晶体管，时钟频率为 4.77 MHz。其后的 Intel 80286 微处理器装配了 286 微机，内含约 13.4 万个晶体管。同期的代表产品还有 Zilog 公司的 Z8000 和 Motorola 公司的 MC68000。

3. 第三代微型机

第三代 32 位微型机（1985—1992 年）。这个时期的主要产品有 Intel 公司的 80386 和 80486 微处理器。其中，80486 微处理器内含 120 万个晶体管，时钟频率已经达到 100 MHz。

4. 第四代微型机

第四代 64 位微型机（1993 年至今）。Intel 公司于 1993 年生产出了 64 位微处理器，正式名称为 Pentium（也称“奔腾”），其内含约 310 万个晶体管。其后 Intel 又相继研制出了 Pentium Ⅱ到 Pentium 4。目前的 Intel core i7 微处理器，拥有六个核心，其时钟频率已达数 GHz。

目前，中国拥有自主知识产权的 CPU 龙芯 3B，主频可达到 1 GHz。可广泛应用于我国开发自己的服务器、路由器，甚至军工产品。据统计，光进口芯片，国外大公司每年就能从中国赚走一百多亿美元，如果“龙芯”可以替代，市场前景不可限量，并且在军事上它的广泛应用也起着至关重要的作用。

1.1.3　计算机的发展趋势

目前，以超大规模集成电路为基础，未来的计算机在朝着巨型化、微型化、网络化、智能化、多媒体化的方向发展。

1. 巨型化

随着科学和技术的不断发展，在一些科技尖端领域，要求计算机有更高的速度、更大的存储容量和更高的可靠性，从而促使计算机向巨型化方向发展。

2. 微型化

随着计算机应用领域的不断扩大，对计算机的要求也越来越高，人们要求计算机体积更小、质量更小、价格更低，能够应用于各种领域，各种场合。为了迎合这种需求，出现了各种笔记本式计算机、膝上型和掌上型计算机等，这些都是在向微型化方向发展。

3. 网络化

网络化指由计算机组成更广泛的网络，以实现资源共享和信息交换。

4. 智能化

智能化指使计算机可具有类似于人类的思维能力，如推理、判断、感觉等。

5. 多媒体化

多媒体技术是 20 世纪 80 年代中后期兴起的一门跨学科的新技术。采用这种技术，可以使计算机具有处理图、文、声、像等多种媒体的能力（即成为多媒体计算机），从而使计算机的功能更加完善，提高计算机的应用能力。当前全世界已形成一股开发应用多媒体技术的热潮。

1.1.4 未来新型计算机的发展趋势

随着计算机的发展，高密度、多功能的集成技术使计算机的散热、冷却等技术问题日益突出，已发展成为阻碍半导体芯片进一步微型化的潜在物理限制因素。在现有的计算机设计模式下，要想进一步缩小计算机的体积和提高运算速度已经极为困难了。另外，芯片尺寸的缩小必然导致生产成本的成倍增加。这些物理及经济方面的制约因素将使现有芯片及设计的发展走向终结，因此，生物、量子计算机等全新概念的计算机应运而生。

1. 超导计算机

1962 年，英国物理学家约瑟夫森提出了“超导隧道效应”，即由超导体-绝缘体-超导体组成的器件（约瑟夫森器件），当对其两端加电压时，电子就像通过隧道一样无阻拦地从绝缘介质中穿过，形成微小的电流，而该器件的两端电压为零。与传统的半导体计算机相比，使用约瑟夫森器件的超导计算机的耗电量仅为其几千分之一，而执行一条指令所需时间却要快上 100 倍。

2. 量子计算机

量子计算机是利用量子力学特有的物理现象（特别是量子干涉）来实现一种全新的信息处理方式，它利用一种链状分子聚合物的特性来表示开与关的状态，利用激光脉冲来改变分子的状态，使信息沿着聚合物移动，从而进行运算。

3. 光子计算机

所谓光子计算机即全光数字计算机，以光子代替电子、光互连代替导线互连、光硬件代替计算机中的电子硬件、光运算代替电运算。光子计算机的各级都能并行处理大量数据，其系统的互连数和每秒的互连数，远远高于电子计算机，接近于人脑。

4. 生物计算机

生物计算机的运算过程就是蛋白质分子与周围物理化学介质的相互作用过程。由酶来充当计算机的转换开关，而程序则在酶合成系统本身和蛋白质的结构中极其明显地表示出来。生物计算机信息存储量大，模拟人脑思维，因此有关专家预言，未来人类将获得智能的解放。

5．神经计算机

神经计算机是模拟人的大脑的判断能力和适应能力，并具有可并行处理多种数据功能的神经网络计算机。它本身可以判断对象的性质和状态，并能采取相应的行动，而且它可以同时并行处理实时变化的大量数据，并引出结论。以往的信息处理系统只能处理条理清晰、经络分明的数据。而人的大脑却具有能处理支离破碎、含糊不清信息的灵活性，神经计算机具有类似人脑的智慧和灵活性。

6．纳米计算机

“纳米”是一个计量单位，1 纳米（nm）等于 10^{-9} 米（m）。纳米技术是从 20 世纪 80 年代初期迅速发展起来的新的前沿科技领域，现在纳米技术正从 MEMS（Micro-Electro-Mechanical Systems，微电子机械系统）起步，把传感器、电动机和各种处理器都放在一个硅芯片上构成一个系统。应用纳米技术研制的计算机内存芯片，其体积不超过百个原子大小，纳米计算机不仅几乎不需要耗费任何能源，而且性能要比现在的计算机强大许多倍。

1.2　计算机的分类、特点及应用

1.2.1　计算机的分类

随着计算机技术的不断更新，尤其是微处理器的迅猛发展，计算机的类型越来越多样化。根据应用特点和使用范围，计算机可分为两大类，即专用计算机和通用计算机。专用计算机是针对某一特定应用领域或面向某种算法而研制的计算机，如工业控制机、卫星图像处理用的大型并行处理机等。其特点是：它的系统结构及专用软件对于所指定的应用领域是高效的，若用于其他领域则效率较低。通用计算机是面向多种应用领域和算法的计算机。其特点是：通用性强，具有很强的综合处理能力，它的系统结构和计算机的软件能够解决各种类型的问题，可以满足多种用户需求。

通用计算机根据其运算速度、字长、存储容量和软件配置等多方面的综合性能指标，大体可以分为五类：巨型机、大型机、小型机、微型机、工作站。

1．巨型机（Supercomputer）

巨型机又称超级计算机，是指目前性能最高、功能最强、数值计算速度和数据信息处理速度最快、造价最昂贵的计算机。巨型机的结构是将许多微处理器以并行架构的方式组合在一起，运算速度每秒可达万亿次、主存容量高达几十吉字节、字长可达 64 位，而且具有丰富高效的系统软件。主要应用领域是处理超标量的资料，如军事、气象、地质勘探等尖端科技领域。我国研制成功的“银河系列机”（见图 1-8）、“曙光系列机”和“深腾系列”等就属于这类计算机。

2．大型机（Mainframe）

大型机比巨型机的性能指标略低。运算速度在每秒几百万次到几亿次。字长 32～64 位，主存容量在几百兆字节左右。它有丰富的外围设备和通信接口，主要用于计算中心和计算机网络中（见图 1-9）。大型机强调的重点在于多个用户使用，用来处理日常大量繁忙的业务，如科学计算、数据处理、网络服务器和大型商业管理等。如 IBM 4300、ES 9000、VAX 8800 等都是大型机的代表产品。

图 1-8 银河巨型机（中国）

图 1-9 大型机

3. 小型机（Minicomputer）

小型机规模小、价格便宜、结构简单、设计研制周期短、易于操作、便于维护和推广。小型机是应用领域十分广泛的计算机。小型机在存储容量和软件系统的完善方面有一定优势，多作为某一部门的核心机。也可以用作大型机、巨型机的辅助机，用于企业管理以及大学和研究机构的科学计算等，如图 1-10 所示。IBM AS/400、富士通的 K 系列机等都是小型机。

4. 微型机（Microcomputer）

微型机又称个人计算机，简称微机，俗称电脑，如图 1-11 所示，是大规模集成电路的产物。微型机以微处理器为核心，再配上存储器、接口电路等芯片组成。微型机以体积小、质量小、功耗小、功能全、价格低廉、操作方便、适应性强等优点迅速占领了世界计算机市场，是应用领域最广泛的一种计算机，也是近年来各类计算机中发展最快、人们最感兴趣的计算机，成为现代社会不可缺少的重要工具。

图 1-10 小型机

图 1-11 微型机（个人计算机）

5. 工作站（Workstation）

工作站是一种新型的计算机系统。它出现在 20 世纪 70 年代后期，是介于小型机和微型机之间的高档微型机。一般来说，高档微型机也可称为工作站。工作站的特点是易于联网、有较大容量内存和大屏幕显示器、有较强的网络通信功能，特别适合于计算辅助工程，如 CAD、图像处理、三维动画等这些都是工作站的应用领域。工作站的代表机型有 SGI、Sun 等。

1.2.2 计算机的特点

计算机能够按照程序引导指定的步骤，对输入的数据进行加工处理、存储或传送，以获得期望的输出信息，从而利用这些信息来提高工作效率和社会生产率以及改善人们的生活质量。

计算机之所以能够应用于各个领域，因为它具有以下基本特点。

1．运算速度快

计算机采用了高速电子器件和线路，并利用先进的计算技术，使它可以有很高的运算速度。运算速度是指计算机能执行多少百万条指令每秒，常用单位是 MIPS。例如，主频为 3.2 GHz 的 Pentium 微型机的运算速度为 32 亿次每秒，即 3 200 MIPS。一般的计算机运算速度可达几百万次到几十亿次每秒，现在有些高档计算机的运算速度甚至可达几百亿次至十几太次每秒。

2．计算精度高

由于计算机是根据事先编好的程序自动、连续地工作的，故可以避免人工计算可能因疲劳、粗心而产生的各种错误。例如，圆周率 π 的计算，历代科学家采用人工计算只能算出小数点后 500 位。1981 年日本人曾利用计算机算到小数点后 200 万位，而目前已计算到小数点后上亿位。

3．存储功能强

计算机中拥有容量很大的存储设备，不仅可以存储所需的数据信息，还可以存储指挥计算机工作的程序，同时可以保存大量的文字、图像、声音等信息资料。

4．具有逻辑判断功能

计算机的逻辑判断能力是实现计算机自动化和具备人工智能的基础，是计算机基本的，也是重要的功能。

5．自动化程度高

计算机是自动化电子装置，在工作中无须人工参与，能自动执行存放在存储器中的程序。人们事先编好程序后，向计算机发出指令，计算机即可帮助人们完成那些枯燥乏味的重复性工作。

1.2.3　计算机的应用

目前计算机的应用极其广泛，它正以卓越的性能和强大的生命力遍及人类社会生活各个领域，产生了巨大的经济效益和社会影响。根据计算机的应用特点，概括起来可以归纳为以下几个方面。

1．科学计算

利用计算机解决科学研究和工程设计等方面的数学计算问题，称为科学计算，或称为数值计算。在工程设计中，利用计算机进行数值方法求解或者进行工程制图，一般称为科学和工程计算。它的特点是计算量比较大，逻辑关系相对简单，利用计算机的高速性、存储容量大、连续运算的能力，可以实现人工无法实现的各种科学计算问题。科学和工程计算是计算机的重要应用领域之一。

2．实时控制

实时控制是指用计算机及时地采集、检测被控对象运行情况的数据，通过计算机的分析处理后，按照某种最佳的控制规律发出控制信号，控制对象过程的进行。这一过程中，一般会对计算机的可靠性、封闭性、抗干扰性等指标提出要求。实时控制在机械、冶金、石油化工、电力、建筑和轻工业等各个领域都得到了广泛应用，在卫星、导弹发射等国防尖端科学技术领域，计算机的实时控制更显现了其重要性。

3．数据处理与信息加工

数据处理是指将大量信息进行存储、加工、分类、统计和查询等操作，从而转化为计算机存储信号的信息集合，具体指数值、声音、文字、图形、图像等。利用计算机可以对大量的数据进行加工、分析、处理，从而实现办公自动化。如企业管理、财务会计、统计分析、仓库管理、银行储蓄系统的存款、取款和计息、商品销售管理、学生管理系统等。

4. 计算机辅助系统

计算机辅助设计是计算机的另一个重要领域，包括计算机辅助设计（CAD）、计算机辅助制造（CAM）、计算机辅助教学（CAI）和计算机辅助测试（CAT）等。

计算机辅助设计是指利用计算机帮助设计人员进行设计，广泛应用于船舶、飞机、建筑工程，大规模集成电路等设计工作中，使得设计工作实现自动化或半自动化。

计算机辅助制造是指利用计算机辅助生产设备的管理、控制和操作过程。例如，用计算机控制机器的运行，控制和处理材料的流动，对产品进行产品测试和检验等。

计算机辅助教学是指利用计算机辅助教师进行教学。使教学内容多样化、形象化，便于因材施教。例如，各种教学软件、试题库和专家系统等。

计算机辅助测试是指利用计算机进行测试。利用计算机可以自动测试集成电路的各种参数、逻辑关系等，并且可以实现产品的分类和筛选。

5. 人工智能

人工智能是指计算机具有像人一样的推理和学习能力，能够积累工作经验，具有较强的分析问题和解决问题的能力，这样的计算机具有了人的大脑功能。人工智能的表现形式多种多样。如利用计算机可以进行数学定理的证明、进行逻辑推理、实现人机对弈、医疗诊断、自动翻译、密码破译等。

6. 网络应用

计算机网络是计算机技术和通信技术互相渗透、不断发展的产物，是计算机应用的一个重要方面。目前应用最多的就是因特网（Internet），各种计算机网络，包括局域网和广域网的形成，无疑将加速社会信息化的进程。它包括电子邮件、电子数据交换、电子转账、快速响应系统、电子表单和信用卡交易等电子商务的一系列应用。

7. 生活、工作

现在，计算机已进入千家万户，延伸到人们的生活、工作、学习等各个方面。如办公自动化（OA）是指以计算机或数据处理系统来处理人们日常例行的各种事务，应具有完善的文字和表格处理功能。包括：起草各种文稿，收集、加工和输出各种资料信息等。办公自动化设备除计算机外，一般还包括复印机、传真机和通信设备等。

事实上，计算机的应用远远不止这些，由于计算机具有高速、自动的处理能力，具有存储大量信息的能力，还具有很强的推理和判断功能，因此，计算机已经被广泛应用于各个领域，几乎遍及社会的各个方面，并且仍然呈上升和扩展趋势。

1.3 计算机系统

1.3.1 计算机系统的组成

计算机系统由两部分组成，即计算机的硬件系统和软件系统。硬件（Hardware）是指组成计算机的所有“看得见、摸得着”的装置，如 CPU 芯片、键盘、硬盘驱动器、U 盘、显示器、打印机等，均是由电子元件组成的。

一个完整的计算机系统组成可以用图 1-12 描述。

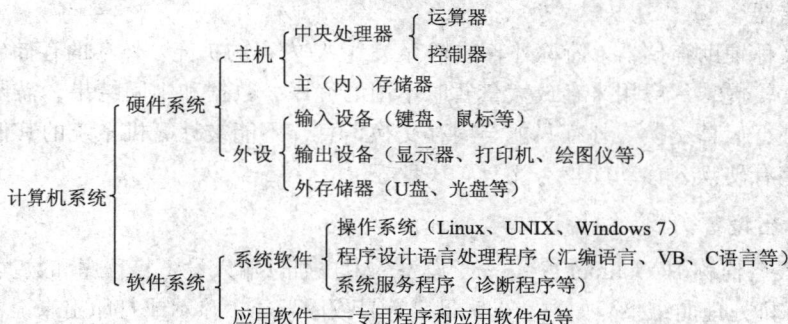

- 计算机系统
  - 硬件系统
    - 主机
      - 中央处理器
        - 运算器
        - 控制器
      - 主（内）存储器
    - 外设
      - 输入设备（键盘、鼠标等）
      - 输出设备（显示器、打印机、绘图仪等）
      - 外存储器（U盘、光盘等）
  - 软件系统
    - 系统软件
      - 操作系统（Linux、UNIX、Windows 7）
      - 程序设计语言处理程序（汇编语言、VB、C语言等）
      - 系统服务程序（诊断程序等）
    - 应用软件——专用程序和应用软件包等

图 1-12　计算机系统的基本组成

1.3.2　计算机的硬件系统

计算机的硬件一般由运算器、控制器、存储器、输入设备和输出设备五大部分组成。这些设备通过系统总线完成指令的传递，当计算机在接收指令后，由控制器指挥，将数据从输入设备传送到存储器存放，再由控制器将需要参加运算的数据传送到运算器，由运算器进行处理，处理后的结果由输出设备输出。

1. 运算器

运算器又称算术逻辑单元（Arithmetic Logic Unit，ALU），是计算机对数据进行加工处理的部件，它的主要功能是对二进制数码进行加、减、乘、除等算术运算和与、或、非等基本逻辑运算，实现逻辑判断。运算器在控制器的控制下实现其功能，运算结果由控制器送到内存储器中。

2. 控制器

控制器主要由指令寄存器、译码器、程序计数器和操作控制器等组成。控制器用来控制计算机各部件协调工作，并使整个处理过程有条不紊地进行。它的基本功能就是从内存中取指令和执行指令，即控制器按程序计数器指出的指令地址从内存中取出该指令进行译码，然后根据该指令功能向有关部件发出控制命令，执行该指令。另外，控制器在工作过程中，还要接收各部件反馈回来的信息。

3. 存储器

存储器具有记忆功能，用来保存信息，如数据、指令和运算结果等。存储器可分为两种：内存储器与外存储器。

（1）内存储器

内存储器又称主存储器（简称内存或主存），主要用于存放计算机运行期间所需要的程序和数据。用户通过输入设备输入的程序和数据首先要被送入内存，运算器处理的数据和控制器执行的指令都来自内存，运算的中间结果和最终结果也保存在内存中，输出设备输出的信息也来自内存。内存的存取速度较快，容量相对较小。因内存具有存储信息和与其他主要部件交流信息的功能，故内存的大小及其性能的优劣直接影响计算机的运行速度。

存储器的存储容量以字节为基本单位，每个字节都有自己的编号，称为“地址”，如果要访问存储器中的某个信息，就必须知道它的地址，然后再按地址存入或取出信息。

（2）外存储器

外存储器又称辅助存储器（简称外存或辅存），它是内存的扩充。外存的存储容量大、价格低，但存储速度较慢，一般用来存放大量暂时不用的程序、数据和中间结果，需要时，可成批地与内存储器进行信息交换。外存只能与内存交换信息，不能被计算机系统的其他部件直接访问。常用的外存有硬盘、移动硬盘、光盘、U 盘等。

4. 输入/输出设备

输入/输出设备简称 I/O（Input / Output）设备。用户通过输入设备将程序和数据输入计算机，输出设备将计算机处理的结果（如数字、字母、符号或图形等）显示或打印出来。常用的输入设备有键盘、鼠标、扫描仪、数字化仪等，常用的输出设备有显示器、打印机、绘图仪等。

人们通常把内存储器、运算器和控制器合称为计算机主机。而把运算器、控制器制作在一个大规模集成电路块中，称为中央处理器，又称 CPU（Central Processing Unit）。也可以说，主机是由 CPU 和内存储器组成的，而主机以外的装置称为外围设备，外围设备包括输入/输出设备、外存储器等。

1.3.3 计算机软件系统

计算机软件是指在硬件设备上运行的各种程序及其相关的资料。程序是用于指挥计算机执行各种动作以便完成指定任务的指令序列。

计算机软件系统由系统软件和应用软件两大部分组成。系统软件是为管理、监控和维护计算机资源所设计的软件，包括操作系统、数据库管理系统、语言处理程序、实用程序等。应用软件是为解决各种实际问题而专门研制的软件，例如，文字处理软件、会计账务处理软件、工资管理软件、人事档案管理软件、仓库管理软件等。

1. 系统软件

操作系统（Operating System，OS）是电子计算机系统中负责支撑应用程序运行环境以及用户操作环境的系统软件，同时也是计算机系统的核心与基石。用户通过操作系统使用计算机，其他软件则在操作系统提供的平台上运行。离开了操作系统，计算机便无法工作。DOS、Windows XP/7/8/10、Linux、Mac OS X 等都是操作系统。

2. 应用软件

应用软件是用户利用计算机及其提供的系统软件为解决各种实际问题而编制的计算机程序，是指除了系统软件以外的所有软件，由各种应用软件包和面向问题的各种应用程序组成。由于计算机已渗透到人们生活的各个领域，因此，应用软件是多种多样的。

应用软件主要是为用户提供在各个具体领域中的辅助功能，它也是绝大多数用户学习、使用计算机时最感兴趣的内容。如计算机辅助绘图软件 AutoCAD 、办公软件 Microsoft Office、图形图像处理软件 Photoshop、网络下载软件 Thunder（迅雷）等。

1.3.4 计算机语言

计算机的一个显著特点，就是只能执行预先由程序安排的事情。因此，人们要利用计算机来解决问题，就必须采用计算机语言来编制程序。编制程序的过程称为程序设计。计算机语言又称为程序设计语言。计算机语言通常分为机器语言、汇编语言和高级语言三类。其中，机器语言和汇编语言又称为低级语言。

1. 机器语言

机器语言（Machine Language）是一种用二进制代码，以0和1表示的、能被计算机直接识别和执行的语言。用机器语言编写的程序，称为计算机机器语言程序。它是一种低级语言，用机器语言编写的程序不便于记忆、阅读和书写。通常不用机器语言直接编写程序。

2. 汇编语言

汇编语言（Assemble Language）是一种用助记符表示的面向机器的程序设计语言。汇编语言的每条指令对应一条机器语言代码，不同类型的计算机系统一般有不同的汇编语言。用汇编语言编制的程序称为汇编语言程序，机器不能直接识别和执行，必须由"汇编程序"（或汇编系统）翻译成机器语言程序才能运行。这种"汇编程序"就是汇编语言的翻译程序。汇编语言适用于编写直接控制机器操作的低层程序，它与机器密切相关，不容易使用。

3. 高级语言

高级语言（High Level Language）是一种比较接近自然语言和数学表达式的一种计算机程序设计语言。用高级语言编写的程序一般称为"源程序"，计算机不能识别和执行。要把用高级语言编写的源程序翻译成机器指令，通常有编译和解释两种方式。

编译是将源程序整个编译成目标程序，然后通过连接程序将目标程序连接成可执行程序。

解释是将源程序逐句翻译，翻译一句执行一句，边翻译边执行，不产生目标程序，由计算机执行解释程序自动完成。如BASIC语言和C语言。

常用的高级语言有如下几种：

BASIC：该语言是一种简单易学的计算机高级语言。尤其是Visual Basic 语言，具有很强的可视化设计功能。这给用户在Windows 环境下开发软件带来了方便，是重要的多媒体编程工具语言。

C++：该语言是在C语言基础上发展起来的。C++保留了结构化语言C的特征，同时融合了面向对象的能力，是一种有广泛发展前景的语言。

Java：该语言是近几年发展起来的一种新型的高级语言。它简单、安全、可移植性强。适用于网络环境的编程，多用于交互式多媒体应用。

4. 其他高级语言

通常把数据库系统语言称为其他高级语言，它是比高级语言更贴近用户的语言。

数据库管理系统（Database Management System, DBMS）的作用是管理数据库。数据库管理系统是有效地进行数据存储、共享和处理的工具。目前，计算机系统常用的单机数据库管理系统有Access、Visual FoxPro等，适合于网络环境的大型数据库管理系统有Sybase、Oracle、SQL Server 等。其中，Oracle是目前较流行的一种数据管理系统，其特点是可移植性好，适用范围广，可在各大、中、小计算机的各种操作系统环境下使用。Sybase适用于微型机网络环境，是一种分布式数据库管理系统。

现代数据库管理系统主要用于档案管理、财务管理、图书资料管理、仓库管理和人事管理等。

1.3.5 常用数量单位

计算机中的信息单位都基于二进制，常用的信息单位有以下几种：

① 位，又称比特，记为 bit，位是计算机中最小的数据单位，计算机中最直接、最基本的操作就是对二进制位的操作，如 32 位操作系统，64 位 CPU。

② 字节，记为 Byte 或 B，是计算机中信息的基本单位，如硬盘大小为 1 TB，每个字节表示 8 个二进制位。

下面是计算机中常用的换算关系：

8 bit = 1 B	字节
1024 B = 1 KB（KiloByte）	千字节
1024 KB = 1 MB（MegaByte）	兆字节
1024 MB = 1 GB（GigaByte）	吉字节
1024 GB = 1 TB（TeraByte）	太字节
1024 TB = 1 PB（PetaByte）	拍字节
1024 PB = 1 EB（ExaByte）	艾字节
1024 EB = 1 ZB（ZetaByte）	皆字节
1024 ZB = 1 YB（YottaByte）	佑字节
1024 YB = 1 NB（NonaByte）	诺字节
1024 NB = 1 DB（DoggaByte）	刀字节

数据存储单位的形象表示：

一段话：100 B

一篇作文：1 KB

一页书籍：10 KB

一张低分辨率照片：100 KB

一部小说：1 MB

一次胸透视：10 MB

两章百科全书：100 MB

一张 CD 光盘：700 MB

一部高清电影：1 GB

一卷大型数字磁带：100 GB

五万棵树制成的纸：1 TB

一套大型存储系统：50 TB

NASA EOS 对地观测系统三年数据：1 PB

全人类说过的所有的话：5 EB

全世界海滩上的沙子数量总和：1 ZB

③ 字长，是指计算机能直接处理的二进制信息的位数，是计算机的一个重要指标。字长是由 CPU 内部的寄存器、加法器和数据总线的位数决定的。它的大小直接关系到计算机的计算精度以及寻址能力，字长越长，精度越高，速度越快，存放数据的存储单元越多，寻址能力越强，价格也越高。当前计算机的字长有 16 位、32 位和 64 位。例如，Intel 生产的 80286 为 16 位，80386 和 80486 为 32 位，酷睿为 64 位 CPU。

④ 时钟频率，又称主频，它是指 CPU 在单位时间（1 s）所发出的脉冲数，单位为兆赫[兹]（MHz）。它在很大程度上决定了计算机的运算速度，各种微处理器的时钟频率不同，时钟频率越高，运算速度就越快。它是反映计算机速度的一个重要的间接指标。

⑤“字”（Word），在计算机中，一串数码是作为一个整体来处理或运算的，称为一个计算机字，简称字。字通常分为若干个字节（每个字节一般是 8 位）。在存储器中，通常每个单元存储一个字，因此每个字都是可以寻址的。字的长度用位数来表示。在计算机的运算器、控制器中，通常都是以字为单位进行传送的。字出现在不同的地址，其含义是不相同。例如，送往控制器的字是指令，而送往运算器的字就是一个数。

1.4　数制的概念

数据是人类能够识别或计算机能够处理的符号，是对客观事物的具体表示。信息是人们用以对客观世界直接进行描述、可以在人们之间进行传递的一些知识或事实。数据是信息在计算机内部的表现形式，计算机的最主要功能便是处理信息。使用计算机处理信息时，首先必须要使计算机能够识别信息。

信息的表示有两种形态：一种是人类可识别、理解的信息形态；另一种是计算机能够理解和识别的信息形态。在日常生活中，最常使用的是十进制数。十进制是一种进位计数制，在进位计数制中，采用的计数符号称为数码（如十进制的 0～9），全部数码的个数称为基数（十进制的基数是 10），不同的位置有各自的位权（如十进制数个位的位权是 10^0，十位的位权是 10^1）。在计算机中，信息的表示与处理都采用二进制数，这是因为二进制数只有两个数码“0”和“1”，用电路开关的状态、电压的高低、脉冲的有无等状态非常容易表示，而且二进制数的运算法则简单，容易用电路实现。由于二进制数的书写、阅读和记忆都不方便，因此人们又采用八进制和十六进制，既便于书写、阅读和记忆，又可方便地与二进制转换。在表示非十进制数时，通常用小括号将其括起来，数制则以下标形式注在括号外，如$(1011)_2$、$(135)_8$和$(2C7)_{16}$。

进位计数制逢 N 进一，N 是指进位计数制表示一位数所需要的符号数目，称为基数。处在不同位置上的数字所代表的值是确定的，这个固定位上的值称为位权，简称“权”。各进位制中位权的值恰巧是基数的若干次幂。因此，任何一种数制表示的数都可以写成按权展开的多项式之和。

设一个基数为 r 的数值 N，$N=(d_{n-1}d_{n-2}\cdots d_1d_0.d_{-1}\cdots d_{-m})$,则 N 的展开为

$$N= d_{n-1}\times r^{n-1}+d_{n-2}\times r^{n-2}+d_1\times r^1+d_0\times r^0+d_{-1}\times r^{-1}+\cdots+d_{-m}\times r^{-m}$$

1.4.1　十进制

人们在日常生活中习惯使用十进制记数，十进制数的特点是用 0～9 十个数字的多位组合代表不同的数，以 10 为基数。运算规律是“逢十进一”。

观察十进制数 231.43，这个数可写成如下形式：

$$231.43 = 2\times 10^2+3\times 10^1 + 1\times 10^0 + 4\times 10^{-1} + 3\times 10^{-2}$$

在十进制数中，0～9 这十个数字的值取决于在一个数中的位置。例如 231.43 这个数中的 3，在整数部分的值是 3×10^1，而在小数部分的值是 3×10^{-2}。而且，每个位置都有固定的值，即个位为 10^0，十位为 10^1，百位为 10^2，依此类推；小数点后第一位为 10^{-1}，第二位 10^{-2}，依此类推。通常将每个位置上的固定的值称为位权。对十进制数来说，位权是以 10 为基数的幂。上面的等式就是按权展开的形式。

1.4.2 二进制

二进制数是用 0 和 1 两个数字的多位组合代表不同的数，以 2 为基数，运算规律是“逢二进一”。二进制数的位权是以 2 为基数的幂。

下面比较二进制数与十进制数的对应关系，如表 1-1 所示。

表 1-1 二进制与十进制的对应关系

十进制数	0	1	2	3	4	5	6	……
二进制数	0	1	10	11	100	101	110	……

从表 1-1 可以看到，如果一个 3 位的十进制数，用二进制数表示，则位数比较长，显然不易使用。为了更方便地表示二进制数，引入八进制数和十六进制数，因为二进制数非常容易转换成八进制数和十六进制数。

1.4.3 八进制

八进制数是用 0～7 八个数字的多位组合代表不同的数，以 8 为基数，运算规律是“逢八进一”。八进制数的位权是以 8 为基数的幂。例如：

$$(1234.5)_8 = 1\times8^3+2\times8^2+3\times8^1+4\times8^0+5\times8^{-1} = 668.625$$

1.4.4 十六进制

十六进制数是用 0～9 以及 A、B、C、D、E、F 共 16 个数字的多位组合代表不同的数，以 16 为基数，运算规律是“逢十六进一”。其中，A～F（或 a～f）分别表示十进制数中的 10～15。十六进制数的位权是以 16 为基数的幂。

为区分这几种进制数，规定在数的后面加 D 表示十进制数，加字母 B 表示二进制数，加字母 O 表示八进制数，加字母 H 表示十六进制数，十进制数可省略不加。例如，11D 或 11 都表示是十进制数，11B 表示二进制数，11O 表示八进制数，11H 表示十六进制数，也可用基数作下标表示，如$(10)_{10}$表示十进制数，$(10)_2$表示二进制数，$(10)_8$表示八进制数，$(10)_{16}$表示十六进制数。

1.4.5 数制间的相互转换

各数制间的相关转换可参考表 1-2。

表 1-2 各数制间的相互转换

二进制	八进制	十进制	十六进制
0000	0	0	0
0001	1	1	1
0010	2	2	2
0011	3	3	3
0100	4	4	4
0101	5	5	5
0110	6	6	6
0111	7	7	7

续表

二 进 制	八 进 制	十 进 制	十 六 进 制
1000	10	8	8
1001	11	9	9
1010	12	10	A
1011	13	11	B
1100	14	12	C
1101	15	13	D
1110	16	14	E
1111	17	15	F

（1）二、八、十六进制转换为十进制

转换方法：把要转换的数按位权展开，然后进行相加计算。

例如：$(10101.101)_2$、$(2345.6)_8$和$(2EF.8)_{16}$转换成十进制数。

$$(10101.101)_2 = 1\times2^4 + 0\times2^3 + 1\times2^2 + 0\times2^1 + 1\times2^0 + 1\times2^{-1} + 0\times2^{-2} + 1\times2^{-3}$$
$$= 21.625$$
$$(2345.6)_8 = 2\times8^3 + 3\times8^2 + 4\times8^1 + 5\times8^0 + 6\times8^{-1}$$
$$= 1253.75$$
$$(2EF.8)_{16} = 2\times16^2 + 14\times16^1 + 15\times16^0 + 8\times16^{-1}$$
$$= 751.5$$

（2）十进制转换为二、八、十六进制

转换分两步：整数部分用 2（或 8、16）一次次地去除，直到商为 0 为止，将得到的余数按出现的逆顺序写出；小数部分用 2（或 8、16）一次次地去乘，直到小数部分为 0 或达到有效的位数为止，将得到的整数按出现的顺序写出。

例如：将 13.6875 转换为二进制数。

整数部分（13）：

$13 \div 2 = 6$ ……1
$6 \div 2 = 3$ ……0
$3 \div 2 = 1$ ……1
$1 \div 2 = 0$ ……1

$13 = (1101)_2$

小数部分（0.6875）：

$0.6875\times2 = \underline{1}.375$
$0.375\times2 = \underline{0}.75$
$0.75\times2 = \underline{1}.5$
$0.5\times2 = \underline{1}.0$

$0.6875 = (0.1011)_2$

即 $13.6875 = (1101.1011)_2$。

或另外一种书写形式也可。

例如：将十进制数 39 转化为二进制数。

2 | 39
2 | 19 ……1
2 | 9 ……1
2 | 4 ……1
2 | 2 ……0
2 | 1 ……0
0 ……1
（箭头由下向上）

$(39)_{10}=(100111)_2$

例如：把 654.3 转换为八进制数，小数部分精确到 4 位。

整数部分（654）：

$654 \div 8 = 81 \quad \cdots\cdots 6$

$81 \div 8 = 10 \quad \cdots\cdots 1$

$10 \div 8 = 1 \quad \cdots\cdots 2$

$1 \div 8 = 0 \quad \cdots\cdots 1$

$654 =(1216)_8$

小数部分（0.3）：

$0.3\times8 = \underline{2}.4$

$0.4\times8 = \underline{3}.2$

$0.2\times8 = \underline{1}.6$

$0.6\times8 = \underline{4}.8$

$0.3 \approx (0.2314)_8$

即 654.3 $\approx (1216.2314)_8$。

例如：把 6699.7 转换为十六进制数，小数部分精确到 4 位。

整数部分（6699）：

$6699 \div 16 = 418 \quad \cdots\cdots 11$（B）

$418 \div 16 = 26 \quad \cdots\cdots 2$

$26 \div 16 = 1 \quad \cdots\cdots 10$（A）

$1 \div 16 = 0 \quad \cdots\cdots 1$

$6699 =(1A2B)_{16}$

小数部分（0.7）：

$0.7\times16 = \underline{11}.2$（B）

$0.2\times16 = \underline{3}.2$

$0.2\times16 = \underline{3}.2$

$0.2\times16 = \underline{3}.2$

$0.7 \approx (0.B333)_{16}$

即 6699.7 $\approx (1A2B.B333)_{16}$。

（3）二进制转换为八、十六进制

因为 $2^3=8$、$2^4=16$，所以 3 位二进制数相当于 1 位八进制数，4 位二进制数相当于 1 位十六进制数。二进制转换为八、十六进制时，以小数点为中心分别向两边按 3 位或 4 位分组，最后一组不足 3 位或 4 位时，用 0 补足，然后，把每 3 位或 4 位二进制数转换为八进制数或十六进制数。

例如：把 $(1010101010.1010101)_2$ 转换为八进制数和十六进制数。

001 010 101 010 . 101 010 100

1 2 5 2 . 5 2 4

即 $(1010101010.1010101)_2=(1252.524)_8$。

0010 1010 1010 . 1010 1010

2 A A . A A

即 $(1010101010.1010101)_2=(2AA.AA)_{16}$。

（4）八、十六进制转换为二进制

这个过程是上述（3）的逆过程，1 位八进制数相当于 3 位二进制数，1 位十六进制数相当于 4 位二进制数。

例如：把 $(1357.246)_8$ 和 $(147.9BD)_{16}$ 转换为二进制数。

1 3 5 7 . 2 4 6

001 011 101 111 . 010 100 110

即 $(1357.246)_8=(1011101111.01010011)_2$

1 4 7 . 9 B D

0001 0100 0111 . 1001 1011 1101

即 $(147.9BD)_{16}=(101000111.100110111101)_2$

例如：把十六进制数 7CE 转换为二进制数。

7　　　C　　　E

0111　1100　1110

即 $(7CE)_{16}=(11111001110)_2=(1998)_{10}$

1.4.6　计算机中的码制

1．BCD 码

BCD 码（十进制数的二进制编码）是一种具有十进制权的二进制编码，它是一种既能被计算机所接受，又基本上符合人们的十进制数运算习惯的二进制编码。每位十进制数用 4 位二进制数码表示，其码位的权值自左向右依次是 8、4、2、1，因此又称为 8421 码。值得注意的是，4 位二进制数有 16 种状态。但 BCD 码只选用 0000～1001 来表示 0～9 十个数码。例如，846 的 BCD 码为 1000 0100 0110。

BCD 码的种类较多，常用的有 8421 码、2421 码、余 3 码和格雷码等，其中最为常用的是 8421 BCD 编码。因十进制数有 10 个不同的数码 0～9，必须要由 4 位二进制数来表示，而 4 位二进制数可以有 16 种状态，因此取 4 位二进制数顺序编码的前 10 种，即 0000B～1001B 为 8421 码的基本代码，1010B～1111B 未被使用，称为非法码或冗余码。8421 BCD 编码表如表 1-3 所示。

表 1-3　8421 BCD 编码表

十进制数	8421 码	十进制数	8421 码
0	0000B	8	1000B
1	0001B	9	1001B
2	0010B	10	00010000B
3	0011B	11	00010001B
4	0100B	12	00010010B
5	0101B	13	00010011B
6	0110B	14	00010100B
7	0111B	15	00010101B

2．ASCII 码

我们已经知道，计算机只能以二进制的形式来处理各种信息。对于数值数据，可以方便地将它们转换成二进制数，以便计算机处理。但是对于字母和符号等非数值数据，在计算机中也必须用二进制来表示，那么该如何表示呢？

可以将需要表示的字母（或符号）用一组顺序的二进制数代表，也就是对字母（或符号）进行编码。例如，要表示红绿蓝白 4 种颜色，可以用 2 位二进制代码来表示：规定 00 为红色、01 为绿色、10 为蓝色、11 为白色。不难知道，N 位二进制代码可以对 2^N 种字母（或符号）进行编码，而且这个编码可以人为规定。

目前，国际通用、使用最广泛的字符有：数字（0～9）、字母（大小写 52 个）、符号（34 个）及其他控制字符（32 个）共 128 个符号。为表示这些符号可采用 7 位二进制代码（$2^7=128$）进行编码。美国标准信息交换码（American Standard Code for Information Interchange，ASCII）就是其中的一种编码。ASCII 码诞生于 1963 年，是一种比较完整的字符编码，现已成为国际通用的标准编码，已广泛用于微型计算机与外设的通信。用 ASCII 码表示的字符称为 ASCII 码字符。由于计算机内存是以 8 位（1 字节）二进制数作为基本存储单位的，因此 ASCII 码除 7 位代码外，其最高位规定为 0。ASCII 码已被国际标准化组织（ISO）和国际电报电话咨询委员会（CCITT）采纳为国际标准代码。

它是用 7 位二进制数码来表示的，7 位二进制数码共有 128 种组合状态，包括图形字符 96 个和控制字符 32 个。96 个图形字符包括十进制数字符 10 个、大小写英文字母 52 个和其他字符 34 个，这类字符有特定形状，可以显示在显示器上或打印在纸上。32 个控制字符包括回车符、换行符、退格符、设备控制符和信息分隔符等，这类字符没有特定形状，字符本身不能在显示器上显示或在打印机上打印。在 ASCII 代码表中，大写字母 A 的 ASCII 码为 01000001，符号@的 ASCII 码为 01000000。需要指出的是：ASCII 码与二进制值是有区别的。例如，十进制数 5 的二进制数（用 8 位）为 00000101，它表示数的大小，可以进行数值运算；而字符“5”的 ASCII 码为 0110101，它仅表示一个符号而已，不能参与数值运算。

3. 国标码

由于汉字的内码没有统一的标准，因此在不同的计算机系统使用汉字的内码来交换汉字信息可能导致失败。为便于各计算机系统之间能够准确无误地交换汉字信息，必须规定一种专门用于汉字信息交换的统一编码，这种编码称为汉字的交换码。我国已经制定了《信息交换用汉字编码字符集　基本集》，标准编号为 GB 2312—1980，这种编码称为国标码。该标准收录了 6 763 个常用汉字，以及英、俄、日文字母与其符号 682 个，共有 7 445 个符号。任何汉字编码都必须包括该标准规定的这些汉字。

此外，GBK 码是新的国标码，是扩展的汉字国家标准，该标准简称为 GBK 国标。GBK 码除了包含 GB 2312—1980 中的码外，还收录了其他 20 982 个汉字，因此，现在国标码是指 GBK 码。

1.5 信息时代发展

随着计算机的迅猛发展，社会各行各业信息化进程不断加速，计算机应用技术已深入各个领域，无时无刻不在影响着人们的生活、工作和学习方式。

1.5.1 当今信息时代的特征

随着科学技术的发展和进步，当今时代变成了信息技术的时代，人们的生活和工作离不开信息技术的支持，正如美国专栏作家所说，信息时代下“地球变平了、变小了、变热了、变体了”。从总体来说，大致可以分为以下 3 方面：

① 全球化日益加深，世界已经成为地球村；

② 信息化日益加快，传统思维模式被颠覆；

③ 知识经济已见端倪。

在这种环境下，信息技术的发展对人们学习知识、掌握知识、运用知识提出了新的挑战。阿尔文·托夫勒说：“未来的文盲不再是不识字的人，而是那些没有学会怎样学习的人。”由于计算机技术和网络技术的应用，人们的学习速度在不断加快，也就是说从数字处理时代到微型计算机时代，到现在的网络化时代，学习速度越来越快，这要求人们的思维模式也要适应新的特点和新的模式。

1.5.2 信息时代的思维方式

思维方式是由生产方式决定的，在每个历史阶段，人类的思维都在不断地发展、变化。它是由一定的社会群体反映的时代特征、体现的社会风貌，具有历史继承性、相对稳定性和显著时代性的精神现象。因而思维方式具有时代特点，在信息时代，要求人们的思维方式趋于科学化、现代化、多元化，更要面向未来，具有创造性，而这些思维的形成，都离不开计算思维。

计算思维是运用计算机科学的基础概念进行问题求解、系统设计以及人类行为理解等，涵盖计算机科学之广度的一系列思维活动，简单来说，计算思维就是计算机科学家处理问题时的思维方式。

计算思维实际上是一个思维的过程。计算思维能够将一个问题清晰、抽象地描述出来，并将问题的解决方案表示为一个信息处理的过程。它是一种解决问题切入的角度。现实中针对某一问题人们会发现有很多解决方案，而信息时代所提倡的角度就是计算性思维角度。计算思维包含了数学性思维和工程性思维，而其最重要的思维模式就是抽象话语模式。

假如有 4 个灶头，锅碗瓢盆的数量是一样的，既要做荤菜，又要做一个素菜，还要做一个甜点。很多人都会做饭，但并不是所有人都是好的厨师，因为很多人都是凭自己的直觉去做饭的。对于一个有计算思维的人来说，他既要考虑到效果，又要考虑到正确性。在保证做出好吃的饭的同时，还考虑到诸如做荤菜的时候不要凉了，同时要做搭配的素菜和甜点。其实从计算思维角度来说，就是给定有限的资源，如何去设定几个并行流程的问题，也就是一个任务的统筹设计。这就是计算思维的递归思维，并行处理。

培养良好的计算思维，就要把握计算思维的核心特点。

1. 抽象性

所谓“抽象”，就是将“象”从事物中抽出来，也就是说，抓住事物的特点，通过模型化方法，将实际生活中的复杂问题转化为多个基本问题。而计算思维“难以准确归类，而最接近抽象思维”，下面举一个简单的例子。去某地旅游，有多个景点，问如何设计路线？可以利用计算思维对问题进行抽象，即可得到下面的问题：有多个数值（路程）组合，每个组合即到各个景点的路线组合，将每个组合的数值相加，求和最小的组合。注意，在抽象的时候，要做到不重不漏，既不可重复列举，也不能遗漏关键因素。对于刚才列举的例子，如果到各个景点的交通方式不同，就必须考虑路费这一关键因素。

2. 计算性

很多人第一眼见到“计算思维”这四个字时，或多或少都会觉得计算思维就是计算机的思维方式。这种想法固然不对，但对理解计算思维却提供了一个切入点：计算思维强调对计算工具的应用。与过去不同，现在被称为“大数据时代”，人们在处理问题的时候，往往会面临大批量的信息。例如，人们手机上的地图，在建立这个地图网络的时候，要处理卫星拍摄的数以亿计的照片，还要定期对地图进行更新，这在过去是一个不可能完成的任务。而现在，计算机工程师却能利用计算机强大的计算能力和数据处理能力，以很高的效率来处理这些图片。正如一位教授所言：“计算思维是建立在计算过程的能力和限制之上的，不管这些过程是由人还是由机器执行的。”在解决问题的过程中，要了解手头上的计算工具的计算功能，在其限度内设计算法。如果应用得好，就可以达到以下的理想情形：将程序设计好，将数据输入，繁重的计算由机器解决，而无须人们参与。

举一个用计算思维解决问题的实际应用的例子：天气渐冷，寝室内没有热水管道，同学 A 要去澡堂洗澡，于是，要完成“洗澡”这一活动，他必须进行思考：①澡堂在哪里？②在澡堂洗澡需要哪些手续？③去洗澡要带哪些东西？然后，他必须像程序员设计算法一样，先设计一个流程：①向别人问明澡堂的位置和了解“要洗澡，你先要办一张卡”这一事实；②带上洗浴用品；③得知路径长度，决定骑自行车去；④进入澡堂办卡；⑤洗澡；⑥回寝室。看上去很简单的事情，但这正说明了计算思维应用的广泛性。事实上，也曾有这样的例子解释计算思维：“你的钥匙在路上丢了，沿原路返回寻找，这就是一种回推；你明天要参加考试，今晚把文具、草稿纸放入书包，这就是预置和缓存。”

1.5.3 信息时代的工作方式

信息时代，人们的工作方式也在发生着巨大的变化。在传统的日常办公中，办公人员需要花费大量的时间进行讨论和交流意见，才能做出某种决策。而如今，只需要借助一个简单的管理平台或者一个小小的社交软件，就可以让办公人员更加顺畅地沟通、合作，从而大大缩短了这种决策的时间。而且，随着网络技术的发展，异步协作方式（如电子邮件、网络论坛）以及同步协作方式（如网络实时会议）正在逐渐成为除了人们面对面开会之外的新的工作方式，打破了时间、地域的限制，使人们可以随时随地参加到协同工作中去，大大提高了工作效率。技术发展带来的这些优势，可使企业内部人员方便快捷地共享信息，高效地协同工作；改变过去复杂、低效的手工办公方式，实现迅速、全方位的信息采集、信息处理，为企业的管理和决策提供科学的依据；实现无纸化办公，以网络及电子化方式进行团队内部沟通及交流；解决企业内部信息传递与信息共享、人事调动、事务繁忙无序等影响企业效率的各种问题，从而提高组织的工作效率。在信息时代，办公自动化、协同工作已成为机关和企业现代化管理的核心。

1.5.4 信息时代的学习方式

当今时代，人们足不出户就能接收到各种各样的信息，而这些就是资源共享的结果。信息时代不仅改变了人们的工作方式，让人们的工作变得更加方便，而且也改变了人们的学习方式，人们不再像以前“填鸭式”教学那样，所有知识的获取都来源于教师、书籍等。信息时代的学习方式是随时随地的，无处不在的，可基于 Pad、手机等一切电子设备的泛在化学习。互联网构造了即时通信，改变了人类活动的时间模式，形成了汇集知识、智慧和情感的海洋文化。在这种时代“终身学习”“学习型社会”的理念深入人心，学习、生活、工作在互联网快速发展的影响下融为一体，“学习化生活”方式是信息时代人类生存方式与学习方式融合的生动体现。

1.5.5 信息时代必备的技能

在这个信息时代，计算机的应用已渗透到人们生活的各个领域，同时也正在影响着人们生活的方方面面。所以，学习计算机知识也就成了一件非常必要的事情。不论从事何种类型的职业，几乎都需要与计算机打交道，都需要了解计算机的基础知识。美国教育技术论坛第 21 个年度报告则明确指出，21 世纪的能力素质应包括以下 5 个方面：

① 基本学习技能；

② 信息素养；

③ 创新思维能力；

④ 人际交往与合作精神；

⑤ 实践能力。

所以，掌握基本的计算机应用技能，具有信息的收集、检索能力；信息的积累、存储能力；信息的表达、交流能力；信息的评价能力；是信息时代每个人都应具备的技能。

第2章 中文Windows 7操作系统

Windows 7 是由微软公司基于 Windows Vista 内核开发的，具有革命性变化的操作系统。Windows 7 继承了早期版本的优点，并在此基础上改进和新增了一些功能，大大提高了系统的安全性、可靠性和可操作性。Windows 7 可供家庭及商业工作环境、笔记本式计算机、平板电脑、多媒体中心等使用。通过本章的学习，应掌握 Windows 7 的基本操作，包括启动和退出、桌面的设置、文件和文件夹的操作、账户管理和附件的使用等内容。

2.1 Windows 7 概述

2.1.1 Windows 7 的版本介绍

Windows 7 操作系统为满足不同用户人群的需要，开发了六个版本，分别是 Windows 7 Starter（简易版）、Windows 7 Home Basic（家庭基础版）、Windows 7 Home Premium（家庭高级版）、Windows 7 Professional（专业版）、Windows 7 Enterprise（企业版）、Windows 7 Ultimate（旗舰版）。下面对 Windows 7 的各个版本及其区别进行介绍。

① Windows 7 Starter （简易版）：功能较少，所以对硬件的要求比较低。仅在新兴市场投放，安装在原始设备制造商的特定机器上，并限于某些特殊类型的硬件。

② Windows 7 Home Basic （家庭基础版）：是简化的家庭版。功能强于简易版，仅在新兴市场投放，如中国、巴西等。

③ Windows 7 Home Premium （家庭高级版）：是面向家庭用户开发的一款操作系统，可使用户享有最佳的计算机娱乐体验，通过 Windows 7 系统家庭高级版可以很轻松地创建家庭网络，使多台计算机间共享打印机、照片、视频和音乐等。

④ Windows 7 Professional （专业版）：提供办公和家用所需的一切功能。替代了 Windows Vista 下的商业版，支持加入管理网络、高级网络备份功能等。

⑤ Windows 7 Enterprise （企业版）：提供一系列企业级增强功能，包括 BitLocker、内置和外置驱动器数据保护、AppLocker、锁定非授权软件运行、DirectAccess、无缝连接基于 Windows Server 2008 R2 的企业网络、网络缓存等。

⑥ Windows 7 Ultimate （旗舰版）：具备 Windows 7 家庭高级版和专业版的所有功能，同时增加了高级安全功能以及在多语言环境下工作的灵活性。当然，该版本对计算机的硬件要求也是最高的。

2.1.2 Windows 7 操作系统的安装

Windows 7 操作系统的安装可以通过多种方式进行，通常使用升级安装、全新安装、双系统共存安装三种方式。

① 升级安装：在现有的操作系统基础上，对现有操作系统从低版本升级到高版本，保留现有操作系统的数据和软件。

② 全新安装：当用户的计算机中没有任何操作系统或者机器上原有的操作系统已被格式化，可以采用这种方式进行安装。在安装时需要在 DOS 状态下进行，用户可先运行 Windows 7 的安装光盘，找到相应的安装文件，然后在 DOS 命令行下执行 Setup 安装命令，在安装系统向导提示下用户可以完成相关的操作。

③ 双系统共存安装：如果用户的计算机上已经安装了操作系统，也可以在保留现有系统的基础上安装 Windows 7，新安装的 Windows 7 将被安装在一个独立的分区中，与原有的系统共同存在，但彼此之间不会互相影响。当这样的双操作系统安装完成后重新启动计算机，在显示屏上会出现系统选择菜单，用户可以选择所要使用的操作系统。

1．安装 Windows 7 操作系统的准备工作

① 查看计算机硬件配置。Windows 7 在 Windows Vista 的基础上进行了优化，硬件配置要求略有降低，具体配置要求如下：

CPU：1 GHz 主频，32 位或 64 位字长。

内存：1 GB 以上。

硬盘：系统分区不低于 16 GB。

显卡：DirectX 9，显存 128 MB 以上，支持 WDDM 1.0 或更高版本。

显示器：支持 VGA 接口的显示器。

光驱：CD-ROM 或 DVD 驱动器

② 准备安装 Windows 7 操作系统使用的光盘或 U 盘。准备计算机硬件的驱动程序，如主板、显卡、声卡等驱动程序。驱动程序的获得可以通过以下几种方法：

a. 随机驱动光盘中会有所需驱动程序。

b. 如果计算机可以进入系统，可以通过工具软件（优化大师或驱动精灵）进行备份，注意驱动备份文件不能放在系统分区内。

c. 通过网络下载。建议去驱动之家（www.mydrivers.com）搜索相应的硬件设备的驱动，也可以通过驱动精灵直接自动通过网络下载并安装。

③ 备份系统分区上面的重要文件和信息。要备份的一般是“桌面”和“我的文档”中的文档文件和配置信息（如网络设置），把需要转移的文件复制到非系统安装分区或移动存储设备。如果不能正常进入系统可使用 Windows PE 启动计算机对重要文件进行转移。

2．使用光盘安装 Windows 7 操作系统

① 将 Windows 7 操作系统光盘插入光驱，在自检画面时，按【Del】键进入 BIOS 设置光盘启动，或者有的计算机可以按【F12】键进行选择启动方式（视 BIOS 版本而定），在弹出的选择启动菜单中，选择“CD-ROM Drive”选项，如图 2-1 所示。

② 按【F10】键保存，选择“Yes”，计算机重新启动并加载安装程序文件，如图 2-2 所示。

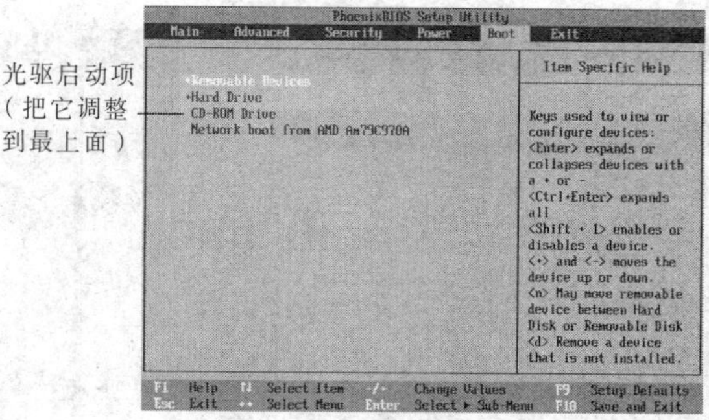

图 2-1　包含“CD-ROM Drive”的“Boot”选项卡

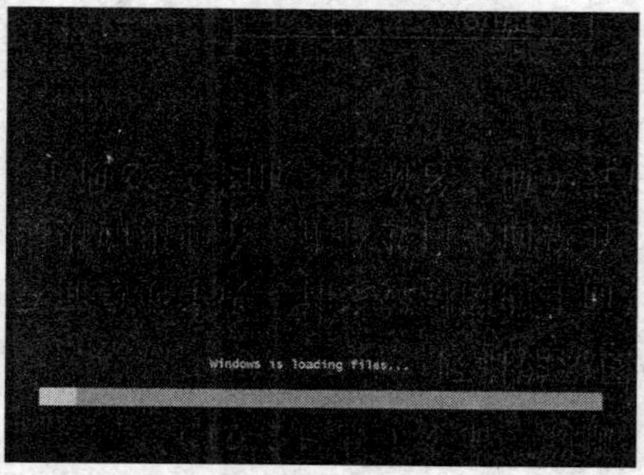

图 2-2　执行安装程序界面

③ 文件加载完成后，进入 Windows 7 安装界面，选择安装的语言版本，这里都按系统默认，不需要改动，直接单击“下一步”按钮即可，如图 2-3 所示。

④ 在弹出的界面中选择“现在安装”选项，如图 2-4 所示。

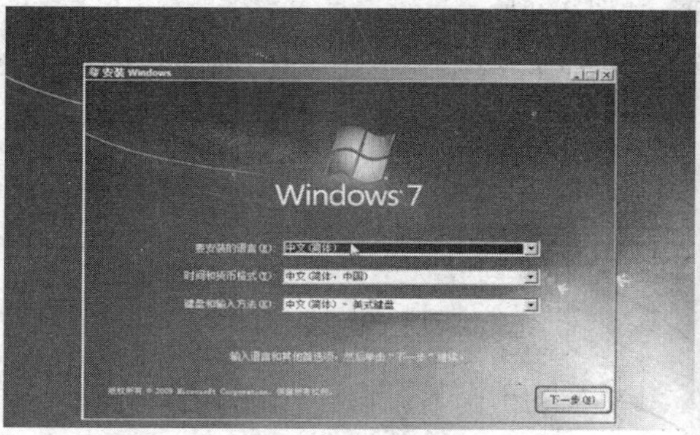

图 2-3　选择安装语言界面

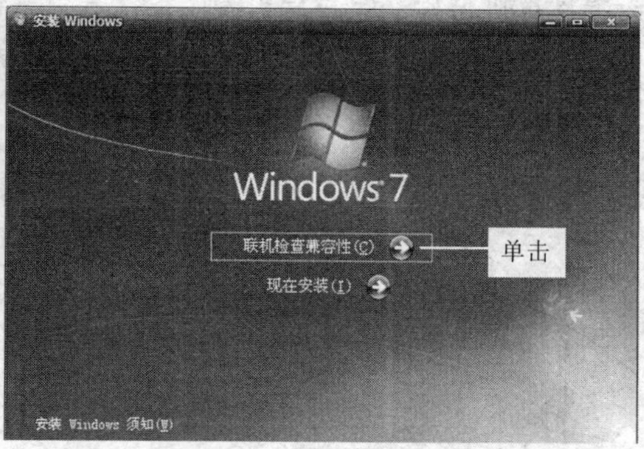

图 2-4　选择安装界面

⑤ 阅读许可条款后，选中“我接受许可条款”复选框，然后单击“下一步”按钮，如图 2-5 所示。

⑥ 选择安装类型。由于是全新安装，选择“自定义（高级）”选项，如图 2-6 所示。

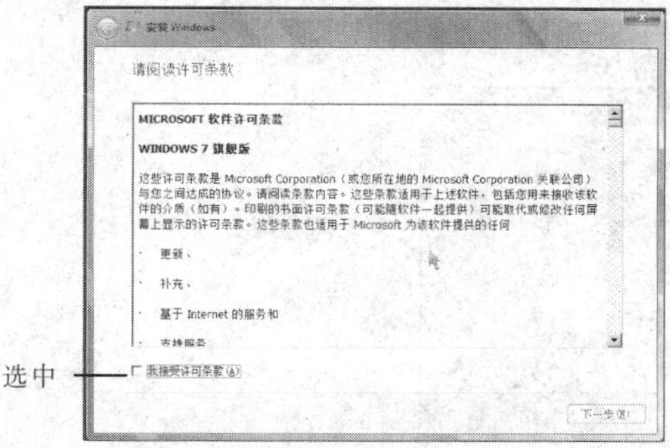

图 2-5　阅读许可条款界面

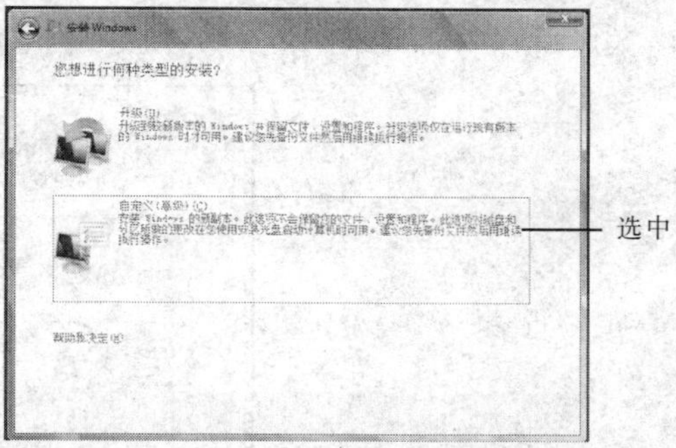

图 2-6　选择安装类型界面

⑦ 选择 Windows 7 安装的位置，可用上键【↑】和下键【↓】选择合适的分区，选择好后单击“下一步”按钮，如图 2-7 所示。

⑧ 安装系统正式启动，逐步完成对话框中的任务，此过程会自动重启计算机一次，重启以后继续安装过程，此过程不要做任何操作，系统会自动完成，如图 2-8 所示。

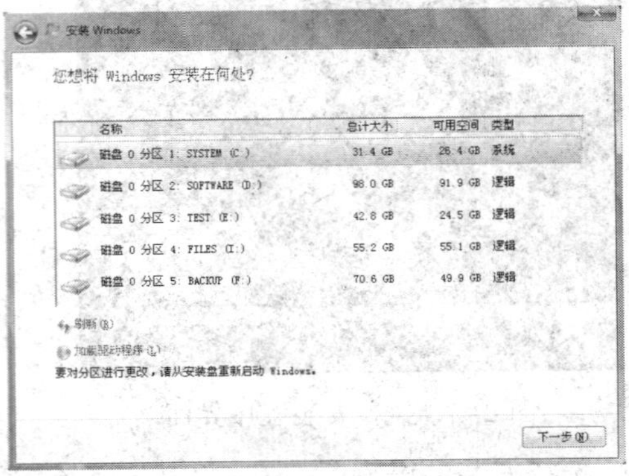

图 2-7　选择 Windows 7 安装位置界面

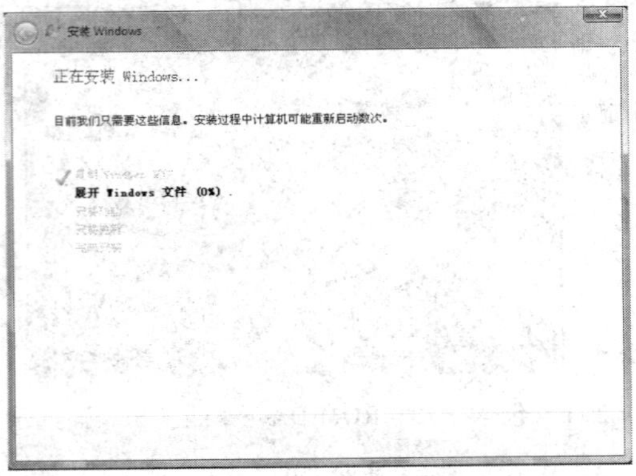

图 2-8　正在安装 Windows 7 界面

⑨ 对即将安装完成的 Windows 7 进行基本设置，首先系统会要求用户创建一个账号，以及设置计算机名称，完成后单击“下一步”按钮，如图 2-9 所示。

⑩ 输入此账户的密码（可以不输，但是建议输入），然后单击“下一步”按钮，如图 2-10 所示。

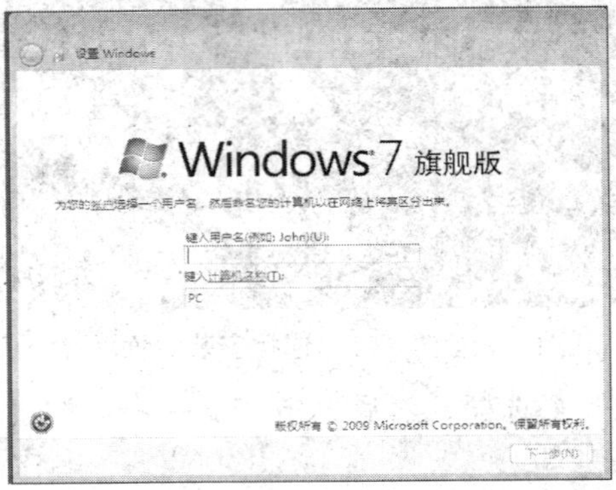

图 2-9　设置 Windows 7 用户名界面

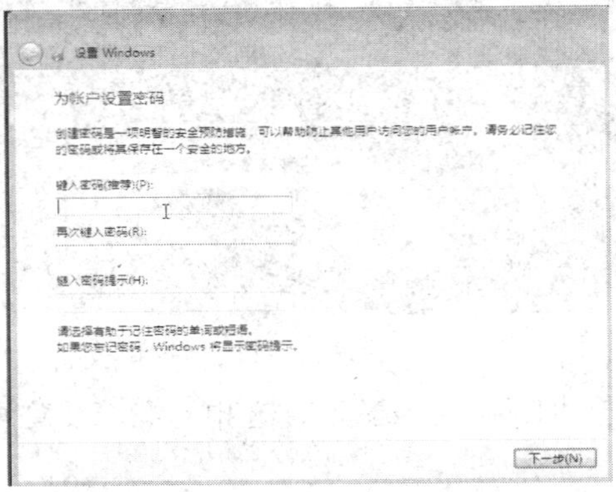

图 2-10　设置 Windows 7 密码界面

⑪ 输入产品密钥（如不输密钥，只能试用 30 天），如图 2-11 所示。

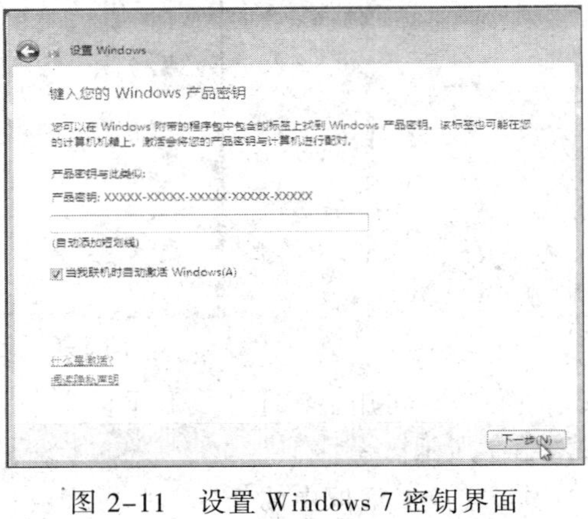

图 2-11　设置 Windows 7 密钥界面

⑫ 接下来询问是否安装更新，选择“使用推荐设置”选项。设置系统日期和时间，最后需

要设置是当前网络所处的位置，不同的位置会让 Windows 防火墙产生不同的配置。设置完成后进入桌面，如图 2-12 所示。

图 2-12　Windows 7 桌面

2.2　Windows 7 桌面系统

计算机桌面是人与计算机对话的主要入口，也是人机交互的数字界面。它主要由常用图标、系统菜单、任务栏以及背景图片组成。

2.2.1　鼠标、键盘及指法练习

1. 鼠标的使用

在使用 Windows 7 时，许多操作都是通过鼠标来完成的，鼠标最常用的操作有以下几种。

① 移动：握住鼠标进行移动时，计算机屏幕上的鼠标指针就随之移动。在通常情况下，鼠标指针的形状是一个小箭头。

② 单击：快速按下并释放鼠标左键。单击一般用于完成选中某一程序或图标。例如，将鼠标指针移动到“计算机”图标上单击，则可以选中此图标。

③ 双击：快速连续两次单击。一般情况下，双击表示选中并执行的意思。

④ 右击：快速按下并释放鼠标右键，通常用于调出所选对象的快捷菜单。在不同位置右击，所弹出的快捷菜单是不一样的。

⑤ 拖动：一般是指将某个对象从一个位置移动到另一个位置的过程。例如，要移动“计算机”图标的位置，就可以将鼠标指针移动到该图标对象上面，然后按下鼠标左键不放，并拖动鼠标到另一个位置后再释放鼠标。

2. 键盘的使用

Windows 7 中键盘有两种：一种是标准硬键盘，支持中英文、汉字、数字、常用符号输入；另一种是软键盘，共有包括标准键盘在内的 12 种类型，可以输入各种特殊符号和俄、日、希腊文等。标准硬键盘上常用专用键、功能键和编辑键的键名及功能如表 2-1 所示。

表 2-1 常用功能键和编辑功能键的键名及功能

键　名	功　能
Esc	释放键，可以释放（关闭）对话框
PrintScreen	复制屏幕到剪贴板
Ctrl	控制键
Alt	转换键
Enter	回车键，文本窗口用于分段
Backspace	退格键，删除光标左侧字符
Shift	上挡键，同时按下该键和具有上挡符号的键，显示上挡字符
↑←↓→	光标键，用于文本录入界面的光标定位
Insert	插入键，用于文本录入状态下插入、改写状态的转换
Delete（Del）	删除键，用于文本录入状态下，删除光标后的字符
Home丨End	文本录入状态下使光标移到行首丨行尾
Page Down丨Page Up	上、下翻页键
Num Lock	数字锁键，对应键盘右上角第一个指示灯，亮表示小键盘为数字键
Caps Lock	大、小写锁键，对应右上角第二个指示灯，亮表示大写

在某些特殊的场合，使用键盘操作可能要比使用鼠标操作来得方便。用得最多的键盘命令形式是“键名 1+键名 2”（如【Alt+Tab】），表示按住第 1 个键（如【Alt】）不放，再按第 2 个键（如【Tab】），然后再释放这两个键，这种命令形式称为快捷键，记住某项操作的快捷键，可以不必打开菜单，直接使用快捷键完成操作。表 2-2 给出了部分常用快捷键及其功能。

表 2-2 部分常用快捷键及其功能

快　捷　键	功　能
Alt+Tab 或 Alt+Esc	切换打开的应用程序
Alt+F4	关闭窗口
Alt+Space	打开当前运行程序的控制菜单
Alt+Enter	桌面方式下，打开“任务栏和「开始」菜单属性”对话框
Ctrl+Shift	输入法切换
Ctrl+Space	中英文切换
Ctrl+Esc	打开“开始”菜单
Ctrl+A	选择窗口中所有对象
Ctrl+X	剪切当前选择的对象
Ctrl+C	复制当前选择的对象
Ctrl+P	打印当前文档
Ctrl+S	保存当前文档
Ctrl+V	粘贴最近一次复制或剪切的对象到当前文件中
Ctrl+Z	撤销最近一次操作
Shift+Delete	永久删除选择的对象（文件、文件夹或程序图标等），不经过回收站
Ctrl+Alt+Del	打开 Windows 安全窗口

续表

快捷键	功能
Alt+PrintScreen	复制当前窗口或对话框
PrintScreen	复制整个桌面
Shift+PrintScreen	复制除任务栏外的桌面
F2	重新命名所选项目
Delete	删除选中对象

3．指法练习

计算机上的每个键由哪个手指击打是有规定的，这就是键盘操作的指法。键盘操作指法将打字键区的每个键位合理地分配给双手的各个手指，这样可以明确分工，打字更加快速准确，键盘操作指法如图 2-13 所示。

键盘操作指法的基本要求是，以第三排的 8 个键位（【A】【S】【D】【F】【J】【K】【L】【；】）为基准位，它是左右手除大拇指之外 8 个手指的“根据地”，当击键时，手指均从基准键位出发，击完后手指仍停留在基准键位上。由于每次击键手指都是从基准位伸出，形成了一定的规律，久而久之，每个键位相对于基准键位的位置、距离会非常熟悉，因而击键的准确性和速度就自然而然地提高了。

图 2-13　键盘操作指法

打字之前一定要端正坐姿。如果坐姿不正确，不但会影响打字速度，而且还很容易疲劳出错。正确的坐姿应该是：两脚平放，腰部挺直，两臂自然下垂，两肘贴于腋边。身体可略倾斜，离键盘的距离为 20～30 cm。打字教材或文稿放在键盘左侧，或用专用夹夹在显示器旁边。打字时眼观文稿，身体不要跟着倾斜，如图 2-14 所示。

图 2-14　正确的打字姿势

操作时，手指按操作指法击打相应键位，应尽量避免看着键盘上的键位击键，这样有利于提高输入速度。

指法练习应该从练习字母输入开始，当熟练掌握键盘布局后再学习各种汉字输入方法。建议使用“金山快快打字通”作为指法练习软件，如图 2-15 所示。金山打字是金山公司推出的系列教育软件，主要由金山打字通和金山打字游戏两部分构成，是一款功能齐全、数据丰富、界面友好的集打字练习和测试于一体的打字软件。金山打字通针对用户水平来定制个性化的练习课程，循序渐进。提供英文、拼音、五笔、数字符号等多种输入练习，并为收银员、会计、速录等职业提供专业培训。此软件可在金山在线网站（http://www.kingsoft.com/）下载。

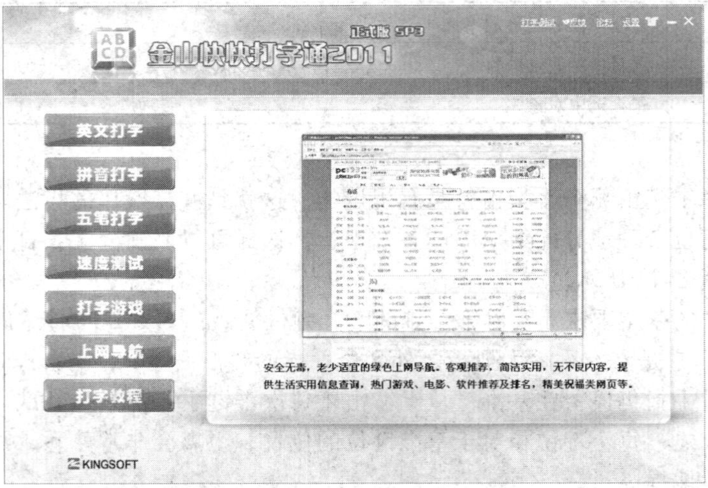

图 2-15　金山快快打字通 2011

2.2.2　桌面上的图标

启动 Windows 7 后看到的第一个界面，就是通常所说的桌面，即屏幕工作区，如图 2-16 所示。

图 2-16　Windows 7 桌面

桌面左侧从上至下排列着图标。排在前面的一般是系统默认的图标，每个图标代表不同的对象，如文件、文件夹、磁盘驱动器、应用程序等，都可用一个形象化的图标来表示，用户也可以根据需要添加所需的图标。

1. 创建系统图标

系统图标是一种特殊的桌面图标，包括“用户文件夹”“计算机”“网络”“回收站”等。Windows 7 刚安装完成时只有“回收站”一个系统图标（见图 2-12），若需要将其他系统图标添加到桌面上，可执行以下操作。

① 在桌面空白处右击，在弹出的快捷菜单中选择“个性化”命令，如图 2-17 所示。

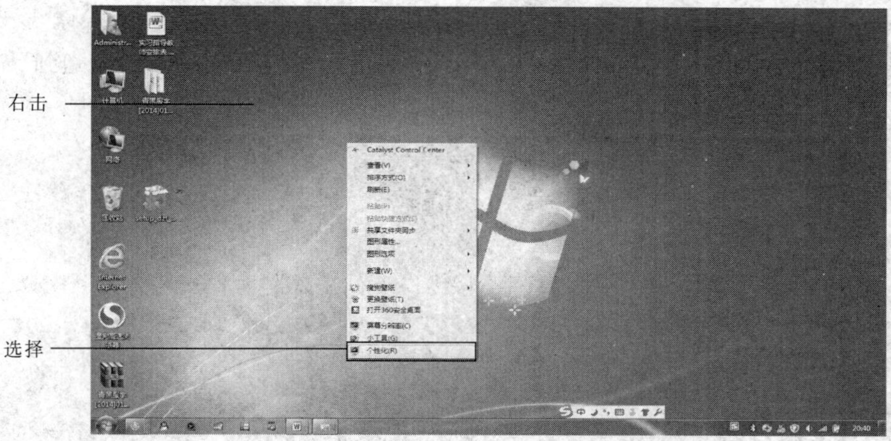

图 2-17　创建系统图标

② 在打开的“个性化”窗口左侧单击“更改桌面图标”超链接，如图 2-18 所示。

图 2-18　“个性化”窗口

③ 弹出“桌面图标设置”对话框，选中需要添加的图标前的复选框，然后单击“确定”按钮，如图 2-19 所示。

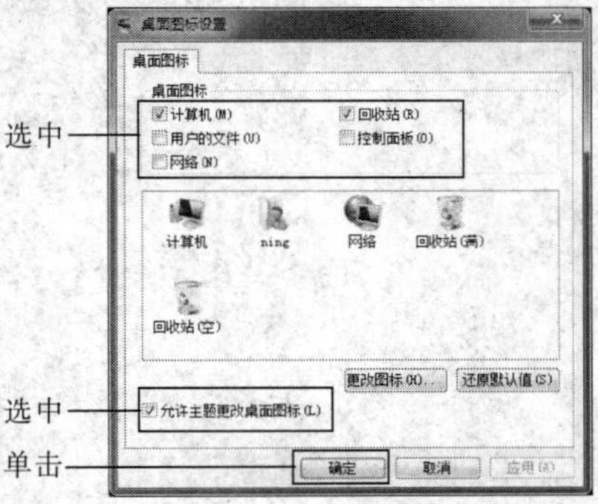

图 2-19　“桌面图标设置”对话框

2. 创建快捷方式图标

为了使用方便，可以将一些常用的应用程序创建成桌面快捷方式，即桌面上带有箭头的图标。具体操作为：单击桌面左下角的“开始”按钮，在弹出的菜单中选择“所有程序”，然后右击要添加的程序名称，例如“Microsoft Word 2010”，在弹出的快捷菜单中选择“发送到”→“桌面快捷方式”命令，如图 2-20 所示。

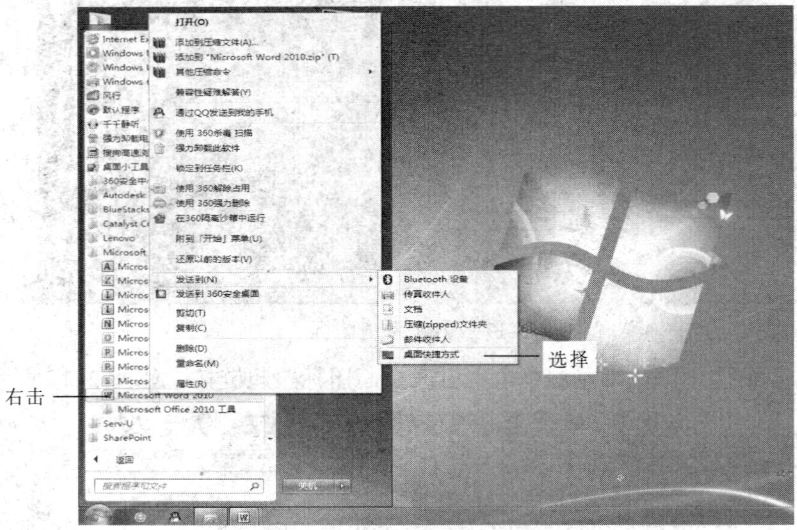

图 2-20　创建桌面快捷方式

3. 图标的重命名和删除

① 若要给图标重新命名，可执行下列操作：在该图标上右击，在弹出的快捷菜单中选择“重命名”命令，如图 2-21 所示。

② 若图标不再使用时可以删除图标，具体操作为：在该图标上右击，在弹出的快捷菜单中选择“删除”命令（见图 2-21）。

4. 图标的排列

当桌面上的图标较多时，为了使桌面看起来整洁有序，可以对桌面的图标进行排列。具体操作为：在桌面空白处右击，在弹出的快捷菜单中选择“排序方式”命令，在子菜单中选择一种排序方式（如“名称”），如图 2-22 所示。

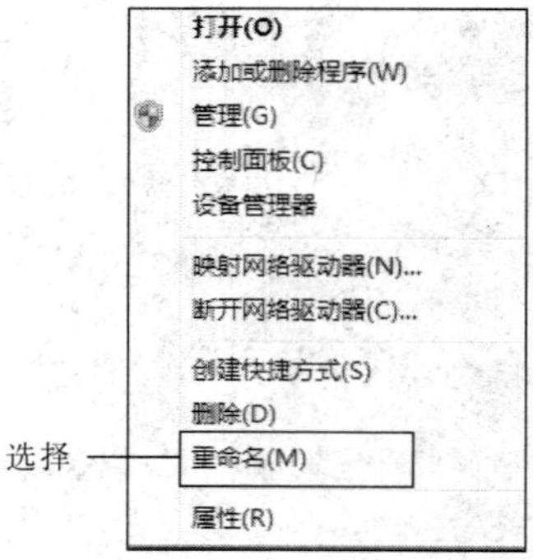

图 2-21　快捷菜单

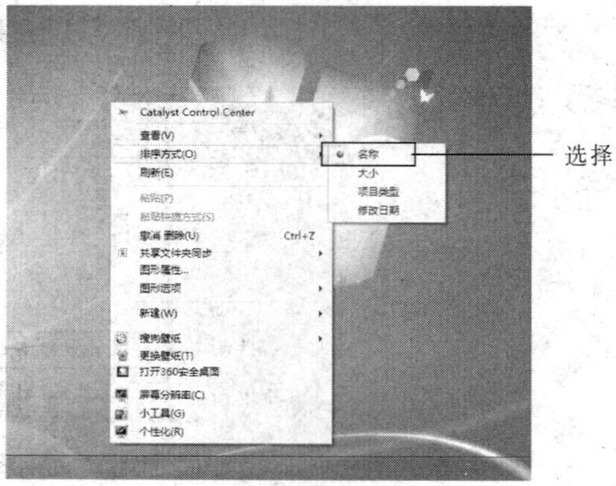

图 2-22　排序方式菜单

名称：按图标名称开头的字母或拼音顺序排列。

大小：按图标所代表文件大小顺序来排列。

项目类型：按图标所代表的文件类型来排列。

修改日期：按图标所代表文件的最后一次修改时间来排列。

5. 调整图标的大小

Windows 7 为满足不同用户需求提供了“大图标”“中等图标”“小图标”三种图标显示方式，如需更改，可进行如下操作：在桌面空白处右击，在弹出的快捷菜单中选择“查看”命令，在子菜单中选择合适的图标显示方式，如图 2-23 所示。图标效果如图 2-24 所示。

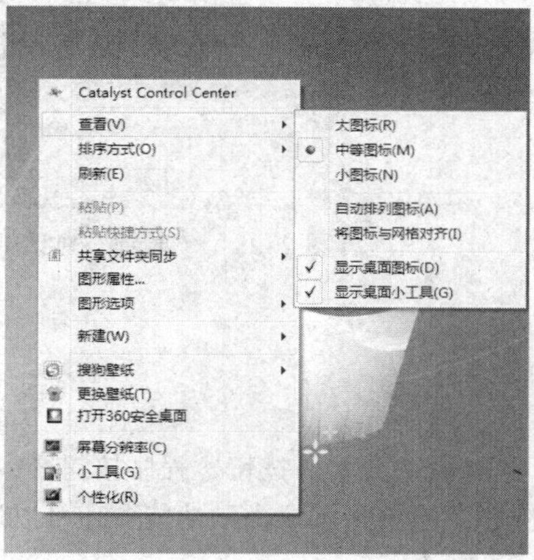

图 2-23　图标显示方式

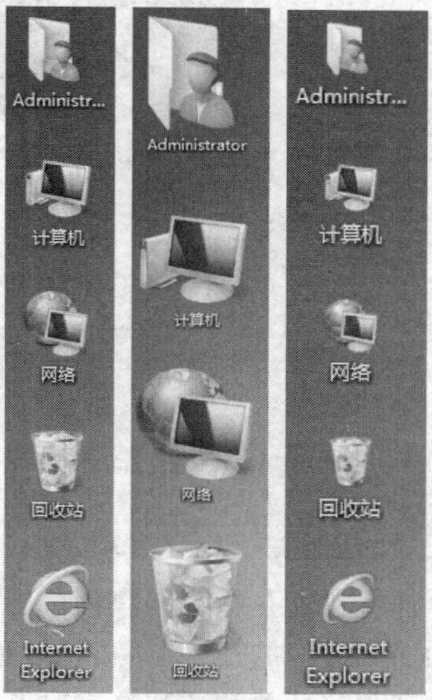

图 2-24　图标效果

2.2.3　桌面小工具

1. 添加桌面小工具

桌面小工具是 Windows 7 操作系统新增功能，可以方便用户使用。如果想要在桌面上添加小工具，具体操作为：在桌面空白处右击，在弹出的快捷菜单中选择“小工具”命令，在打开的小工具窗口中双击欲添加的小工具，被双击的小工具会显示在桌面上，如图 2-25 和图 2-26 所示。

图 2-25　小工具窗口

图 2-26　已添加小工具的桌面

2. 设置桌面小工具

添加好桌面小工具后，可以对每个桌面小工具进行设置，具体操作为：在需要设置的小工具（如“时钟”）上右击，在弹出的快捷菜单中选择“选项”命令，然后在弹出的“时间”对话框中设置“样式”“名称”等，如图 2-27 和图 2-28 所示。

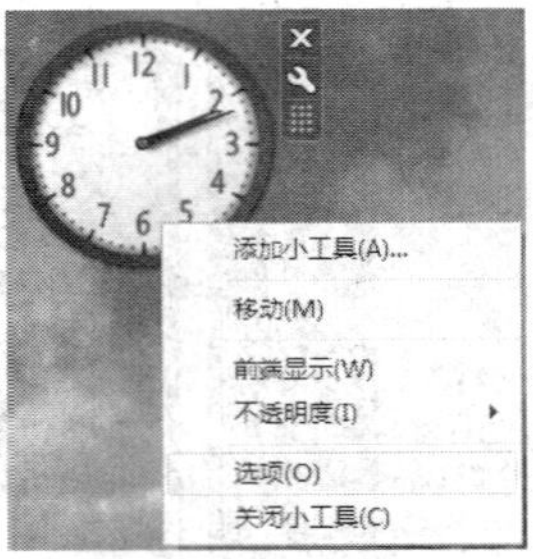

图 2-27　时钟快捷菜单

图 2-28　“时钟”对话框

2.2.4　任务栏和开始菜单

1. 任务栏

任务栏就是指位于桌面最下方的小长条，主要由“开始”按钮、程序按钮区、语言选项按钮和通知区域组成，Windows 7 操作系统的任务栏还有“显示桌面”功能，还可以通过缩略图、跳转列表等功能快速切换和打开程序。

（1）将程序锁定到任务栏

Windows 7 舍弃了原来的快速启动栏，提供了将程序锁定到任务栏的功能，从而大大方便了用户对常用程序进行操作。具体操作如下：

① 单击“开始”按钮，在打开的“开始”菜单中右击相应的程序，在弹出的快捷菜单中选择“锁定到任务栏”命令即可，如图 2-29 所示。

② 对于桌面上的程序，可以直接将其拖动到任务栏，也可实现程序锁定操作，如图 2-30 所示。

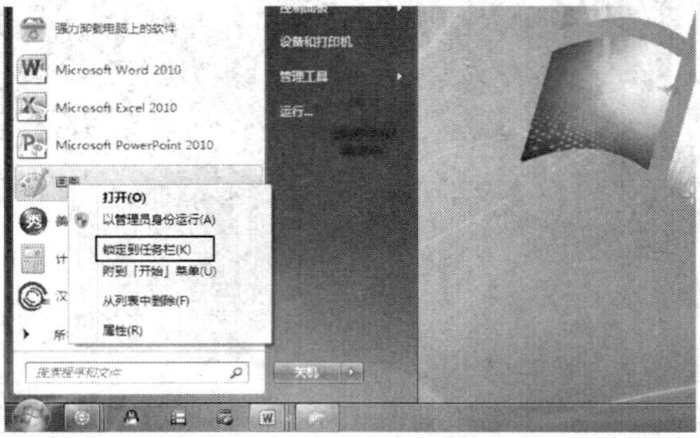

图 2-29　将程序锁定到任务栏

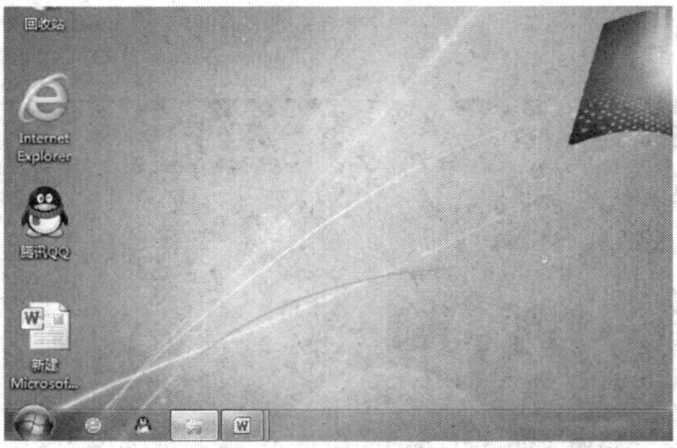

图 2-30　将程序拖动到任务栏

③ 也可以在桌面程序上右击，在弹出的快捷菜单中选择“锁定到任务栏”命令来实现同样的操作，如图 2-31 所示。

如果想要解锁或删除某一程序在任务栏上的显示，只需要右击对应程序，在弹出的快捷菜单中选择“将此程序从任务栏上解锁”命令即可，如图 2-32 所示。

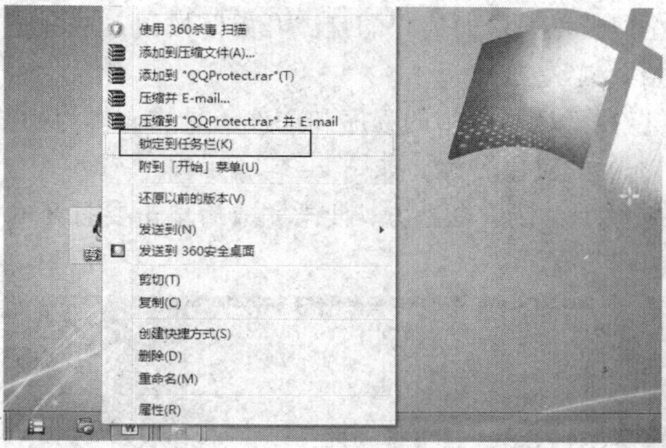

图 2-31　选择“锁定到任务栏”命令

图 2-32　选择“将此程序从任务栏解锁”命令

(2) 设置任务栏

在任务栏空白处右击，在弹出的快捷菜单中选择“属性”命令，弹出“任务栏和「开始」菜单属性”对话框，选择“任务栏”选项卡，可以看到许多关于任务栏的设置项目，如图 2-33 所示。可以根据自己的需要进行设置。

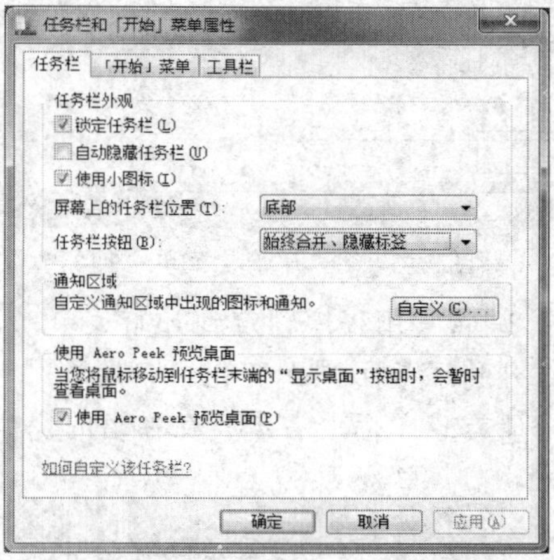

图 2-33　“任务栏和「开始」菜单属性”对话框

① 锁定任务栏：在进行日常操作时，常会一不小心将任务栏拖动到屏幕的左侧或右侧，有时还会将任务栏的宽度拉伸并难以调整到原来的状态，为此，Windows 添加了“锁定任务栏”选项，可以将任务栏锁定。

② 自动隐藏任务栏：隐藏屏幕下方的任务栏，这样可以让桌面显得更大一些。选中“自动隐藏任务栏”复选框即可。以后想要打开任务栏，把鼠标指针移动到屏幕下边即可看到。

③ 使用小图标：图标大小的一个可选项，方便用户根据自己的需要进行调整。

④ 屏幕上的任务栏位置：默认是在底部。可以选择左侧、右侧、顶部。如果是在任务栏未锁定状态下，拖动任务栏可直接将其拖动到桌面四侧。

⑤ 任务栏按钮：有“始终合并、隐藏标签”“当任务栏被占满时合并”“从不合并”三个可选项。

⑥ 通知区域：每个项目后面都有一个下拉列表框，在其中有“显示图标和通知”“隐藏图标和通知”“仅显示通知”三种选择，可以根据实际需求设置。

⑦ 使用 Aero Peek 预览桌面：当鼠标指针移动到“显示桌面”按钮时，可以对桌面预览，并透明显示所有已打开的窗口。

当打开多个窗口时，如果只想显示某个窗口而将其他窗口最小化，可以将鼠标指针移动到该窗口的标题栏，按住鼠标左键并左右晃动鼠标即可。再次晃动鼠标，可以还原窗口。

2. 开始菜单

存放操作系统或设置系统的绝大多数命令，而且还可以使用安装到当前系统里面的所有的程序。“开始”字样从 Windows Vista 开始已经无法看见，取而代之的是“开始”按钮，一颗圆形 Windows 标志。将鼠标停留其上会出现“开始”提示文字。

① 搜索框：位于开始菜单下方，通过它可以搜索计算机中的程序和文件。具体操作为：

a. 单击“开始”按钮，在搜索框中输入要查找的对象名称，如图 2-34 所示。

b. 系统将自动搜索出符合条件的选项，结果显示在搜索框上方，搜索完成后单击要打开的文件或程序名称即可，如图 2-35 所示。

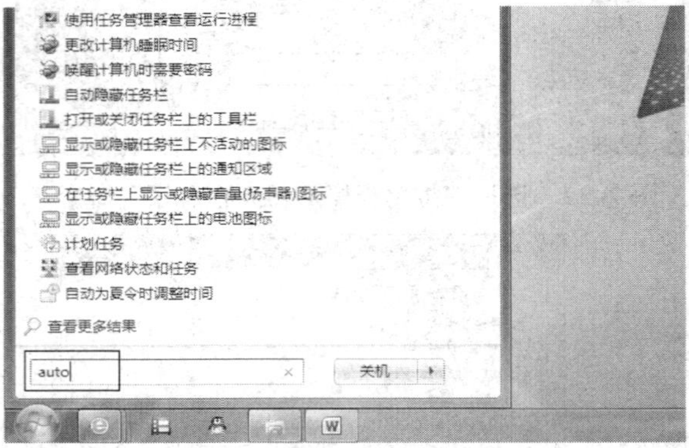

图 2-34 “开始”菜单“搜索框”

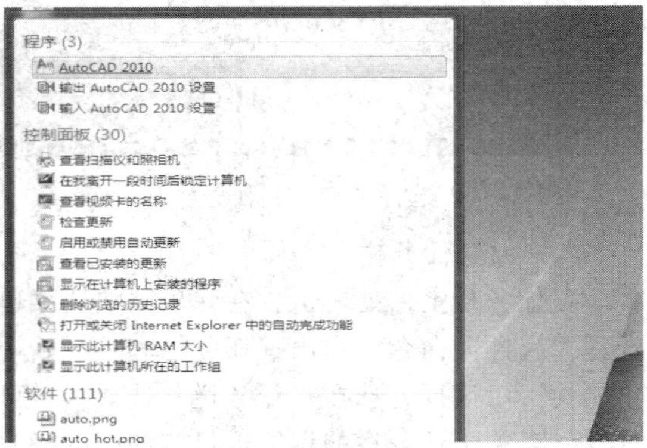

图 2-35 单击文件名

② 将常用程序锁定到开始菜单。开始菜单左侧会显示最近打开过的程序，但内容会随着打开程序的不同而变化，若要将某一程序锁定到开始菜单，具体操作为：在需锁定的程序快捷方式图标上右击，在弹出的快捷菜单中选择“附到「开始」菜单”命令，如图 2-36 所示。

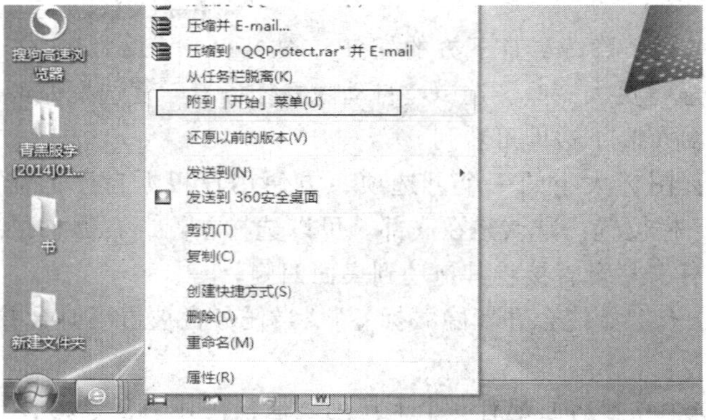

图 2-36 快捷菜单

③ 自定义开始菜单，具体操作为：在任务栏空白处右击，在弹出的快捷菜单中选择“属性”命令，在弹出的“属性”对话框中选择“「开始」菜单”选项卡，单击“自定义”按钮，如图 2-37 所示。根据需求设置即可，如图 2-38 所示。

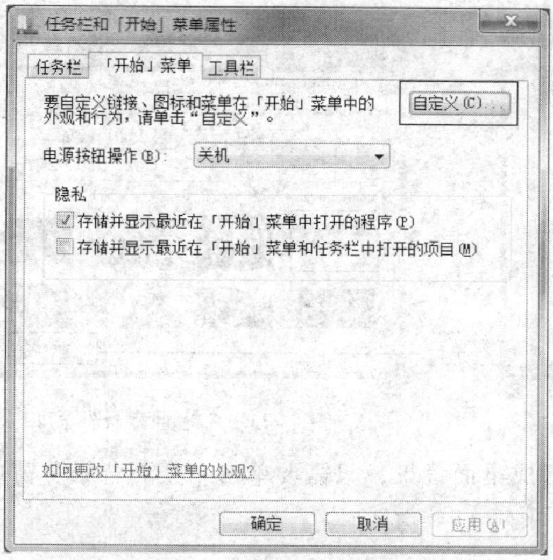

图 2-37 “「开始」菜单”选项卡

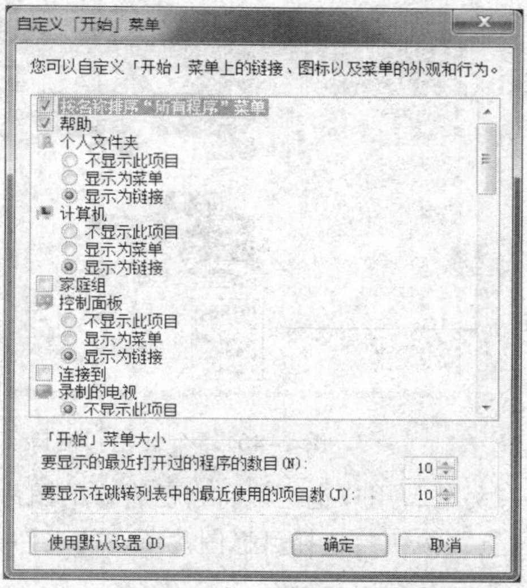

图 2-38 “自定义「开始」菜单”对话框

2.2.5 个性化设置

Windows 7 是一款非常人性化的操作系统，用户可以根据自己的喜好设置，让系统更加个性化。具体操作为：在桌面空白处右击，在弹出的快捷菜单中选择“个性化”命令，如图 2-39 所示。

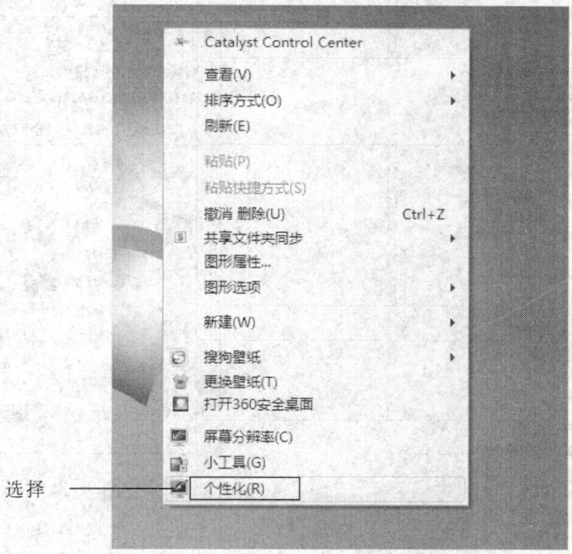

图 2-39 快捷菜单

1. 设置桌面背景

桌面背景又称为壁纸，Windows 7 操作系统自带了丰富的背景图片，可以根据自己的喜好自定义，具体操作如下：

① 打开“个性化”窗口，单击下方的“桌面背景”超链接，如图 2-40 所示。

② 打开“桌面背景”窗口，选择需要设置的背景图片，然后单击“保存修改”按钮即可，如图 2-41 所示。

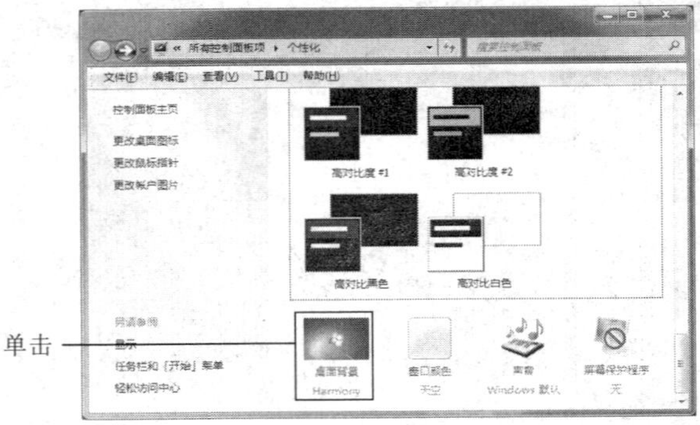

图 2-40 “个性化”窗口

图 2-41 “桌面背景”窗口

另外，用户也可以将自己喜欢的图片设置成桌面背景，只需要单击“桌面背景”窗口中的“浏览”按钮，选择目标图片所在的文件夹即可。

2. 设置系统图标

在 Windows 7 系统中，也可改变系统图标。具体操作如下：

① 打开“个性化”窗口，在左侧单击“更改桌面图标”超链接，弹出“桌面图标设置”对话框，选择要更改的系统图标，单击“更改图标”按钮，如图 2-42 所示。

② 在图标列表框中选择一个满意的图标，单击“确定”按钮即可，如图 2-43 所示。

图 2-42 “桌面图标设置”对话框

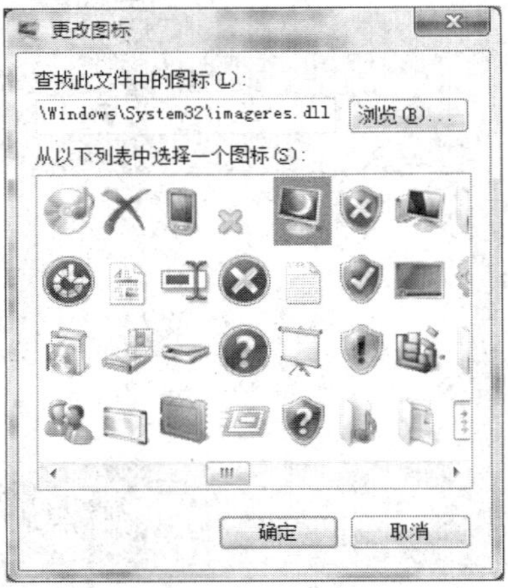

图 2-43 “更改图标”对话框

3. 设置窗口颜色

窗口颜色是指窗口的标题栏和边框的颜色，系统默认颜色为浅蓝色，设置成其他颜色的具体操作如下：

① 打开“个性化”窗口，单击下方的“窗口颜色”超链接。打开“窗口颜色和外观”窗口，选择喜欢的颜色，拖动“颜色浓度”滑块，调节颜色浓度，如图 2-44 所示。

② 如果对系统提供的颜色不满意，可以单击窗口下方的“显示颜色混合器”按钮，自主调节颜色，然后单击“保存修改”按钮即可，如图 2-45 所示。

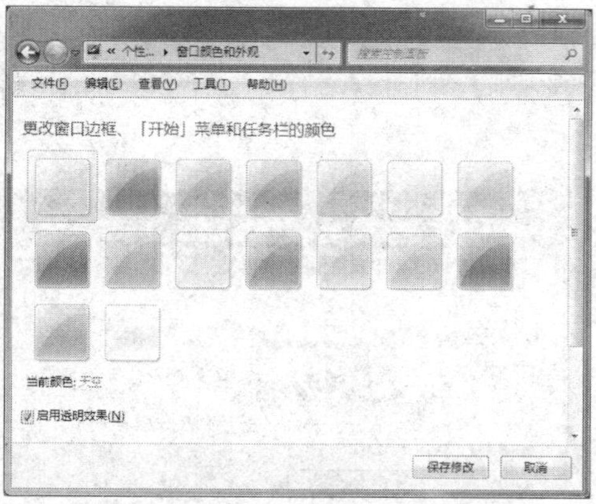

图 2-44　“窗口颜色和外观”窗口

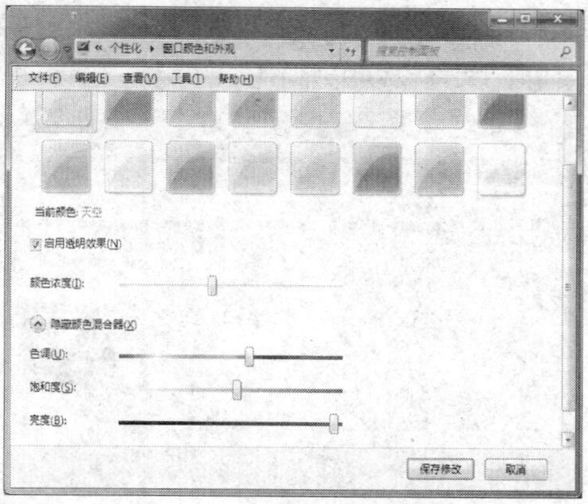

图 2-45　颜色混合器

4．设置屏幕保护程序

当显示器的屏幕长时间显示不变的画面时，会缩短显示器的使用寿命，并可能造成显示器的损伤。因此，可以设置屏幕保护程序来保护显示器。具体操作为：打开“个性化”窗口，单击下方的“屏幕保护程序”超链接，弹出“屏幕保护程序设置”对话框，在下拉列表中选择喜欢的屏幕保护程序，然后在“等待”微调框中设置启动的等待时间，最后单击“确定”按钮即可，如图 2-46 所示。

5．设置系统主题

系统主题是系统预置的一套完整的视觉系统，包含桌面壁纸、屏保、鼠标指针、系统声音、图标等元素。用户可以根据自己的喜好更改主题，具体操作为：打开“个性化”窗口，在列表框中单击需要设置的主题，然后操作系统的相关元素就会变为设定样式，如图 2-47 所示。

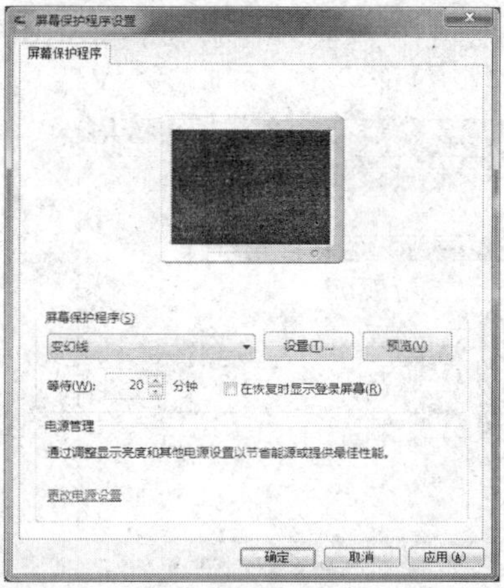

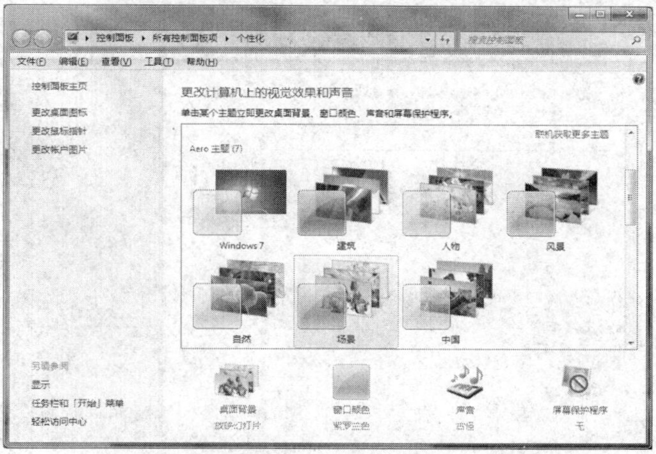

图 2-46　屏幕保护程序设置　　　　图 2-47　更改系统主题窗口

6．分辨率

分辨率是指单位长度内包含的像素点的数量，是指水平像素点数与垂直像素点数的乘积。可以根据实际的要求和显示器的尺寸来设置合适的分辨率，具体操作为：

① 打开“个性化”窗口，在左侧单击“显示”超链接，打开“显示”窗口，在左侧单击“调整分辨率”超链接，如图 2-48 所示。

② 打开“屏幕分辨率”窗口，在“分辨率”下拉列表中选择合适的分辨率，单击“确定”按钮即可，如图 2-49 所示。

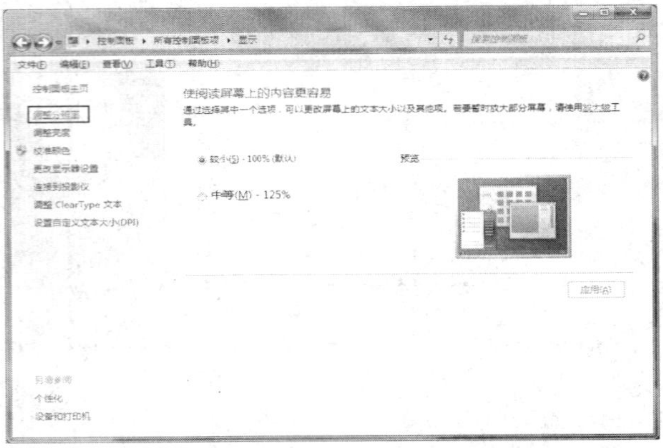

图 2-48 “显示”窗口

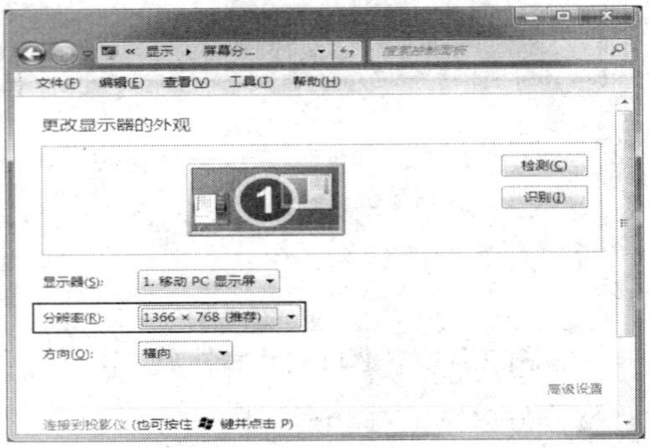

图 2-49 “分辨率”下拉列表

7. 设置系统声音

系统声音是在操作计算机时系统发出的提示音，包括开机声音、关机声音等。系统支持用户自定义声音方案，具体操作为：打开“个性化”窗口，单击下方的“声音”超链接，弹出“声音”对话框，在“声音方案”下拉列表中选择合适的声音方案，然后单击“确定”按钮即可，如图 2-50 所示。

8. 更改鼠标指针

打开“个性化”窗口，在左侧单击“更改鼠标指针”超链接，弹出“鼠标 属性”对话框，在“方案”下拉列表中选择合适的鼠标指针外观，然后单击“确定”按钮即可，如图 2-51 所示。

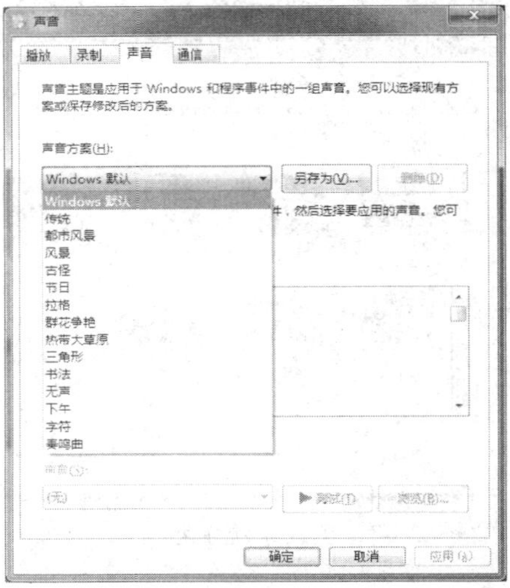

图 2-50 “声音方案”下拉列表

图 2-51 指标“方案”下拉列表

9. 设置日期和时间

① 单击“开始”按钮，选择“控制面板”→“日期和时间”命令，如图 2-52 所示。

② 弹出“日期和时间”对话框，单击“更改日期和时间”按钮，对日期和时间进行设置，

然后单击“确定”按钮即可，如图 2-53 所示。

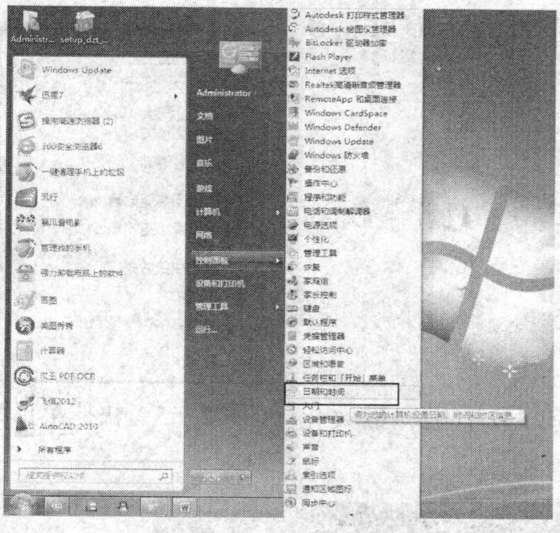

图 2-52　“日期和时间”命令

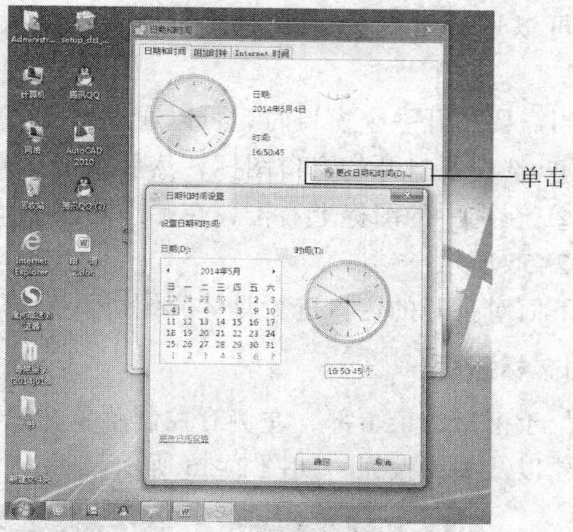

图 2-53　“日期和时间设置”对话框

2.3　窗口、菜单与对话框的操作

在 Windows 中所有的程序都是运行在一个方框内的，在这个方框内集成了诸多元素，而这些元素则根据各自的功能又被赋予不同名称，这个集成诸多元素的方框称为窗口。窗口具有通用性，大多数窗口的基本元素都是相同的。无论是 Windows 操作系统本身自带的应用小程序如“画图”“记事本”等，还是当今流行的各种应用软件，无不以窗口的形式为用户提供一个可以与计算机进行交互式操作的图形化界面，它具有形象易学、便捷、界面友好、高效的特点。用户在窗口中几乎可以进行任何操作，如管理计算机资源，创建、编辑、保存文件或进行系统维护等。

2.3.1　认识 Windows 窗口

当用户打开一个文件或者应用程序时，都会出现一个窗口。熟练地对窗口进行操作，能大大提高用户的工作效率。下面以“计算机”窗口为例介绍窗口的组成。

双击桌面上的“计算机”图标，打开“计算机”窗口，如图 2-54 所示。

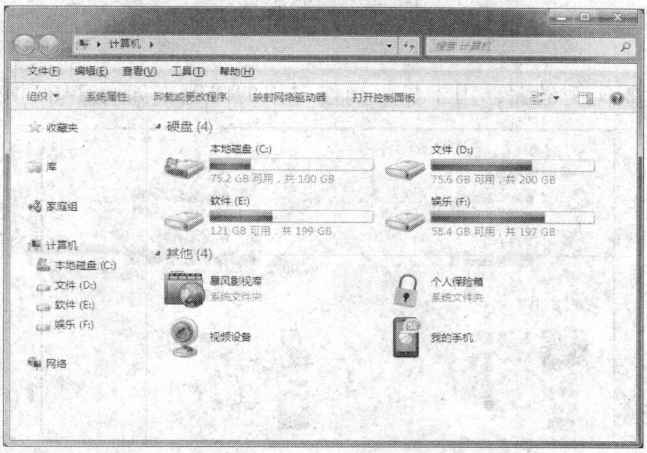

图 2-54　“计算机”窗口

窗口操作在 Windows 系统中很重要，不但可以通过鼠标使用窗口上的各种命令来操作，而且可以通过键盘的快捷键操作。基本的操作包括打开、缩放、移动等。

当需要打开一个窗口时，可以通过下面两种方式来实现：

① 选中要打开的窗口图标，然后双击打开。

② 在选中的图标上右击，在弹出的快捷菜单中选择“打开”命令，如图 2-55 所示。

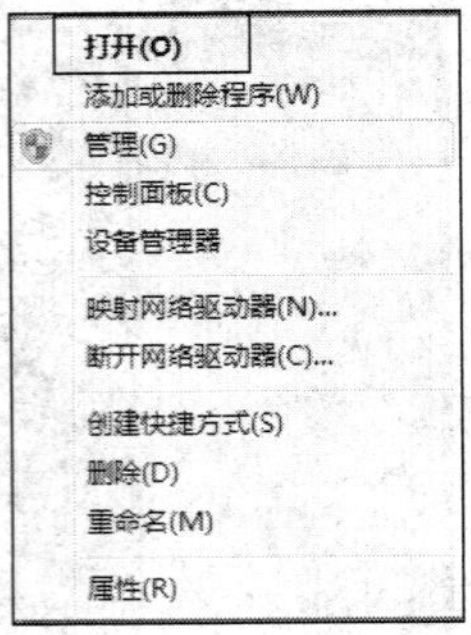

图 2-55　快捷菜单

下面对打开的窗口进行具体介绍。

1. 标题栏

位于窗口的最上部，左侧有控制菜单按钮，右侧有最小化、最大化或还原以及关闭按钮，如图 2-56 所示。

图 2-56　标题栏

2. 菜单栏

在标题栏的下面，它提供了用户在操作过程中要用到的各种命令，如图 2-57 所示。

图 2-57　菜单栏

3. 地址栏

通过地址栏可以快速访问指定的磁盘或者文件夹，如图 2-58 所示。

图 2-58　地址栏

4. 状态栏

位于窗口的最下方，标明了当前有关操作对象的一些基本情况，如图 2-59 所示。

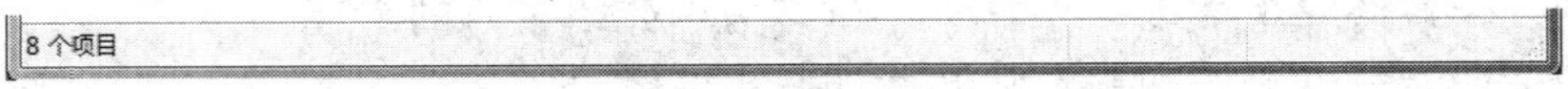

图 2-59　状态栏

5. 工作区域

它在窗口中所占的比例最大，用于显示操作对象的内容，如图 2-60 所示。

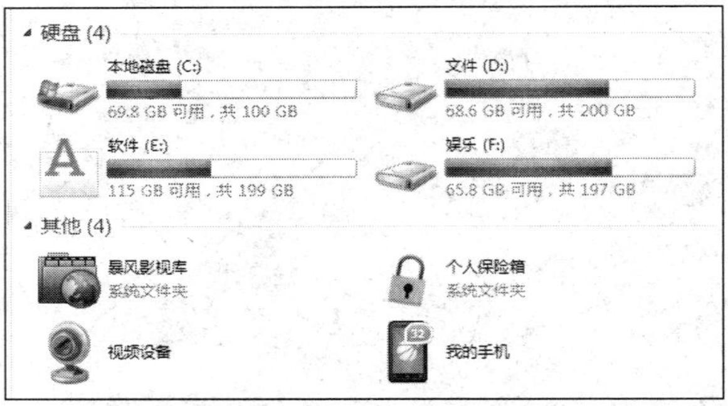

图 2-60　工作区域

6. 滚动条

当工作区域的内容太多而不能全部显示时，窗口将自动出现滚动条，用户可以通过拖动水平或者垂直滚动条查看所有内容。

7. 窗格

在 Windows 7 中，窗口中新增了很多新的窗格，用于实现各种功能。可以单击工具栏中的“组织”下拉按钮，然后从“布局”菜单中选择是否显示或隐藏某个窗格。

① 导航窗格：用于显示文件夹或库文档类型的列表。

② 库窗格：用于显示库文件中文档排列方式。

③ 预览窗格：用于显示当前文件的内容预览。

④ 细节窗格：用于显示和编辑当前文件的数据属性等信息。

2.3.2　Windows 窗口的基本操作

1. 移动窗口

用户在打开一个窗口后，不但可以通过鼠标来移动窗口，而且可以通过鼠标和键盘的配合来完成。

① 移动窗口时用户只需要在标题栏上按下鼠标左键拖动，移动到合适的位置后再松开，即可完成移动的操作。

② 用户如果需要精确地移动窗口，可以在标题栏上右击，在弹出的快捷菜单中选择“移动”命令（见图 2-61），当屏幕上出现“✥”标志时，再通过按键盘上的方向键来移动，到合适的位置后用单击或者按【Enter】键确认。

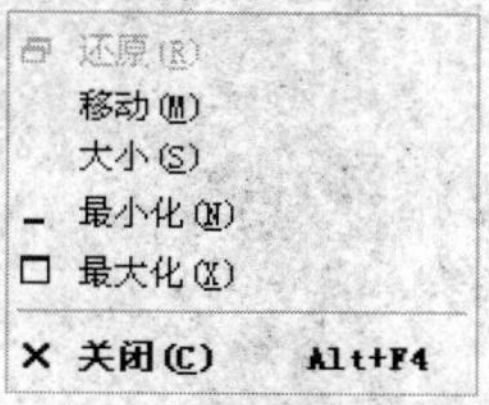

图 2-61　快捷菜单

2. 缩放窗口

窗口不但可以移动到桌面上的任何位置，而且还可以随意改变大小将其调整到合适的尺寸。

① 当用户只需要改变窗口的宽度时，可把鼠标指针放在窗口的垂直边框上，当鼠标指针变成双向箭头时进行拖动。如果只需要改变窗口的高度时，可以把鼠标指针放在水平边框上，当指针变成双向箭头时进行拖动。当需要对窗口进行等比缩放时，可以把鼠标指针放在边框的任意角上进行拖动。

② 用户也可以用鼠标和键盘的配合来完成，在标题栏上右击，在弹出的快捷菜单中选择“大小”命令（见图 2-61），屏幕上出现“✥”标志时，通过键盘上的方向键来调整窗口的高度和宽度，调整至合适位置时，单击或者按【Enter】键结束。

3. 最大化、最小化窗口

当用户在对窗口进行操作的过程中，可以根据自己的需要，把窗口最小化、最大化等。

① 最小化按钮：在暂时不需要对窗口操作时，可把它最小化以节省桌面空间，用户直接在标题栏上单击此按钮，窗口会以按钮的形式缩小到任务栏。

② 最大化按钮：窗口最大化时铺满整个桌面，这时不能再移动或者是缩放窗口。用户在标题栏上单击此按钮即可使窗口最大化。

③ 还原按钮：当把窗口最大化后想恢复原来打开时的初始状态，单击此按钮即可实现

对窗口的还原。

用户在标题栏上双击可以进行最大化与还原两种状态的切换。

每个窗口标题栏的左方都会有一个表示当前程序或者文件特征的控制菜单按钮，单击即可打开控制菜单，它和在标题栏上右击所弹出的快捷菜单的内容是一样的，如图 2-62 所示。

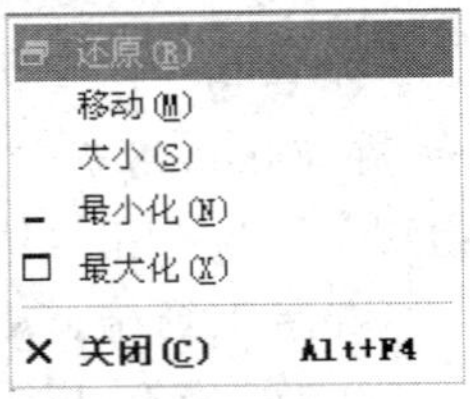

图 2-62　控制菜单

用户也可以通过快捷键完成以上的操作。按【Alt+Space】组合键打开控制菜单，然后根据菜单中的提示，在键盘上输入相应的字母，比如最小化输入字母“N”，通过这种方式可以快速完成相应的操作。

4. 切换窗口

当用户打开多个窗口时，需要在各个窗口之间进行切换。下面是几种切换方式：

① 在 Windows 7 中，将鼠标指针停留在任务栏左侧的某个程序图标上，任务栏中该程序图标上方即会显示该类已经打开所有内容的小预览窗口，如图 2-63 所示。

图 2-63　小预览窗口

② 按【Alt+Tab】组合键完成切换，用户可以同时按下【Alt】和【Tab】两个键，屏幕上会出现切换任务栏，在其中列出了当前正在运行的窗口，用户这时可以按住【Alt】键，然后按【Tab】键从切换任务栏中选择所要打开的窗口，选中后松开两个键，选择的窗口即可成为当前窗口，如图 2-64 所示。

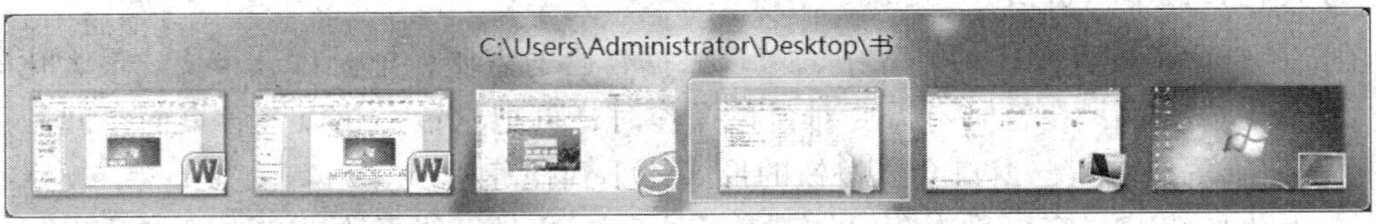

图 2-64　切换窗口

③ 在 Windows 7 中还可以按【Win+Tab】组合键进行 3D 窗口切换。首先，按住【Win】

键，然后按一下【Tab】键，即可在桌面显示各应用程序的 3D 小窗口，每按一次【Tab】键，即可按顺序切换一次窗口，松开【Win】键，即可在桌面显示最上面的应用程序窗口，如图 2-65 所示。

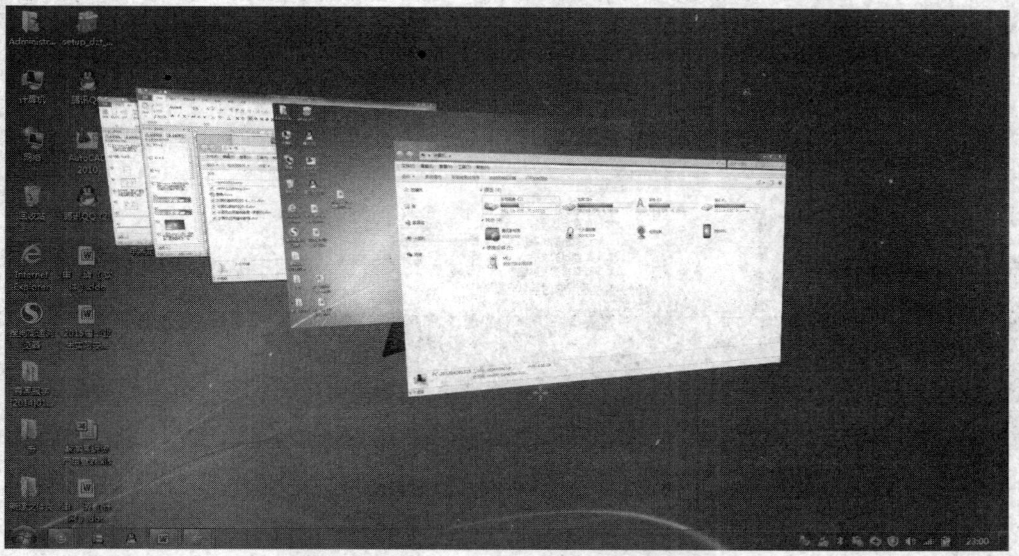

图 2-65　3D 窗口

5. 关闭窗口

用户完成对窗口的操作后，在关闭窗口时有下面几种方式：

① 直接在标题栏上单击“关闭”按钮。

② 双击控制菜单按钮。

③ 单击控制菜单按钮，在弹出的控制菜单中选择“关闭”命令（见图 2-62）。

④ 按【Alt+F4】组合键。

如果所要关闭的窗口处于最小化状态，可以在任务栏上选择该窗口的按钮后右击，在弹出的快捷菜单中选择“关闭所有窗口”命令。或者直接在预览小窗口中单击“关闭”按钮。

2.3.3　窗口的排列

当用户在对窗口进行操作时打开了多个窗口，而且需要全部处于全显示状态，这就涉及排列的问题，在 Windows 7 中为用户提供了三种排列方案。

在任务栏的非按钮区右击，弹出的快捷菜单如图 2-66 所示。

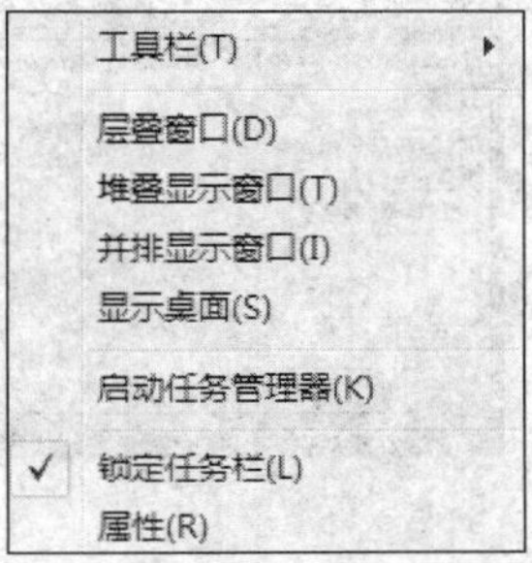

图 2-66　任务栏快捷菜单

1. 层叠窗口

在任务栏快捷菜单中选择“层叠窗口”命令（见图 2-66），可把窗口按先后顺序依次排列在桌面上，其中每个窗口的标题栏和左侧边缘是可见的，可以任意切换各窗口之间的顺序，如图 2-67 所示。

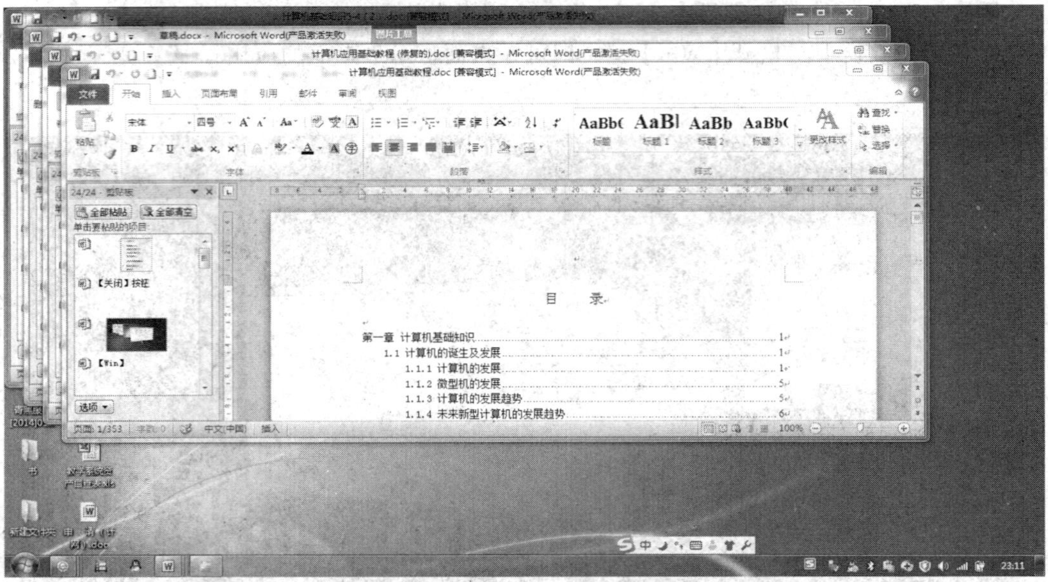

图 2-67 层叠窗口

2. 堆叠显示窗口

在任务栏快捷菜单中选择“堆叠显示窗口”命令（见图 2-66），可把窗口并排显示，在保证每个窗口大小相等的情况下，使得窗口尽可能往水平方向伸展，如图 2-68 所示。

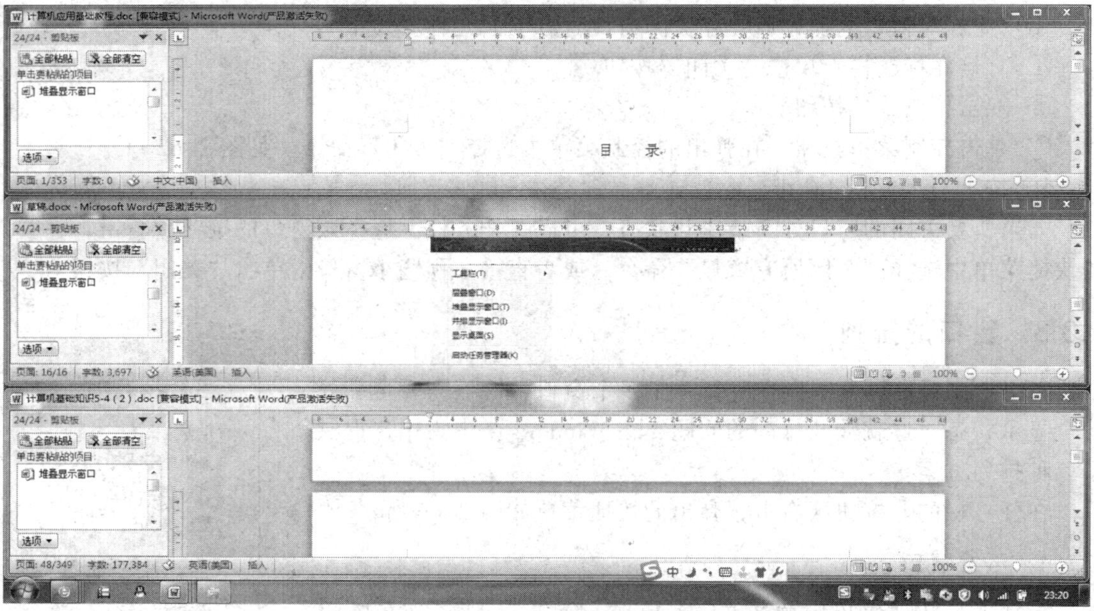

图 2-68 堆叠显示窗口

3. 并排显示窗口

在任务栏快捷菜单中选择“并排显示窗口”命令（见图 2-66），可在保证每个窗口都显示的情况下，使得窗口尽可能往垂直方向伸展，如图 2-69 所示。

4．撤销排列

在选择了某项排列方式后，在任务栏快捷菜单中会出现相应的撤销该排列的命令，例如执行“堆叠显示窗口”命令后，任务栏快捷菜单中会增加一项“撤销堆叠显示”命令，如图 2–70 所示。选择该命令后窗口恢复原状。

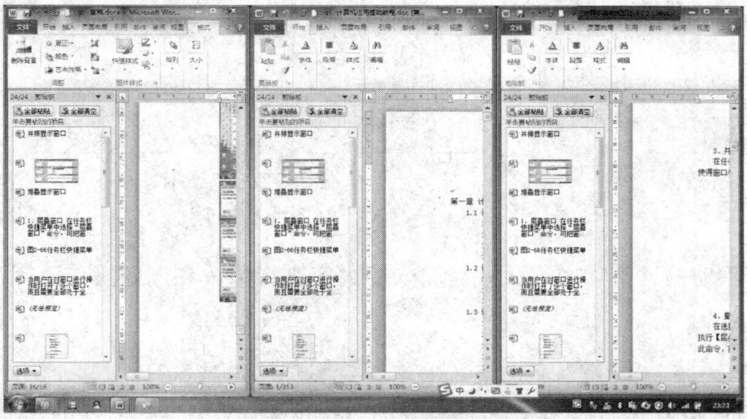

图 2–69　并排显示窗口

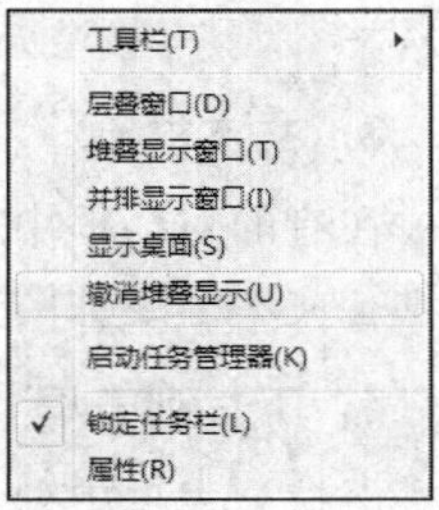

图 2–70　“撤销堆叠显示”命令

2.3.4　菜单操作

使用中文 Windows 操作系统时，会遇到各种菜单，菜单操作是最基本的操作。

不同窗口的菜单将所提供的命令进行分类，包括若干组。选择某一菜单中的命令完成一个或一组操作。灰色字迹菜单表示该菜单在目前状态下不可以使用。一般的菜单包含如下格式：

① 带黑色三角形的命令。选择名称后面带黑色三角形的命令，将弹出子菜单。

② 带省略号的命令。选择名称后面带省略号（…）的命令，会弹出一个对话框。

③ 带组合键的命令。带组合键的命令具有快捷方式，后边的字母组合即为快捷键。

④ 带“√”的命令。带“√”标记的命令表示该命令被选中。凡带“√”的命令称为“复选项”，即可以选择其中的一项或多项，也可以都不选。

⑤ 带“• ”的命令。凡带“• ”的命令称为“单选项”，在并列的几项中只能选择其中的一项。

菜单中完成相关任务的命令为一组，不同命令组用一条横线隔开。选择命令则可以启动相应的应用程序。

2.3.5　对话框

对话框在 Windows 中占有重要的地位，是用户与计算机系统之间进行信息交流的窗口。

对话框的组成和窗口有相似之处，例如都有标题栏，但对话框比窗口简洁、直观、侧重于与用户的交流，它一般包含有标题栏、选项卡与标签、文本框、下拉列表框、按钮、单选按钮、复选框和微调框等部分。

1．标题栏

位于对话框的最上方，系统默认为深蓝色，标题栏左侧标明该对话框的名称，右侧有关闭按钮，有的对话框还有帮助按钮，如图 2-71 所示。

2．选项卡和标签

有很多对话框都是由多个选项卡构成的，各选项卡都有相应的标签，以便于进行区分。用户可以通过在各个选项卡之间进行切换来查看不同的内容，如图 2-72 所示。

图 2-71　标题栏

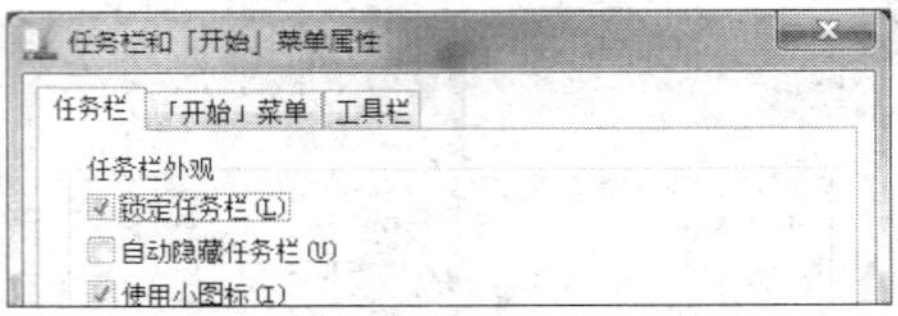

图 2-72　选项卡

3．文本框

在有的对话框中需要用户手动输入某项内容，并对输入的内容进行修改和删除操作，因而提供了文本框，如图 2-73 所示。

4．下拉列表框

下拉列表框中列出了众多的选项，单击下拉列表框右侧的下拉按钮，从中选择需要的选项，如图 2-74 所示。

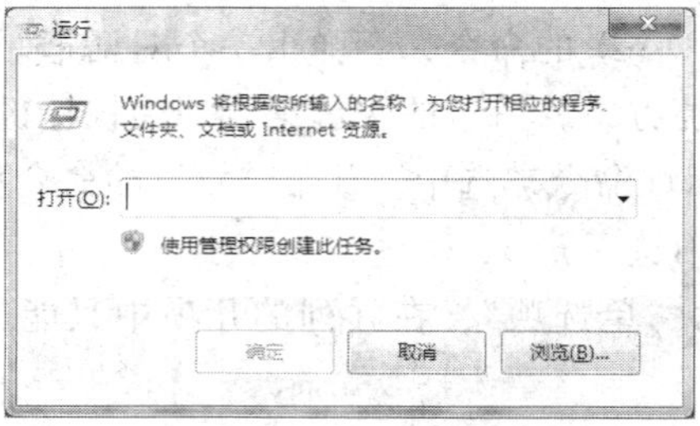

图 2-73　文本框

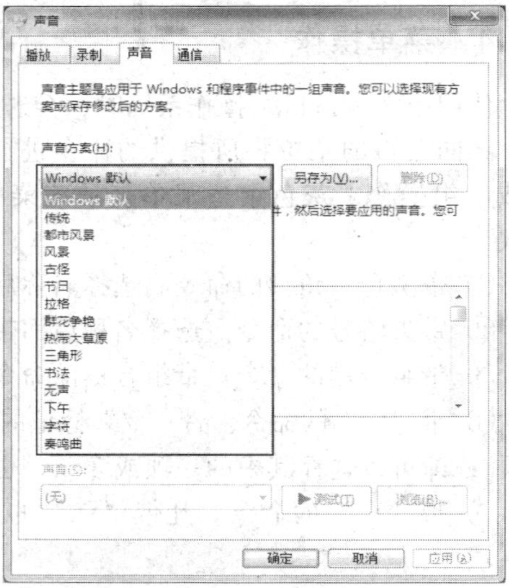

图 2-74　下拉列表框

5．按钮

按钮是指在对话框中呈圆角矩形并且带有文字的按钮，如常用的“确定”“应用”“关闭”“取消”按钮等，如图 2-75 所示。

6．单选按钮

通常是一个小圆形，其后面有相关的文字说明，当选中后，在圆形中间会出现一个绿色的小圆点，在对话框中通常是一个选项组中包含多个单选按钮，当选中其中一个后，其他的选项变为不可选，如图 2-76 所示。

图 2-75　命令按钮

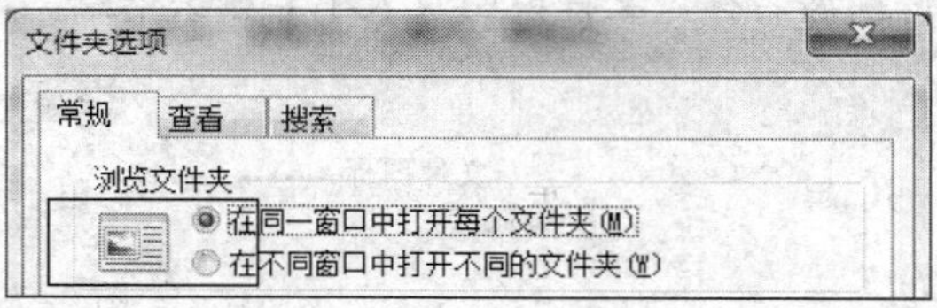

图 2-76　单选按钮

7．复选框

通常是一个小正方形，其后面有相关的文字说明，当选中后，在正方形中间会出现一个绿色的“√”标志，它是可以任意选择的，如图 2-77 所示。

8．微调框

它由向上向下两个箭头组成，分别单击箭头即可增加或减少数值，如图 2-78 所示。

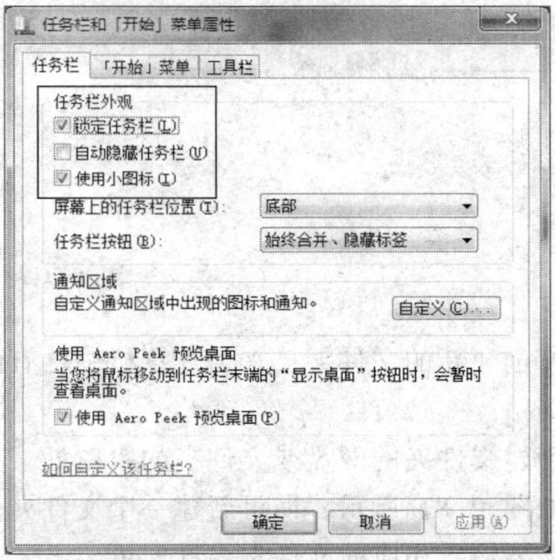

图 2-77　复选框

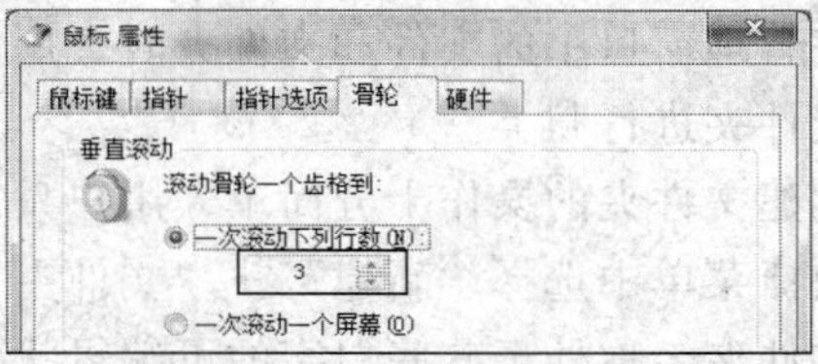

图 2-78　微调框

2.4　文件与文件夹

文件和文件夹在系统窗口中以各自相应的图标形式显示，它们是计算机系统存放和管理数据信息的场所。在 Windows 7 中，所有的文件和文件夹等系统资源都是在“计算机”窗口中进行管理，用户只需要在“计算机”窗口中双击任意磁盘，即可将其打开并管理其中的文件和文件夹。

2.4.1　认识文件与文件夹

在学习文件和文件夹的操作之前，用户应该先了解什么是文件和什么是文件夹，以及两者有什么相同之处和不同之处。

1．文件

文件可以是一首歌曲，也可以是一段文字，在 Windows 7 中，计算机中的数据和各种信息都以文件形式进行保存。在以平铺查看方式下，典型的文件包含文件图标、文件名称、分隔符、文件扩展名称、文件说明及大小等相关信息，如图 2-79 所示。

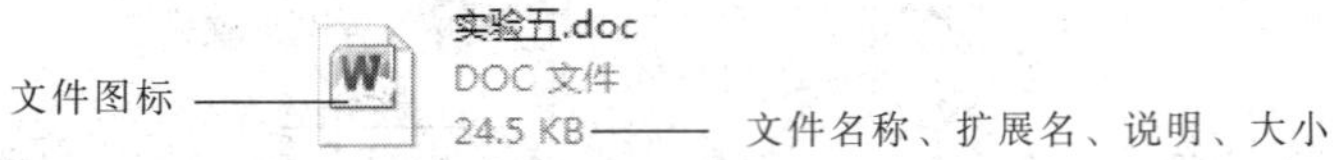

图 2-79 文件

文件的扩展名称又称文件的格式名，它是根据文件的类型来命名的，而不同扩展名称的文件，其图标也不相同。

2. 文件夹

文件夹就是用来保存文件的地方，它由文件夹图标和文件夹名称两部分组成，如图 2-80 所示。将同一类别的文件放在相同的文件夹中，方便查找和使用。文件夹中还可以创建子文件夹，以方便细分文件的类别。子文件夹中也可以保存文件和文件夹，但文件中不能包含文件夹。

图 2-80 文件夹

2.4.2 文件与文件夹的基本操作

1. 新建文件与文件夹

在管理窗口中的文件和文件夹时，用户可以自行创建新的文件夹，来为计算机中已有的文件和文件夹进行归类。

创建文件夹的操作十分简单，用户只需右击要创建文件夹的磁盘或文件夹的空白处，在弹出的快捷菜单中选择“新建”→“文件夹”命令，如图 2-81 所示，即可新建一个文件夹。新建的文件夹名称处于蓝底白字的可编辑状态，根据需要输入相应的文件夹名称即可。

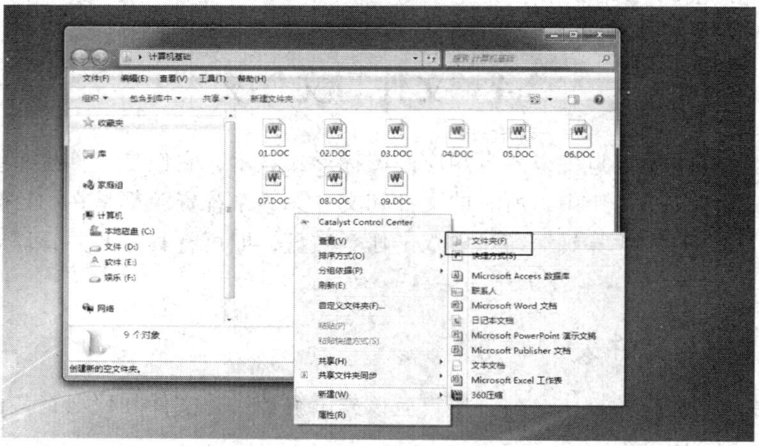

图 2-81 新建一个文件夹

2. 选择文件或文件夹

选中文件或文件夹是对其进行操作的必要前提。在实际运用中，用户可以使用多种方法来选择文件或文件夹。下面分别进行介绍。

（1）选择单个文件或文件夹

当需要选择单个文件或文件夹时，只需要单击该文件或文件夹的图标即可，被选择后的文件或文件夹呈浅蓝色状态，如图 2-82 所示。

图 2-82　选择单个文件夹

（2）选择多个文件或文件夹

当用户需要选择多个文件或文件夹时，可以根据需要选择的文件或文件夹的不同分布方式，而采取不同的操作方法。分别介绍如下：

① 选择多个相邻的文件或文件夹：在要选择的文件或文件夹起始位置前的空白区域处按住鼠标左键不放并拖动鼠标，此时会拖出一个浅蓝色的矩形框，可通过该矩形框来框选需要选择的文件和文件夹，如图 2-83 所示。

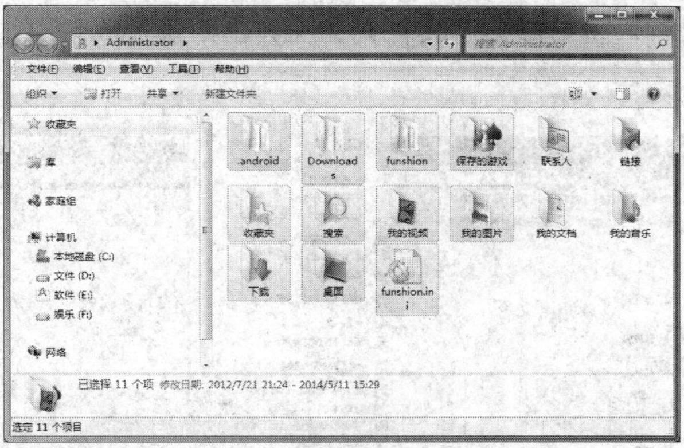

图 2-83　选择多个相邻的文件或文件夹

② 选择多个连续的文件或文件夹：选择多个连续的文件或文件夹时，应选择第一个文件或文件夹后按住【Shift】键不放，再选择另一个文件或文件夹，此时在它们之间的所有文件或文件夹都将被选择，然后释放【Shift】键即可。

③ 选择多个不连续的文件和文件夹：按住【Ctrl】键不放，依次单击需要选择的文件和文件夹，然后释放【Ctrl】键即可，如图 2-84 所示。

图 2-84　选择多个不连续的文件和文件夹

（3）选择所有的文件和文件夹

选择所有的文件和文件夹是指选中位于同一硬盘分区或文件夹下所有文件和子文件夹的操作。其方法是在打开的硬盘分区或文件夹中，直接按【Ctrl+A】组合键或选择“编辑”→“全部选定”命令。

3．复制和移动文件或文件夹

在磁盘中将文件或文件夹更换位置时需要用到复制或移动操作，两者的操作十分相似，但又有所区别。

（1）复制文件或文件夹

复制文件或文件夹是指对原来的文件或文件夹不作任何改变，重新生成一个完全相同的文件或文件夹，执行复制操作后原来位置的文件或文件夹仍然存在。如将本地磁盘（E:）中的“歌曲”文件夹复制到本地磁盘（F:）的新建文件夹中。具体操作如下：

① 打开 E 盘窗口，右击“歌曲”文件夹，在弹出的快捷菜单中选择“复制”命令，如图 2-85 所示。

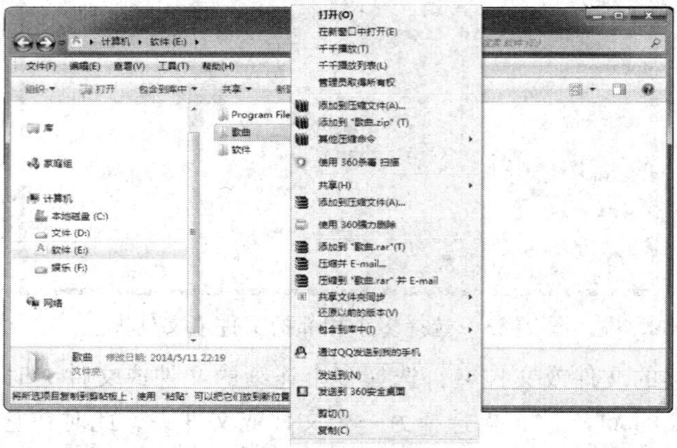

图 2-85　选择“复制”命令

② 在左侧窗格中单击 F 盘超链接，单击“新建文件夹”按钮，如图 2-86 所示。

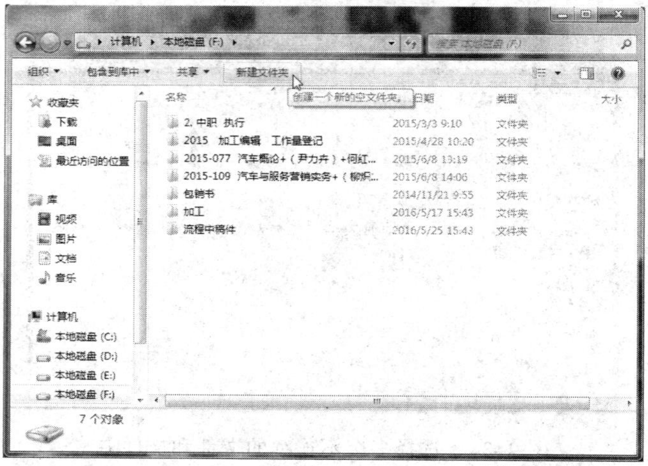

图 2-86　单击“新建文件夹”

③ 在窗口空白处右击，在弹出的快捷菜单中选择“粘贴”命令，如图 2-87 所示。

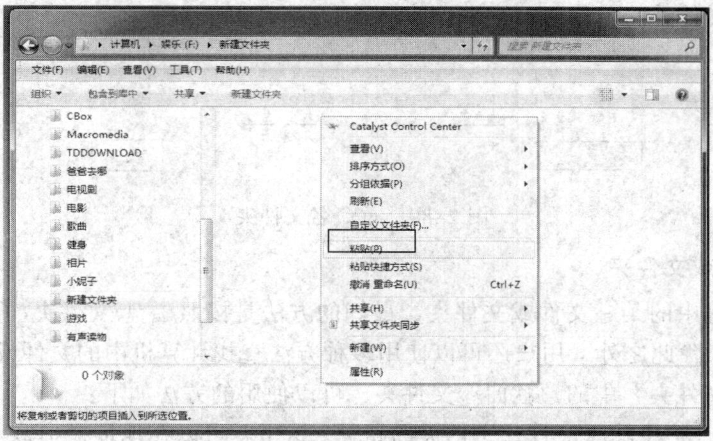

图 2-87　选择“粘贴”命令

④ 此时“歌曲”文件夹已复制到 F 盘的“新建文件夹”文件夹中，如图 2-88 所示。

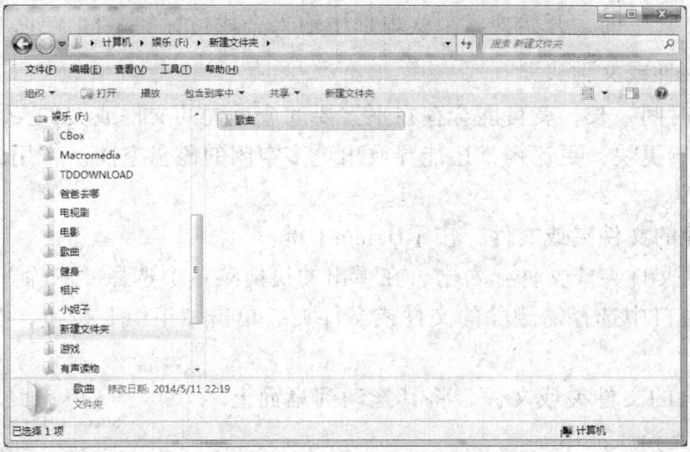

图 2-88　成功复制文件夹

（2）移动文件或文件夹

移动文件或文件夹是指从原先的位置上剪切后再粘贴到新的位置，其方法是在需要移动的文件或文件夹图标上右击，在弹出的快捷菜单中选择“剪切”命令或按【Ctrl+X】组合键，将文件或文件夹剪切后，在需要放置文件或文件夹的窗口空白处右击，在弹出的快捷菜单中选择“粘贴”命令即可将文件或文件夹移动到该窗口中。移动操作与复制操作非常类似，不同的是，在移动后原来的文件或文件夹将不存在。

移动或复制文件夹时会将整个文件夹内的子文件夹和文件一起进行复制，而不只是单纯地移动或复制文件夹本身。

4．重命名文件或文件夹

除了在新建文件或文件夹时可以为文件或文件夹命名以外，在实际操作过程中也可以为其重命名。重命名文件或文件夹的具体操作如下：

① 选择需要重命名的文件或文件夹。

② 右击并在弹出的快捷菜单中选择“重命名”命令，此时文件或文件夹的名称将呈蓝底

白字的可编辑状态，如图 2-89 所示。在文件夹的名称文本框中输入新名称后，按【Enter】键，即可更改文件或文件夹的名称。

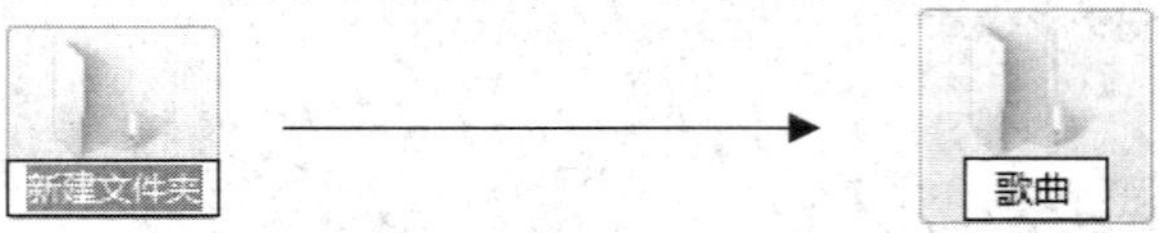

图 2-89 重命名文件夹

5. 查找文件或文件夹

要查找计算机中的某一文件或文件夹，最好的方法是按照磁盘/文件夹/子文件夹的顺序依次双击打开查找，除此之外，用户还可以使用多种方法查找计算机中的文件或文件夹。如要查找 E 盘中“新建文件夹”中的“歌曲”文件夹，可以使用的方法如下：

① 在窗口地址栏中输入文件或文件夹的路径，这里就可以在地址栏中输入“E：/新建文件夹 / 歌曲”。

② 在窗口的搜索栏中输入要查找目标的名称，这里可以输入“歌曲”文本。

③ 在“开始”菜单的“开始搜索”文本框中输入查找目标的名称，如“歌曲”文本。

6. 安全删除文件或文件夹

使用计算机的时间一长，就可能会存在不需要的或重复的文件或文件夹。删除这些文件或文件夹能让系统运行更快、更流畅，还能释放出更多空闲的磁盘空间。常用的删除文件或文件夹的方法如下：

① 选择需删除的文件夹或文件，按【Delete】键。

② 在需删除的文件夹或文件上右击，在弹出的快捷菜单中选择“删除”命令。

③ 在打开的窗口中选择需删除的文件或文件夹，单击“组织”按钮，在弹出的菜单中选择“删除”命令。

④ 选择需删除的文件夹或文件，将其拖动到桌面上的“回收站”图标上释放鼠标。

⑤ 若用户想要删除的文件过大，无法放入回收站，则在删除时会弹出图 2-90 所示的对话框，提示用户是否永久删除该文件或文件夹。用户也可以通过按【Shift+Delete】组合键永久删除文件或文件夹。

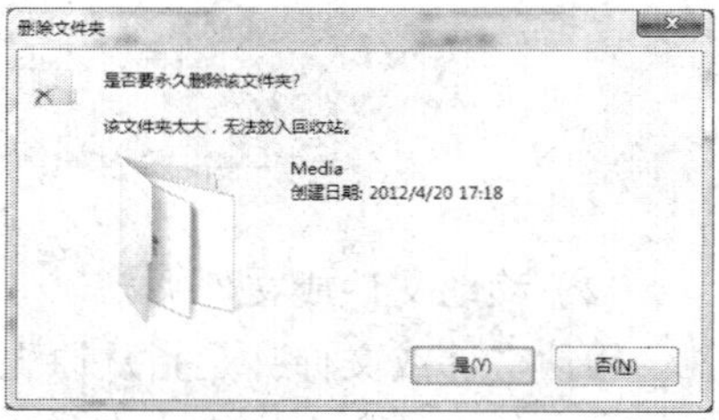

图 2-90 永久删除文件

2.4.3 管理文件与文件夹

1. 排列文件与文件夹

当磁盘中存放的文件和文件夹较多时，为了方便用户查找，可以对文件和文件夹进行排序。Windows 7 中提供了“名称”“修改日期”“类型”“大小”等多种排序方式，默认为“名称”方式，用户可以根据需求进行修改。具体操作如下：

① 右击窗口空白处，在弹出的快捷菜单中选择“排序方式”命令，然后在展开的子菜单中选择需要的排序方式，如“类型”，如图 2-91 所示。

② 设置文件的升序和降序排列方式。系统默认为“递减”方式，可以在“排序方式”子菜单中选择“递增”或者“递减”命令（见图 2-91）。

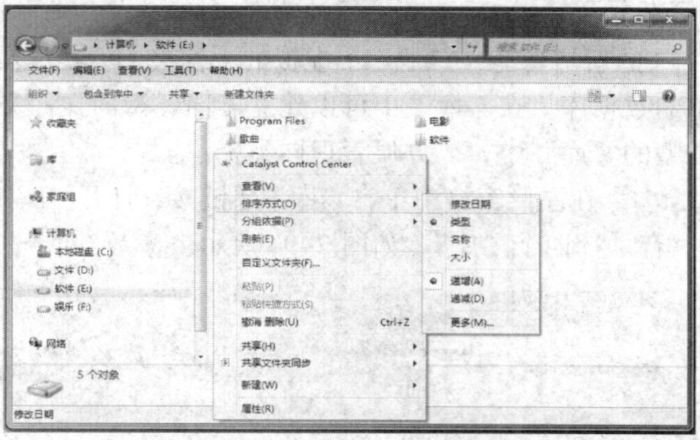

图 2-91　排列文件或文件夹

2. 分组文件与文件夹

当某个文件或文件夹数目太多时,可以通过分组文件或文件夹来提高浏览效率。具体操作如下:

① 右击窗口空白处，在弹出的快捷菜单中选择“分组依据”命令，然后在展开的子菜单中选择需要的分组方式，如“类型”，如图 2-92 所示。

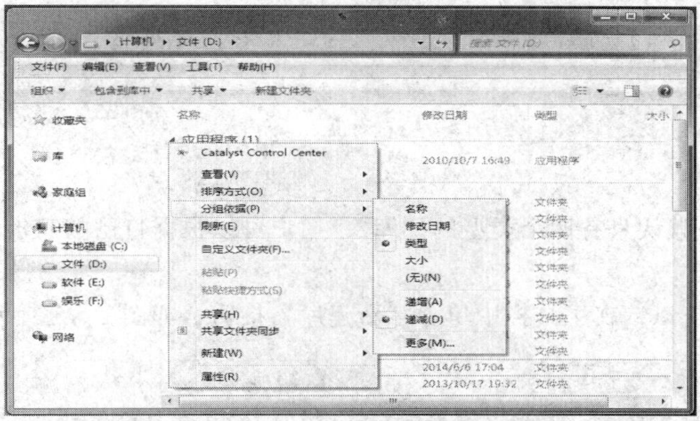

图 2-92　分组依据

② 经过操作后，当前窗口中的文件和文件夹会按照“类型”进行分组，可以展开或折叠分组，如图 2-93 所示。

图 2-93　分组后的窗口

3．使用库管理文件或文件夹

“库”是 Windows 7 的新增功能，它是一个虚拟的文件夹，不存放实体文件，只存放目录索引，相当于一个简单的数据库。在“库”中可以建立不同类型的文件夹，然后将硬盘中相应的文件夹包含到这个类型的“库”中，以方便管理同类资源。

打开“计算机”窗口，在左侧窗格中单击“库”超链接，打开“库”窗口，其中默认有“视频”“图片”“文档”“音乐”四个“库”，如图 2-94 所示。

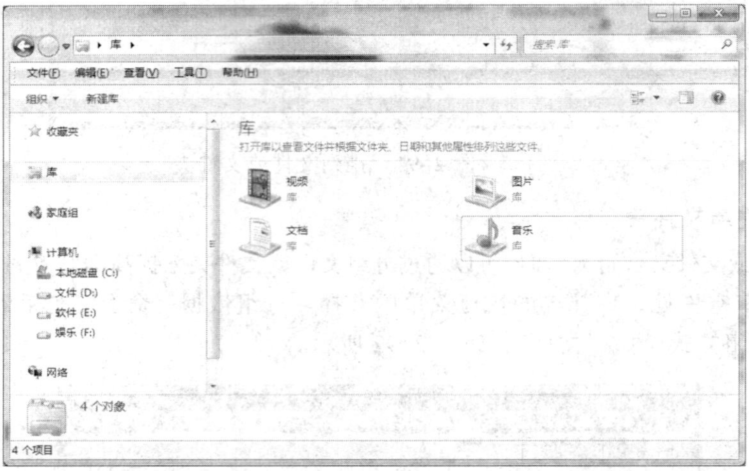

图 2-94 “库”窗口

（1）新建“库”

在“库”窗口中默认只有四个类型的“库”，用户可以根据自己的需求创建“库”文件夹。具体操作如下：

① 打开“库”窗口，在工具栏中单击“新建库”按钮，如图 2-95 所示。

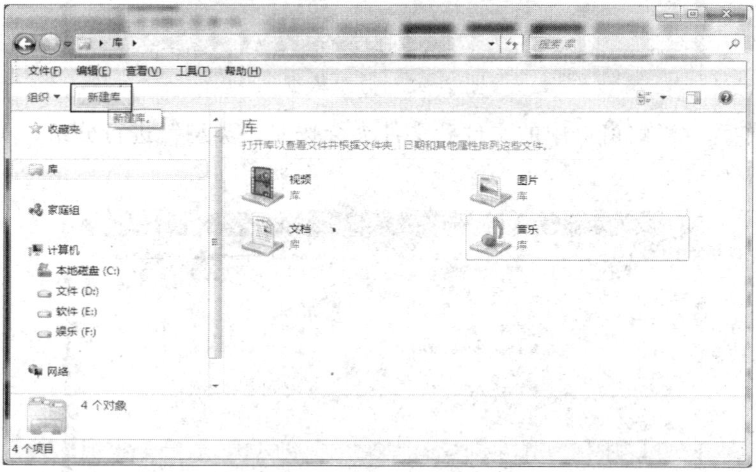

图 2-95 新建“库”

② 窗口中出现一个新的库图标，此时输入新的库名称，然后按【Enter】键确认，如图 2-96 所示。

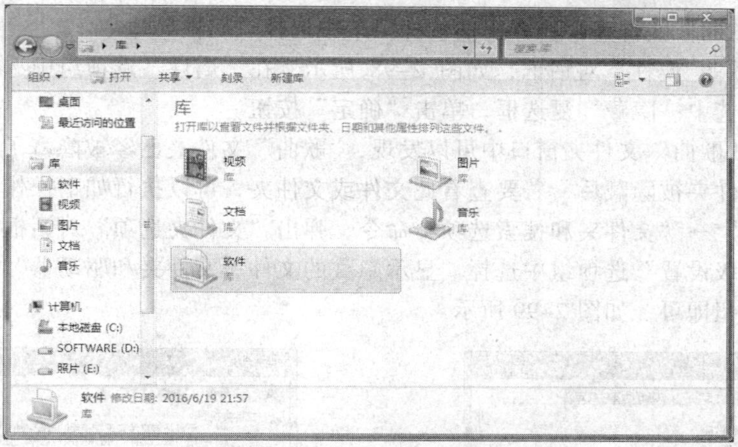

图 2–96　新建“软件”库

（2）添加文件夹到相应库

① 在文件夹窗口中右击要添加的文件夹，在弹出的快捷菜单中选择“包含到库中”命令，在展开的子菜单中选择需要的库名，如图 2–97 所示。

② 添加完成后，在“库”窗口中单击相应的库图标即可看到已添加的文件夹。

图 2–97　添加文件夹到“库”

（3）设置文件或文件夹的属性

计算机中的文件夹包括只读、存档和隐藏三种属性。其特点分别介绍如下：

① 只读：该文件和文件夹只能打开并阅读其内容，但不能修改其内容，即进行修改后不能在当前位置进行保存。

② 隐藏：设置隐藏属性后这类文件和文件夹将被隐藏起来，打开其所在窗口不会被看见，但可通过其他设置显示隐藏的文件和文件夹。

③ 存档：不仅可以打开设置为该属性的文件进行阅读，还可修改其内容并进行保存。

用户可以通过“属性”对话框设置文件和文件夹的属性。具体操作如下：

① 打开目标文件或文件夹所在的窗口，这里选择本地磁盘（E:）中的“歌曲”为目标文件夹。

② 右击“歌曲”文件夹，在弹出的快捷菜单中选择“属性”命令。

③ 弹出“歌曲 属性”对话框，如图 2-98 所示，在“属性”选项组中选中要设置的属性复选框，如这里选中“隐藏”复选框，单击“确定”按钮。

④ 返回到“歌曲”文件夹窗口中可以发现，“歌曲”文件夹已经被隐藏了。

当文件或文件夹被隐藏后，若要查看此文件或文件夹，可以执行如下操作：

选择“组织”→“文件夹和搜索选项”命令，弹出“文件夹选项”对话框，选择“查看”选项卡，在“高级设置”选项组中选择“显示隐藏的文件、文件夹和驱动器”单选按钮，然后单击“确定”按钮即可，如图 2-99 所示。

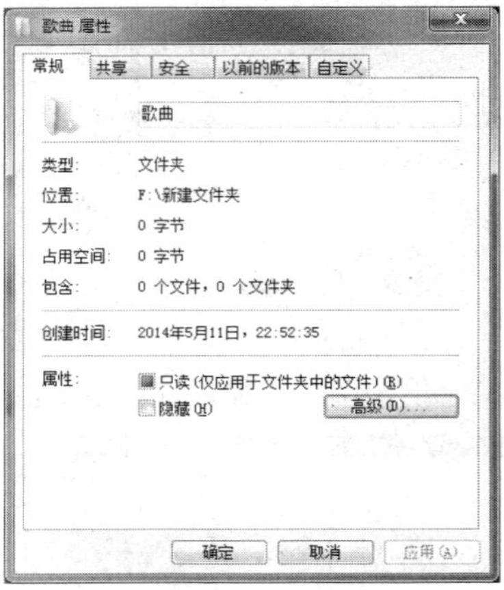

图 2-98 设置文件属性

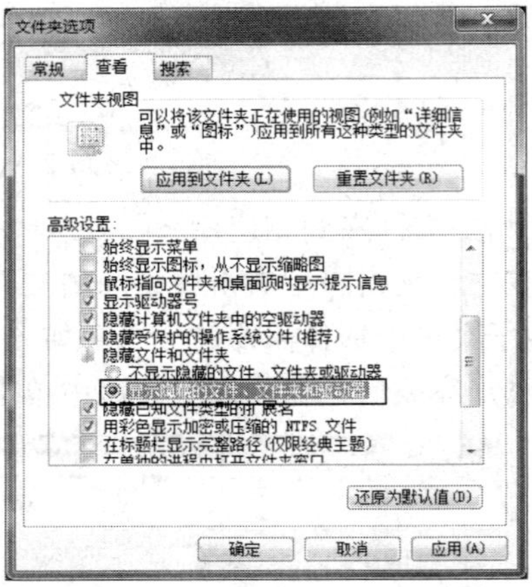

图 2-99 “文件夹选项”对话框

（4）更改文件夹图标

默认情况下文件夹的图标都为黄色文件夹形式,用户可根据自己的喜好更改文件夹的图标。具体操作如下：

① 在需要更改图标的文件夹上右击，在弹出的快捷菜单中选择“属性”命令，在弹出的文件夹属性对话框中选择“自定义”选项卡，单击“更改图标”按钮，如图 2-100 所示。

② 在弹出的更改图标对话框中选择需要的图标样式，然后单击“确定”按钮，如图 2-101 所示。

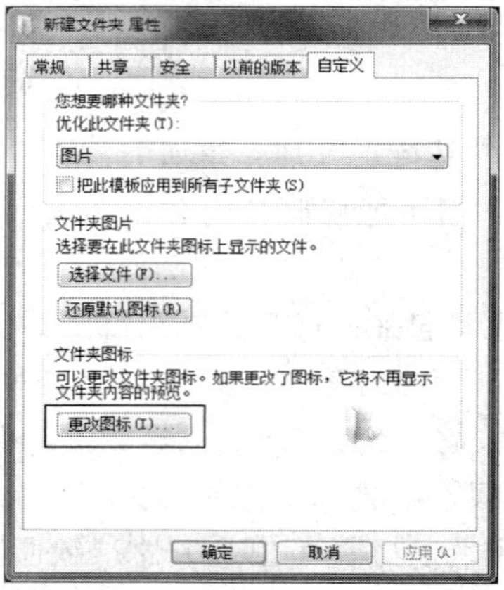

图 2-100 文件夹属性对话框

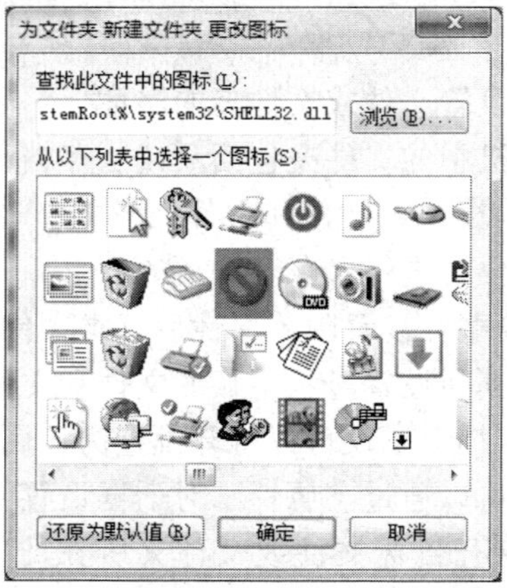

图 2-101 更改图标对话框

（5）压缩文件或文件夹

Windows 7 操作系统内置了压缩程序，通过它可以创建压缩文件。具体操作如下：

① 右击需要压缩的文件或文件夹，在弹出的快捷菜单中选择“发送到”→“压缩（zipped）文件夹”命令，如图 2-102 所示。

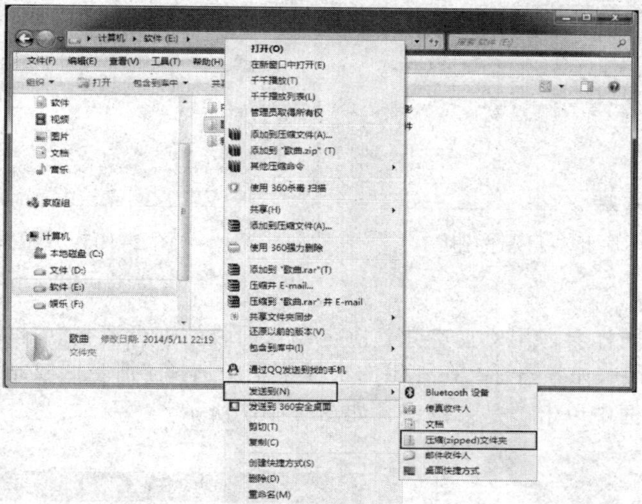

图 2-102　“压缩（zipped）文件夹”命令

② 系统开始对选中的文件或文件夹进行压缩。操作完成后，即可查看到新的压缩文件，如图 2-103 所示。

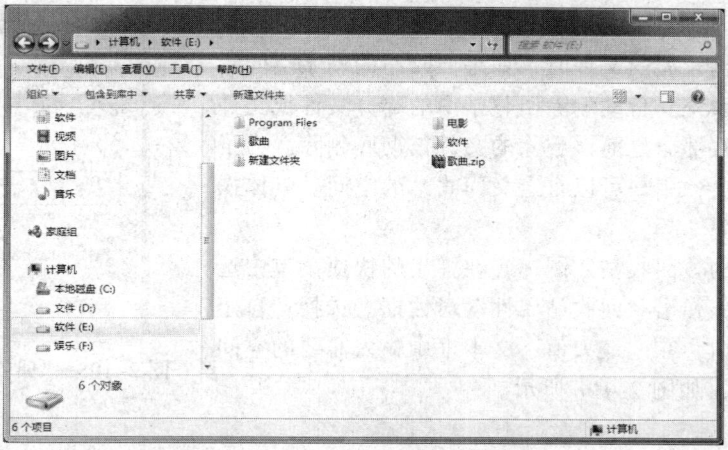

图 2-103　已压缩的文件

4．使用回收站

回收站是一个特殊的文件夹，用户通过正常方法删除的文件都被暂时存放在回收站里。

（1）还原已删除的文件或文件夹

当用户发现误删除了有价值的文件或文件夹时，可以从回收站中将其还原至原来的位置。具体操作如下：

① 双击桌面上的“回收站”图标，打开“回收站”窗口，选择需要还原的文件或文件夹。然后单击工具栏中的“还原此项目”按钮，如图 2-104 所示。

② 打开“回收站”窗口，右击需要还原的文件或文件夹，在弹出的快捷菜单中选择“还原”命令，如图 2-105 所示。

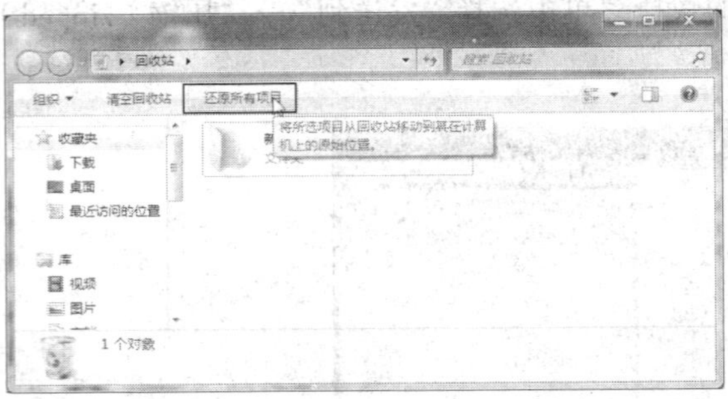

图 2-104 “还原此项目”按钮

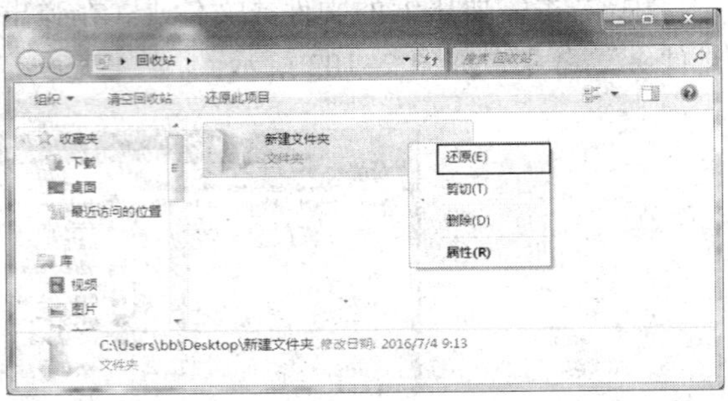

图 2-105 “还原”命令

（2）清空回收站

回收站中的文件同样会占用磁盘空间，应定期对回收站进行清空。具体操作为如下：

右击桌面上的“回收站”图标，在弹出的快捷菜单中选择“清空回收站”命令，如图 2-106 所示。在弹出的对话框中单击“是”按钮，如图 2-107 所示。

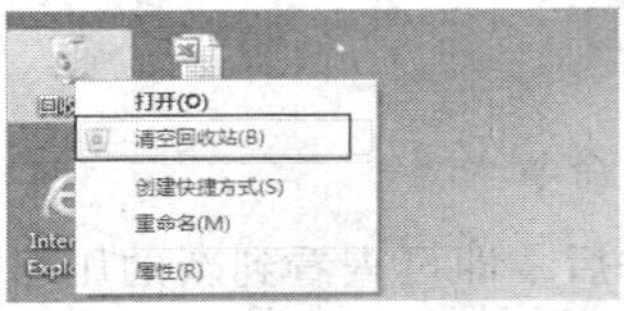

图 2-106 “清空回收站”命令

图 2-107 确认对话框

（3）设置回收站大小

在删除体积比较大的文件时，如果回收站的剩余空间无法容纳该文件，系统会自动删除回收站中的部分文件或文件夹，这样可能导致部分之前误删除的文件被彻底删除。为了避免这种情况发生，用户可以自定义回收站的空间。具体操作如下：

右击桌面上的“回收站”图标，在弹出的快捷菜单中选择“属性”命令，弹出“回收站属性”对话框。选择“自定义大小”单选按钮，在“最大值”文本框中输入需要的空间值（单位为 MB），如图 2-108 所示。

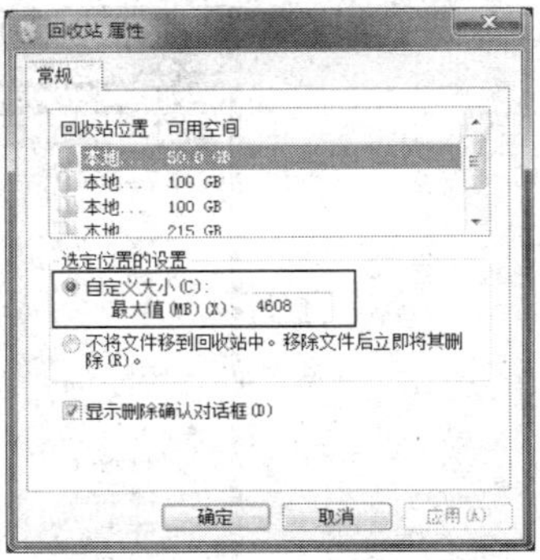

图 2-108 “回收站 属性”对话框

2.5 Windows 7 用户账户管理

通过用户账户管理功能，用户可以在 Windows 7 操作系统中创建多个用户账户，并且每个账户拥有自己的工作界面，互不影响。还可以为账户设置或修改密码、更改头像等操作。

2.5.1 创建用户账户

用户账户是用来登录和管理操作系统的，Windows 7 操作系统中有以下几种账户类型：

① 管理员：对计算机具有完全访问控制权限并能够执行任意更改，包括安装应用程序、

更改系统基本设置、创建和管理用户账户等。管理员执行某些操作可能影响其他用户。

② 用户：可以运行大多数程序，对系统执行一些常规操作，比如修改时区、收发电子邮件、浏览网页等。这些操作仅对该用户账户本身有影响，不会影响到其他用户账户。

③ 来宾账户：平时很少使用，默认为禁用状态，主要是为了工作组或域中没有永久账户的用户提供临时的使用权限。该账户允许使用者使用计算机，但没有访问个人文件、安装软硬件及更改系统设置等权限。

在 Windows 7 中，用户可以创建“管理员”和“标准用户”两种类型的账户，具体操作如下：

① 右击桌面上的“计算机”图标，在弹出的快捷菜单中选择“控制面板”命令，打开“控制面板”窗口，如图 2-109 所示。选择“用户账户”选项。

② 在打开的“用户账户”窗口中单击“管理其他账户”超链接，如图 2-110 所示。

图 2-109 “控制面板”窗口

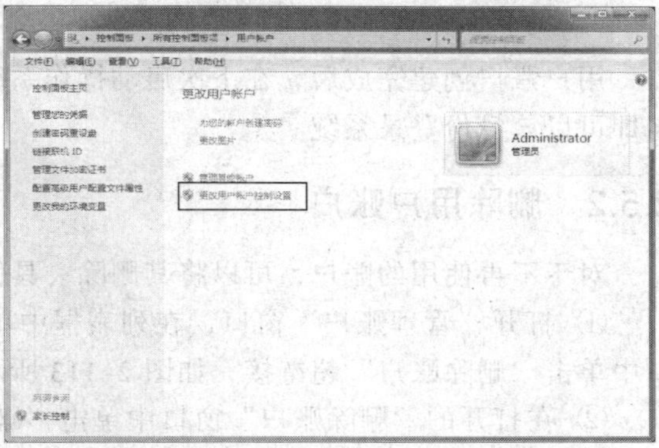

图 2-110 “用户账户”窗口

③ 在打开的“管理账户”窗口中单击“创建一个新账户”超链接，如图 2-111 所示。

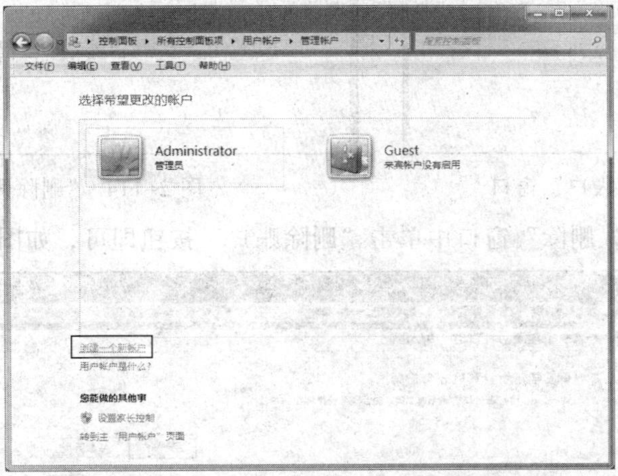

图 2-111 “管理账户”窗口

④ 在打开的“创建新账户”窗口中，输入要创建的账户名称，在下方选择账户类型，如“管理员”，然后单击“创建账户”按钮，如图 2-112 所示。

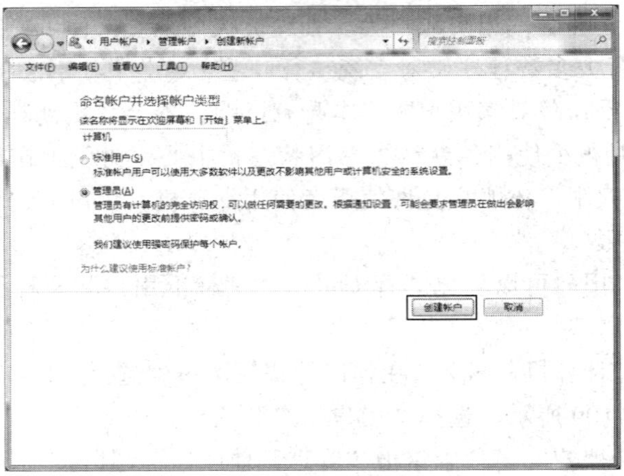

图 2-112 “创建新账户”窗口

用户账户创建完成后，在下次启动操作系统时，登录界面将显示新的用户名，单击该用户名即可以该身份登录系统。

2.5.2 删除用户账户

对于不再使用的账户，可以将其删除，具体操作如下：

① 打开“管理账户”窗口，在列表框中单击需要删除的账户，在打开的“更改账户”窗口中单击“删除账户”超链接，如图 2-113 所示。

② 在打开的“删除账户”窗口中单击“删除文件”按钮，如图 2-114 所示。

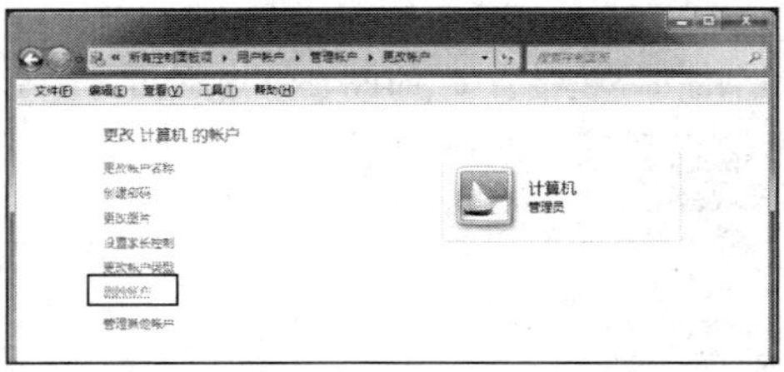

图 2-113 “更改账户”窗口

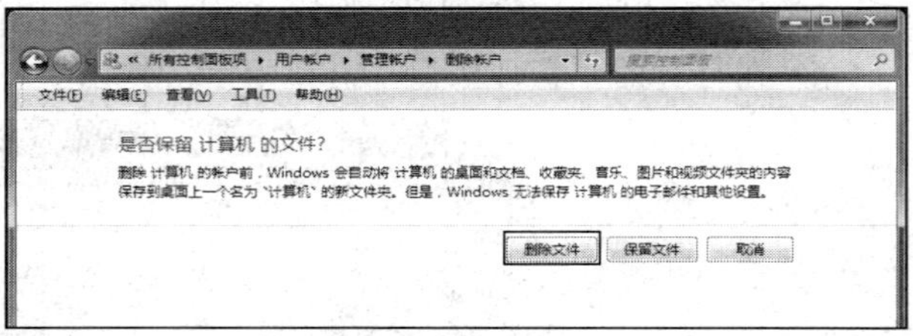

图 2-114 “删除账户”窗口

③ 在打开的“确认删除”窗口中单击“删除账户”按钮即可，如图 2-115 所示。

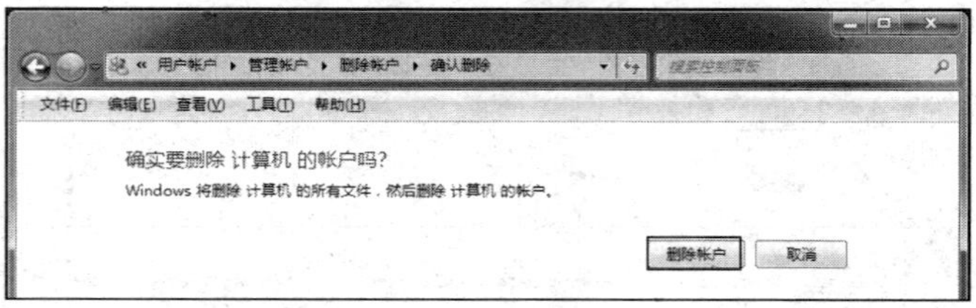

图 2-115 “确认删除”窗口

2.5.3 管理用户账户

1. 更改账户名称

① 打开“管理账户”窗口，单击需要更改名称的账户，在打开的“更改账户”窗口中单

击“更改账户名称”超链接，如图 2-116 所示。

② 打开“重命名账户”窗口，在文本框中输入新的账户名，单击“更改名称”按钮，如图 2-117 所示。

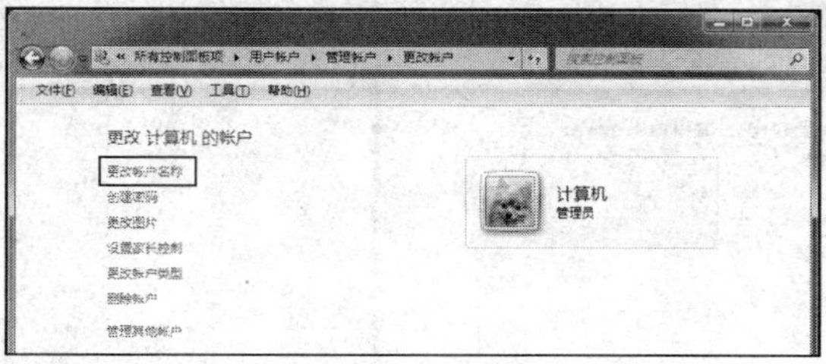

图 2-116　“更改账户”窗口

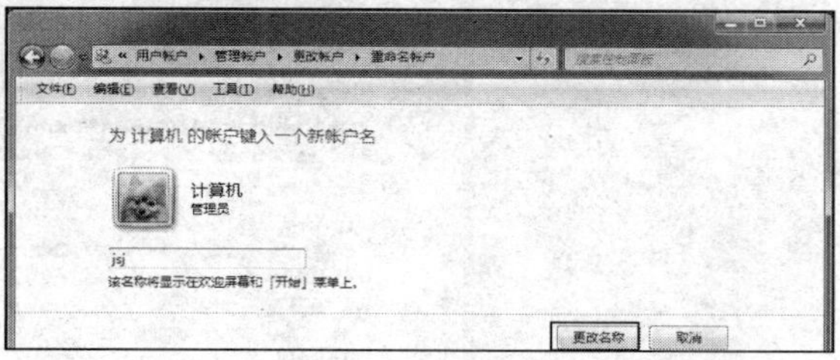

图 2-117　“重命名账户”窗口

2. 更改账户图片

① 打开“管理账户”窗口，单击需要更改图片的账户，在打开的“更改账户”窗口中单击“更改图片”超链接（见图 2-116）。

② 打开“选择图片”窗口，在列表中选择喜欢的图片，然后单击“更改图片”按钮，如图 2-118 所示。

3. 更改账户类型

① 打开“管理账户”窗口，单击需要更改类型的账户，在打开的“更改账户”窗口中单击“更改账户类型”超链接（见图 2-116）。

② 打开“更改账户类型”窗口，选择需要的账户类型，然后单击“更改账户类型”按钮，如图 2-119 所示。

图 2-118　“选择图片”窗口

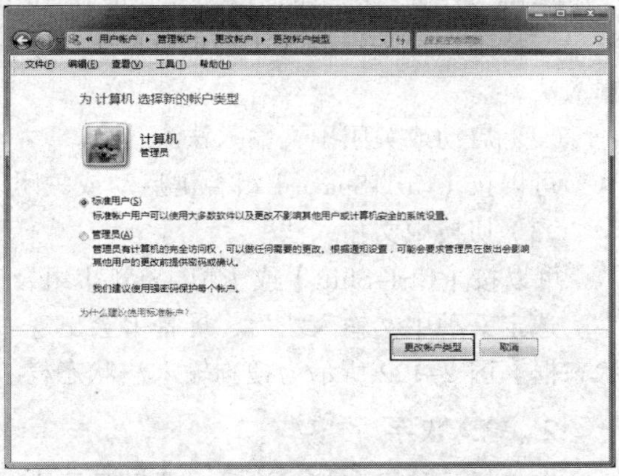

图 2-119　“更改账户类型”窗口

4. 设置账户密码

① 打开“管理账户”窗口，单击需要设置密码的账户，在打开的“更改账户”窗口中单击“创建密码”超链接（见图 2-116）。

② 在打开的“创建密码”窗口中分别输入“新密码”“确认新密码”“键入密码提示”等信息，然后单击“创建密码”按钮，如图 2-120 所示。

图 2-120 “创建密码”窗口

2.6 中文输入法

Windows 7 提供了多种中文输入法，在系统安装时已经预装了微软拼音 ABC 输入风格、全拼等输入法，以后可以根据需要，任意安装或删除输入法，如搜狗等。

1. 有关输入法的操作

（1）选择中文输入法

单击“任务栏”中的输入法按钮，弹出图 2-121 所示的输入法菜单，从中选择某种输入法。也可以按【Ctrl+Shift】组合键选择各种输入法。

图 2-121 输入法菜单

（2）启动或关闭中文输入法

可以按【Ctrl+Space】组合键启动或关闭中文输入法。

（3）切换中文输入法

可以按【Ctrl+Shift】或【Alt+Shift】组合键在英文及各种中文输入法之间进行切换。

选定一种中文输入法后，屏幕上会出现一个中文输入法状态框。图 2-122 所示为搜狗输入法状态栏。

图 2-122 搜狗输入法状态栏

2. 输入汉字

在选择一种汉字输入法后，置键盘于小写字母状态，输入状态处于中文输入状态，就可以输入汉字了。在大写状态下不能输入汉字，利用【Caps Lock】键可以切换大、小写字母状态。单击输入法状态栏最左端的按钮可以切换中文、英文输入状态。

智能 ABC 输入法有标准和双打两种输入方式。在标准输入方式下，可以使用全拼输入，也可以使用简拼输入，也可以混合输入。全拼输入要求按规范拼音逐个字母输入，每输入一个词后按空格键；简拼输入各个音节的第一个字母，对于包含 zh、ch、sh 的音节，也可输入前两个字母；在混拼输入某词组时，必须输入单引号作为分隔符号。例如，“历年”的混拼应为“li'n”、“单个”的混拼为“dan' g”。通常，有较好拼音基础的人使用全拼输入，对拼音把握不准确的人使用简拼输入。双打方式是指输入一个汉字仅需要击键两次，奇数次为声母，偶数次为韵母。

这种输入法需要记住声母和韵母所在的键位才能快速输入。单击输入状态栏中的“标准”按钮即可切换为“双打”，再单击一次，又回到“标准”状态。在输入过程中，可以输入单个拼音字母，也可以输入词组。

若选择“搜狗输入法”，从键盘上逐个输入汉语拼音编码，按【Space】键，在汉字窗口中寻找所需要的汉字。按【+】键向后翻一页，按【-】键向前翻一页。找到需要的汉字后，输入汉字（或词组）前面的数字序号，如输入“1”，则序号为 1 的汉字被输入。按【Esc】键可以关闭输入法状态框。

3. 输入特殊符号

标点符号输入有两种方式，即直接使用键盘或软键盘。使用键盘输入要求处于中文标点输入状态，软键盘左边的逗号和句号就是空心的，直接按键盘上对应的键即可输入；使用软键盘则应右击输入法状态栏中的“软键盘”图标，在弹出的输入法菜单中选择要输入符号的类别，从软键盘中选择需要的符号即可输入。再次单击“软键盘”图标，可关闭软键盘。软键盘如图 2-123 所示。

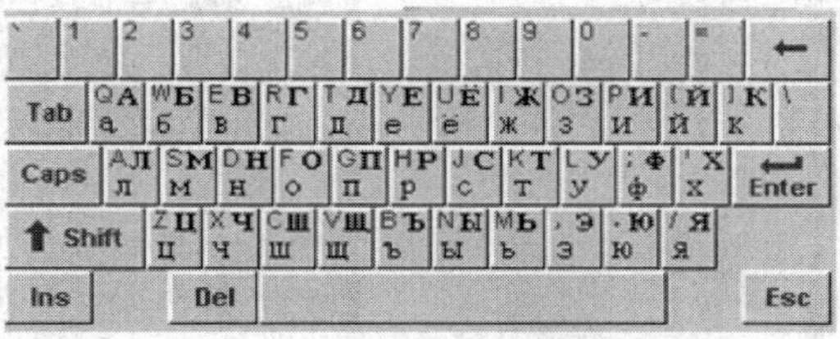

图 2-123　软键盘

4. 全/半角切换

英文字母、数字字符和键盘上出现的其他非控制字符有全角 ● 与半角 ◗ 之分。全角字符就是 1 个汉字，占 2 字节；半角字符占 1 字节。

2.7　附件的应用

2.7.1　计算器的应用

计算器可以帮助用户完成数据的运算，它可分为“标准计算器”和“科学计算器”两种，“标准计算器”可以完成日常工作中简单的算术运算，“科学计算器”可以完成较为复杂的科学运算，如函数运算等，运算的结果不能直接保存，而是将结果存储在内存中，以供粘贴到其他应用程序和文档中，它的使用方法与日常生活中所使用的计算器的方法一样，可以通过单击计算器上的按钮来取值，也可以通过键盘输入来操作。

1. 标准计算器

在处理一般的数据时，用户使用“标准计算器”就可以满足工作和生活的需要了，单击“开始”按钮，选择“所有程序”→“附件”→“计算器”命令，即可打开“计算器”窗口，系统默认为“标准计算器”，如图 2-124 所示。

计算器窗口包括标题栏、菜单栏、数字显示区和工作区几部分。

工作区由数字按钮、运算符按钮、存储按钮和操作按钮组成，当用户使用时可以先输入所要运算的算式的第一个数，在数字显示区内会显示相应的数，然后选择运算符，再输入第二个数，最后单击“=”按钮，即可得到运算结果；在键盘上输入时，也是按照同样的方法，最后按【Enter】键即可得到运算结果。

当用户在进行数值输入过程中出现错误时，可以按【Backspace】键逐个进行删除，当需要全部清除时，可以单击“CE”按钮，当一次运算完成后，单击“C”按钮即可清除当前的运算结果，再次输入时可开始新的运算。

计算器的运算结果可以导入到其他应用程序中，用户可以选择“编辑”→“复制”命令把运算结果粘贴到其他位置，也可以从其他位置复制好运算算式后，选择“编辑”→“粘贴”命令，在计算器中进行运算。

2. 科学计算器

当用户从事非常专业的科研工作时，要经常进行较为复杂的科学运算，可以选择“查看”→“科学型”命令，打开科学计算器窗口，如图 2-125 所示。

图 2-124 标准计算器

图 2-125 科学计算器

此窗口增加了数基数制选项、单位选项及一些函数运算符号，系统默认的是十进制，当用户改变其数制时，单位选项、数字区、运算符区的可选项将发生相应的改变。

用户在工作过程中，也许需要进行数制的转换，这时可以直接在数字显示区输入所要转换的数值，也可以利用运算结果进行转换，选择所需要的数制，在数字显示区会出现转换后的结果。

另外，科学计算器可以进行一些函数的运算，使用时要先确定运算的单位，在数字区输入数值，然后选择函数运算符，再单击“=”按钮，即可得到结果。

2.7.2 画图的应用

“画图”程序是一个位图编辑器，可以对各种位图格式的图画进行编辑，用户可以自己绘制图画，也可以对扫描的图片进行编辑修改，编辑完成后，可以 BMP、JPG、GIF 等格式存档，用户还可以发送到桌面和其他文本文档中。

1. 认识“画图”界面

当用户要使用画图工具时，可单击“开始”按钮，选择“所有程序”→“附件”→“画图”命令，打开“画图”界面，如图 2-126 所示，为程序默认状态。

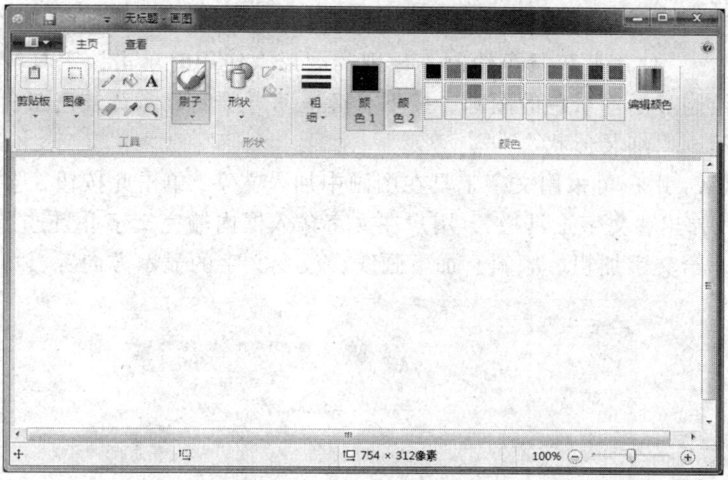

图 2-126　“画图”界面

下面简单介绍“画图”界面的构成：

① 标题栏：标明了用户正在使用的程序和正在编辑的文件。

② 菜单栏：提供了用户在操作时要用到的各种命令。

③ 状态栏：它的内容随光标的移动而改变，标明了当前光标所处位置的信息。

④ 绘图区：处于整个界面的中间，为用户提供画布。

2. 认识画图工具

在绘图或处理图片的过程中，大部分操作可以通过工具栏中的各种工具来完成，用户可自行选择。

① 选定工具：用于选中对象，使用时单击此按钮，按住鼠标左键拖动，可以拉出一个矩形选区对所要操作的对象进行选择，用户可对选中范围内的对象进行复制、移动、剪切等操作。

② 橡皮工具：用于擦除绘图中不需要的部分，用户可根据要擦除的对象范围大小，来选择合适的橡皮擦，橡皮工具根据背景而变化，当用户改变其背景色时，橡皮会转换为绘图工具，类似于刷子的功能。

③ 填充工具：运用此工具可对一个选区内进行颜色的填充，来达到不同的表现效果，用户可以从颜料盒中选择颜色，选定某种颜色后，单击改变前景色，右击改变背景色，在填充时，一定要在封闭的范围内进行，否则整个画布的颜色会发生改变，达不到预想的效果，在填充对象上单击填充前景色，右击填充背景色。

④ 取色工具：此工具的功能等同于在颜料盒中选择颜色，运用此工具时可单击该工具按钮，在要操作的对象上单击，颜料盒中的前景色随之改变，而对其右击，则背景色会发生相应的改变，当用户需要对两个对象进行相同颜色填充，而这时前、背景色的颜色已经调乱时，可采用此工具，能保证其颜色绝对相同。

⑤ 放大镜工具：当用户需要对某一区域进行详细观察时，可以使用放大镜进行放大，选择此工具按钮，绘图区会出现一个矩形选区，选择所要观察的对象，单击即可放大，再次单击回到原来的状态，用户可以在辅助选框中选择放大的比例。

⑥ 铅笔工具：此工具用于不规则线条的绘制，直接选择该工具按钮即可使用，线条的颜

色依前景色而改变，可通过改变前景色来改变线条的颜色。

⑦ 刷子工具：使用此工具可绘制不规则的图形，使用时单击该工具按钮，在绘图区按下左键拖动即可绘制显示前景色的图画，按下右键拖动可绘制显示背景色图画。用户可以根据需要选择不同的笔刷粗细及形状。

⑧ 文字工具A：用户可采用文字工具在图画中加入文字，单击此按钮，选择“查看”→“文字工具栏”命令，弹出“文字工具栏”，用户在文字输入框内输完文字并且选择后，可以设置文字的字体、字号，给文字加粗、倾斜、加下画线，改变文字的显示方向等，如图 2-127 所示。

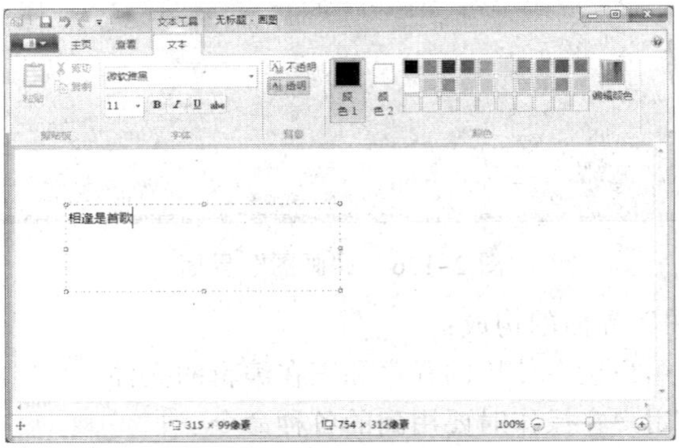

图 2-127　文字工具

⑨ 图形工具：工具栏“形状”栏中有直线、曲线、椭圆形、矩形、圆角矩形、多边形等常用图形工具。每种工具都可以单击“轮廓”或“填充”来设置图形边框的效果或填充方式。

3. 绘制简单图形

① 在画图工具栏中单击“形状”列表中的☆，在“粗细”列表中选择合适的线条样式，并绘制一个五角星，如图 2-128 所示。

② 在工具栏中单击“颜色 1”按钮，在颜料盒中选择合适的颜色，单击填充工具即可为五角星填上颜色，如图 2-129 所示。

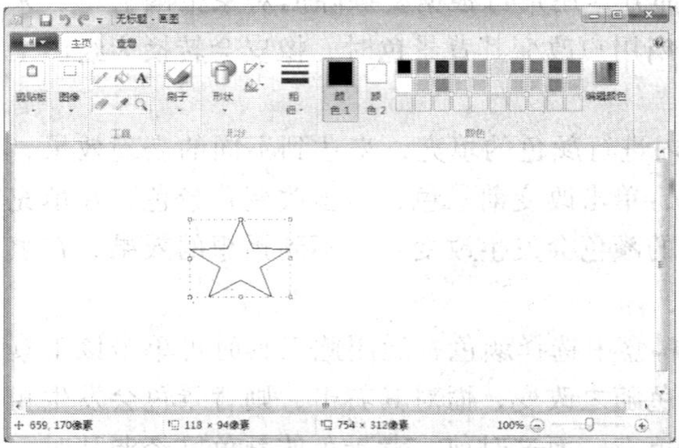

图 2-128　绘制五角星

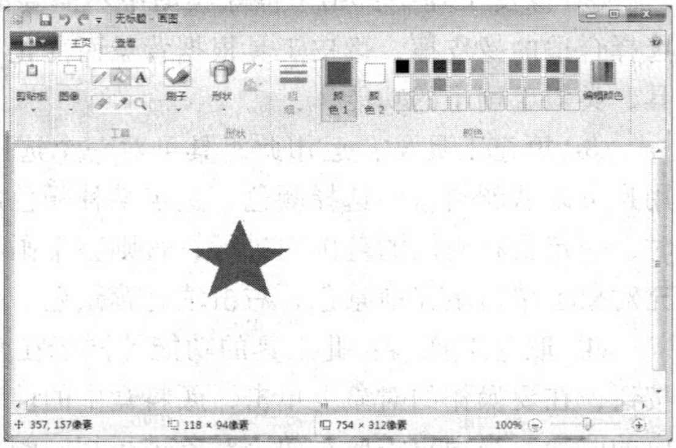

图 2-129　为五角星填色

2.7.3 记事本的应用

记事本用于纯文本文档的编辑，适于编写一些篇幅短小的文件，由于它使用方便、快捷，应用比较广泛，比如一些程序的 README 文件通常是以记事本的形式打开的。

启动记事本的操作步骤如下：

单击“开始”按钮，选择“所有程序”→“附件”→“记事本”命令，即可启动记事本，如图 2-130 所示。

“记事本”界面非常简单，由标题栏、菜单栏、工作区构成。

1．新建文档

默认情况下，程序启动后即为新建文档，也可选择“文件”→“新建”命令，新建文档默认文件名为“无标题”（文件名可以在标题栏的左侧看到）。

2．编辑文档

在“记事本”中完成图 2-131 所示文档，正文为小四号华文中宋字体，每段段首空 2 字符。操作步骤如下：

① 在文本编辑区输入图 2-131 所示“记事本”默认格式的文本（即不用做任何设置）。输入文本过程中，至行尾时不用做任何操作，至段尾时按【Enter】键。

如果输入文本超过一行后没有自动换行，则选择“格式”→“自动换行”命令，如图 2-132 所示，在“自动换行”菜单前将出现一个√，此时文本至行尾后会自动换行。

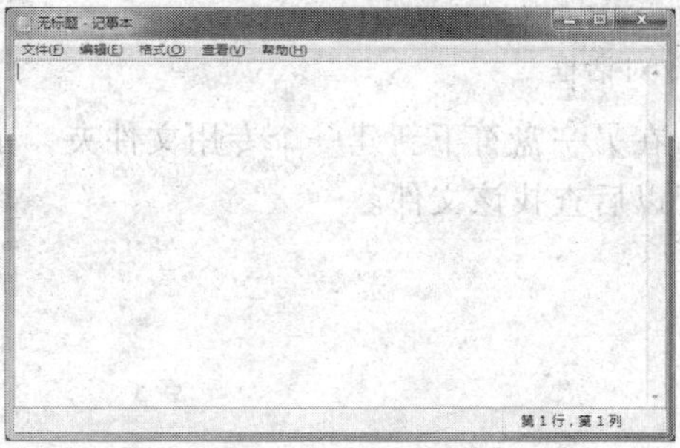

图 2-130　“记事本”界面

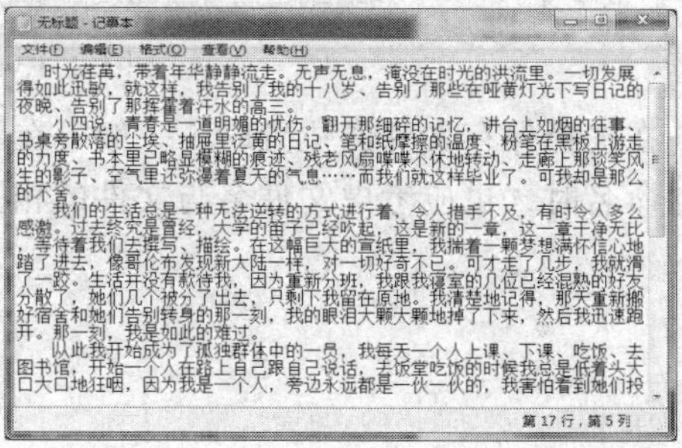

图 2-131　“记事本”中的文档

② 设置字体、字号。选择“格式”→“字体”命令，弹出图 2-133 所示“字体”对话框，在该对话框的“字体”列表框中选择“宋体”，在“字形”列表框中选择“常规”，在“大小”列表框中选择“小四”，单击“确定”按钮，设置完毕。

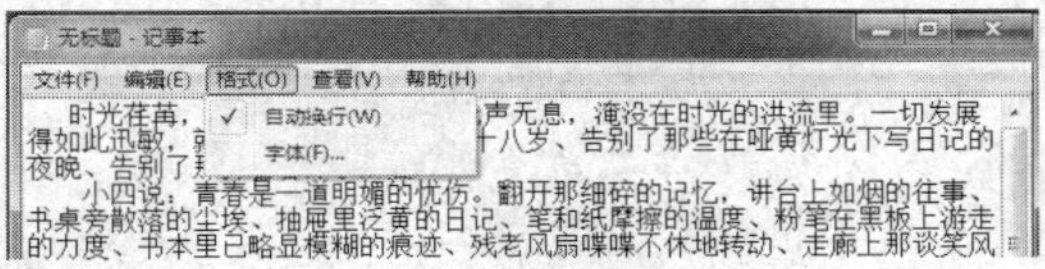

图 2-132　设置“自动换行”

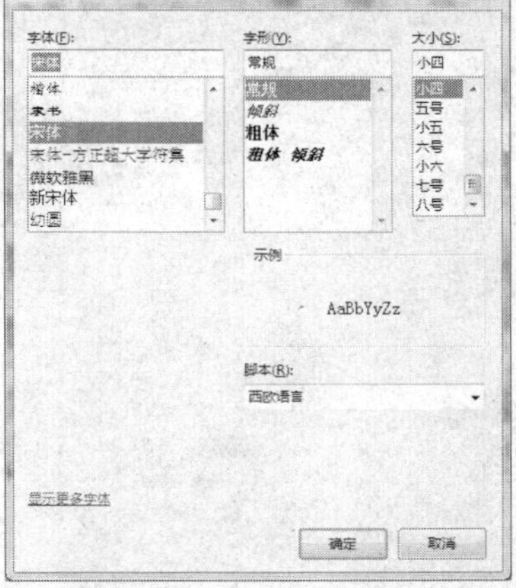

图 2-133　“字体”对话框

3．保存文档

当文档编辑完毕后，选择“文件”→“另存为”命令，弹出“另存为”对话框，选择保存位置，在“文件名”文本框中输入文件名，如图 2-134 所示，单击“保存”按钮，文件即保存完毕。

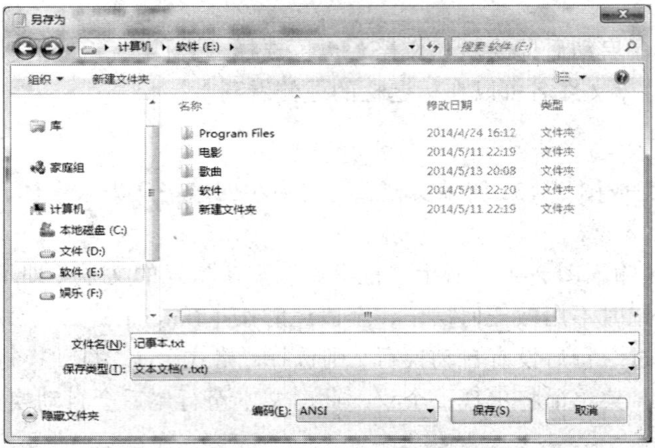

图 2-134 “另存为”对话框

在选择保存文件的位置时，一般不在 C 盘保存，在另一盘符下新建一个专用文件夹，在为文件命名时，也应考虑文件名与文件的相关性，便于以后查找该文件。

第3章 文字处理软件Word 2010

Word 2010是Microsoft公司开发的Office 2010办公组件之一，主要用于文字处理工作。其主要功能是可以方便地进行文字处理和版式编排，它具有简单易学、界面友好、智能化程度高、与其他应用软件交换数据方便的特点。因此，它是一个深受广大用户欢迎的文字处理软件。虽然Office中各个组件分工不同，但它们都具有基本相同的操作、外观、菜单命令、工具栏以及通用工具。在学习Word过程中，要不断归纳总结，体会Office“风格”，为以后学习Office 2010系列中的其他组件打下良好的基础。

3.1 Word 2010基础知识

3.1.1 安装Word 2010

1. 安装软件的来源

① 到出售各种软件的公司去购买“Office 2010简体中文版”软件安装光盘。

② 在Microsoft官方网站下载，并购买激活码。

2. 安装步骤

① 将光盘插入光驱，在桌面上会自动弹出图3-1所示界面，随着所购买的光盘不同，弹出界面会有所区别；如果在桌面上没有弹出图3-1所示界面，可以打开“计算机”窗口，在其中找到光盘盘符并双击打开，在弹出的窗口中双击“Setup.exe”文件，弹出图3-1所示界面。

图3-1 安装界面

② 如果用户之前没有安装过Microsoft Office低于2010的版本会弹出图3-2所示界面，否则会弹出图3-3所示界面。单击“立即安装”按钮会以默认设置进行安装，建议初学者选择此项；单击“升级”按钮是在原有低版

本 Office 的基础上升级到 2010 版本；现在以存在早期 Office 版本为例单击“自定义”按钮，弹出图 3-4 所示对话框。

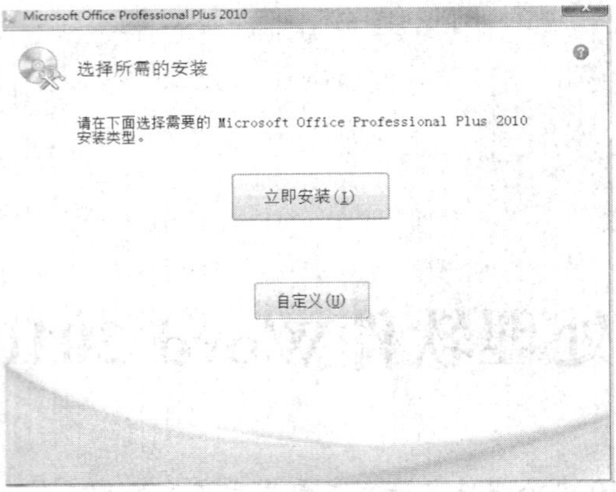

图 3-2　安装提示向导之一

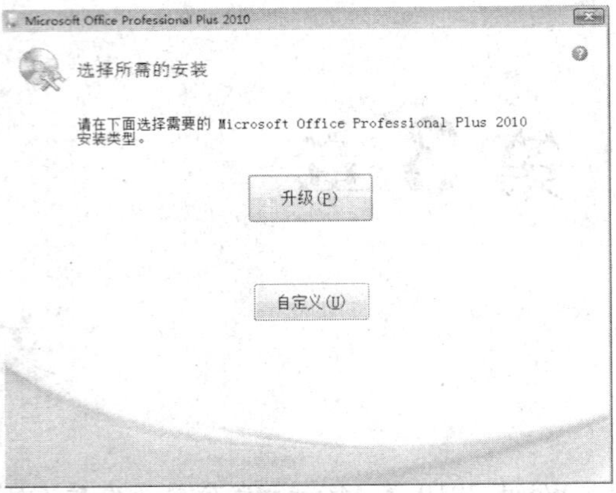

图 3-3　安装提示向导之二

③ 在图 3-4 所示的“升级”选项卡中可选择“删除所有早期版本”单选按钮；也可以选择“保留所有早期版本”单选按钮，这样同一台计算机上就同时存在两个以上版本的 Office。在“安装选项”选项卡中可以选择所需要的 Office 组件。在“文件位置”选项卡中默认安装位置是“C:\Program Files\Microsoft Office\Word 2010，可以根据实际情况单击“浏览”按钮，进行更改软件安装位置。在“用户信息”选项卡中可以填入使用者的“全名”“缩写”“公司/组织”等信息。所更改的选项全部完成后单击“立即安装”按钮，弹出图 3-5 所示对话框。

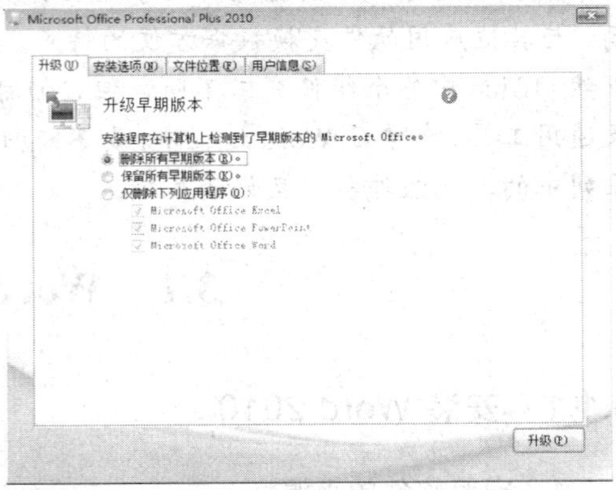

图 3-4　安装提示向导之三

④ 等待几分钟后，安装完毕。弹出图 3-6 所示对话框。在该对话框中，单击“关闭”按钮，安装过程全部结束。

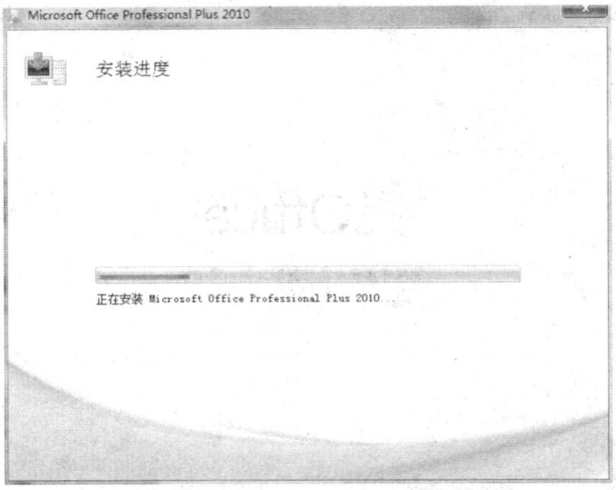

图 3-5　安装提示向导之四

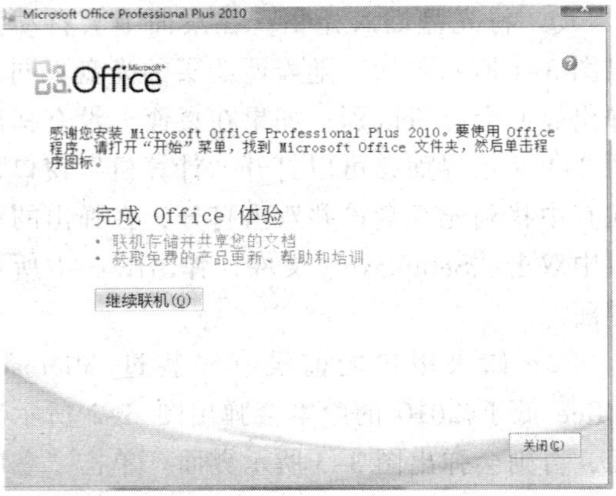

图 3-6　安装提示向导之五

3.1.2　卸载 Word 2010

1. 从“控制面板”中卸载

打开“计算机”窗口（见图 3-7），单击“卸载或更改程序”按钮，弹出图 3-8 所示“程序和功能”窗口，在该窗口中右击“Microsoft Office Professional Plus 2010”选项，此时出现“卸载”和“更改”按钮，如图 3-9 所示。单击“卸载”按钮，弹出图 3-10 所示对话框，单击“是”按钮，等待几分钟即可将该软件卸载。

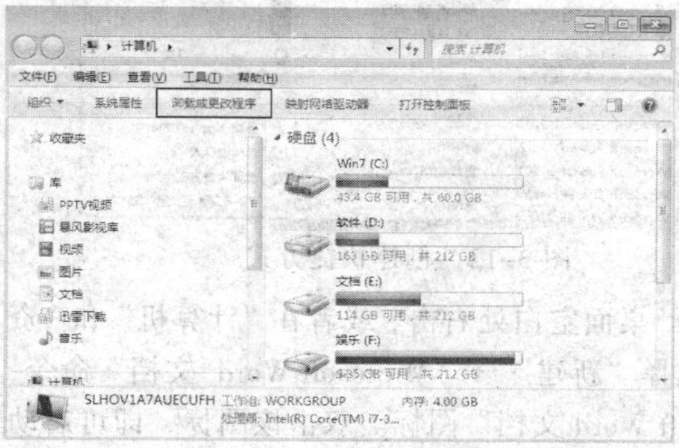

图 3-7　“计算机”对窗口

图 3-8　“程序和功能”窗口

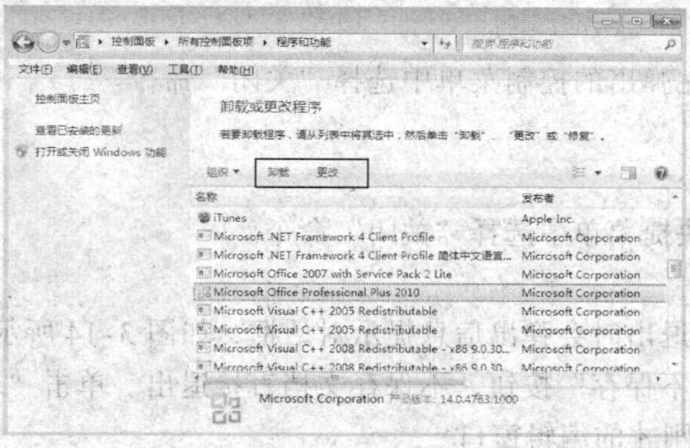

图 3-9　选择“Microsoft Office Professional Plus 2010”选项

图 3-10　提示对话框

2. 重新使用 Office 2010 安装盘卸载

重新将 Office 2010 安装光盘插入到光驱中，双击“Setup.exe”文件，在弹出的对话框中选择“删除”，单击“继续”按钮，根据提示即可将该软件删除。

3.1.3　启动和退出 Word 2010

1. 启动 Word 2010

① 单击“开始”按钮，选择“所有程序”→“Microsoft Office”→“Microsoft Office Word 2010”命令（见图 3-11），即可启动 Word 2010 中文版。

② 创建快捷方式启动。执行步骤①时，右击“Microsoft Office Word 2010”命令，在弹出的快捷菜单中选择“发送到”→“桌面快捷方式”命令，如图 3-12 所示。此时在桌面上即建

立了 Word 2010 的快捷图标，完成快捷方式的创建后，只需要双击它即可启动 Word 2010。

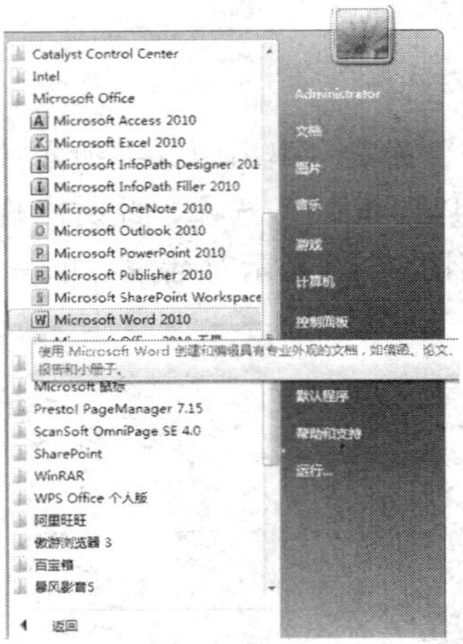

图 3-11　从“开始”菜单启动 Word 2010

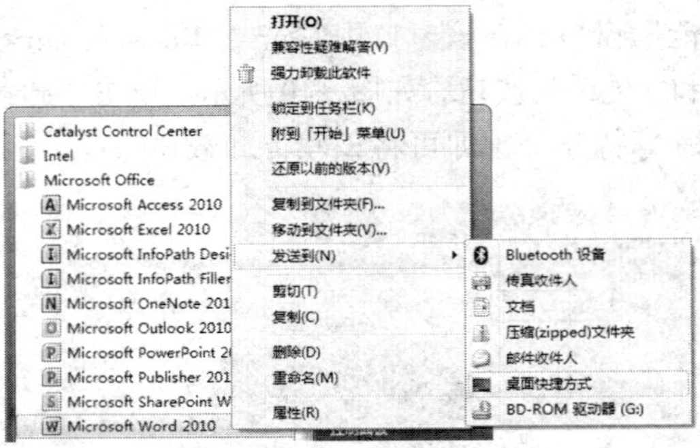

图 3-12　创建快捷方式

③ 通过创建 Word 2010 文档启动。在 Windows 桌面空白处右击，或者在“计算机”和“资源管理器”等窗口中右击，在弹出的快捷菜单中选择“新建”→“Microsoft Word 文档”命令，如图 3-13 所示，这时，会出现一个“新建 Microsoft Word 文档”图标。双击该图标，即可启动并创建一新文档。

2．退出 Word 2010 中文版

① 单击标题栏右端的“关闭”按钮。

② 单击标题栏最左端的控制菜单按钮，在弹出的控制菜单中选择“关闭”命令。

③ 双击标题栏左端的控制菜单按钮。

④ 选择“文件”选项卡中的“退出”命令。

⑤ 在标题栏的任意位置右击，在弹出的快捷菜单中选择“关闭”命令。

⑥ 按【Alt+F4】组合键。

如果在退出之前没有保存修改过的文档，退出时会弹出信息提示对话框，如图 3-14 所示。单击“保存”按钮，保存文档后退出。单击“不保存”按钮，不保存文档直接退出。单击“取消”按钮 Word 2010 会取消这次操作，返回到刚才的编辑窗口。

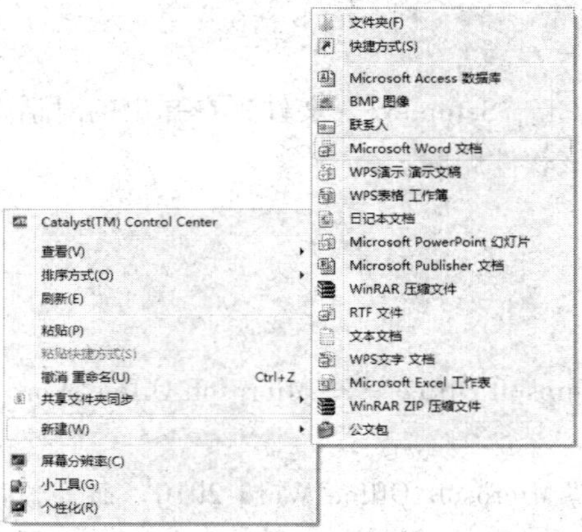

图 3-13　创建 Word 文档

图 3-14　退出时的信息提示对话框

3.1.4 Word 2010 工作界面

启动 Word 2010 后将进入图 3-15 所示的工作界面。

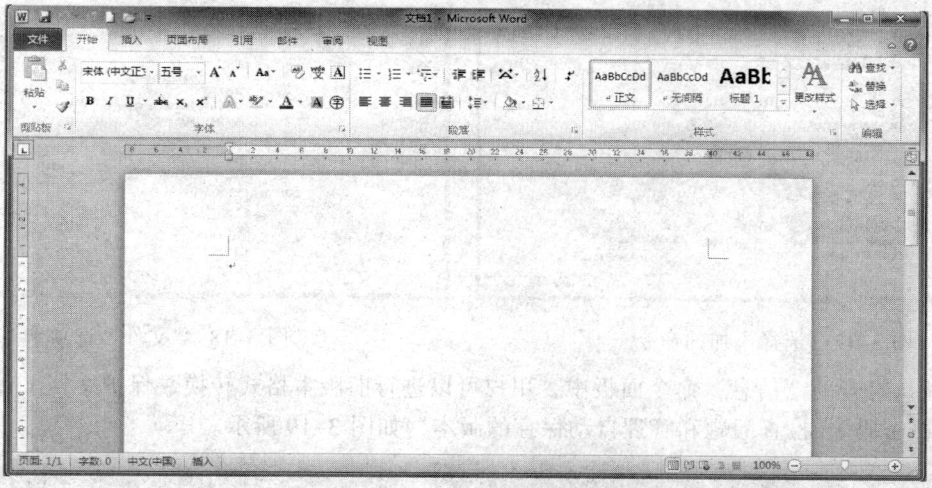

图 3-15 Word 2010 工作界面

Word 2010 文档窗口中的“快速访问工具栏”用于放置命令按钮，使用户快速启动经常使用的命令。默认情况下，“快速访问工具栏”中只有数量较少的命令，用户可以根据需要添加多个自定义命令。操作步骤如下：

选择“文件”选项卡中的“选项”命令，如图 3-16 所示，弹出“Word 选项”对话框，选择“快速访问工具栏”选项卡，然后在“从下列位置选择命令”列表框中选择需要添加的命令，并单击“添加”按钮即可，如图 3-17 所示。

图 3-16 选择“选项”命令

“文件”选项卡类似于一个菜单，位于 Word 2010 窗口左上角。“文件”选项卡中包含“信息”“最近所用文件”“新建”“打印”“保存并发送”“打开”“关闭”“保存”等常用命令，如图 3-18 所示。

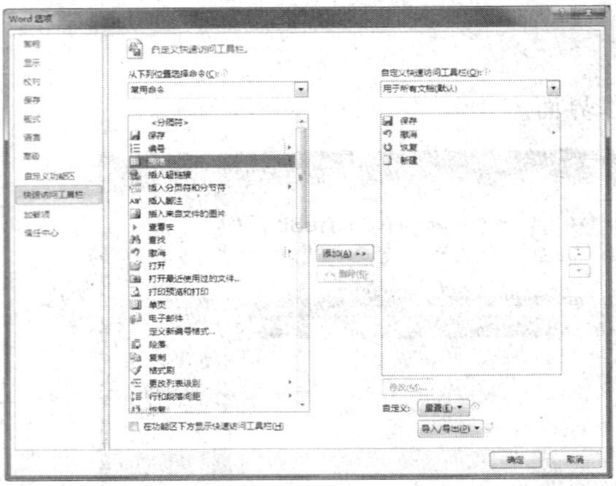

图 3-17 选择添加的命令

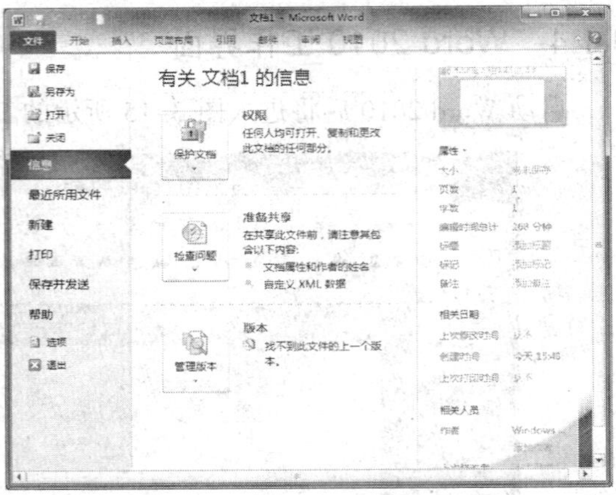

图 3-18 “文件”选项卡

在默认打开的“信息”命令面板中，用户可以进行旧版本格式转换、保护文档（包含设置 Word 文档密码）、检查问题和管理自动保存的版本，如图 3-19 所示。

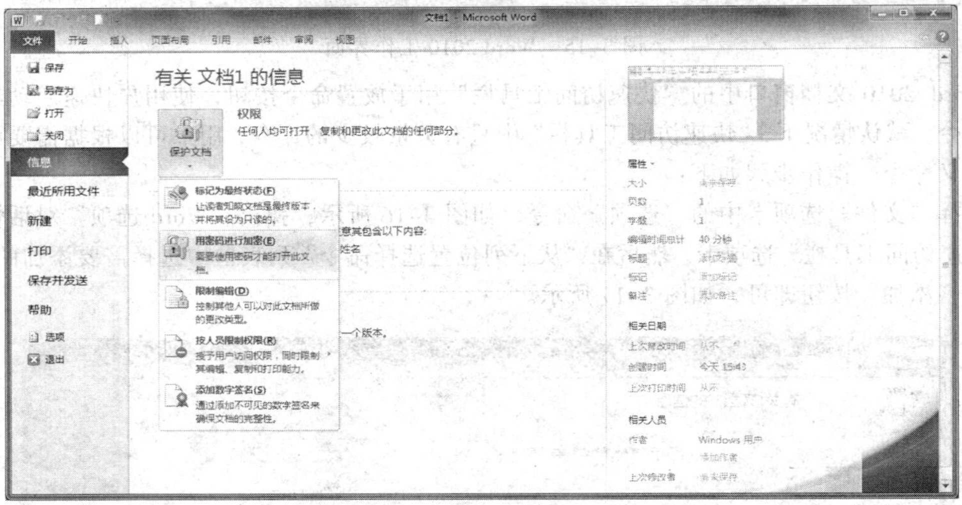

图 3-19 “信息”命令面板

打开“最近所用文件”命令面板，在面板右侧可以查看最近使用的 Word 文档列表，用户可以通过该面板快速打开使用的 Word 文档。在每个历史 Word 文档名称的右侧含有一个固定按钮，单击该按钮可以将该记录固定在当前位置，而不会被后续历史 Word 文档名称替换，如图 3-20 所示。

打开“新建”命令面板，用户可以看到丰富的 Word 2010 文档类型，包括“空白文档”“博客文章”“书法字帖”等 Word 2010 内置的文档类型，如图 3-21 所示。用户还可以通过 Office.com 提供的模板新建诸如“会议日程”“证书”“奖状”“小册子”等实用 Word 文档。

打开“打印”命令面板，在该面板中可以详细设置多种打印参数，例如双面打印、指定打印页等参数，从而有效控制 Word 2010 文档的打印结果，如图 3-22 所示。

打开“保存并发送”命令面板，用户可以在面板中将 Word 2010 文档发布为博客文章、发送电子邮件或创建 PDF 文档等，如图 3-23 所示。

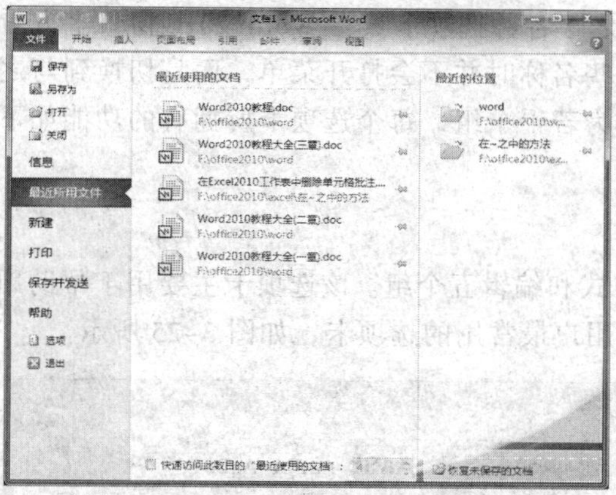

图 3-20　“最近所用文件”命令面板

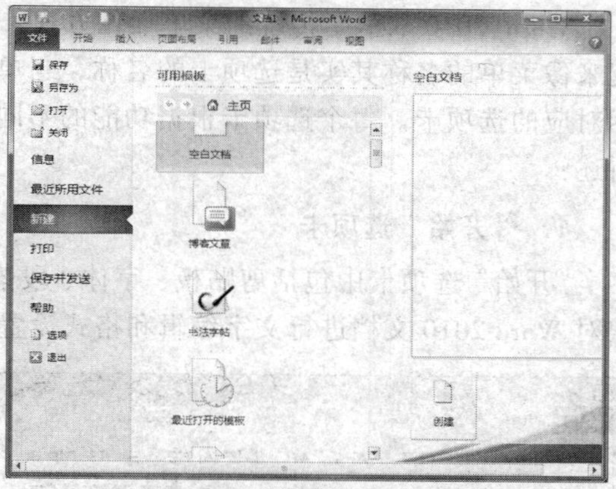

图 3-21　“新建”命令面板

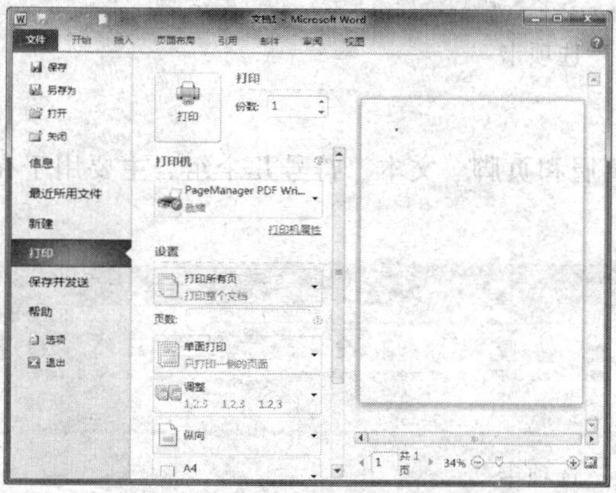

图 3-22　“打印”命令面板

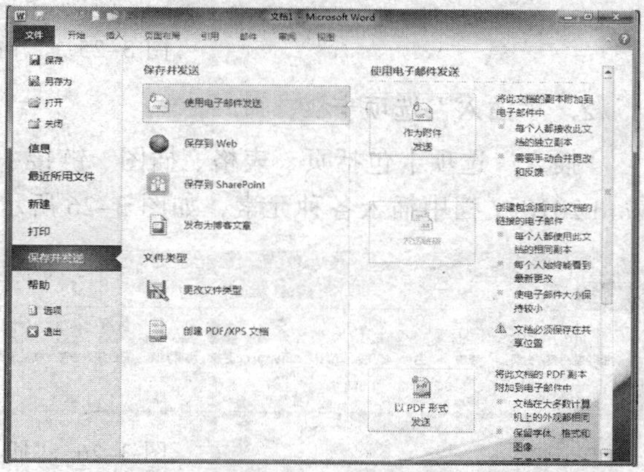

图 3-23　“保存并发送”命令面板

选择“文件”选项卡中的“选项”命令，弹出“Word 选项”对话框，如图 3-24 所示。在“Word 选项”对话框中可以开启或关闭 Word 2010 中的许多功能或设置参数。

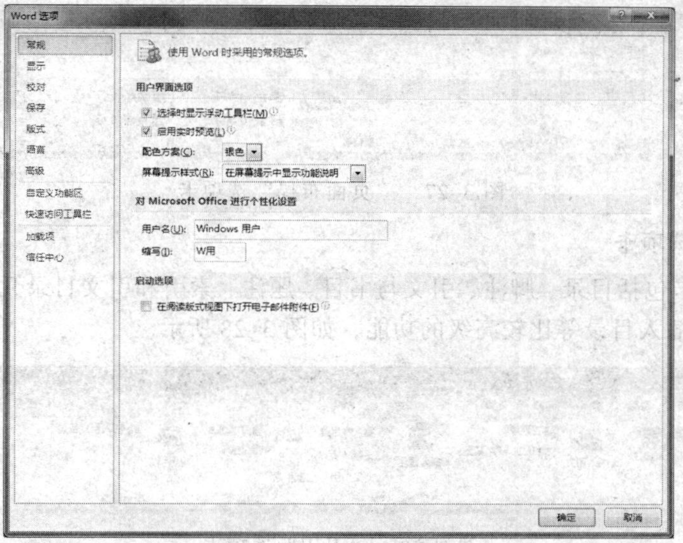

图 3-24　“Word 选项”对话框

Word 2010 取消了传统的菜单操作方式，而代之于各种选项卡。在 Word 2010 窗口上方看起来像菜单的名称其实是选项卡的名称，当单击这些名称时并不会打开菜单，而是切换到与之相对应的选项卡。每个选项卡根据功能的不同又分为若干个组，每个选项卡所拥有的功能如下所述：

1. “开始”选项卡

“开始”选项卡中包括剪贴板、字体、段落、样式和编辑五个组。该选项卡主要用于帮助用户对 Word 2010 文档进行文字编辑和格式设置，是用户最常用的选项卡，如图 3-25 所示。

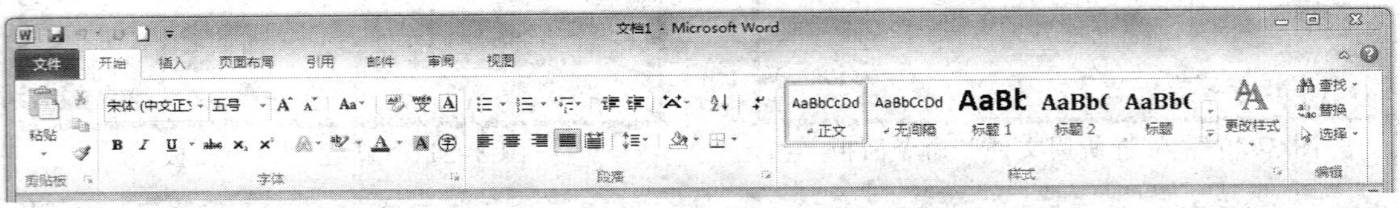

图 3-25 “开始”选项卡

2. “插入”选项卡

“插入”选项卡包括页、表格、插图、链接、页眉和页脚、文本、符号几个组，主要用于在 Word 2010 文档中插入各种元素，如图 3-26 所示。

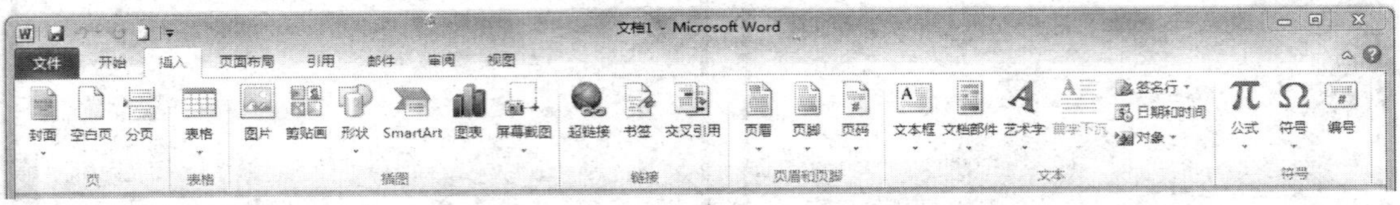

图 3-26 “插入”选项卡

3. “页面布局”选项卡

“页面布局”选项卡包括主题、页面设置、稿纸、页面背景、段落、排列几个组，用于帮助用户设置 Word 2010 文档页面样式，如图 3-27 所示。

图 3-27 “页面布局”选项卡

4. “引用”选项卡

“引用”选项卡包括目录、脚注、引文与书目、题注、索引和引文目录几个组，用于实现在 Word 2010 文档中插入目录等比较高级的功能，如图 3-28 所示。

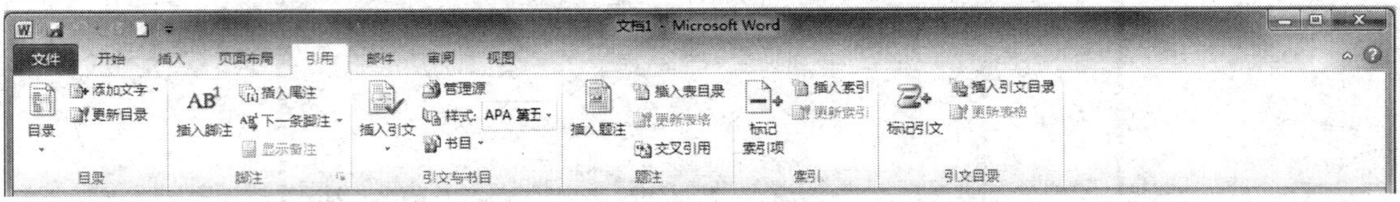

图 3-28 “引用”选项卡

5．“邮件”选项卡

“邮件”选项卡包括创建、开始邮件合并、编写和插入域、预览结果和完成几个组，该选项卡的作用比较单一，专门用于在 Word 2010 文档中进行邮件合并方面的操作，如图 3–29 所示。

图 3–29　“邮件”选项卡

6．“审阅”选项卡

“审阅”选项卡包括校对、语言、中文简繁转换、批注、修订、更改、比较和保护几个组，主要用于对 Word 2010 文档进行校对和修订等操作，适用于多人协作处理 Word 2010 长文档，如图 3–30 所示。

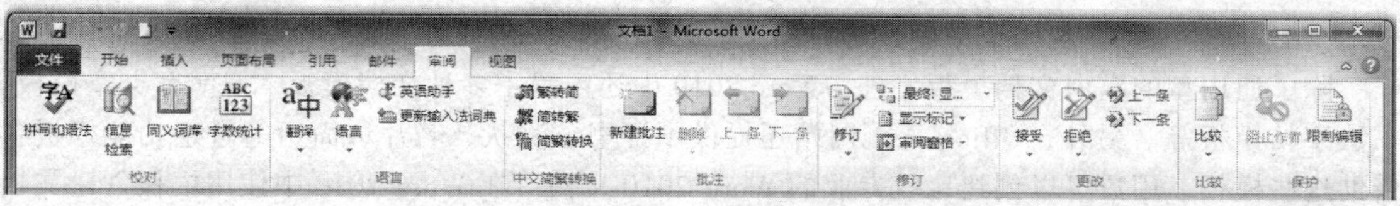

图 3–30　“审阅”选项卡

7．“视图”选项卡

“视图”选项卡包括文档视图、显示、显示比例、窗口和宏几个组，主要用于帮助用户设置 Word 2010 操作窗口的视图类型，以方便操作，如图 3–31 所示。

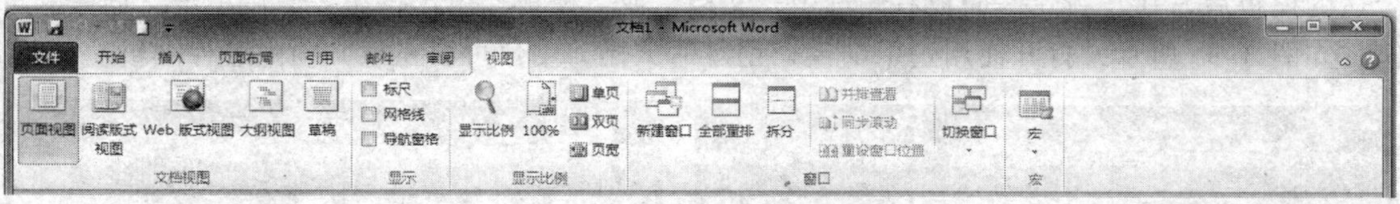

图 3–31　“视图”选项卡

8．“开发工具”选项卡

“开发工具”选项卡中包括 VBA 代码、宏代码、模板和控件等 Word 2010 开发工具，默认情况下，“开发工具”选项卡并未显示在 Word 2010 窗口中，用户需要手动设置使其显示，如图 3–32 所示。

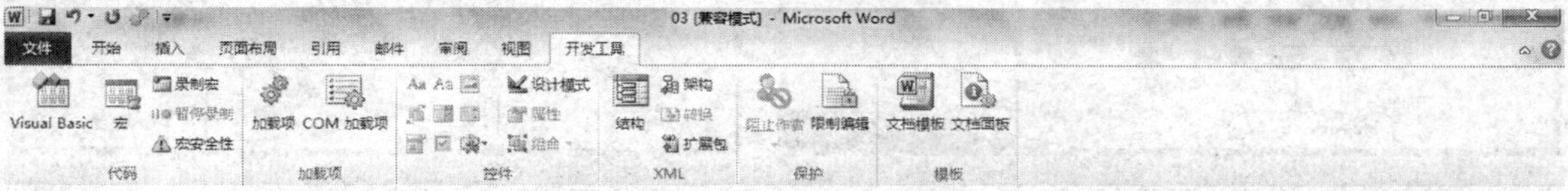

图 3–32　“开发工具”选项卡

3.1.5　文档的创建、保存与打开

文档实际上是指对使用 Word 2010 创建的信函、书稿、通知及说明书等的统称。学会文档的基本操作是用户使用 Word 2010 中文版进行文档编辑必须具备的基本技巧。

1. 创建新文档

图 3-33 选择“空白文档”选项

默认情况下，Word 2010 程序在打开的同时会自动新建一个空白文档。用户在使用该空白文档完成文字输入和编辑后，如果需要再次新建一个空白文档，则可以按照如下步骤进行操作：

选择“文件”选项卡中“新建”命令，打开“新建”命令面板，选中需要创建的文档类型，例如可以选择“空白文档”“博客文章”“书法字帖”等文档。完成选择后单击“创建”按钮，如图 3-33 所示。

在 Word 2010 中有三种类型的 Word 模板，分别为：.dot 模板（兼容 Word 97-2003 文档）、.dotx（未启用宏的模板）和.dotm（启用宏的模板）。在“新建文档”对话框中创建的空白文档使用的是 Word 2010 的默认模板 Normal.dotm。

除了通用型的空白文档模板之外，Word 2010 中还内置了多种文档模板，如博客文章模板、书法字帖模板等。另外，Office.com 网站还提供了证书、奖状、名片、简历等特定功能模板。借助这些模板，用户可以创建比较专业的 Word 2010 文档。在 Word 2010 中使用模板创建文档的步骤如下：

选择“文件”选项卡中的“新建”命令，打开“新建”命令面板，用户可以选择“博客文章”“书法字帖”等 Word 2010 自带的模板创建文档，还可以选择 Office.com 提供的“名片”“日历”等在线模板。例如选择“样本模板”选项，如图 3-34 所示。打开样本模板列表页，单击合适的模板后，在“新建”面板右侧选中“文档”或“模板”单选按钮，然后单击“创建”按钮，如图 3-35 所示，打开使用选中的模板创建的文档，用户可以在该文档中进行编辑。

图 3-34 选择“样本模板”选项

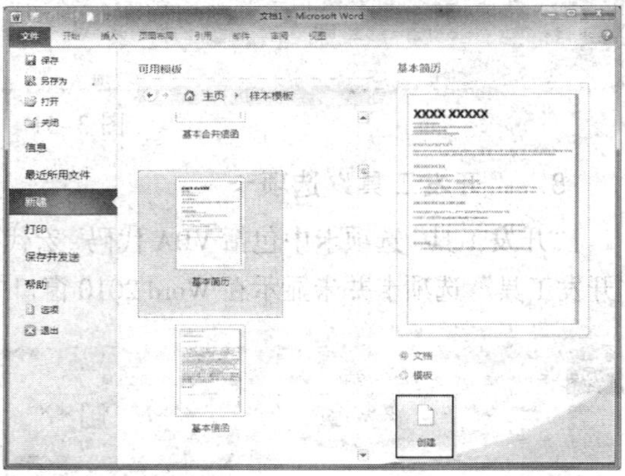

图 3-35 单击“创建”按钮

2. 保存文档

Word 2010 工作时，所建立的文档是驻留在内存和保存于磁盘上的临时文件中的。只有对文档进行了保存工作，用户才把文档永久地保存下来。

选择“文件”选项卡中的“保存”命令，如果是第一次保存文档，则弹出“另存为”对话框。如果文档不是第一次保存，则不会弹出“另存为”对话框，而是以当前文件替换原有文件，从而实现文件的更新。在弹出的“另存为”对话框中，在“保存类型”下拉列表框中选择“Word 97-2003 文档”选项。然后选择保存位置并输入文件名，最后单击“保存”按钮即可，如图 3-36 所示。

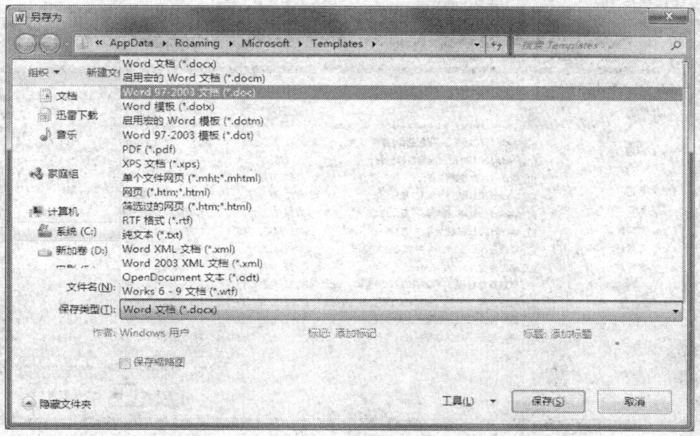

图 3-36　“另存为”对话框

默认情况下，使用 Word 2010 编辑的 Word 文档会保存为.docx 格式的 Word 2010 文档。如果 Word 2010 用户经常需要跟 Word 2003 用户交换 Word 文档，而 Word 2003 用户在未安装文件格式兼容包的情况下又无法直接打开.docx 文档，那么 Word 2010 用户可以将其保存格式设置为.doc 文件。

在 Word 2010 中设置默认保存格式为.doc 文件的步骤如下：

选择“文件”选项卡中的“选项”命令，弹出“Word 选项”对话框，选择“保存”选项卡，在“保存文档”区域单击“将文件保存为此格式”下拉按钮，如图 3-37 所示，并在下拉列表框中选择“Word 97-2003 文档（*.doc）”选项，最后单击“确定”按钮。

图 3-37　“Word 选项”对话框

改变 Word 2010 默认保存的文件格式，并不能改变使用右键菜单新建 Word 文档的格式，使用右键菜单新建的 Word 文档依然是.docx 格式。只有在最后进行保存时才能默认保存为.doc 文件。

3. 打开文档

① 选择“文件”选项卡中的“打开”命令，弹出“打开”对话框，选中需要打开的 Word 文档并单击“打开”按钮即可，如图 3-38 所示。

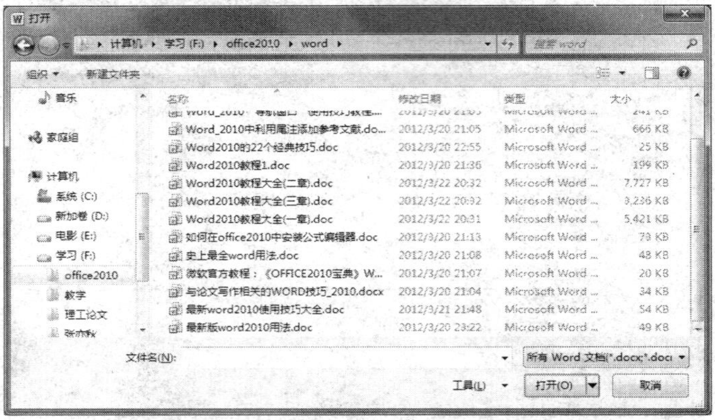

图 3-38 在“打开”对话框中打开 Word 文档

② 按【Ctrl + O】组合键，也可打开“打开”对话框。

③ 在 Word 2010 中默认会显示 20 个最近打开或编辑过的 Word 文档，用户可以通过“最近所用文件”命令面板打开最近使用的文档，操作步骤如下：

选择“文件”选项卡中的“最近所用文件”命令，在“文件”面板右侧的“最近使用的文档”列表中单击准备打开的 Word 文档名称即可。

④ 不启动 Word 2010，直接打开文档所在文件夹，双击打开文件。

3.2 文本的基本操作

3.2.1 输入文本及案例

启动 Word 2010 后，即会出现一个空白文档，在新文件窗口中，有一个闪烁的光标，它所在的位置就是文本的插入点。此时可单击任务栏上的输入法指示器，在弹出的菜单中选择要使用的输入法，如图 3-39 所示，即可输入文本。一般安装好 Windows 操作系统后，系统会自动带一些基本输入法，如微软拼音、智能 ABC 等，在安装 Word 2010 时，也可以选择输入法的安装（在选择安装类型时选择自定义安装）。输入法之间的切换可以按【Ctrl+Shift】组合键进行，也可以按【Ctrl+Space】组合键实现中英文输入之间的切换。

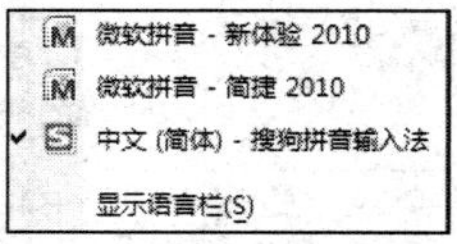

图 3-39 选择输入法

打开 Word 2010 文档窗口后，默认的文本输入状态为“插入”状态，即在原有文本的左边输入文本时原有文本将右移。另外，还有一种文本输入状态为“改写”状态，即在原有文本的左边输入文本时，原有文本将被替换。用户可以根据需要在 Word 2010 文档窗口中切换“插入”和“改写”两种状态，操作步骤如下：

选择“文件”选项卡中的“选项”命令，弹出“Word 选项”对话框，选择“高级”选项卡，在“编辑选项”区域选中“使用改写模式”复选框，单击“确定”按钮即切换为“改写”模式。如果取消选中“使用改写模式”复选框并单击“确定”按钮即切换为“插入”模式，如图 3-40 所示。

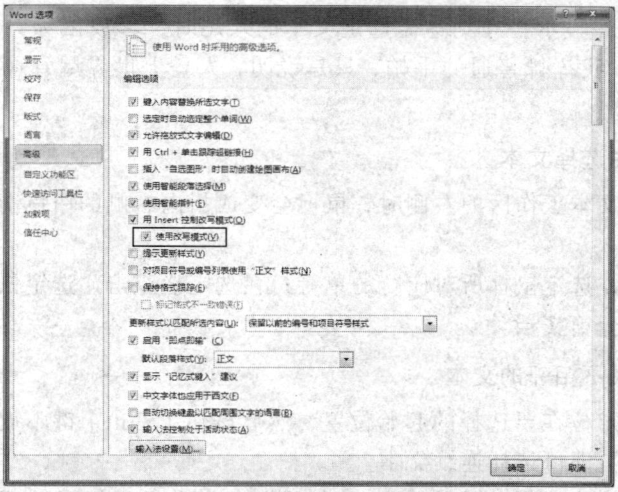

图 3-40　选中"使用改写模式"复选框

默认情况下，"Word 选项"对话框中的"使用 Insert 控制改写模式"复选框处于选中状态，则可以按【Insert】键切换插入和改写状态，还可以单击 Word 2010 文档窗口状态栏中的"插入"或"改写"按钮切换输入状态。

在输入过程中，当文字到达一行的最右端时，输入的文本将自动跳转到下一行。当输入的文字占满该页最后一行后，将自动转到新的一页继续文本的输入。当需要将文字手动换行时，可以按【Enter】键或【Shift+ Enter】组合键，按【Enter】键在结束该行的同时结束该段；而按【Shift+Enter】组合键则只换行，并不结束一个段落，实际上前一行与后一行之间仍被视为一个段落，如图 3-41 所示。

挥手从兹去。↵
更那堪凄然相向，苦情重诉。↵
眼角眉梢都似恨，热泪欲零还住。↵
知误会前翻书语。↵
过眼滔滔云共雾，算人间知己吾与汝。↵
人有病，天知否？↵
今朝霜重东门路，↵
照横塘半天残月，凄清如许。↵
汽笛一声肠已断，从此天涯孤旅。↵
凭割断愁思恨缕。↵
要似昆仑崩绝壁，又恰像台风扫环宇。↵
重比翼，和云翥。

挥手从兹去。↓
更那堪凄然相向，苦情重诉。↓
眼角眉梢都似恨，热泪欲零还住。↓
知误会前翻书语。↓
过眼滔滔云共雾，算人间知己吾与汝。↓
人有病，天知否？↓
今朝霜重东门路，↓
照横塘半天残月，凄清如许。↓
汽笛一声肠已断，从此天涯孤旅。↓
凭割断愁思恨缕。↓
要似昆仑崩绝壁，又恰像台风扫环宇。↓
重比翼，和云翥。

图 3-41　手动换行

3.2.2　选定文档及案例

在编辑文本时，一般情况下要求先选定操作对象，才能对对象进行编辑。

1. 拖动鼠标选择文本

把鼠标指针放到要选择文本的开始位置，按住鼠标左键，拖动鼠标经过这段文本，被拖动经过的文本会高亮显示，在到达需选定文本的末尾时，释放鼠标，这段文本就被选定了，如图 3-42 中文本“我挥舞普通的手帕，只是说明，人登上世界屋脊像所有人爬上自己家屋顶那么普通。”

2．通过选定栏选择文本

当鼠标移动到文本工作区的左侧时，鼠标会变成指向右侧的白色箭头，此时鼠标所在位置即为选定栏。

在选定栏单击，选定鼠标所对应行的单行；在选定栏双击，选定鼠标对应段的一段；在选定栏三击，则选定全篇文档。

3．选择相邻或不相邻的文本

将光标插入点定位在要选择的起始位置，然后按住【Shift】键不放，再移动鼠标指针到要选择的末端位置单击即可选择连续文本。

选择第一部分文本之后，按住【Ctrl】键不放，并移动鼠标指针逐个部分选择即可选择不连续文本。如图 3-42 中文本“伦霍尔德·米什尼在成功……峰顶”“我在这个高度上每走一步……但人有秃鹫所不具备的脑袋”“我不是人类的‘唯一’，而应该说是‘第一个’。”

站在巅峰的回答

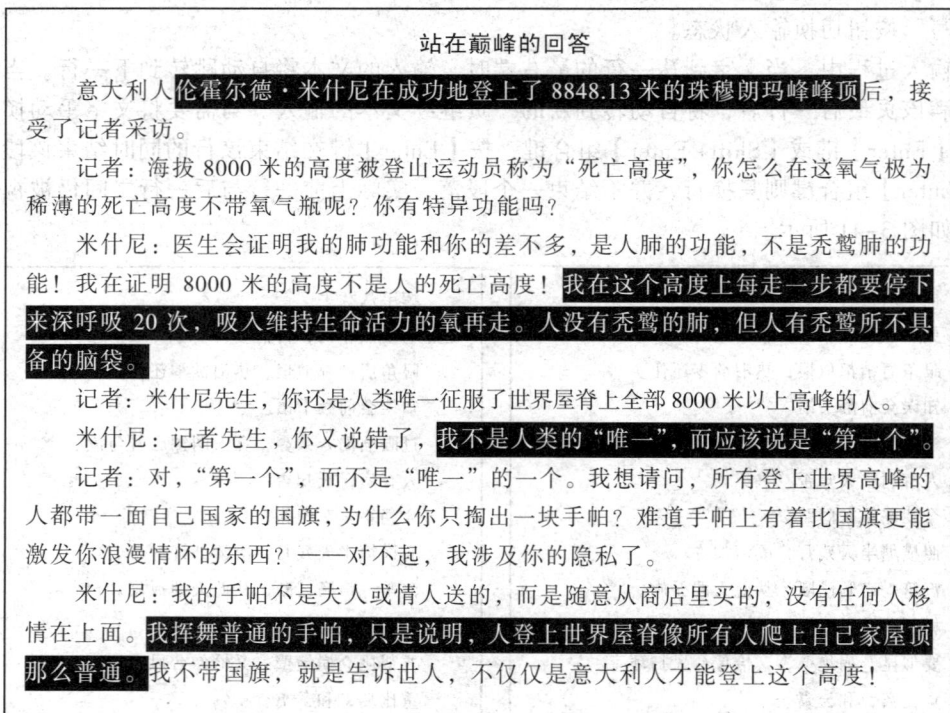

意大利人伦霍尔德·米什尼在成功地登上了 8848.13 米的珠穆朗玛峰峰顶后，接受了记者采访。

记者：海拔 8000 米的高度被登山运动员称为“死亡高度”，你怎么在这氧气极为稀薄的死亡高度不带氧气瓶呢？你有特异功能吗？

米什尼：医生会证明我的肺功能和你的差不多，是人肺的功能，不是秃鹫肺的功能！我在证明 8000 米的高度不是人的死亡高度！我在这个高度上每走一步都要停下来深呼吸 20 次，吸入维持生命活力的氧再走。人没有秃鹫的肺，但人有秃鹫所不具备的脑袋。

记者：米什尼先生，你还是人类唯一征服了世界屋脊上全部 8000 米以上高峰的人。

米什尼：记者先生，你又说错了，我不是人类的“唯一”，而应该说是“第一个”。

记者：对，“第一个”，而不是“唯一”的一个。我想请问，所有登上世界高峰的人都带一面自己国家的国旗，为什么你只掏出一块手帕？难道手帕上有着比国旗更能激发你浪漫情怀的东西？——对不起，我涉及你的隐私了。

米什尼：我的手帕不是夫人或情人送的，而是随意从商店里买的，没有任何人移情在上面。我挥舞普通的手帕，只是说明，人登上世界屋脊像所有人爬上自己家屋顶那么普通。我不带国旗，就是告诉世人，不仅仅是意大利人才能登上这个高度！

图 3-42　被选定的文本

4．选择垂直的文本

按住【Alt】键不放，拖动鼠标选择垂直文本即可。

5．使用扩展选取模式

可以通过按光标移动键、【End】键 、【Home】键、单击等操作对文本进行扩展选取。按下 1～5 次【F8】键分别会对文本进行激活扩展模式、选取一个词、一个句子、一个段落、全篇文本的操作。

3.2.3　移动文本

首先将要移动的文本选定，再对文本进行移动。

1．鼠标拖动法

如果移动的距离在一屏之内，使用鼠标拖动法移动文本是最便捷的选择。

在选定的文本上按住鼠标左键拖动到目标位置即可。

2．剪切法

① 当有对象被选定时，剪切命令处于可执行状态。剪切命令的执行方法如下：

a. 按【Ctrl+X】组合键。

b. 在右击弹出的快捷菜单中选择“剪切”命令。

c. 单击“开始”选项卡“剪贴板”组中的“剪切”按钮。

② 当有对象被剪切或复制时，粘贴命令处于可执行状态，粘贴命令的执行方法如下：

a. 按【Ctrl+V】组合键。

b. 在右击弹出的快捷菜单中选择“粘贴”命令。

c. 单击“开始”选项卡“剪贴板”组中的“粘贴”按钮。

③ 选定要移动的文本后，执行“剪切”命令，将插入点移动到目标位置，执行“粘贴”命令即可完成文本的移动。

3.2.4　复制文本

与“剪切”命令相似，当有对象被选定时，复制命令处于可执行状态。复制命令的执行方法如下：

① 按【Ctrl+C】组合键。

② 在右击弹出的快捷菜单中选择“复制”命令。

③ 单击“开始”选项卡“剪贴板”组中的“复制”按钮。

选定要复制的文本，执行“复制”命令，将插入点移动到目标位置，执行“粘贴”命令即可完成复制。

3.2.5　剪贴板的应用

一般情况下，剪切或复制的内容均被放到剪贴板上，在粘贴时调用。但是，默认的剪贴板只能容纳 1 项内容，再次复制的内容将自动替换剪贴板中原有的内容。打开的剪贴板能够保存 24 项内容，用户进行第 2 次复制或剪切操作时，Word 2010 会自动打开“剪贴板”任务窗格，如图 3-43 所示，也可以单击“开始”选项卡“剪贴板”组右下角的“对话框启动器”按钮，打开“剪贴板”任务窗格。

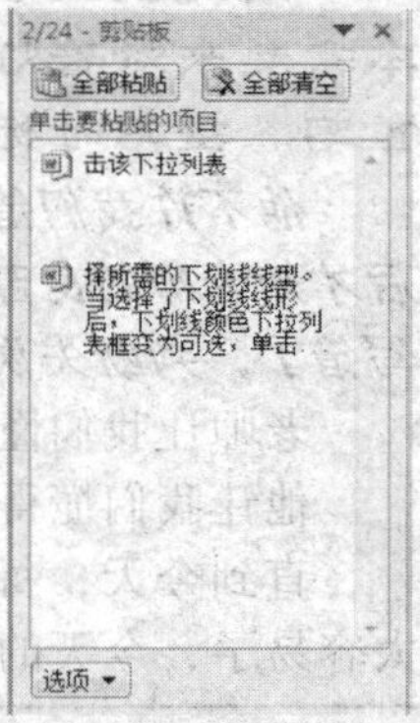

图 3-43　剪贴板任务窗格

当剪贴板中的内容数已满 24 项后，继续进行剪切或复制操作时，第 1 项内容将被清除，其他各项内容依次前移，从而容纳最后 1 项内容。单击“全部粘贴”按钮，可将剪贴板中所有内容粘贴到当前光标所在位置，单击“全部清空”按钮，将一次清空剪贴板的全部内容。在“剪贴板”任务窗格中单击某项内容即可插入到当前光标所在位置，粘贴后该剪贴项仍保存在剪贴板中。单击某项内容右侧的下拉按钮时，可以选择其中的删除项将该项内容从剪贴板上删除。

当不再需要剪贴板时，可以单击“开始”选项卡“剪贴板”组右下角的“对话框启动器”按钮，或者单击“剪贴板”任务窗格右上角的“关闭“按钮关闭剪贴板。

3.2.6 删除文本

按【Backspace】键删除光标前面的文本，按【Delete】键删除光标后面的文本，使用“剪切”命令也可删除选定的文本。

3.2.7 文本的字体、字号及对齐方式的设置及案例

对已有文本进行字体、字号及对齐方式设置时，必须先选定文本，再进行设置。否则所进行的设置只对在插入点将要输入的文本有效。

1. 设置文本字体

单击“开始”选项卡“字体” 组右下角的“对话框启动器”按钮或按【Ctrl+D】组合键，弹出“字体”对话框，选择“字体”选项卡，在中文字体或西文字体下拉列表框中选择所需的字体后，单击“确定”按钮。

单击“开始”选项卡“字体”组中的“字体”下拉按钮，在“字体”下拉列表中选择合适的字体即可。如图 3-44 所示，设置标题文字“犯错的成本”为华文行楷，第一段文字为“华文彩云”，第二段文字为“华文新魏”，第三、四段文字为“隶书”。

犯错的成本

前些日子采访了一位高位截瘫者。他60岁了，从事体育理论工作，事业上很有成就。可是说来令人难过，当年他是一名英姿飒爽的体操运动员，参加过全国运动会。20多岁时从吊环上落地，因一个动作差错，偏偏本应在一旁的教练又正好走开，导致了他的大半生在轮椅上度过。

也许是由职业决定的，世界上有些犯错的后果是如此严重，比如司机肇事的差错，医生的误诊。这世界上有些犯错的后果又是如果轻描淡写，没关系，错了就改嘛；哪里跌倒哪里爬起嘛……

不怕犯错，有错就改，真是这样吗？

想起我上小学的时候，我的语文老师是这样批改作业的：把我们的作业本拿起来对着灯光照一照，有橡皮擦过的痕迹就要扣分，超过3个痕迹就要重写。重写时标准还是一样，所以就有做一次作业用了半本练习簿的记录。

他不许我们错，甚至不能容忍我们已改正的错，那时我们对他恨之入骨，长大成人后才知老师的良苦用心。在他的苛刻要求下，我们后来就很少写错了，再后来就基本不写错了，判断失误的差错当然是有的，但随心所欲的笔误是绝对没有了。

老师让我们懂得，一个错就是一个错，即使改过来也有痕迹。

他让我们懂得，要是改过来太容易了，我们就会轻易地犯错。

直到今天，每每看到那些一而再、再而三地犯错的人和事，我就知道，那准是改正太容易了，今天的说法是，犯错的成本太低了。

图 3-44 设置字体、字号、对齐方式的文本

2．字号的设置

单击“开始”选项卡“字体” 组右下角的“对话框启动器”按钮，弹出“字体”对话框，选择“字体”选项卡，在字号列表框中选择所需的字号后，单击“确定”按钮。

单击“开始”选项卡“字体”组中的“字号”下拉按钮，在“字号”下拉列表中选择合适的字号即可。如图 3-44 所示，设置标题文字“犯错的成本”为三号，第一段文字为“小四”，第二段文字为“小四”，第三、四段文字为“四号”。

3．字形的设置

单击“开始”选项卡“字体” 组右下角的“对话框启动器”按钮，弹出“字体”对话框，选择“字体”选项卡，在字形列表框中选择所需的字形后，单击“确定”按钮。

单击“开始”选项卡“字体”组中的字形加粗、字形倾斜按钮，切换字形的设置与否。如图 3-44 所示，设置标题文字“犯错的成本”为加粗，第一段文字为倾斜，第五段文字为加粗、倾斜。

4．对齐文本的设置

“开始”选项卡的对齐按钮分别为两端对齐、居中、右对齐、分散对齐。单击这些按钮可进行对齐方式的切换。

两端对齐：默认情况下输入的文本采用两端对齐，即左对齐方式。

分散对齐：将光标所在段的最后一行文本通过加大字符间距使其充满一行。

3.2.8 颜色、下画线的设置及案例

1．颜色的设置

单击“开始”选项卡“字体” 组右下角的“对话框启动器”按钮，弹出“字体”对话框，选择“字体”选项卡，在字体颜色下拉列表框中选择所需的字体颜色后，单击“确定”按钮。

单击“开始”选项卡“字体”组中的“字体颜色”下拉按钮，弹出下拉列表，如图 3-45 所示，从中选择合适的颜色，或者在“颜色”下拉列表中选择“其他颜色”命令，弹出“颜色”对话框，如图 3-46 所示，可以在“标准”选项卡与“自定义”选项卡中选择合适的颜色，单击“确定”按钮即可。

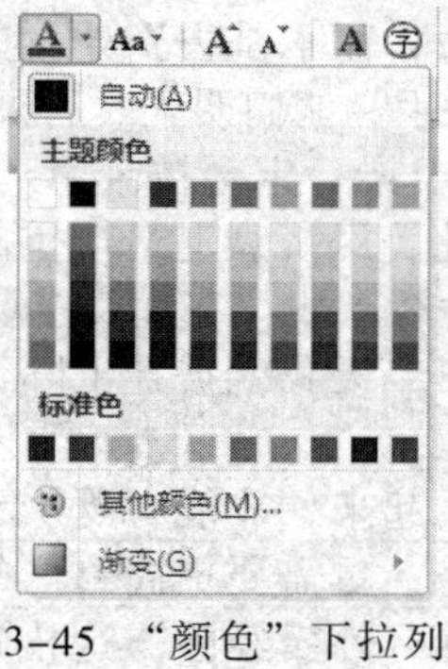

图 3-45 “颜色”下拉列表

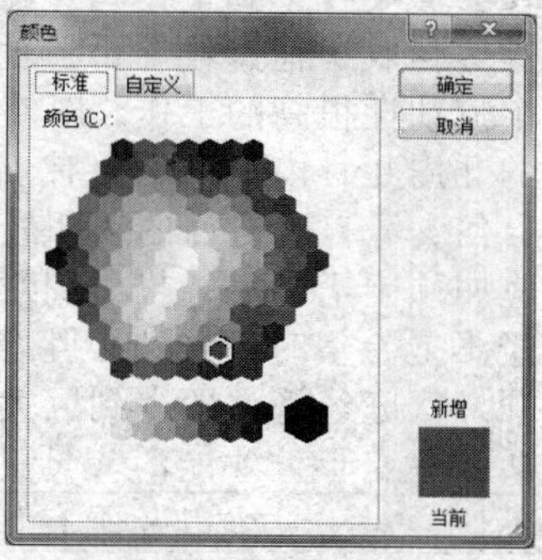

图 3-46 “颜色”对话框

2．下画线的设置

单击“开始”选项卡“字体”组右下角的“对话框启动器”按钮，弹出“字体”对话框，选择“字体”选项卡，在下画线线形下拉列表框中选择所需的下画线线形，当选择了下画线线形后，

下画线颜色下拉列表框变为可选，单击该下拉列表，从中选择合适的颜色，单击“确定”按钮。

单击“开始”选项卡“字体”组中的“下画线线形”下拉按钮，弹出下拉列表，从中选择合适的下画线线形，可以选择“下画线颜色”选项，在弹出的“颜色”下拉列表中选择合适的颜色。也可以在“颜色”下拉列表中选择“其他颜色”命令，弹出“颜色”对话框，在“标准”选项卡与“自定义”选项卡中选择合适的颜色，单击“确定”按钮即可。

3. 输入并设置文档

将文档第三段设置下画线，下画线线形如图 3-47 所示，颜色为深红，第三段文字颜色为深蓝；第六段文本“是你存放……通货了！”设置文字颜色为深红，下画线线形如图 3-47 所示，颜色自动设置；倒数第二段文本“干活干活……求职能力！”设置文字颜色为深绿，下画线线形如图 3-47 所示，颜色为红色；最后一段设置下画线线形如图 3-47 所示，颜色为深蓝。

只有干，才能活

钱猪，也叫扑满，是家家都有的存放零钱的容器。虽然几分几毛的零钱看上去不起眼，但在穷到极点的时候，扑满里的钱，也能够救急。

让我想起这个话题的，是一位叫吴梁的大学生。他大四，专业是应用化工，同班三十几个同学，尚无人找到相关工作。他家在农村，父母为供他上学，把盖房子的钱都用掉了。吴梁成为家庭的希望；挣钱，成为他最要命的人生使命。

于是我问他有哪些经验。他说他当过学校团委副书记和学生会干部，但考公务员失败了。这点经验暂时用不上。他说他还做过奥运会志愿者，但这经验似乎无法和就业直接接轨。他是学应用化学的，学习成绩很好，但看不到任何相关就业机会。面对一脸茫然的他，我问：“你还会什么？还做过什么？你在大学期间有工作经历吗？”他想了想：“嗯，我还在必胜客送过外卖。”

于是我大喜，我说：“你已经有工作了！你只需要去必胜客申请复职，继续去做他们的外送就好了！当年我也送过，咱们同行啊！”

他摇摇头说：“我干了一段就辞职了，最近回去申请过，但没有下文。然后就放弃了。”

我说：“没有下文不要紧。这是你大学期间唯一干过的带薪工作，是你存放工作经验‘钱猪’里仅有的钢镚儿。打破钱猪，把这个钢镚儿找出来，你就有了打开职场大门的硬通货了！必胜客不要你，你可以去达美乐，达美乐不要你，你可以去棒约翰，棒约翰不要你，你可以去麦当劳，麦当劳不要你，你干脆就去安妮氏……”

知道为什么吴梁找不到工作吗？在吴梁的经验钱猪里，他只有一个硬币，但他没有好好应用。必胜客拒收了他这枚硬币，他就几乎把它扔到一边，而不是去别处尝试运气。外送工作是一个流动性很高的工作，即使必胜客今天不需要人手，他们明天、后天、大后天，在可以等待的几周几月内，肯定会有 job open，毫无疑问，吴梁一定会被录用。

我这么自信，缘自我自己的求职经验。1992 年，上次北美经济衰退最严重的时候，我是加拿大的应届硕士毕业生，找不到对口工作，只好去必胜客求职。在递交求职申请 3 个月，几乎已经不抱希望时，接到必胜客外卖部一个电话，第二天我就披挂上阵，开始了我的送外卖生涯，家庭经济立即得到巨大改善！

干活干活，只有干，才能活。吴梁必须尽快找到活儿干起来，才能有尊严地活起来。就业大环境不好，对于吴梁以及所有和他处境相同的大学生，更需要提高自己的求职意识和求职能力！而吴梁的人生钱猪里，本来已经储存了“必胜客外卖经验”这枚硬币，他却没有好好利用，差点明珠暗投，坐失良机。

正在找工作的大学生们，打开你的钱猪，看看里面有什么闪光的东西吧！

图 3-47 下画线、颜色设置文档

4. 设置论文封面

综合运用之前所学内容制作一个论文封面，如图 3-48 所示。

图 3-48 论文封面

3.2.9 查找与替换文本

1. 使用“查找”功能

借助 Word 2010 提供的“查找”功能，用户可以在 Word 2010 文档中快速查找特定的字符，操作步骤如下：

将光标移动到文档的开始位置。单击“开始”选项卡“编辑”组中的“查找”按钮（见图 3-49），打开“导航”任务窗格，在文本框中输入需要查找的内容，并单击“搜索”按钮即可，如图 3-50 所示。用户还可以在“导航”任务窗格中单击“搜索”按钮右侧的下拉按钮，在打开的菜单中选择“高级查找”命令。

图 3-49 单击“查找”按钮

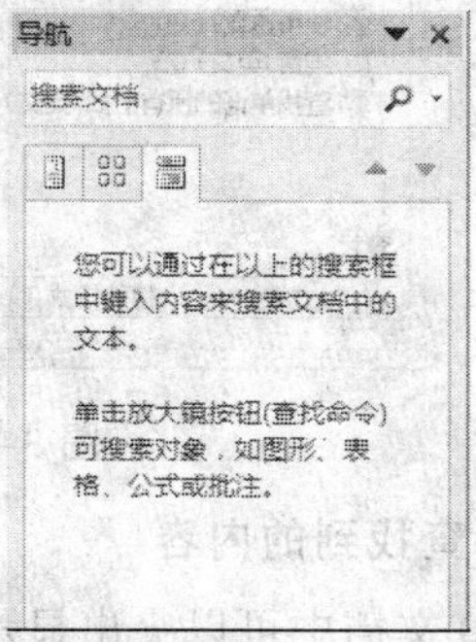

图 3-50 在“导航”窗格中查找内容

弹出“查找和替换”对话框，选择“查找”选项卡，在“查找内容”文本框中输入要查找的字符，单击“查找下一处”按钮（见图 3-51），查找到的目标内容将以蓝色矩形底色标识，单击“查找下一处”按钮继续查找。

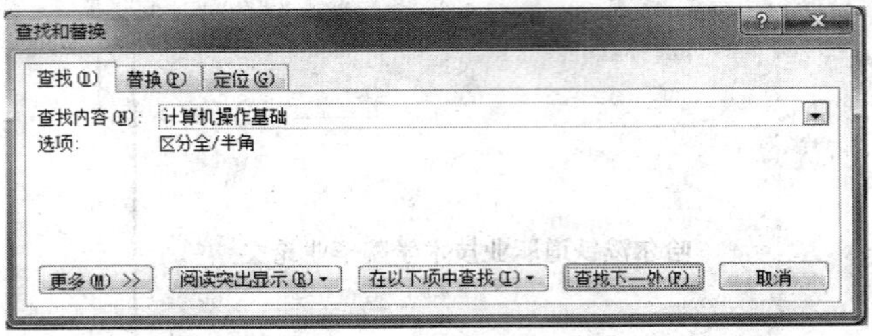

图 3-51 “查找和替换”对话框

2. 同时显示所有查找到的内容

在 Word 2010 中进行查找操作时，默认情况下每次只显示一个查找到的目标。用户也可以通过选择查找选项同时显示所有查找到的内容。同时显示的目标内容可以同时设置格式（如字体、字号、颜色等），但不能对个别目标内容进行编辑和格式化操作。在 Word 2010 中同时显示所有查找到的目标内容的步骤如下：

单击“开始”选项卡“编辑”组中的“查找”按钮，打开“导航”任务窗格，单击“搜索”按钮右侧的下拉按钮，在打开的菜单中选择“高级查找”命令。弹出“查找和替换”对话框，选择“查找”选项卡，在“查找内容”编辑框中输入要查找的目标内容。单击“在以下项中查找”下拉按钮，在打开的菜单中选择“主文档”命令，如图 3-52 所示，所有查找到的目标内容都将被标识为蓝色矩形底色，用户可以同时对查找到的内容进行格式化设置。

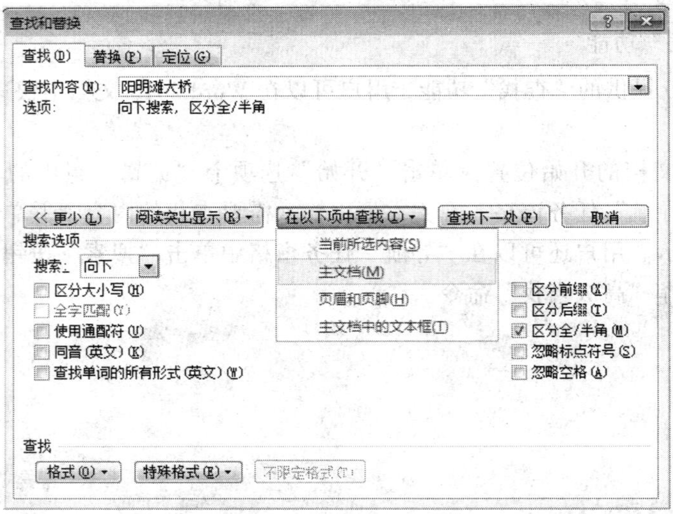

图 3-52 选择“主文档”命令

3. 突出显示查找到的内容

在 Word 2010 文档中可以突出显示查找到的内容，并为这些内容标识永久性标记。即使关闭“查找和替换”对话框，或针对 Word 2010 文档进行其他编辑操作，这些标记将持续存在。

在 Word 2010 中突出显示查找到的内容的步骤如下：

单击“开始”选项卡“编辑”组中的“查找”→“高级查找”按钮，弹出“查找和替换”对话框，在“查找内容”文本框中输入要查找的内容，单击“阅读突出显示”下拉按钮，选择“全部突出显示”命令，如图 3-53 所示。可以看到所有查找到的内容都被标识以黄色矩形底色，并且在关闭“查找和替换”对话框或对 Word 2010 文档进行编辑时，该标识不会取消。如果需要取消这些标识，可以选择“阅读突出显示”菜单中的“清除突出显示”命令。

4．设置自定义查找选项

在 Word 2010 的“查找和替换”对话框中提供了多个选项供用户自定义查找内容，操作步骤如下：

单击“开始”选项卡“编辑”组中的“查找”→“高级查找”按钮，弹出“查找和替换”对话框，单击“更多”按钮，展开“查找和替换”对话框，在展开的对话框中可以看到更多查找选项，如图 3-54 所示。

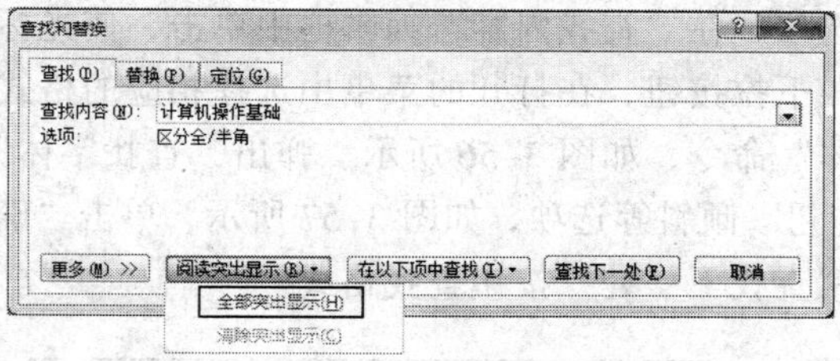

图 3-53　选择“全部突出显示”命令

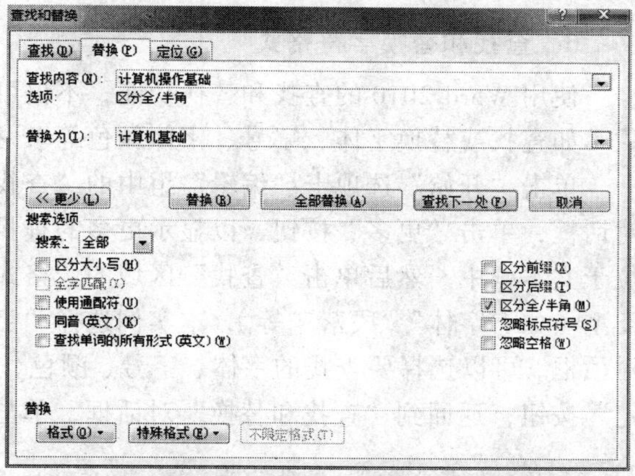

图 3-54　更多查找选项

“查找和替换”对话框“更多”扩展选项的含义如下：

搜索：在“搜索”下拉列表框中可以选择“向下”“向上”“全部”选项，选择查找的开始位置。

区分大小写：查找与目标内容的英文字母大小写完全一致的字符。

全字匹配：查找与目标内容的拼写完全一致的字符或字符组合。

使用通配符：允许使用通配符（如^#、^? 等）查找内容。

同音（英文）：查找与目标内容发音相同的单词。

查找单词的所有形式（英文）：查找与目标内容属于相同形式的单词，最典型的就是 is 的所有单词形式（如 Are、Were、Was、Am、Be）。

区分前缀：查找与目标内容开头字符相同的单词。

区分后缀：查找与目标内容结尾字符相同的单词。

区分全/半角：在查找目标时区分英文、字符或数字的全角、半角状态。

忽略标点符号：在查找目标内容时忽略标点符号。

忽略空格：在查找目标内容时忽略空格。

5. 替换功能

用户可以借助 Word 2010 的“查找和替换”功能快速替换 Word 文档中的目标内容，操作步骤如下：

单击“开始”选项卡“编辑”组中的“替换”按钮，弹出“查找和替换”对话框，显示“替换”选项卡，在“查找内容”文本框中输入准备替换的内容，在“替换为”文本框中输入替换后的内容。如果希望逐个替换，则单击“替换”按钮，如果希望全部替换查找到的内容，则单击“全部替换”按钮，如图 3-55 所示。完成替换后单击“关闭”按钮关闭“查找和替换”对话框。用户还可以单击“更多”按钮进行更高级的自定义替换操作。

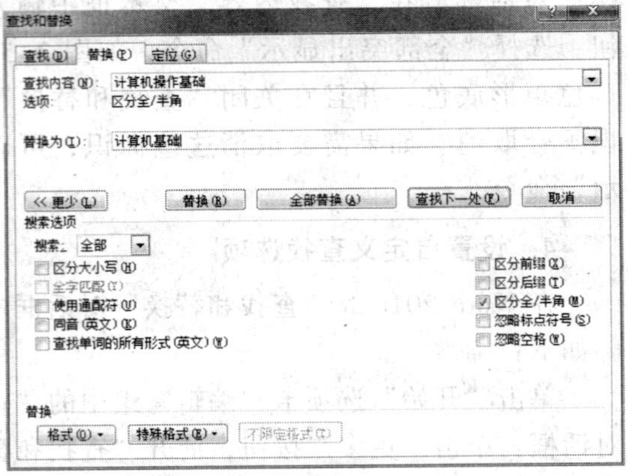

图 3-55 单击“替换”按钮

6. 查找和替换字符格式

使用 Word 2010 的查找和替换功能，不仅可以查找和替换字符，还可以查找和替换字符格式（如查找或替换字体、字号、字体颜色等），操作步骤如下：

单击“开始”选项卡“编辑”组中的“查找”→“高级查找”按钮，弹出“查找和替换”对话框，单击“更多”按钮，以显示更多的查找选项，在“查找内容”编辑框中单击，使光标位于文本框中。然后单击“查找”区域的“格式”下拉按钮，在打开的菜单中选择相应的格式类型（如“字体”“段落”等），本实例选择“字体”命令，如图 3-56 所示。弹出“查找字体”对话框，可以选择要查找的字体、字号、颜色、加粗、倾斜等选项，如图 3-57 所示，单击“确定”按钮，返回到“查找和替换”对话框，单击“查找下一处”按钮查找格式。

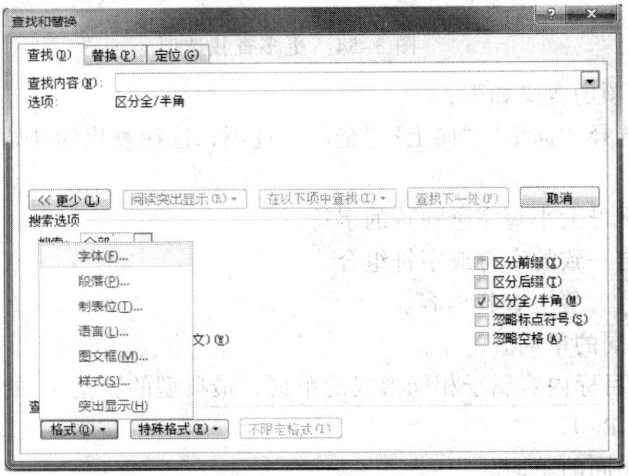

图 3-56 选择“字体”命令

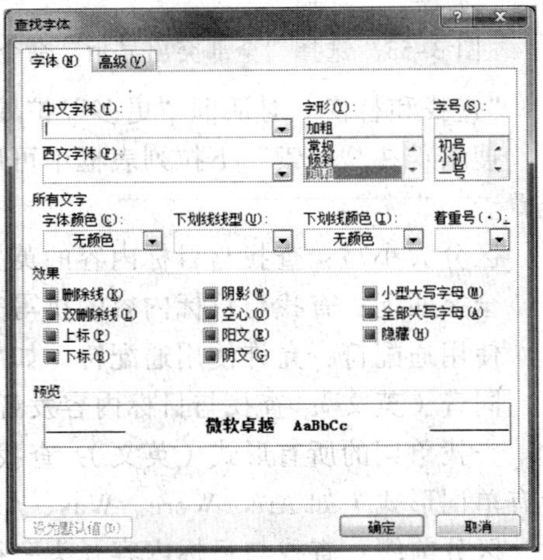

图 3-57 “查找字体”对话框

如果需要将原有格式替换为指定的格式，可以选择“替换”选项卡。然后指定想要替换成的格式，单击“全部替换”按钮即可。

3.3　Word 2010 帮助系统

1. 使用目录获得帮助信息

选择“文件”选项卡中的“帮助”命令，或按【F1】键，打开图 3-58 所示的“帮助”任务窗格。单击“目录”主题，展开目录下的所有子主题，单击想了解的主题内容，将打开“Microsoft Office Word 帮助”窗口，如图 3-59 所示，在其中就可以了解到相应的帮助信息。

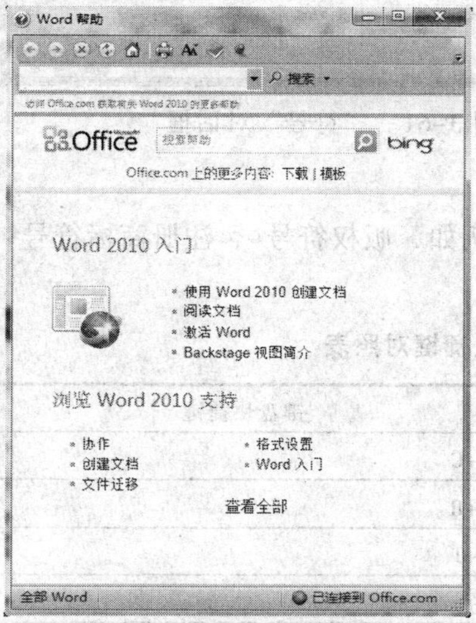

图 3-58　“帮助”任务窗格

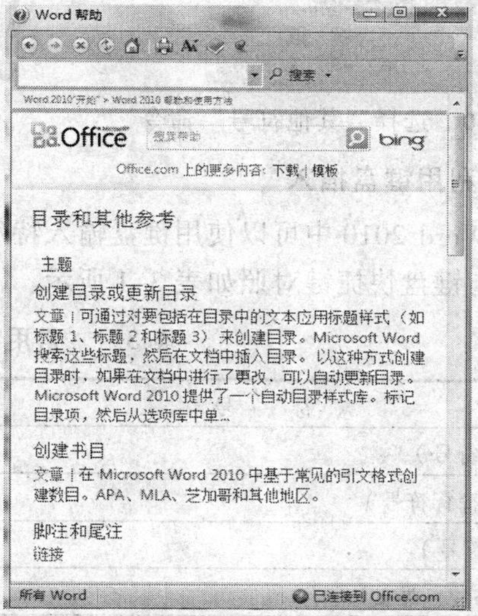

图 3-59　“Microsoft Office Word 帮助”窗口

2. 搜索帮助信息

在图 3-58 所示“帮助”任务窗格的“搜索”文本框中输入要查找的帮助信息，如“创建”，然后按【Enter】键或单击“搜索”按钮，即可找到搜索结果，单击搜索到的主题即可。

3.4　在文档中插入对象

3.4.1　插入特殊符号及案例

1. 利用选项卡插入

在 Word 2010 文档窗口中，用户可以通过“符号”对话框插入任意字体的任意字符和特殊符号，操作步骤如下：

单击“插入”选项卡“符号”组中的“符号”按钮，在打开的符号面板中可以看到一些最常用的符号，单击所需要的符号即可将其插入 Word 2010 文档中。如果符号面板中没有所需要的符号，可以选择“其他符号”命令（见图 3-60），弹出“符号”对话框，在“符号”选项卡中单击“子集”下拉按钮，在打开的下拉列表中选择合适的子集。然后在符号表格中单击选中需要的符号，单击“插入”按钮即可，如图 3-61 所示。

图 3-60 选择“其他符号”命令

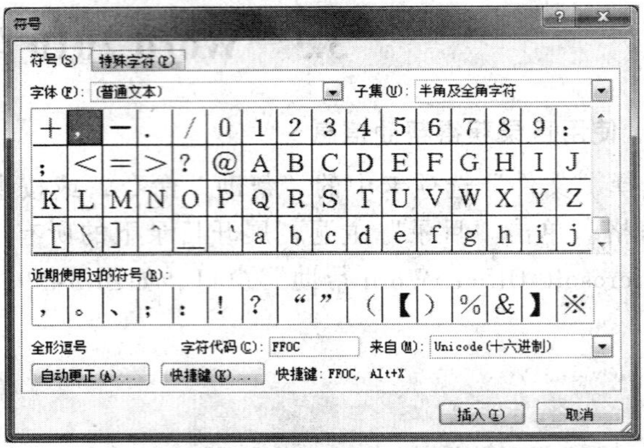

图 3-61 “符号”对话框

2. 利用键盘插入

在 Word 2010 中可以使用键盘输入特殊的符号，例如，版权符号©、注册商标符号®等。常用符号与键盘快捷键对照如表 3-1 所示。

表 3-1 常用符号与键盘快捷键对照表

符　　号	键盘快捷键
©（版权符号）	Ctrl+Alt+C
®（注册商标符号）	Ctrl+Alt+R
™（商标符号）	Ctrl+Alt+T
…（省略号，西文）	Ctrl+Alt+.
—（破折号，西文）	Ctrl+Alt+-（数字键盘减号）
ß	<--
à	-->
ç	<==
è	==>

3. 利用软键盘插入

调出任意一种中文输入法，在输入提示框上右击软键盘，弹出图 3-62 所示菜单，选择需要插入的符号类型，如“特殊符号”，弹出图 3-63 所示的特殊符号软键盘，从中选择合适的特殊符号即可。

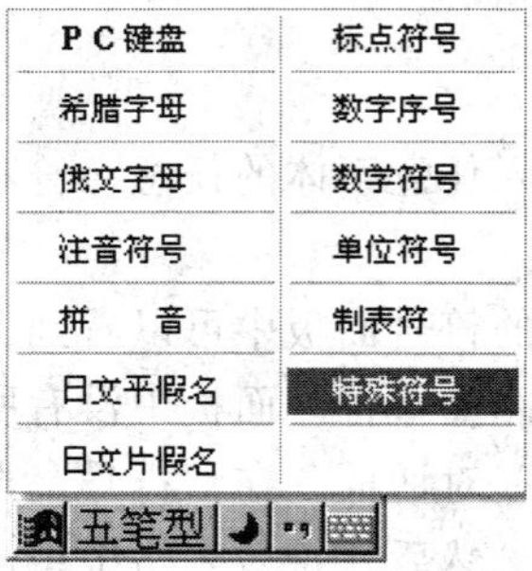

图 3-62 13 种软键盘

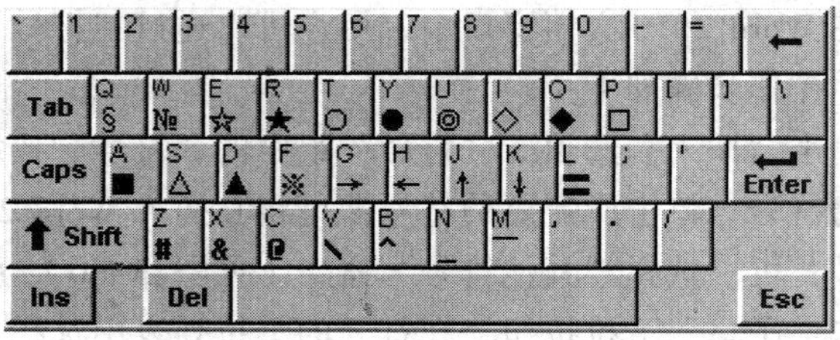

图 3-63 特殊符号软键盘

4. 输入文档

输入并编辑图 3-64 所示文档。

```
CLEAR
kg="*"                                  &&数字前部分
nr=""                                   &&数字部分
for x=1 to 4
  for y=5-x to 1 step -1
      kg=kg+" "                         &&空格部分
  ENDFOR
  for m=1 to x*2-1
      nr=nr+allt(str(5-x))              &&数字部分
  endfor
  ?kg+nr                                &&显示输出变量
  kg="*"
  IF x<4
     nr=""
  ENDIF
ENDFOR
s=nr
?"最后一行是"+s

#!/bin/bash
#netflood
#Ajian
while : ; do
   time='date +%m"-"%d" "%k":"%M'
   rx_before='ifconfig eth0|sed -n "8"p|awk '{print $2}'|cut -c7-'
   sleep 2
   rx_after='ifconfig eth0|sed -n "8"p|awk '{print $2}'|cut -c7-'
   tx_result=$[(tx_after-tx_before)/256]
   echo "$time Now_In_Speed: "$rx_result"kbps Now_OUt_Speed: "$tx_result"kbps"
   sleep 2
done
```

图 3-64　示例文档

3.4.2 插入日期和时间

用户可以在文档中插入当前日期和时间，还可以对插入的日期和时间进行更新。

单击“插入”选项卡“文本”组中的“日期和时间”按钮，弹出“日期和时间”对话框，选择可用格式，单击“确定”按钮，如图 3-65 所示。

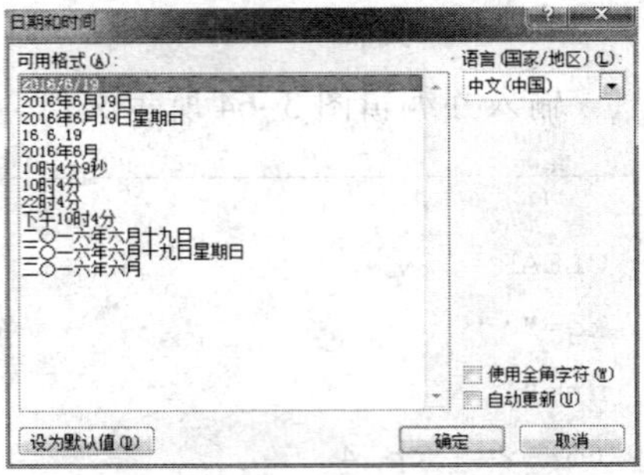

图 3-65 “日期和时间”对话框

3.4.3 自动更正功能

自动更正功能是在输入过程中自动修改输入的错误，并自动扩展常用的缩写词，从而加快输入速度。

选择“文件”选项卡中的“选项”命令，在弹出的对话框中选择“校对”选项卡，单击“自动更正选项”按钮，弹出“自动更正”对话框，如图 3-66 所示。

选中“更正前两个字母连续大写”复选框，当用户在句首连续输入两个大写字母时，第 2 个大写字母被自动更正为小写字母。

选中“句首字母大写”复选框，系统将每句话的第一个字母更正为大写。

选中“英文日期第一个字母大写”复选框，则表示输入的英文日期第一个字母大写。

选中“表格单元格的首字母大写”复选框，表格中每一个单元格的首字母均大写。

选中“键入时自动替换”复选框，系统按照下方列表中的约定把输入的文本转换为约定的内容。

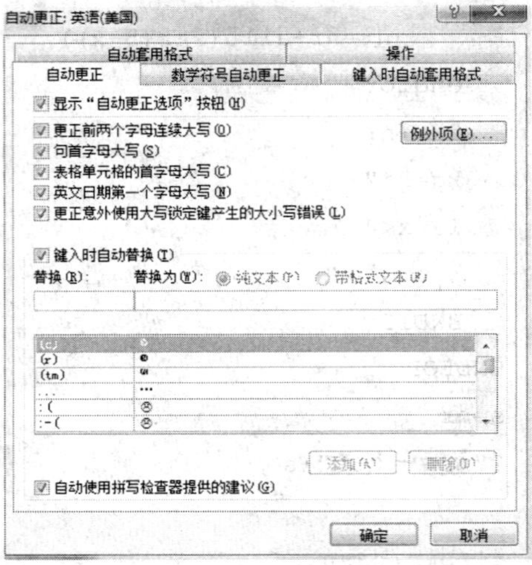

图 3-66 “自动更正”选项卡

3.4.4 拼写与语法检查

当在文档中无意输入了错误的或者不可识别的单词时，Word 2010 会在该单词下用红色波浪线进行标记。如果出现了语法错误，则在出现错误的部分用绿色波浪线进行标记。操作步骤如下：

选择“文件”选项卡中的“选项”命令，弹出“Word 选项”对话框，选择“校对”选项卡，如图 3-67 所示。在“在 Word 中更正拼写和语法时”选项组中选中“键入时检查拼写”复选框，在输入文本时 Word 自动进行拼写检查，选中“键入时检查语法”复选框，在输入文本时 Word 自动进行语法检查。

使用自动拼写和语法检查的好处是能够时刻跟踪输入并且随时标记错误。但是有时下画线和波浪线使文档显得很凌乱，此时可以先关闭自动拼写和语法检查功能，完成文档的输入和编辑后，再对文档进行拼写和语法检查。

要关闭自动拼写和语法检查，在图 3-67 所示对话框中取消选中“键入时检查拼写”复选框和“键入时检查语法”复选框，或选中“只隐藏此文档中的拼写错误”及“只隐藏此文档中的语法错误”复选框。

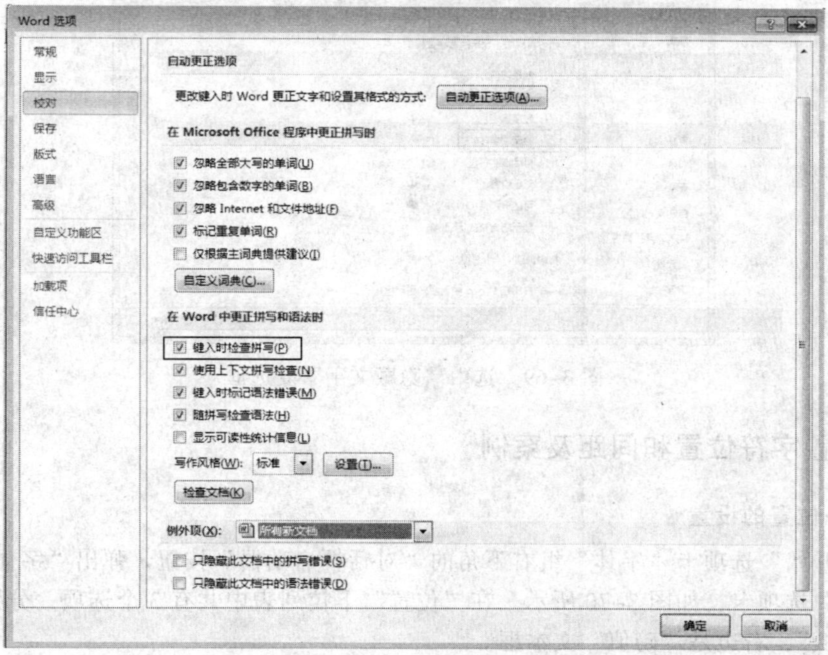

图 3-67　“校对”选项卡

3.5　文字效果的设置

3.5.1　文字效果的设置

单击“开始”选项卡“字体”组右下角的“对话框启动器”按钮，弹出“字体”对话框，选择“字体”选项卡，从“效果”选项组中可以看到，Word 2010 为用户提供了 11 种字体效果，如图 3-68 所示。

删除线效果：~~计算机操作基础~~

双删除线效果：~~计算机操作基础~~

上标效果：计算机^{操作基础}

下标效果：计算机$_{\text{操作基础}}$

常规效果：计算机操作基础

在 Word 2010 文档中设置为隐藏的文字默认是不显示的，如果需要显示当前 Word 文档的隐藏文字，则可以按照以下步骤实现：

选择“文件”选项卡中的“选项”命令，弹出“Word 选项”对话框，选择“显示”选项卡，在“始终在屏幕上显示这些格式标记”区域选中“隐藏文字”复选框，单击“确定”按钮，则可以在 Word 文档中显示隐藏文字，如图 3-69 所示。

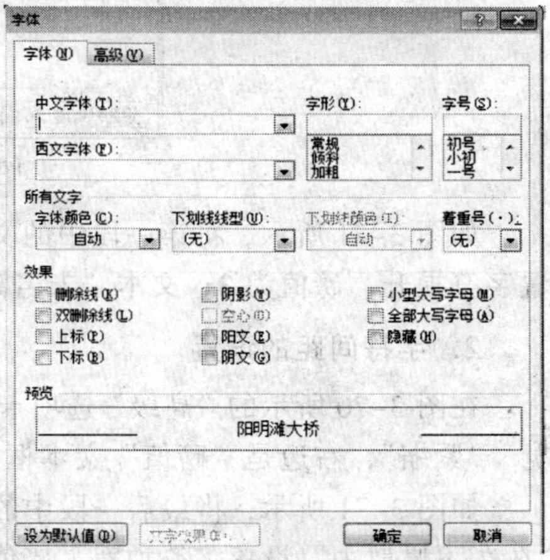

图 3-68　设置文字效果

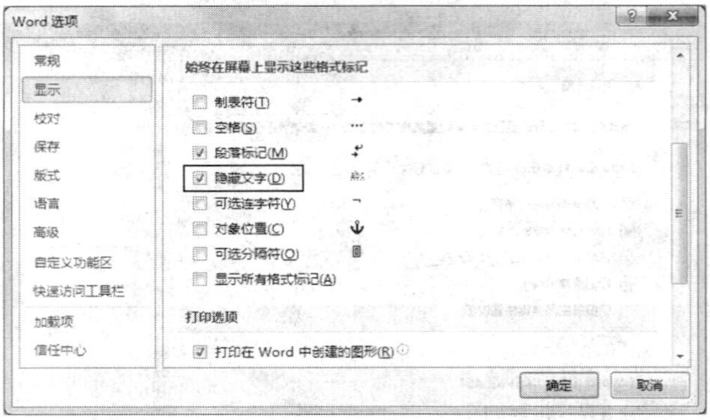

图 3-69 选中“隐藏文字”复选框

3.5.2 设置字符位置和间距及案例

1. 字符位置的设置

单击“开始”选项卡“字体”组右下角的“对话框启动器”按钮，弹出“字体”对话框，选择“高级”选项卡，如图 3-70 所示。在“位置”下拉列表中共有 3 个选项，分别是“标准”“提升”“降低”，右边是“磅值”文本框。

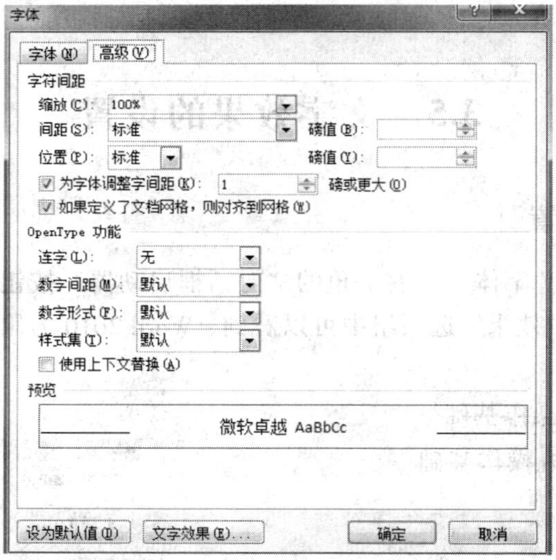

图 3-70 “高级”选项卡

如图 3-71 所示，将第一段中的文本“大学”设置字符降低、磅值为 6；文本“研究生”设置字符提升、磅值为 3；文本“未名湖畔”设置字符提升、磅值为 6。

2. 字符间距的设置

在图 3-70 所示的“高级”选项卡的“间距”下拉列表中共有 3 个选项，分别是“标准”“加宽”“紧缩”，右边是“磅值”文本框。

如图 3-71 所示，将最后一段中的文本“是金子就会发光”设置字符紧缩、磅值为 1；文本“久久不愿散去”设置字符加宽、磅值为 1.2；文本“现在，他们或者退而不休……”至结尾设置字符紧缩、磅值为 0.7。

“专任教授”的骄傲

陈平原

在 36 年前，夏秋之际，粤东山村一间破旧的教室里，走进一个 16 岁的插队知青。作为民办教师，那是他的第一堂课。山村孩子没上过幼儿园，头一回被拘在教室里，坐那么长时间，很不适应。不一会儿，有人举手：“我要尿尿。”你刚给他解释，上课的时候不要随便走动；那边又有人哭起来了，问为什么，说是尿裤子了。本以为初入道，从一年级教起比较保险，没想到当“孩子王”还真不容易。可抱怨归抱怨，这名知青，却从此与“教师”这一职业结下了不解之缘。1977 年，高考制度恢复，这名知青走出大山，念完了大学，再念研究生，最后落户在未名湖畔。有了早年教书的经验，深知上课时不能让听众有急于上厕所的感觉，二十几年来，这位从小学一年级教到大学博士班的教师，认真面对每一堂课。大概是天道酬勤吧，这位昔日的知青，居然被评为 2006 年的“北大十佳教师”，真让人感慨系之。

你猜出来了，这个人就是我。

教书光荣，但教好书不容易。除了个人的天赋、才学以及后天的努力，学术环境无疑是至关重要的。我从不敢说“是金子就会发光”之类的大话。古今中外，“怀才不遇”的，那才是常态；像我这样，就那么一点点才华，能得到较好的发挥，得益于北大相对宽松自由的学术环境，更得益于我所在的小集体——北大中文系。留校教书二十几年，经历诸多风雨，全靠诸位前辈遮挡，我才得以从容读书。只是随着时光流逝，他们中的绝大多数人已退出讲堂。我至今仍清晰地记得，林庚先生上最后一堂课时，学生们如痴如醉，久久不愿散去；钱理群教授最后一次在北大讲鲁迅，多少听众热泪盈眶。现在，他们或者退而不休，回到安宁的书斋，从事自己喜欢的专业著述；或者已经谢世，隐入历史的深处。作为仍然活跃在讲台上的教师，我衷心感谢他们给予的提携与鼓励。

图 3-71　设置字体效果的文本

3．动态效果的设置

在“字体”对话框的“高级”选项卡中单击“文字效果”按钮（见图 3-70），弹出“设置文本效果格式”对话框，如图 3-72 所示。选择相应的动态效果即可。

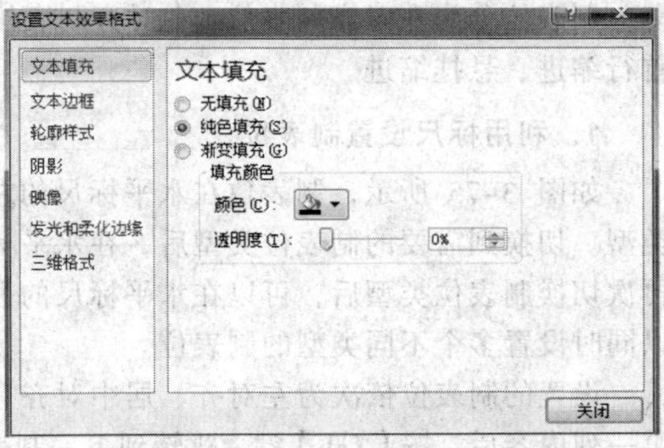

图 3-72　“设置文本效果格式”对话框

3.5.3　设置首字下沉效果

首字下沉效果是对某一段落的首字进行设置，因此在设置首字下沉效果时，将插入点定位在需要设定首字下沉的段落中即可。

将光标定位到需要设置首字下沉的段落中。单击“插入”选项卡“文本”组中的“首字下沉”

按钮，在打开的菜单中选择“下沉”或“悬挂”命令设置首字下沉或首字悬挂效果，如图 3-73 所示。如果需要设置下沉文字的字体或下沉行数等选项，可以在下沉菜单中选择“首字下沉选项”命令，弹出“首字下沉”对话框。选中“下沉”或“悬挂”选项，并选择字体或设置下沉行数。完成设置后单击“确定”按钮即可，如图 3-74 所示。

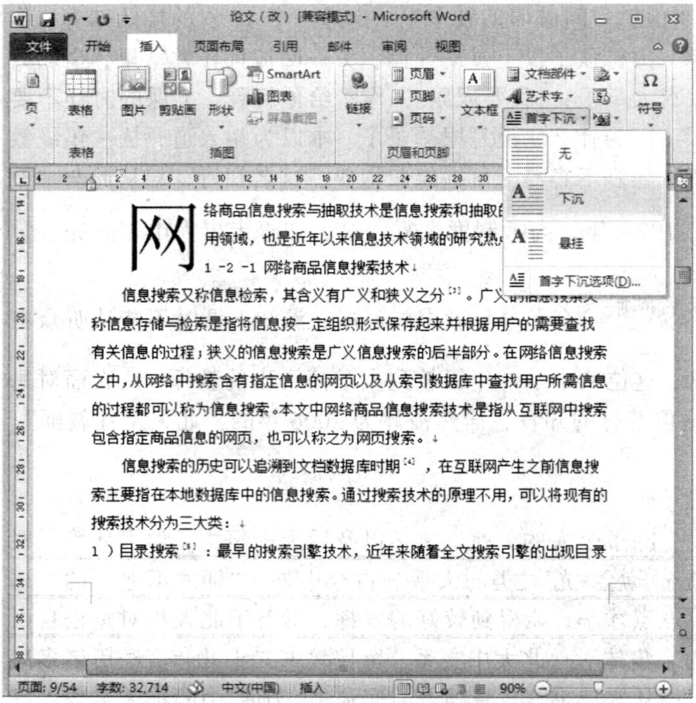

图 3-73　选择“下沉”命令

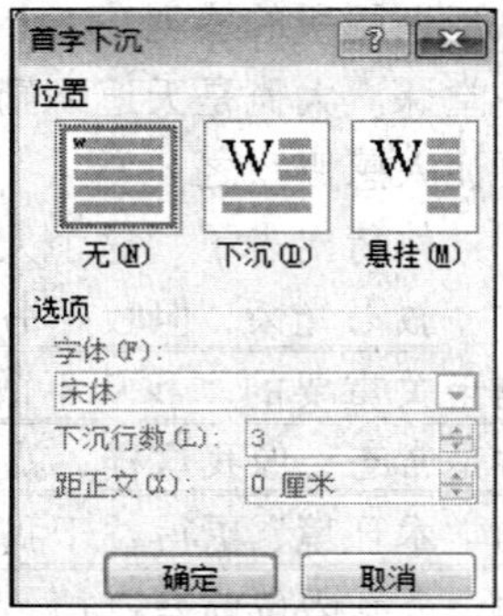

图 3-74　“首字下沉”对话框

3.5.4　制表位的设置

一般情况下，使用【Tab】键对齐文本，而不要使用空格键。因为由于字号选择的不同，同样的空格可能占据不同的空间。而每按一次【Tab】键，光标就会从当前位置移动到下一制表位。默认情况下，每 0.75 cm 就有一个制表位。

制表位分为左对齐制表位、右对齐制表位、居中制表位、小数点对齐制表位、竖线制表位、首行缩进、悬挂缩进。

1. 利用标尺设置制表位

如图 3-75 所示，制表位在水平标尺的左侧，通过连续单击该制表位，可以切换制表位的类型。切换到需要的制表位类型后，在水平标尺的适当位置单击，就可以产生一个制表位。当再次切换制表位类型后，可以在水平标尺的另一位置单击，再次产生一个制表位。根据需要可以同时设置多个不同类型的制表位。

设置的制表位依次为左对齐、居中对齐、右对齐、小数点对齐。当在文本区输入完第一行第一列内容后，按【Tab】键，跳转到下一制表位位置，输入第一行第二列。输入到第一行最后按【Enter】键进行下一行的输入。各列对齐结果如图 3-76 所示。

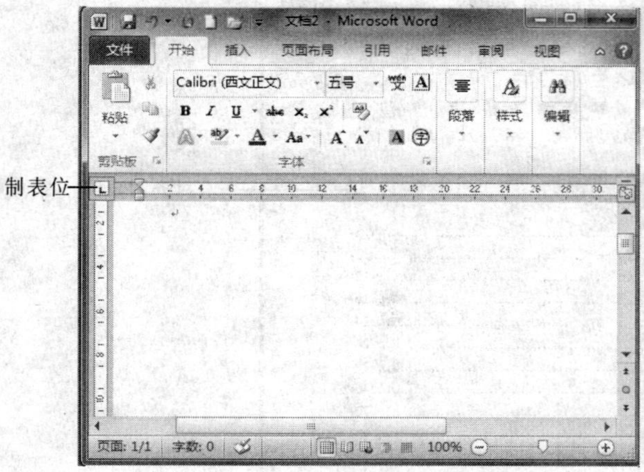

图 3-75　标尺上的制表位

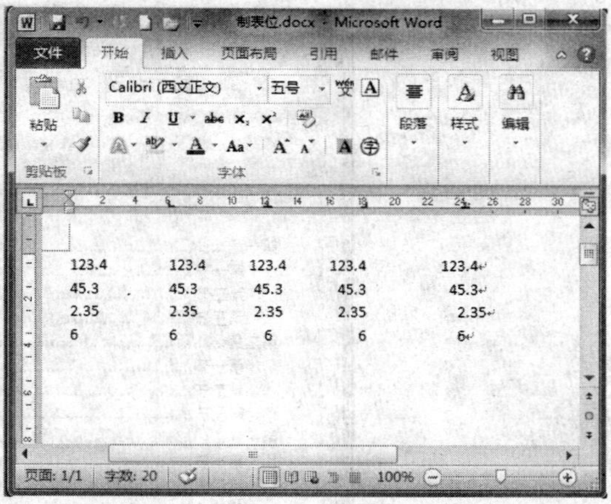

图 3-76　不同类型的制表位

2. 用对话框设置制表位

单击“开始”选项卡“段落”组右下角的“对话框启动器”按钮，弹出“段落”对话框，单击“制表位”按钮，如图 3-77 所示。弹出图 3-78 所示的“制表位”对话框。在“制表位位置”文本框中输入精确的制表位位置；在“对齐方式”选项组中设置文本对齐方式；在“前导符”选项组中设置文本至前一制表位之间的填充符号；单击“设置”按钮就可以设置一个制表位，设置好的制表位会显示在“制表位位置”文本框中，接着可以不关闭对话框，继续设置下一个制表位。设置完毕单击“确定”按钮。

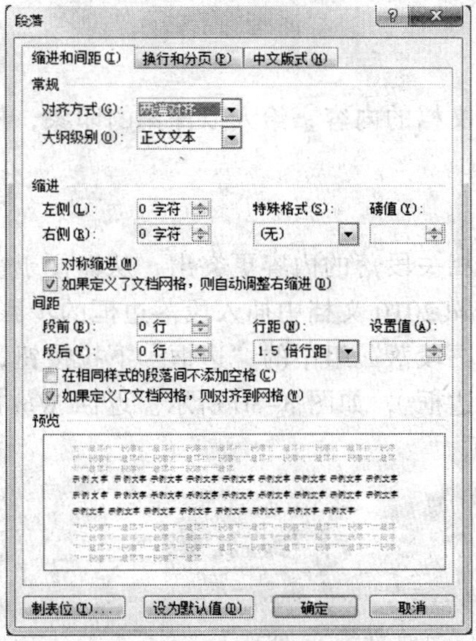

图 3-77　“段落”对话框

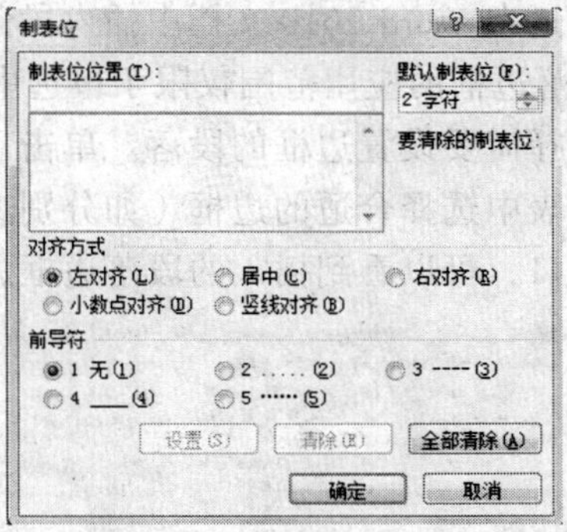

图 3-78　“制表位”对话框

在水平标尺的制表位符号上双击也会弹出“制表位”对话框。

图 3-79 所示目录的设置如下：在水平标尺的右侧靠近页边的位置设置一个右对齐制表位，然后双击该制表位，弹出“制表位”对话框，选择“前导符”为 5，其余选项不做更改，单击“确定”按钮。

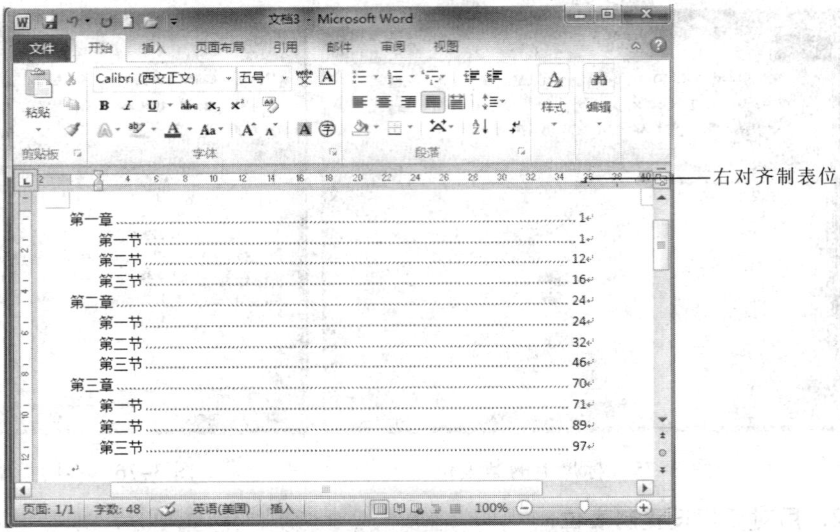

图 3-79 前导符的设置

3. 删除制表位

用鼠标将制表位拖离标尺即可删除制表位，删除制表位后，光标所在行或选定的段落会发生相应变化。

3.6 格式化文档

3.6.1 边框的设置及案例

在文字或整篇文本中设置边框和底纹，可以突出文档的内容，给人以深刻的印象，从而使文档更加美观。

1. 段落边框

通过在 Word 2010 文档中插入段落边框，可以使相关段落的内容更突出，从而便于读者阅读。段落边框的应用范围仅限于被选中的段落，在 Word 2010 文档中插入段落边框的步骤如下：

选择需要设置边框的段落。单击“开始”选项卡“段落”组中的“边框”下拉按钮，在打开的列表中选择合适的边框（如分别选择上边框和下边框），如图 3-80 所示。返回 Word 2010 文档窗口，可以看到插入的段落边框，如图 3-81 所示。

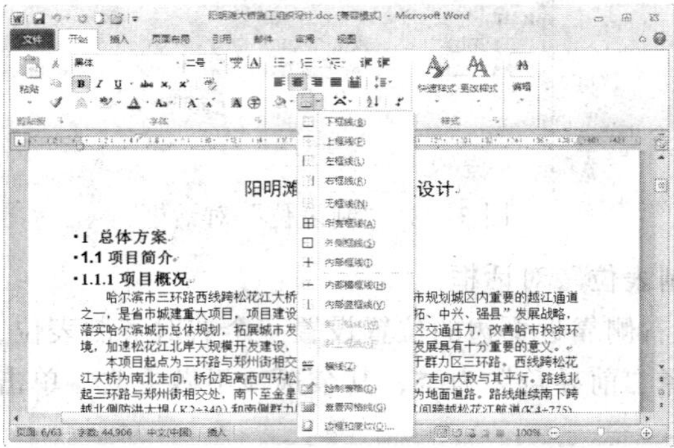

图 3-80 选择合适的边框

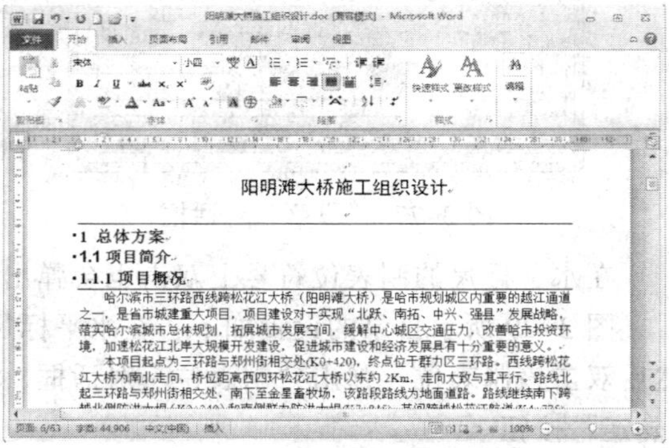

图 3-81 插入的段落边框

2. 设置段落边框的格式

通过在 Word 2010 文档中插入段落边框，可以使相关段落的内容更加醒目，从而增强 Word 文档的可读性。默认情况下，段落边框的格式为黑色单直线。用户可以设置段落边框的格式，使其更美观。在 Word 2010 文档中设置段落边框格式的步骤如下：

单击“开始”选项卡“段落”组中的“边框”下拉按钮，在打开的菜单中选择“边框和底纹”命令，弹出“边框和底纹”对话框，分别设置边框样式、边框颜色以及边框的宽度。然后在“应用于”下拉列表框中选择“段落”选项，单击“选项”按钮，如图 3-82 所示，弹出“边框和底纹选项”对话框，在“距正文边距”区域设置边框与正文的边距数值，单击“确定”按钮，如图 3-83 所示。返回“边框和底纹”对话框，单击“确定”按钮。

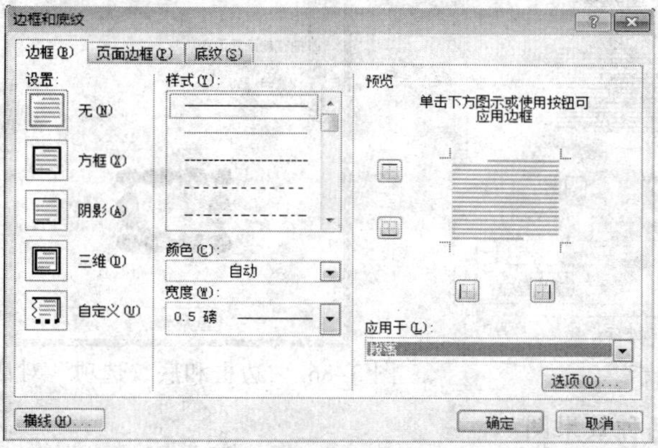

图 3-82　“边框和底纹”对话框

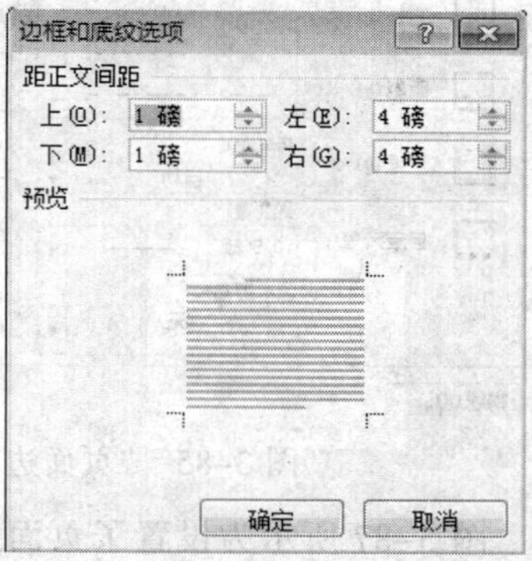

图 3-83　“边框和底纹选项”对话框

3. 文字边框

选中文本内容后，单击“开始”选项卡“字体”组中的“字符边框”按钮 A 即可，再次单击“字符边框”按钮，文本内容的边框将被取消。

在图 3-82 所示对话框的“应用于”下拉列表框中选择“文字”选项，在“设置”选项组的“无”“方框”“阴影”“三维”“自定义”中选择需要的边框类型；在“线型”列表框中选择需要的线型；在“颜色”下拉列表框中选择边框线的颜色；在“宽度”下拉列表框中选择边框线的宽度。图 3-84 中的第一段文本设置为文字边框。

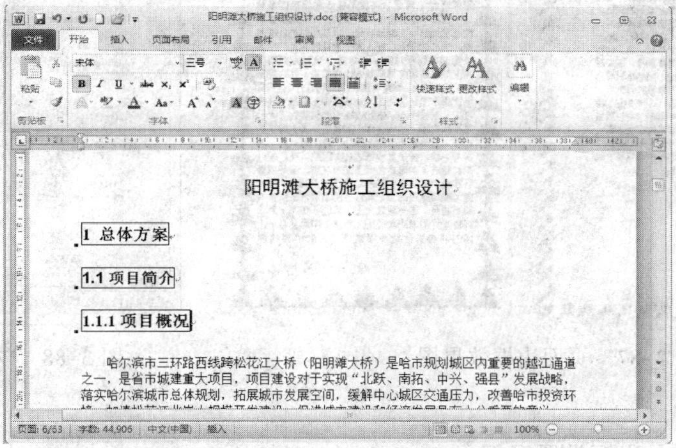

图 3-84　文字边框的设置

4. 页面边框的设置

在“边框和底纹”对话框中选择“页面边框”选项卡，如图 3-85 所示。页面边框中增加了“艺术型”下拉列表框，可以在该下拉列表框中选择艺术图形。当选择了一种页面边框类型后，单击“选项”按钮，弹出图 3-86 所示的“边框和底纹选项”对话框，在其中根据度量依据可以设置页面边框的边距。

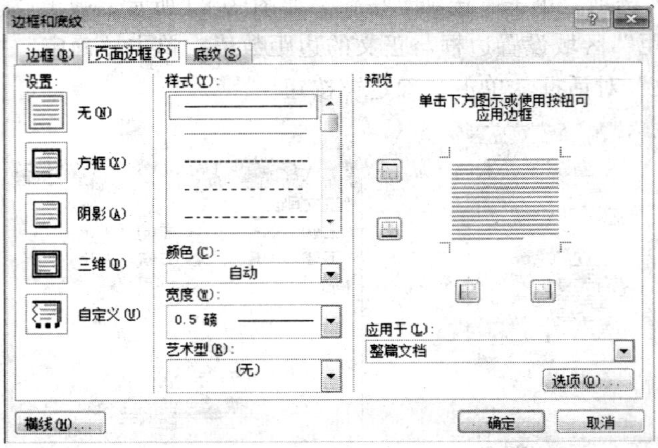

图 3-85 “页面边框”选项卡

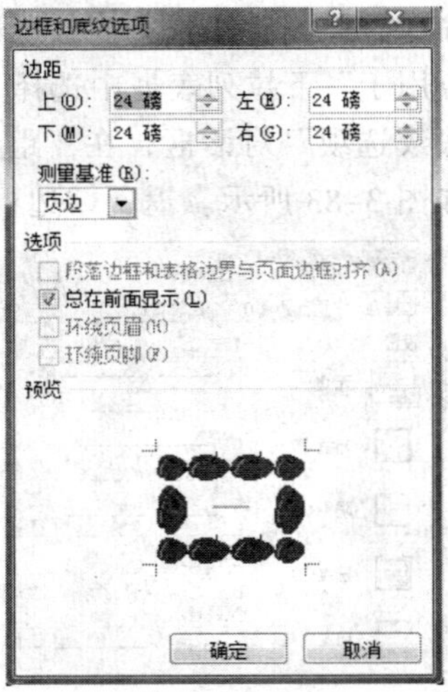

图 3-86 “边框和底纹选项”对话框

图 3-87 所示为设置了页面边框的两种效果图。

5. 横线的设置

单击图 3-85 所示对话框中的“横线”按钮，弹出图 3-88 所示的“横线”对话框。拖动滚动条可以选择更多的横线，选择所需的横线后单击“确定”按钮，在插入点的位置将插入所选的横线。选中该横线后按【Delete】键即可删除。

图 3-87 页面边框效果图

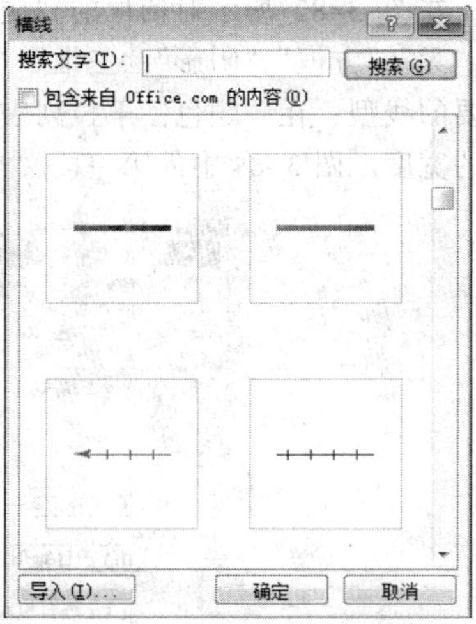

图 3-88 “横线”对话框

6. 案例练习

练习图 3-89 所示边框设置案例。

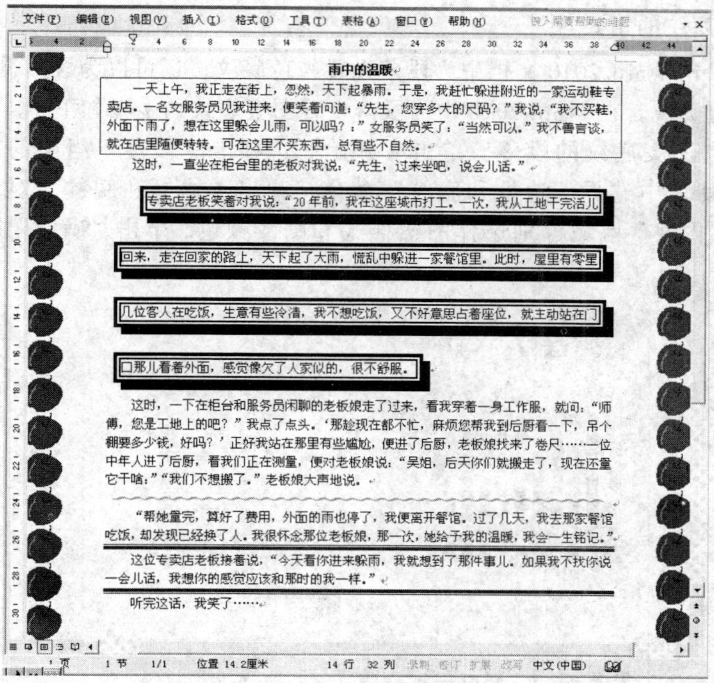

图 3-89　边框设置案例

3.6.2　底纹的设置及案例

1. 段落底纹

通过为 Word 2010 文档设置段落底纹，可以突出显示重要段落的内容，增强可读性。在 Word 2010 中设置段落底纹的步骤如下：

选中需要设置底纹的段落。单击"开始"选项卡"段落"组中的"底纹"下拉按钮，在打开的面板中选择合适的颜色即可，如图 3-90 所示。

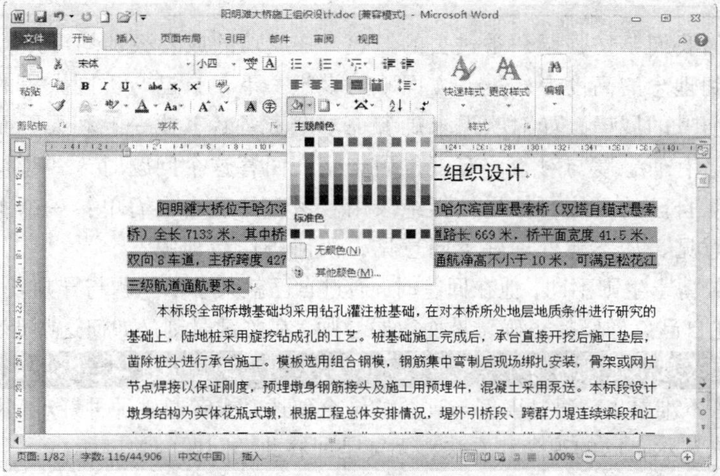

图 3-90　选择段落底纹颜色

2. 设置段落底纹的格式

用户不仅可以在 Word 2010 文档中为段落设置纯色底纹，还可以为段落设置图案底纹，使设置底纹的段落更美观。在 Word 2010 中为段落设置图案底纹的步骤如下：

选中需要设置图案底纹的段落。单击“开始”选项卡“段落”组中的“边框”下拉按钮，并在打开的列表中选择“边框和底纹”命令，弹出“边框和底纹”对话框，选择“底纹”选项卡，在“图案”区域分别选择图案样式和图案颜色，单击“确定”按钮，如图 3-91 所示。

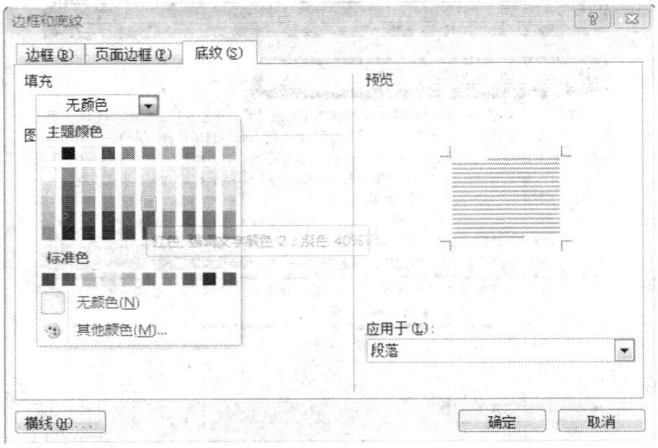

图 3-91　选择图案样式和图案颜色

3. 文字底纹

选中需要设置底纹的文本，单击“开始”选项卡“字体”组中的“字符底纹”按钮 A，选定的文本即加上了底纹。再次单击“字符底纹”按钮，文本上的底纹将被删除。

在“边框和底纹”对话框中选择“底纹”选项卡，在“应用于”下拉列表框中选择“文字”选项，在“填充”列表框中选择需要的颜色，单击“确定”按钮即可。如果在“填充”列表框中没有所需要的颜色，单击“其他颜色”按钮，弹出“颜色”对话框，选择颜色即可。图 3-92 中的一部分文字设置了文字底纹，当对文字设置深色底纹时，应该将文字的颜色设置为浅色。

> 一方面我们不妨强调一番过去的经验——成功的或者教训均可谈，而且要注意提升到理念的高度上；另一方面不妨设想一下，自己与不同人等的不同合作方式与前景的展望，如对吹毛求疵者、求全责备者、拔一毛利天下而不为者等等，自己有何态度与对策。有一位硕士生在回答这个问题时，一味指斥自己导师，喟叹自己的委屈，结果被拒绝录用。考官的理由也简单：一个团体中总会有不同意见，如不能处理好不同意见，谈何协作精神呢？
>
> 另一位博士生则不同，他在回答时，通过自己就某学术问题与导师发生争论一事，他叙述自己怎样坚持正确意见而得罪导师、在关键时刻又如何送师母到医院救治，生动地表现出他既有理论勇气，又不失与人为善的行为作风，因此赢得了主考官的好感。不难看出，通过事例与理念的结合叙述，或者通过种种疑难问题的设想与解决，来展示自己的观念和看法，无疑是回答此类问题的关键所在。

图 3-92　设置文字底纹的效果

3.6.3　中文版式的设置及案例

1．拼音指南

在 Word 2010 中一次最多能够给 30 个汉字标注拼音。

选中需要进行标注拼音的文字，单击“开始”选项卡“字体”组中的“拼音指南”按钮，弹出图 3-93 所示的“拼音指南”对话框。此时，在“拼音文字”列表框中，会自动填上相应的文本框，如果要更改默认的拼音，可以单击相应的文本框进行修改。如果修改了之后，想恢复为默认的拼音，可以单击“默认读音”按钮；在“对齐方式”下拉列表框中选择一种拼音与字符的对齐方式。在“字体”和“字号”下拉列表框中分别选择拼音字母的字体和字号。单击“确定”按钮，标注拼音完毕。单击“拼音指南”对话框中的“全部删除”按钮，则删除所标注的拼音。图 3-94 中的部分文本标注了拼音。

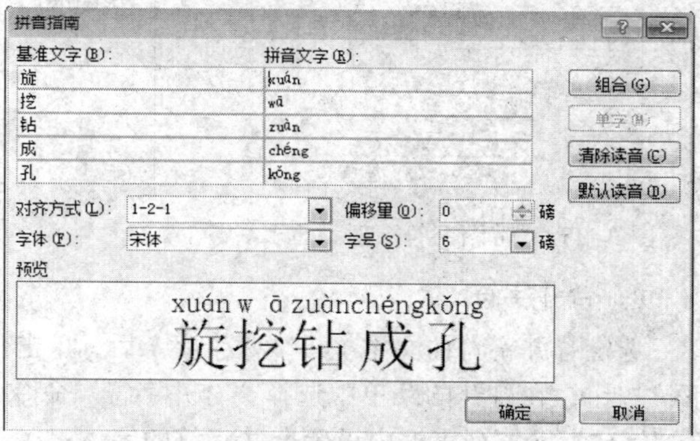

图 3-93　“拼音指南”对话框

àihàoyǒuxiāngsìzhī chù

经历其实与兴趣、爱 好 有 相 似 之 处，因此，在应答此类问题时，关键是懂得通过对兴趣、爱好或者特殊经历的叙述，在感动自己的基础上，如何最大程度地用激情、真情去感染对方，引发共鸣；甚至，在一定意义上，我们不妨说，对于兴趣爱好或者成功经历的叙述，实际上是一个如何将特殊技能与激情相结合的“情绪感染”问题。

图 3-94　中文版式的效果

2．带圈字符

带圈字符只对单字设置有效，选定要设置带圈字符的文字，单击“开始”选项卡“字体”组中的“带圈字符”按钮，弹出图 3-95 所示的“带圈字符”对话框。设置“样式”和“圈号”，单击“确定”按钮，设置完毕。

3．纵横混排

选定需要纵向排版的文本，单击“开始”选项卡“段落”组中的“中文版式”下拉按钮，并在打开的菜单中选择“纵横混排”命令。弹出图 3-96 所示的“纵横混排”对话框。“适应行宽”复选框用于设置纵向排版的文字所占的宽度是否与行同宽。

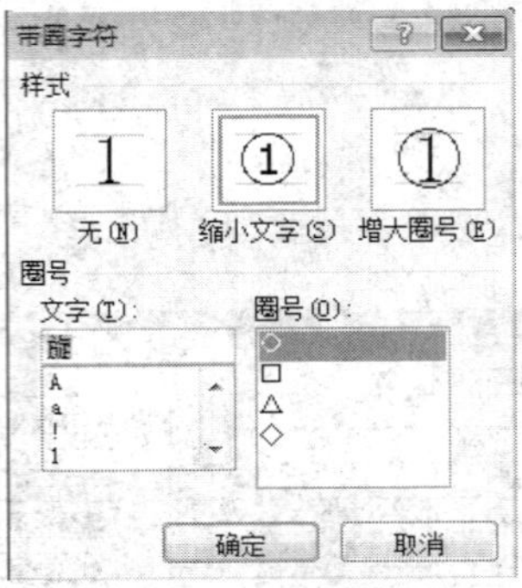

图 3-95 “带圈字符”对话框

图 3-96 “纵横混排”对话框

4. 合并字符

选定合并字符的文本（最多六个字）后，单击“开始”选项卡“段落”组中的“中文版式”下拉按钮，在打开的菜单中选择“合并字符”命令，弹出图 3-97 所示的“合并字符”对话框。在“字体”下拉列表框中设置合并字符的字体；在“字号”下拉列表框中设置合并字符的字号，当字号设置过小时，设置合并字符效果的文字将看不清楚，因此应对合并字符的文字字号加以设置。也可以单击“确定”按钮之后，应用“格式”工具栏中的“字号”下拉列表设置合并字符的字号。

5. 双行合一

选定需要设置双行合一的文本，单击“开始”选项卡“段落”组中的“中文版式”下拉按钮，在打开的菜单中选择“双行合一”命令，弹出图 3-98 所示的“双行合一”对话框，“带括号”复选框用于设置文本是否带括号；“括号样式”下拉列表框用于设置括号样式。设置双行合一效果的文本，看起来字号很小，所以设置双行合一的文本的字号应该比其他字号稍大一些。

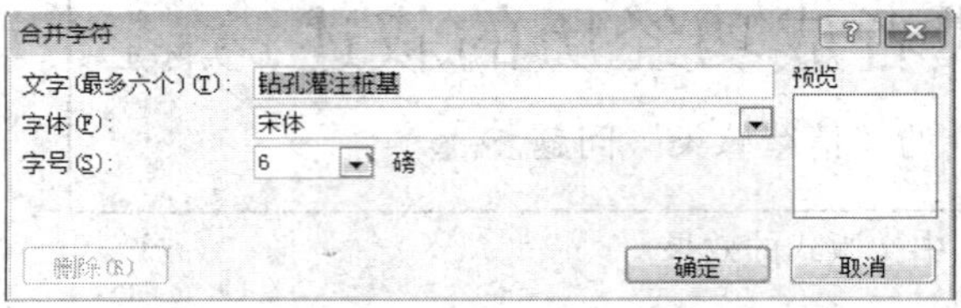

图 3-97 “合并字符”对话框

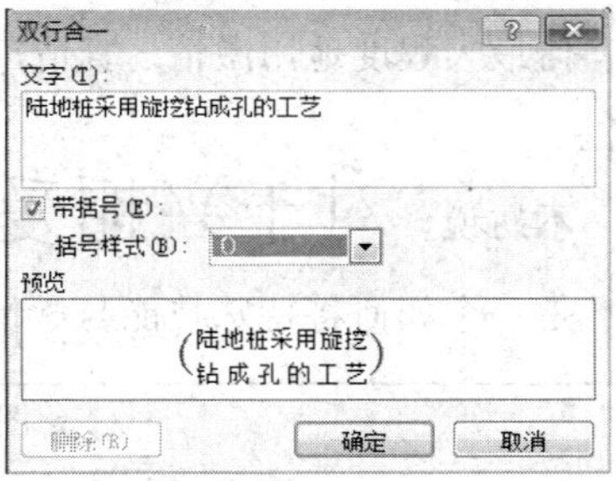

图 3-98 “双行合一”对话框

3.6.4 分栏的设置及案例

所谓分栏就是将 Word 2010 文档全部页面或选中的内容设置为多栏，从而呈现出报刊、杂志中经常使用的多栏排版页面。默认情况，Word 2010 提供五种分栏类型，即一栏、两栏、三栏、偏左、偏右。用户可以根据实际需要选择合适的分栏类型，操作步骤如下：

在 Word 2010 文档中选中需要设置分栏的内容，如果不选中特定文本则为整篇文档或当前节设置分栏。在“页面设置”分组中单击“分栏”按钮，并在打开的分栏列表中选择合适的分栏类型。如果需要其他设置可以选择“更多分栏”命令，弹出“分栏”对话框，如图 3-99

所示。在“预设”选项组中设置要分的栏数。如果没有符合要求的栏数，可以在“栏数”文本框中指定 2～11 之间的任意数作为分栏数；选中“分隔线”复选框，可以在各个栏之间添加分隔线；在“宽度和间距”选项组中可以设置各栏的宽度和间距；选中“栏宽相等”复选框，则设置当前所有栏的栏宽和间距相等。当选择“预设”选项组中的“一栏”时，则取消分栏设置。

选定需要分栏的按钮后，可以对选中文本进行 1～7 栏的栏宽和间距都相等的分栏。如果分栏的文本包括文章的最后一段，在选择文本时，注意不能将最后一个换行标记选上。

图 3-100 对不同段落设置了不同的分栏效果。

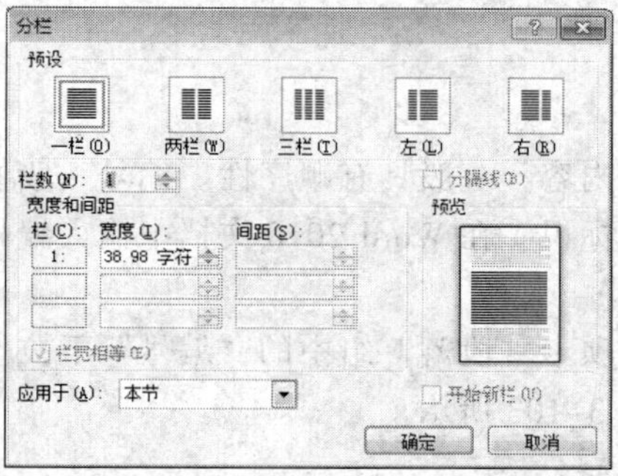

图 3-99　“分栏”对话框

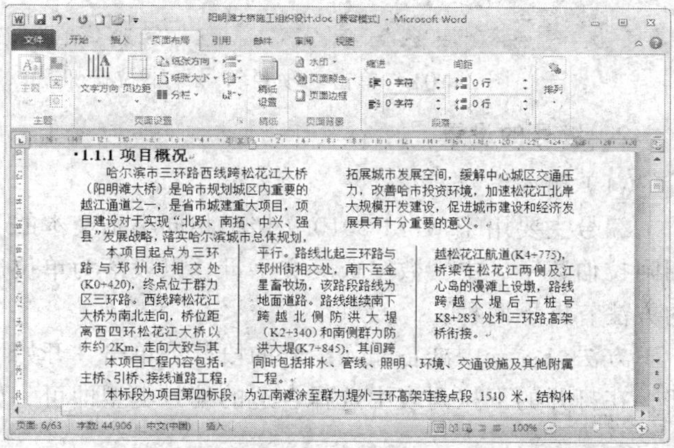

图 3-100　分栏效果的设置

3.6.5　项目符号与编号的设置

1. 项目符号的设置

（1）输入项目符号

项目符号主要用于区分 Word 2010 文档中不同类别的文本内容，使用圆点、星号等符号表示项目符号，并以段落为单位进行标识。在 Word 2010 中输入项目符号的方法如下：

选中需要添加项目符号的段落。单击“开始”选项卡“段落”组中的“项目符号”下拉按钮，在打开的下拉列表中选择合适的项目符号即可，如图 3-101 所示。

在当前项目符号所在行输入内容，当按【Enter】键时会自动产生另一个项目符号。如果连续按两次【Enter】键将取消项目符号输入状态，恢复到 Word 常规输入状态。

（2）定义新项目符号

在 Word 2010 中内置有多种项目符号，用户可以在 Word 2010 中选择合适的项目符号。用户也可以根据实际需要定义新项目符号，使其更具有个性化特征。在 Word 2010 中定义新项目符号的步骤如下：

单击“开始”选项卡“段落”组中的“项目符号”下拉按钮，在打开的下拉列表中选择“定义新项目符号”命令，弹出“定义新项目符号”对话框，如图 3-102 所示，用户可以单击“符号”按钮或“图片”按钮选择项目符号的属性。

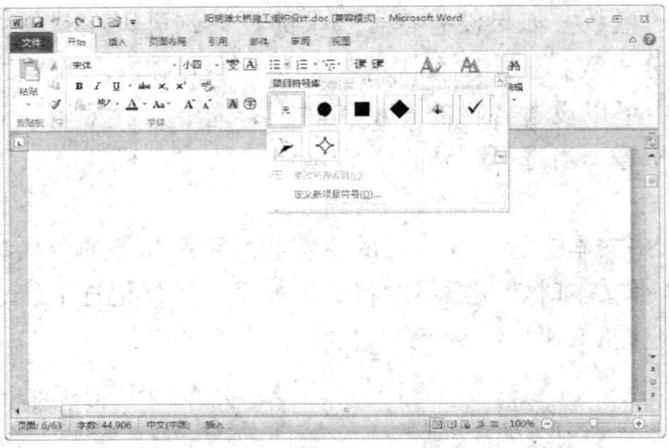

图 3-101 单击“项目符号”下拉按钮

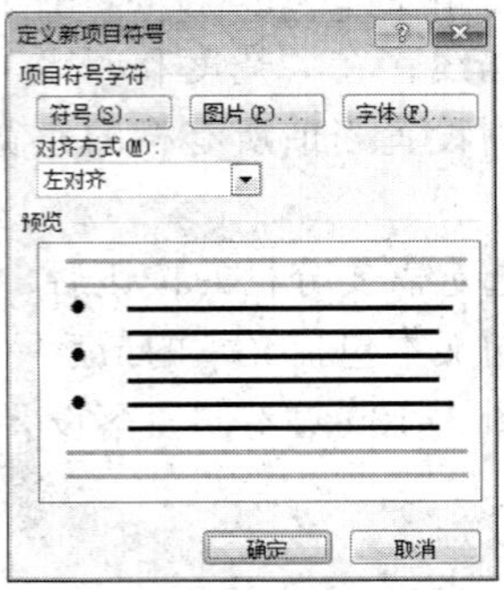

图 3-102 单击“符号”按钮

2. 编号的设置

（1）输入编号

编号主要用于 Word 2010 文档中相同类别文本的不同内容，一般具有顺序性。编号一般使用阿拉伯数字、中文数字或英文字母，以段落为单位进行标识。在 Word 2010 文档中输入编号的方法有以下两种：

方法 1：选中准备输入编号的段落。单击“开始”选项卡“段落”组中的“编号”下拉按钮，在打开的下拉列表中选择合适的编号类型即可，如图 3-103 所示。

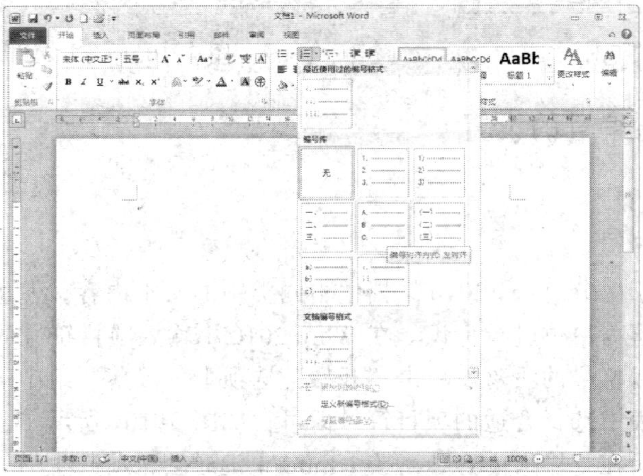

图 3-103 单击“编号”下拉按钮

方法 2：在当前编号所在行输入内容，当按【Enter】键时会自动产生下一个编号。如果连续按两次【Enter】键将取消编号输入状态，恢复到 Word 常规输入状态。

（2）输入多级编号列表

在 Word 2010 文档中输入多级列表时有一个快捷方法，就是使用【Tab】键辅助输入编号列表，操作步骤如下：

单击“开始”选项卡“段落”组中的“编号”下拉按钮，在打开的下拉列表中选择一种编号格式。在第一级编号后面输入具体内容，然后按【Enter】键。不要输入编号后面的具体内容，而是直接按【Tab】键将开始下一级编号列表。如果下一级编号列表格式不合适，可以在“编号”下拉列表中进行设置。第二级编号列表的内容输入完成以后，连续按两次【Enter】键可以返回上一级编号列表，如图 3-104 所示。

（3）定义新编号格式

在 Word 2010 的编号格式库中内置有多种编号，用户可以根据实际需要定义新的编号格式。在 Word 2010 中定义新编号格式的步骤如下：

单击“开始”选项卡“段落”组中的“编号”下拉按钮，在打开的下拉列表中选择“定义新编号格式”命令，弹出“定义新编号格式”对话框，在“编号样式”下拉列表框中选择一种编号样式，单击“字体”按钮，弹出“字体”对话框，根据实际需要设置编号的字体、字号、字体颜色、下画线等项目（注意不要设置“效果”选项），单击“确定”按钮，返回“定义新编号格式”对话框，在“编号格式”文本框中保持灰色阴影编号代码不变，根据实际需要在代码前面或后面输入必要的字符。例如，在前面输入“第”，在后面输入“项”，并将默认添加的小点删除。然后在“对齐方式”下拉列表框中选择合适的对齐方式，并单击“确定”按钮，如图 3-105 所示。

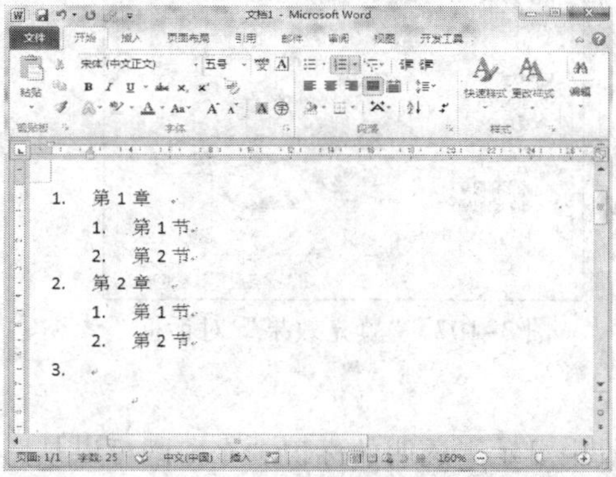

图 3-104　按【Tab】键开始下一级编号列表

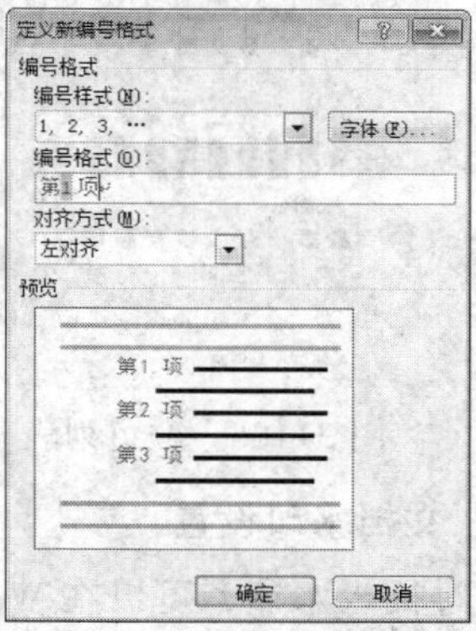

图 3-105　“定义新编号格式”对话框

3．对项目符号或编号列表使用“正文”样式

在 Word 2010 文档中，通过启用对项目符号或编号列表使用“正文”样式功能，可以使列表样式基于“正文”（普通段落）样式而不是“段落列表”样式。启用该功能的步骤如下：

选择“文件”选项卡中的“选项”命令，弹出“Word 选项”对话框，选择“高级”选项卡，在“编辑选项”区域选中“对项目符号或编号列表使用‘正文’样式”复选框，单击“确定”按钮。

4．使用“仅保留文本”选项粘贴文本时保留项目符号和编号

在 Word 2010 文档中，用户可以通过设置粘贴选项以确定使用“仅保留文本”选项粘贴文本时是否保留项目符号和编号，设置方法如下：

选择“文件”选项卡中的“选项”命令，弹出“Word 选项”对话框，选择“高级”选项卡，在“剪切、复制和粘贴”区域选中“使用‘仅保留文本’选项粘贴文本时保留项目符号和编号”复选框，单击“确定”按钮。

3.7　Word 视图和多窗口操作

3.7.1　背景的设置及案例

1．背景设置

设置背景除了可以给背景填充许多种普通的颜色之外，还能够填充过渡的颜色、纹理、图案和图片等。

① 单击“页面布局”选项卡“页面背景”组中的“页面颜色”下拉按钮，弹出图 3-106 所示的颜色列表，任意选择一种颜色即可完成背景设置。

② 在颜色列表框中选择“其他颜色”命令，弹出“颜色”对话框，可以从中选择用于背景的单色。

③ 在颜色列表框中选择“填充效果”命令，弹出图 3-107 所示的“填充效果”对话框。可以选择“渐变”“纹理”“图案”“图片”4 种选项卡分别设置背景效果。

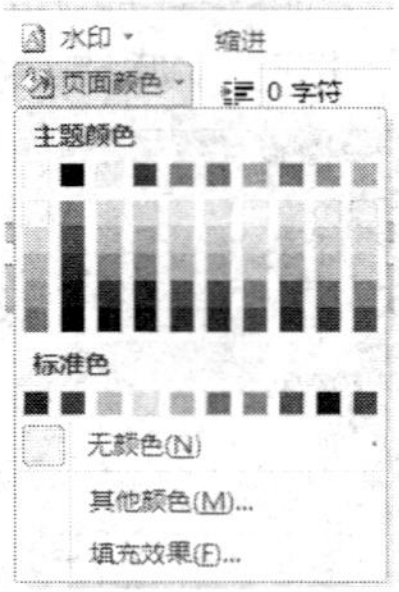

图 3-106 颜色列表

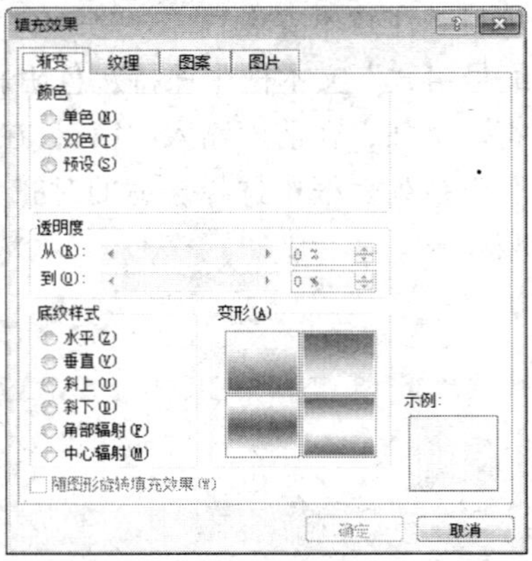

图 3-107 “填充效果”对话框

2. 文档水印设置

通过插入水印，可以在 Word 2010 文档背景中显示半透明的标识。水印既可以是图片，也可以是文字，并且 Word 2010 内置有多种水印样式。

单击“页面布局”选项卡“页面背景”组中的“水印”按钮，在打开的面板中选择合适的水印即可，如图 3-108 所示。

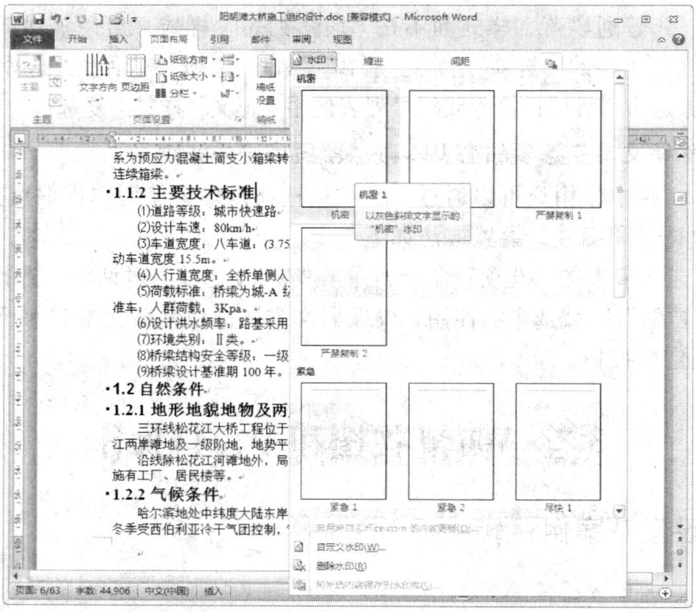

图 3-108 选择要插入的水印

如果需要删除已经插入的水印，则再次单击水印面板，并单击“删除水印”按钮即可。

在图 3-108 所示面板中选择“自定义水印”命令，弹出图 3-109 所示的“水印”对话框，选择“图片水印”单选按钮，通过“选择图片”按钮，可以选择图片，通过“缩放”下拉列表框可以设置图片的尺寸，选中“冲蚀”复选框后，图片将显示冲蚀效果。单击“确定”按钮，在文档中就设置了图片水印。

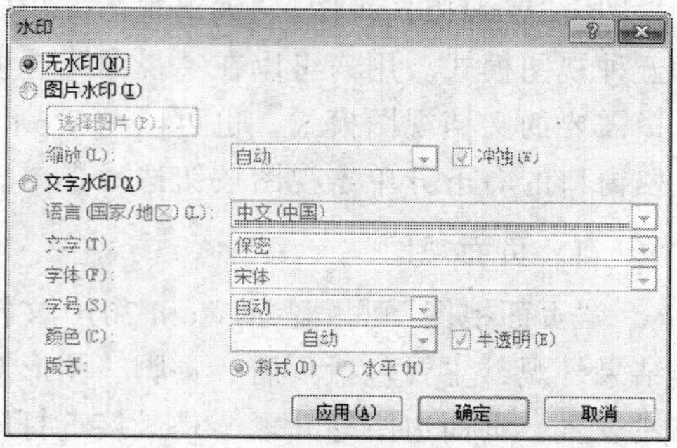

图 3-109　“水印”对话框

可以在文档中设置“文字水印”，选择图 3-109 中的“文字水印”单选按钮，在“文字”下拉列表框中可以选择作为水印的文字；在“字体”下拉列表框中设置水印的字体；在“尺寸”下拉列表框中可以设置水印的尺寸；在“颜色”下拉列表框中可以设置水印的颜色；通过“版式”选项组可以设置水印为“斜式”或“水平”；选择“半透明”复选框，可以将水印文字设置为半透明，单击“确定”按钮，设置文字水印完毕。

图 3-110 中的文档内容设置的背景效果是图片，图 3-111 中的文档内容设置了文字水印。

图 3-110　图片背景的设置效果

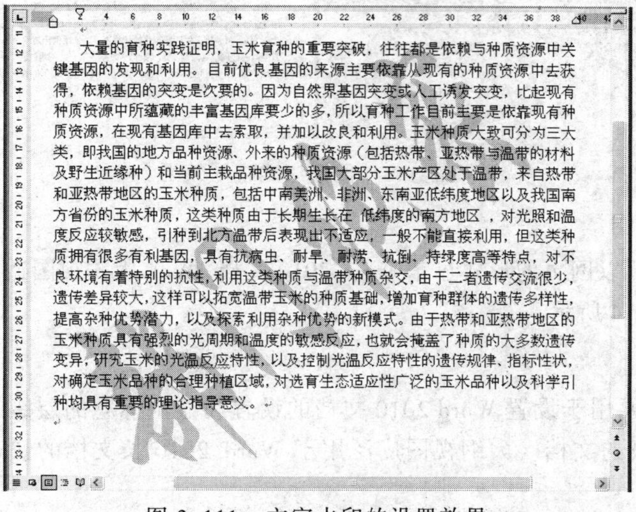

大量的育种实践证明，玉米育种的重要突破，往往都是依赖与种质资源中关键基因的发现和利用。目前优良基因的来源主要依靠从现有的种质资源中去获得，依赖基因的突变是次要的。因为自然界基因突变或人工诱发突变，比起现有种质资源中所蕴藏的丰富基因库要少的多，所以育种工作目前主要是依靠现有种质资源，在现有基因库中去索取，并加以改良和利用。玉米种质大致可分为三大类，即我国的地方品种资源、外来的种质资源（包括热带、亚热带与温带的材料及野生近缘种）和当前主栽品种资源。我国大部分玉米产区处于温带，来自热带和亚热带地区的玉米种质，包括中南美洲、非洲、东南亚低纬度地区以及我国南方省份的玉米种质，这类种质由于长期生长在 低纬度的南方地区，对光照和温度反应较敏感，引种到北方温带后表现出不适应，一般不能直接利用，但这类种质拥有很多有利基因，具有抗病虫、耐旱、耐涝、抗倒、持绿度高等特点，对不良环境有着特别的抗性，利用这类种质与温带种质杂交，由于二者遗传交流很少，遗传差异较大，这样可以拓宽温带玉米的种质基础，增加育种群体的遗传多样性，提高杂种优势潜力，以及探索利用杂种优势的新模式。由于热带和亚热带地区的玉米种质具有强烈的光周期和温度的敏感反应，也就会掩盖了种质的大多数遗传变异，研究玉米的光温反应特性，以及控制光温反应特性的遗传规律、指标性状，对确定玉米品种的合理种植区域，对选育生态适应性广泛的玉米品种以及科学引种均具有重要的理论指导意义。

图 3-111　文字水印的设置效果

3.7.2 文档视图

在 Word 2010 中提供了多种视图模式供用户选择，这些视图模式包括“页面视图”“阅读版式视图”“Web 版式视图”“大纲视图”“草稿视图”五种视图模式。用户可以在“视图”选项卡中选择需要的文档视图模式，也可以在 Word 2010 文档窗口的右下方单击视图按钮选择视图。

1. 页面视图

“页面视图”可以显示 Word 2010 文档的打印结果外观，主要包括页眉、页脚、图形对象、分栏设置、页面边距等元素，是最接近打印结果的页面视图，如图 3-112 所示。

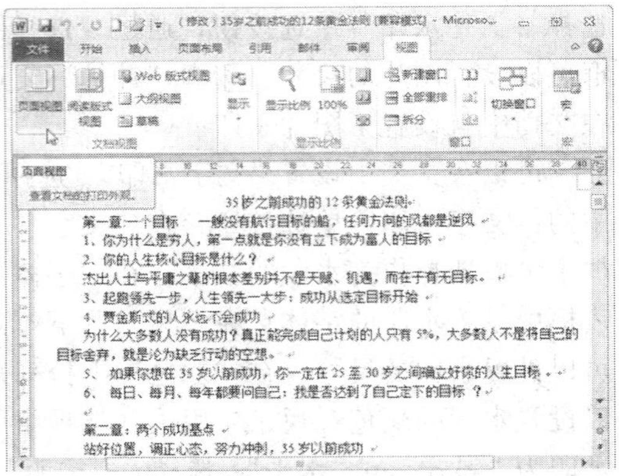

图 3-112　页面视图效果

2. 阅读版式视图

“阅读版式视图”以图书的分栏样式显示 Word 2010 文档，各选项卡等窗口元素被隐藏起来。在阅读版式视图中，用户可单击“工具”按钮选择各种阅读工具，如图 3-113 所示。

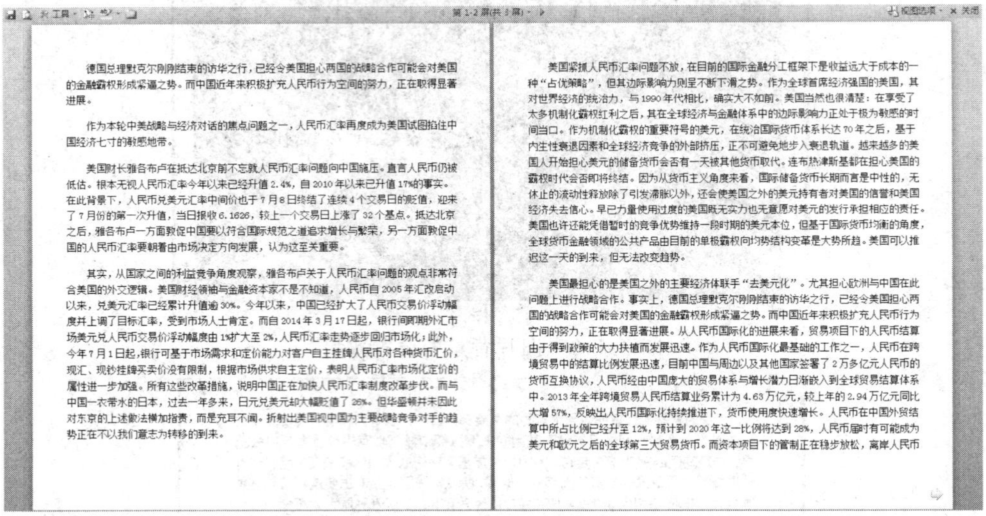

图 3-113　阅读版式视图效果

3. Web 版式视图

“Web 版式视图”以网页的形式显示 Word 2010 文档，Web 版式视图适用于发送电子邮件和创建网页，如图 3-114 所示。

4. 大纲视图

“大纲视图”主要用于设置 Word 2010 文档的设置和显示标题的层级结构，并可以方便地折叠和展开各种层级的文档。大纲视图广泛用于 Word 2010 长文档的快速浏览和设置中，如图 3-115 所示。

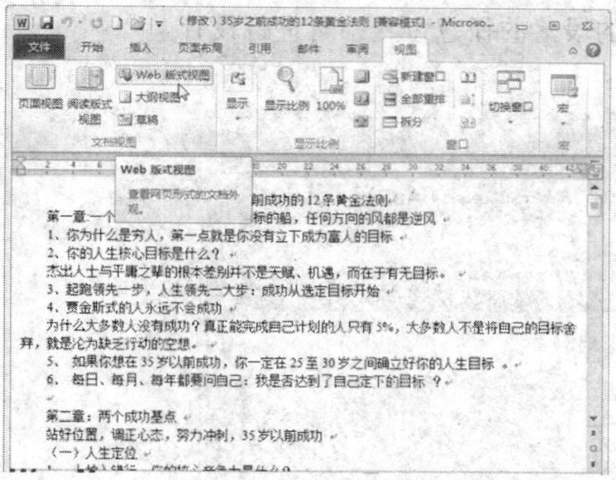

图 3-114　Web 版式视图效果

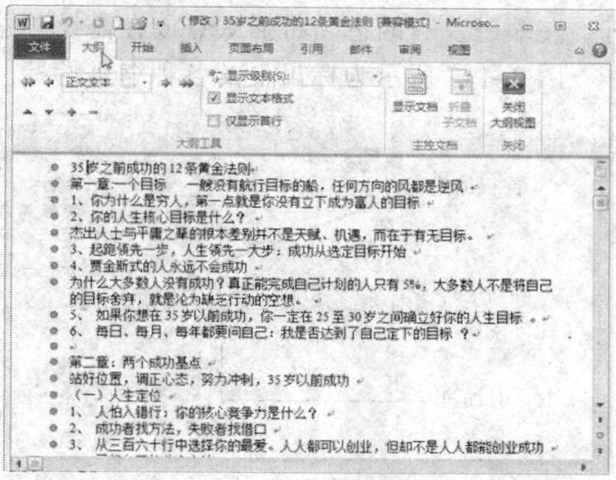

图 3-115　大纲视图效果

5. 草稿视图

“草稿视图”取消了页面边距、分栏、页眉页脚和图片等元素，仅显示标题和正文，是最节省计算机系统硬件资源的视图方式，如图 3-116 所示。当然现在计算机系统的硬件配置都比较高，基本上不存在由于硬件配置偏低而使 Word 2010 运行遇到障碍的问题。

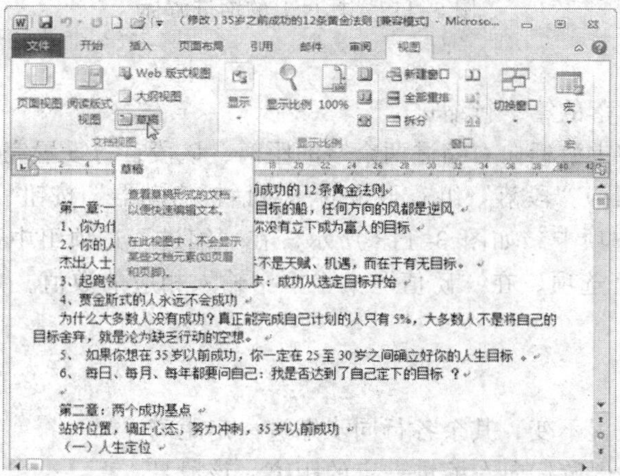

图 3-116　草稿视图效果

3.8　段落的基本设置

段落是构成整个文档的主干，在输入文本时，只有需要另起一段时才按【Enter】键，否则应该由 Word 2010 自动换行。如果只想换行不想分段，则按软回车，即按【Shift +Enter】组合键。

在进行段落格式设置时，当设定一个段落的格式后，开始新的一段时，新段落的格式完全和上一段一样，这种格式设置会保持到文档结束。如果某些段落需要不同格式，可以单独设置。

3.8.1　设置段落的缩进及案例

段落缩进的设置可以使用标尺上的游标及菜单进行设置，段落缩进分为首行缩进、悬挂缩进、左缩进及右缩进。将插入点放在需设置缩进的段落的任意位置，再进行设置。

图 3-117 所示为标尺上的各种缩进游标。

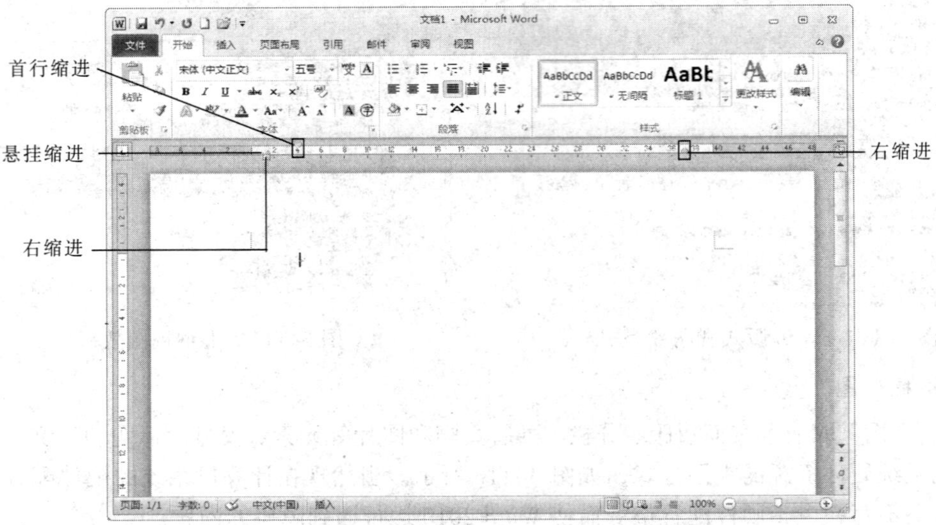

图 3-117　标尺上的缩进游标

1. 首行缩进

首行缩进指的是段落的第一行缩进。

用鼠标拖动首行缩进游标向右缩进两个字的距离，该段首行设置完毕。

单击“开始”选项卡“段落”组右下角的“对话框启动器”按钮，弹出“段落”对话框，选择“缩进和间距”选项卡，如图 3-118 所示，在“缩进”选项组中选择“特殊格式”下拉列表中的“首行缩进”选项，在“磅值”文本框中输入相应的数值，单击“确定”按钮，设置完毕。

2. 悬挂缩进

段落的首行起始位置不变，其余各行同步缩进一定距离。

用鼠标拖动悬挂缩进游标向右缩进一定的距离，该段悬挂缩进设置完毕。

在“缩进和间距”选项卡的“缩进”选项组中选择“特殊格式”下拉列表中的“悬挂缩进”选项，在“磅值”文本框中输入相应的数值，单击“确定”按钮，设置完毕。

3. 左缩进

指整个段落向右缩进一定距离。

用鼠标拖动左缩进游标向右缩进一定的距离，该段左缩进设置完毕。

在“缩进和间距”选项卡的“缩进”选项组的“左”文本框中输入相应的数值，单击“确定”按钮，设置完毕。

4. 右缩进

指整个段落向左缩进一定距离。

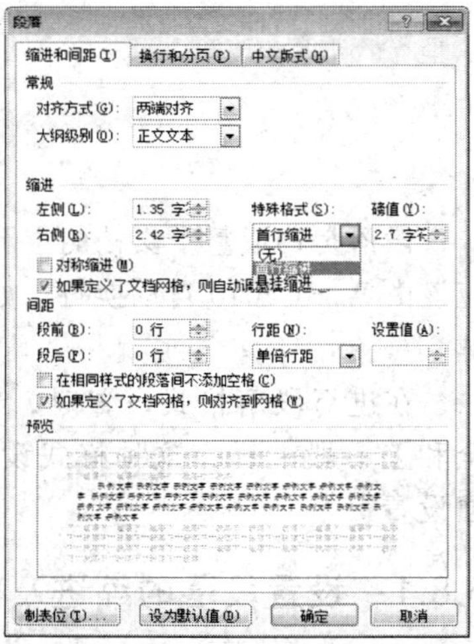

图 3-118　“缩进和间距”选项卡

用鼠标拖动右缩进游标向左缩进一定的距离，该段右缩进设置完毕。

在“缩进和间距”选项卡的“缩进”选项组的“右”文本框中输入相应的数值，单击“确定”按钮，设置完毕。

图 3-119 的第一段设置首行缩进 2 字符，第二段设置首行缩进 2 字符、悬挂缩进 1 厘米，第三段设置右缩进 2.5 字符。

行动的力量

做一件事情，只要开始行动，就算获得了一半的成功。

演讲大师齐格勒提醒我们，世界上牵引力最大的火车头停在铁轨上，为了防滑，只需在它 8 个驱动轮前面塞一块 1 英寸见方的木块，这个庞然大物就无法动弹，然而，一旦这个巨型火车头开始启动，小小的木块就再也挡不住它了：当它的时速达到 100 英里时，一堵 5 英尺厚的钢筋混凝土墙也能轻而易举地被它撞穿。从一块小木块令其无法动弹，到能撞穿一堵钢筋水泥墙，火车头的威力变得如此巨大，原因不是别的，只因为它开动起来了。

其实，人的威力也会变得巨大无比，许多令人难以想象的障碍也能被你轻松突破，当然前提是：你必须行动起来。不然只知道浮想，如停在铁轨上的火车头，那就连一块小木块也无法推开。

图 3-119　段落缩进效果

3.8.2　设置段落间距、行间距及案例

单击“开始”选项卡“段落”组中的“行和段落间距”下拉按钮，弹出图 3-120 所示的行间距列表，选择不同的行距，如果没有所需的行距，则选择“行距选项”命令，弹出“缩进和行距”选项卡，通过“间距”选项组的“行距”下拉列表框和“设置值”微调框，可以设置各种行距。

在“缩进和行距”选项卡中，通过“段前”和“段后”两个微调按钮可以设置段前间距和段后间距。

图 3-121 第一段设置段前、段后间距分别为 0.5 行，行间距是固定值 22 磅；第二段段前 0.5 行，段后设置为自动。

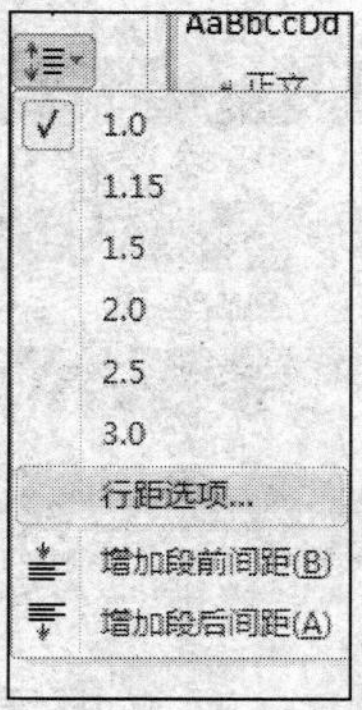

图 3-120　行间距列表

图 3-122 所示为某超市免费班车时间表。标题设置为三号、黑体、蓝色、段前 0.5 行；副标题设置为小四、宋体、深红；发车时间表设置 9 个居中制表位，分别为 2 字符、7 字符、11 字符、15 字符、19 字符、23 字符、27 字符、31 字符、35 字符，设置段落行间距为 16 磅，设置底纹为段落底纹，单行设置底纹为浅蓝色，双行设置底纹为淡紫色；文本“温馨提示”设置为红色、小四；温馨提示内容设置为小五号字，段间距设置为 13 磅，底纹设置为淡紫色段落底纹。

善良的力度

一对夫妻很幸运地订到了火车票，上车后却发现有位女士坐在他们的位子上，先生示意太太坐在她旁边的位子上，却没有请那位女士让位。太太坐定后仔细一看，发现那位女士右脚有点不方便，才了解先生为何不请她起来。他就这样从嘉义一直站到台北。

下了车之后，心疼先生的太太就说："让位是善行，但从嘉义到台北这么久，中途大可请她把位子还给你，换你坐一下。"

先生却说："人家不方便一辈子，我们就不方便这3小时而已。"太太听了很感动，觉得世界都变得温存许多。

"人家不方便一辈子，我们就不方便这3小时而已。"

图 3-121　行距及段间距效果

×××乐松店免费班车时间表

11号线　学府路

站名	地址	第一班	第二班	第三班	第四班	第五班	第六班	第七班
发车	停车场	—	9:30	11:00	13:10	14:20	16:10	—
科大小区	西侧门	8:00	9:45	11:15	13:25	14:55	16:25	—
银行学校	正门	8:02	9:47	11:17	13:27	14:57	16:27	—
学府家园	正门	8:04	9:49	11:17	13:29	14:59	16:29	—
生态学院	正门	8:06	9:51	11:21	13:31	15:01	16:31	—
汇通驾校	对面	8:08	9:53	11:23	13:33	15:03	16:33	—
测绘局	正门	8:10	9:55	11:25	13:35	15:05	16:35	—
蜀香火锅	对面	8:12	9:57	11:27	13:37	15:07	16:37	—
大众新城	正门	8:15	10:00	11:30	13:40	15:10	16:40	—
林业大学	正门	8:18	10:03	11:33	13:43	15:13	16:43	—
超市	停车场	8:40	10:20	11:50	14:00	15:30	17:00	—

温馨提示： 1.周一至周日全天运行。按站台停车，严禁超载，文明乘车。咨询电话：8215××57 8215××06 139××××0119

2.每位顾客需凭当日×××购物小票乘坐，上车时向工作人员出示并配合登记：此免费巴士为到×××购物的顾客提供方便，若主要购物商品为其他地方购买，我们的工作人员有权拒绝您乘车，谢谢合作！

3.以上到达各站点的时间为正常交通状况下的参考时间（乘车时间以×××当日公布为准），顾客请提前10分钟候车，若遇情况（如塞车、车坏、车辆超载、交通事故、交通管制、天气恶劣），我公司有权取消部分或全部班次，而无须事先通知顾客，不便之处敬请谅解！

图 3-122　段落格式设置案例

3.9　插入对象

3.9.1　公式编辑器的应用及案例

1. 在 Word 2010 文档中创建数学公式

Word 2010 提供有创建空白公式对象的功能，用于根据实际需要在 Word 2010 文档中灵活创建公式，操作步骤如下：

单击“插入”选项卡“符号”组中的“公式”按钮（非“公式”下拉按钮）。在 Word 2010 文档中将创建一个空白公式框架，然后通过键盘或“公式工具/设计”选项卡的“符号”组输入公式内容，如图 3-123 所示。

在“公式工具/设计”选项卡的“符号”组中，默认显示“基础数学”符号。除此之外，Word 2010 还提供了“希腊字母”“字母类符号”“运算符”“求反关系运算符”“几何学”等多种符号供用户使用。查找这些符号的方法如下：

单击“公式工具/设计”选项卡“符号”组中的“其他”按钮，打开符号面板，单击顶部的下拉按钮，可以看到 Word 2010 提供的符号类别。选择需要的类别即可将其显示在符号面板中，如图 3-124 所示。

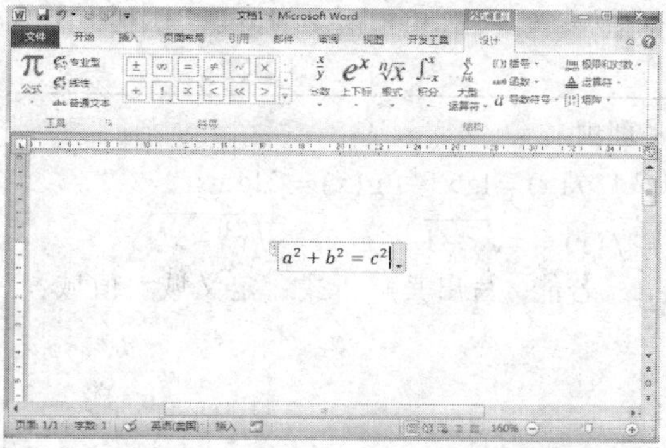

图 3-123　输入公式内容

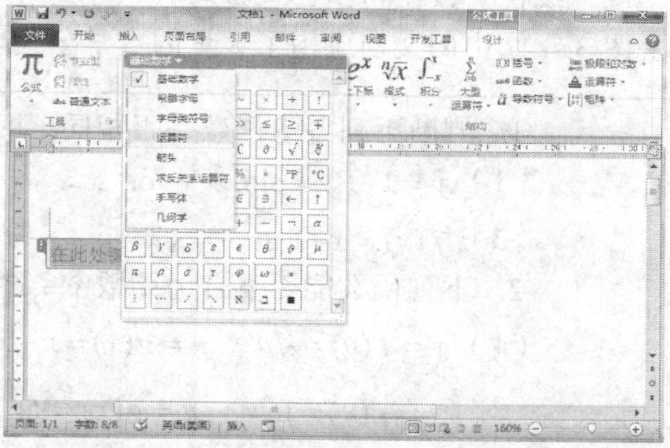

图 3-124　选择符号类别

2. 在 Word 2010 中创建分数公式

用户在使用 Word 2010 创建数学公式时，常常需要在公式中包含分数，即分子和分母分别位于分数线的上方和下方。这时可以借助 Word 2010 公式工具提供的分数结构实现，操作步骤如下：

单击“插入”选项卡“符号”组中的“公式”按钮（非“公式”下拉按钮）。在 Word 2010 文档中创建一个空白公式框架，单击“公式工具/设计”选项卡“结构”组中的“分数”按钮，在打开的列表中选择合适的分数形式，例如选择“分数（竖式）”选项（见图 3-125），在空白公式框架中将插入分数结构，分别单击分子和分母占位符框并输入具体数值即可，如图 3-126 所示。

在 Word 2010 提供的分数结构中内置了多种常用的分数实例，用户可以根据需要直接选择这些分数。

3. 在 Word 2010 中切换专业型和线性公式布局

专业型公式布局即使用多行显示公式结构，以保持数学公式的原貌，从而增加易读性。线性公式布局则是将公式在单行显示出来，以方便在 Word 2010 文档中排版。用户可以根据需要在专业型公式和线性公式布局之间进行切换，操作步骤如下：

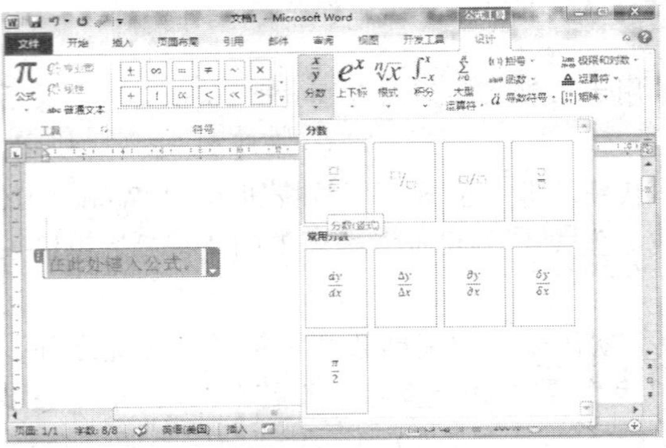

图 3-125 选择分数形式

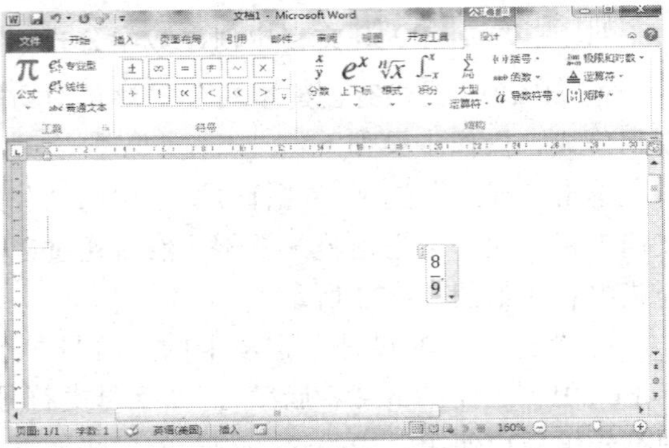

图 3-126 输入分数公式具体数值

单击公式使其处于编辑状态。单击公式右侧的下拉按钮，选择“专业型”或“线性”命令，在两种公式布局间进行切换。用户还可以单击“公式工具/设计”选项卡“工具”组中的“专业型”或“线性”按钮切换公式布局。

图 3-127 中的文档应用了大量的数学公式。

1. 判断下列各组函数是否相同，并说明理由：

（1）$y=1$ 与 $y=\sin^2 x+\cos^2 x$；（2）$f(x)=\lg x^2$ 与 $g(x)=2\lg x$；

（3）$f(x)=x$ 与 $g(x)=\sqrt{x^2}$；（4）$f(x)=x\sqrt[3]{x-1}$ 与 $g(x)=\sqrt[3]{x^4-x^3}$。

2. 下列函数能否复合为函数 $y=f[g(x)]$，若能，写出其解析式、定义域、值域：

（1）$y=f(u)=\sqrt{u}$，$u=g(x)=x-x^2$；

（2）$y=f(u)=\ln u$，$u=g(x)=\sin x-1$。

3. 求下列函数的（自然）定义域：

（1）$y=\dfrac{1}{1-x^2}+\sqrt{x+2}$；（2）$f(x)=\dfrac{\lg(3-x)}{\sin x}+\sqrt{5+4x-x^2}$；

（3）$y=\arcsin\dfrac{x-1}{2}$。

4. 设

$$f(x)=\begin{cases}1, & 0\leqslant x\leqslant 1\\ -2, & 1<x\leqslant 2\end{cases}$$

求函数 $f(x+3)$ 的定义域。

5. 判断下列函数的奇偶性：

（1）$y=\ln(x+\sqrt{1+x^2})$；（2）$f(x)=\dfrac{e^x-1}{e^x+1}\ln\dfrac{1-x}{1+x}(-1<x<1)$。

图 3-127 数学公式的输入

3.9.2　插入分隔符

通过在 Word 2010 文档中插入分节符，可以将 Word 文档分成多个部分。每部分可以有不同的页边距、页眉页脚、纸张大小等不同的页面设置。在 Word 2010 文档中插入分节符的步骤如下所述：

将光标定位到准备插入分节符的位置，单击“页面布局”选项卡“页面设置”组中的“分隔符”按钮，在打开的分隔符列表中选择合适的分节符即可。

在打开的分隔符列表中，“分节符”区域列出 4 种不同类型的分节符：

① 下一页：插入分节符并在下一页上开始新节；

② 连续：插入分节符并在同一页上开始新节；

③ 偶数页：插入分节符并在下一偶数页上开始新节；

④ 奇数页：插入分节符并在下一奇数页上开始新节。

3.9.3　插入文件

在 Word 2010 文档中，用户可以将整个文件作为对象插入当前文档中。嵌入到 Word 2010 文档中的文件对象可以使用原始程序进行编辑。以在 Word 2010 文档中插入 Excel 文件为例，操作步骤如下：

将光标定位到准备插入对象的位置，单击“插入”选项卡“文本”组中的“对象”按钮，弹出“对象”对话框，选择“由文件创建”选项卡，单击“浏览”按钮（见图 3-128），弹出“浏览”对话框，查找并选中需要插入到 Word 2010 文档中的 Excel 文件，单击“插入”按钮，如图 3-129 所示。返回“对象”对话框，单击“确定”按钮。

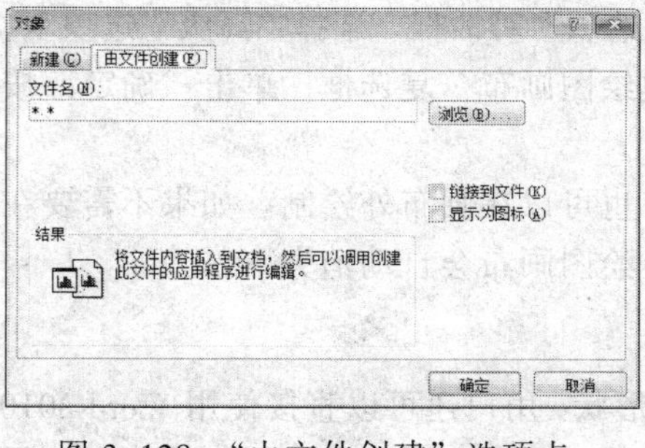

图 3-128　“由文件创建”选项卡

图 3-129　“浏览”对话框

返回 Word 2010 文档窗口，用户可以看到插入到当前文档窗口中的 Excel 文件对象，如图 3-130 所示。默认情况下，插入到 Word 文档窗口中的对象以图片的形式存在。双击对象即可打开该文件的原始程序对其进行编辑。

对于 Word 2010 所支持的 Office 组件对象，单击对象以外的任意区域即可取消对象的编辑状态。

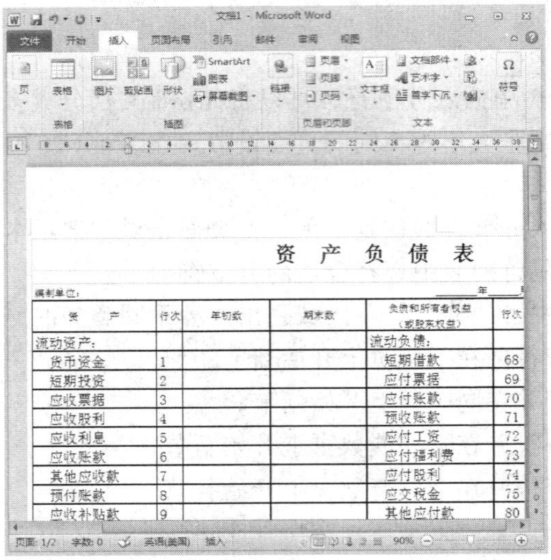

图 3-130 插入到 Word 文档中的 Excel 文件

3.9.4 插入基本图形

1. 绘图画布

绘图画布相当于 Word 2010 文档页面中的一块画板，主要用于绘制各种图形和线条，并且可以设置独立于 Word 2010 文档页面的背景。在 Word 2010 中新建绘图画布的方法如下：

单击“插入”选项卡“插图”组中的“形状”按钮，在打开的形状菜单中选择“新建绘图画布”命令。绘图画布将根据页面大小自动插入到 Word 2010 页面中。

默认情况下，在 Word 2010 文档中插入自选图形时将在文本编辑区直接编辑。用户可以设置插入自选图形时自动创建绘图画布，从而在绘图画布中编辑自选图形，操作步骤如下：

选择“文件”选项卡中的“选项”命令，弹出“Word 选项”对话框，选择“高级”选项卡，在“编辑选项”区域选中“插入‘自选图形’时自动创建绘图画布”复选框，单击“确定”按钮。

调用绘图命令后，所绘制的图形可以在画布上绘制，也可以在画布外绘制。如果不需要在画布上绘制，则在出现的绘图画布区域外任意位置绘制，绘图画布会自动消失。

2. 绘制图形

Word 2010 中的自选图形是指用户自行绘制的线条和形状，用户还可以直接使用 Word 2010 提供的线条、箭头、流程图、星星等形状组合成更加复杂的形状。在 Word 2010 中绘制自选图形的步骤如下：

单击“插入”选项卡“插图”组中的“形状”按钮，在打开的形状面板中单击需要绘制的形状（如选中“箭头总汇”区域的“右箭头”选项），如图 3-131 所示。将鼠标指针移动到 Word 2010 页面位置，按下左键拖动鼠标即可绘制右箭头。如果在释放鼠标左键以前按下【Shift】键，则可以成比例绘制形状；如果按住【Ctrl】键，则可以在两个相反方向同时改变形状大小。将图形调整至合适大小后，释放鼠标左键完成自选图形的绘制，如图 3-132 所示。

如果需要删除图形，选中图形，按【Delete】键即可。

如果需要移动图形，选中图形后，鼠标变成四向箭头时拖动鼠标即可。

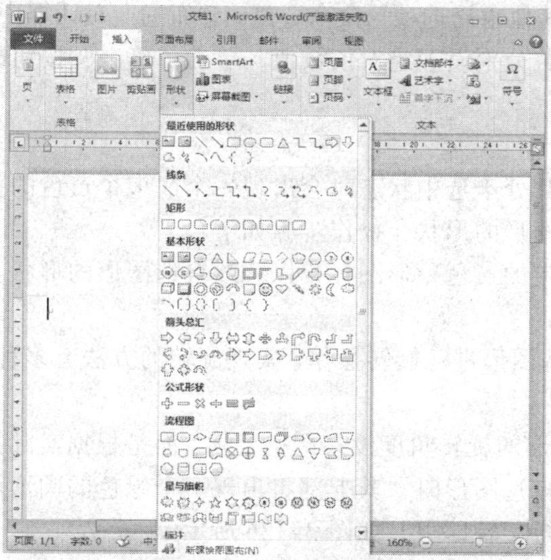

图 3-131　选择需要绘制的形状

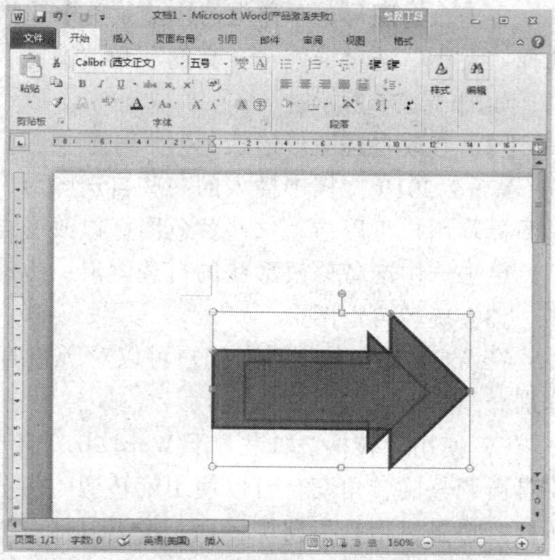

图 3-132　绘制自选图形

3. 编辑图形

（1）修改自选图形大小

在 Word 2010 文档中，用户可以方便地修改自选图形的大小。用户既可以根据实际需要手动设置自选图形的大小，也可以精确指定自选图形的尺寸。

① 拖动控制柄修改自选图形大小。如果对 Word 2010 自选图形的大小没有严格的要求，用户可以拖动填充柄设置自选图形的大小。单击选中自选图形，自选图形周围将出现 8 个控制柄。拖动相应方向的控制柄即可改变自选图形的大小，如图 3-133 所示。

按下【Shift】键的同时拖动控制柄，可以使自选图形的比例保持不变。

② 在“格式”选项卡指定自选图形尺寸。如果对 Word 2010 自选图形的尺寸有精确要求，可以指定自选图形的尺寸。选中自选图形，在“绘图工具/格式”选项卡“大小”组中设置高度和宽度数值即可，如图 3-134 所示。

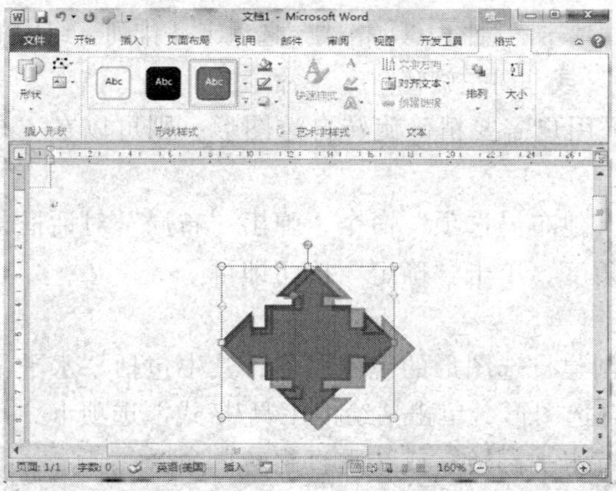

图 3-133　拖动控制柄设置自选图形大小

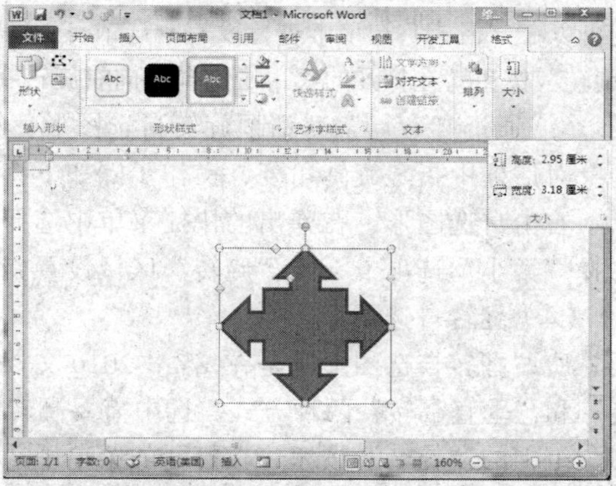

图 3-134　设置自选图形尺寸

③ 在“布局”对话框中指定自选图形尺寸。在“布局”对话框中同样包含设置自选图形尺寸的选项，用户可以精确设置自选图形的尺寸，操作步骤如下：

右击自选图形，在弹出的快捷菜单中选择“其他布局选项”命令，弹出“布局”对话框中，选择“大小”选项卡，在“高度”和“宽度”区域分别设置绝对值数值，单击“确定”按钮即可，如图 3-135 所示。

（2）修改自选图形形状

Word 2010 文档中插入的一些自选图形，在其处于选中状态时会出现一个或多个黄色的菱形图标。用户可以拖动这些黄色图标以改变自选图形的形状，操作步骤如下：

单击选中准备修改形状的自选图形。拖动特定的黄色菱形图标，以修改自选图形的形状。

（3）旋转自选图形

在 Word 2010 文档中，用户可以对所有的自选图形进行旋转操作。实现旋转的方法有多种，分别介绍如下：

① 使用旋转柄。如果对于 Word 2010 自选图形的旋转角度没有严格要求，而是根据实际需要自由调整旋转角度，可以使用旋转柄。当选中自选图形时，其上部将出现一个绿色的圆形旋转柄。将鼠标指针指向旋转柄，按下鼠标左键进行旋转即可，如图 3-136 所示。

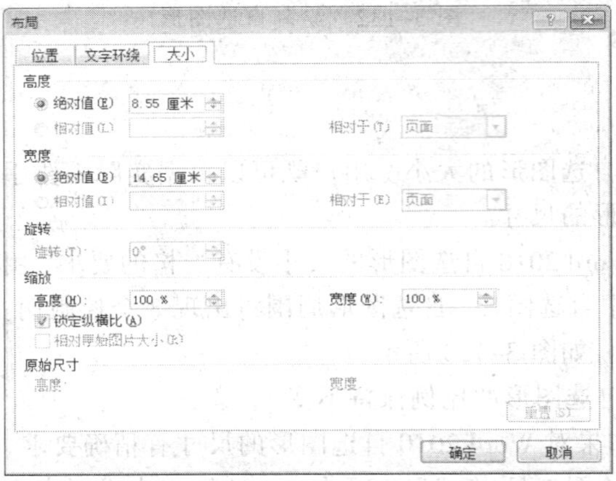

图 3-135 设置自选图形尺寸

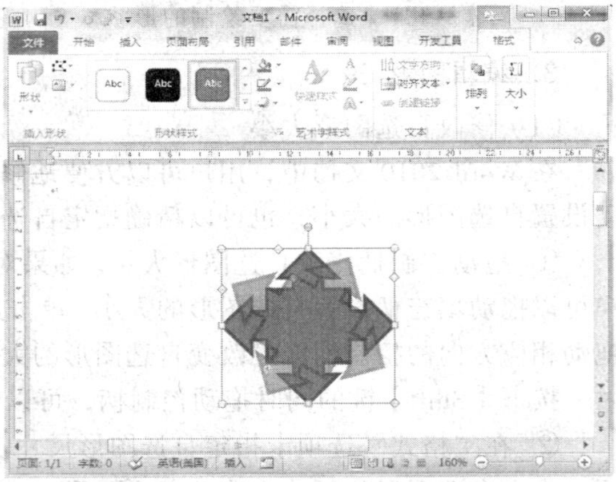

图 3-136 使用旋转柄旋转自选图形

② 通过“格式”选项卡旋转自选图形 90°。如果希望将 Word 2010 自选图形进行 90° 旋转，则可以在“格式”选项卡进行设置。选中自选图形，单击“绘图工具/格式”选项卡“排列”组中的“旋转”按钮，在打开的菜单中选择“向右旋转 90°”或“向左旋转 90°”命令。

③ 通过“布局”对话框旋转自选图形。如果用户需要精确旋转自选图形，则可以在“布局”对话框中指定旋转角度，操作步骤如下：

右击自选图形，在弹出的快捷菜单中选择“其他布局选项”命令，弹出“布局”对话框，选择“大小”选项卡，在“旋转”区域设置旋转角度，单击“确定”按钮即可。

（4）翻转自选图形

所谓翻转自选图形就是在 Word 2010 文档中创建自选图形的镜像图形，其中包括“水平翻转”和“垂直翻转”两种方式。选中需要翻转的自选图形，单击“绘图工具/格式”选项卡“排列”组中的“旋转”按钮，在打开的菜单中选择“水平翻转”或“垂直翻转”命令。

（5）为自选图形设置纹理填充

所谓纹理就是一些尺寸较小的位图图片，用户可以将这些小型图片平铺到自选图形当中，从而实现一种纹理效果。Word 2010 中内置有多种纹理效果，例如大理石、羊皮纸、各种木纹效果等。在 Word 2010 文档中为自选图形设置纹理填充的步骤如下：

选中需要设置纹理填充的自选图形，单击“绘图工具/格式”选项卡“形状样式”组中的“形状填充”下拉按钮，在打开的形状填充面板中指向“纹理”选项，用户在纹理面板中选择合适的纹理即可，如图 3-137 所示。选择“其他纹理”命令，弹出“设置形状格式”对话框，选择“填充”选项卡，选中“图片或纹理填充”单选按钮，单击“纹理”下拉按钮，在打开的纹理列表中选择合适的纹理即可。设置完毕单击“关闭”按钮，如图 3-138 所示。

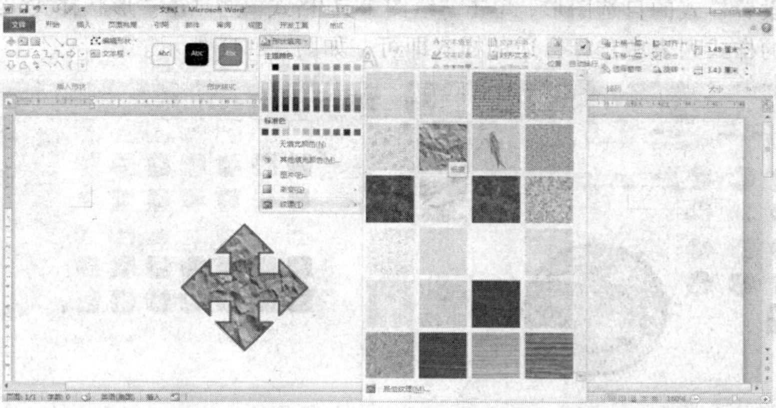

图 3-137 选择“其他纹理”命令

（6）为自选图形设置图片填充

在 Word 2010 中已经取消了 Word 2007 具有的为自选图形设置图案填充的功能，取而代之的是图片填充。即在自选图形中使用特定的图片作为背景，设置方法如下：

选中需要设置图片填充的自选图形，单击“绘图工具/格式”选项卡“形状样式”组中的“形状填充”按钮，在打开的菜单中选择“图片”命令（见图 3-139），弹出“插入图片”对话框，查找并选中合适的图片，单击“插入”按钮。

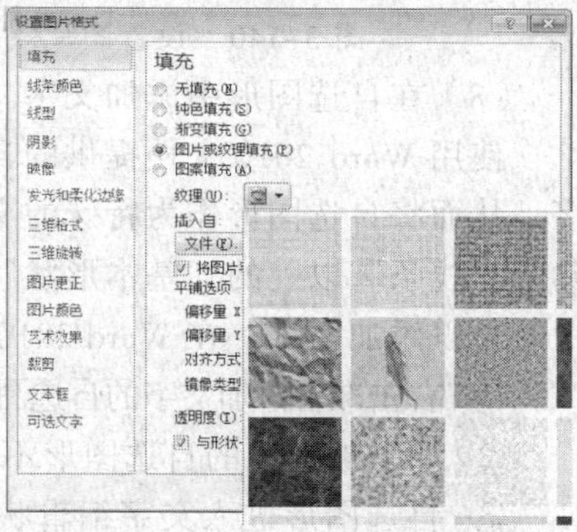

图 3-138 “设置图片格式”对话框

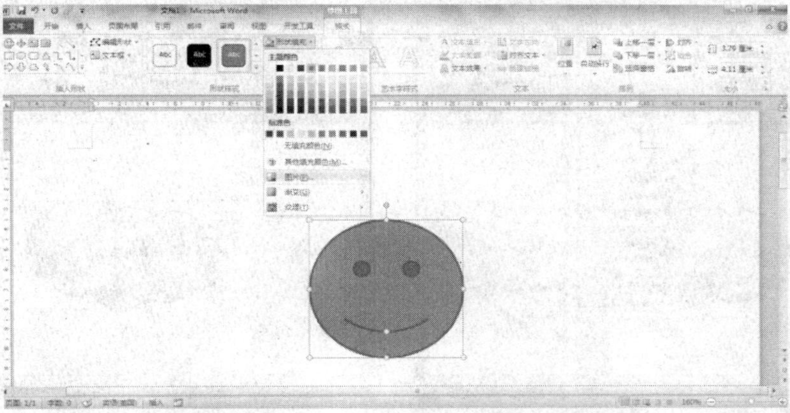

图 3-139 选择“图片”命令

为自选图形设置图片填充效果后，保持自选图形的选中状态，用户可以进一步对自选图形中的图片进行更高级的设置。通过“图片工具/格式”选项卡，可以对图片进行“颜色”“艺术效果”等方面的设置，以实现更完美的效果，如图 3-140 所示。

（7）为自选图形应用样式

在 Word 2010 文档中内置了多种可以应用于自选图形（即形状）的样式，样式的格式设置包括图形的颜色、边框、阴影等方面。借助这些内置的样式，用户可以快速设置自选图形的格式，操作步骤如下：

选中准备设置样式的自选图形，单击“绘图工具/格式”选项卡“形状样式”组中的“其他”按钮，在打开的样式列表中选择合适的样式即可，如图 3-141 所示。

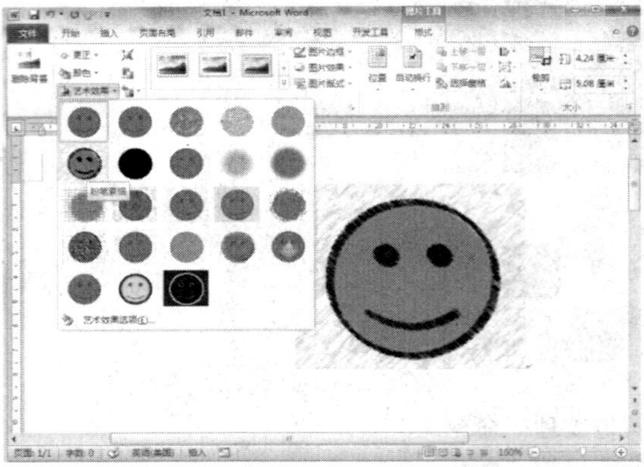

图 3-140　设置图片效果

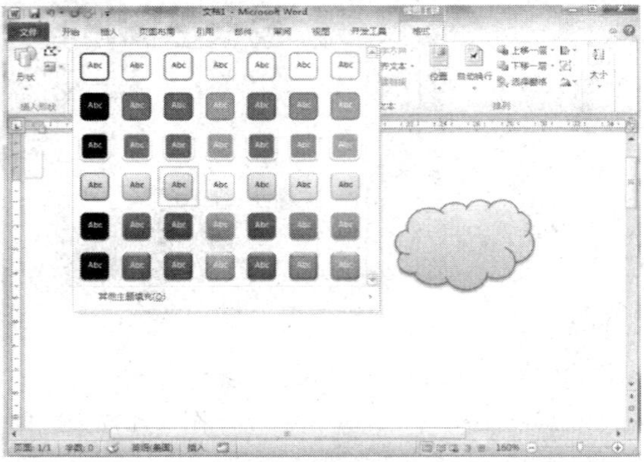

图 3-141　选择合适的形状样式

（8）在自选图形中添加文字

使用 Word 2010 文档提供的自选图形不仅可以绘制各种图形，还可以向自选图形中添加文字，从而将自选图形作为特殊的文本框使用。并不是所有的自选图形都可以添加文字，只有在除了“线条”以外的“基本形状”“箭头总汇”“流程图”“标注”“星与旗帜”等自选图形类型中才可以添加文字。在 Word 2010 自选图形中添加文字的步骤如下：

① 右击准备添加文字的自选图形，在弹出的快捷菜单中选择“添加文字”命令，如图 3-142 所示。

② 如果被选中的自选图形不支持添加文字，则在快捷菜单中不会出现“添加文字”命令。

③ 自选图形进入文字编辑状态，根据实际需要在自选图形中输入文字内容即可。用户可以对自选图形中的文字进行字体、字号、颜色等格式设置，如图 3-143 所示。

图 3-142　选择“添加文字”命令

图 3-143　编辑自选图形文字

（9）组合图形

在 Word 2010 文档中使用自选图形工具绘制的图形一般包括多个独立的形状，当需要选中、移动和修改大小时，往往需要选中所有的独立形状，操作起来不太方便。其实用户可以借助“组合”命令将多个独立的形状组合成一个图形对象，然后即可对这个组合后的图形对象进行移动、修改大小等操作，操作步骤如下：

单击“开始”选项卡“编辑”组中的“选择”按钮，在打开的菜单中选择“选择对象”命令，将鼠标指针移动到 Word 2010 页面中，鼠标指针呈白色鼠标箭头形状，在按住【Ctrl】键的同时单击选中所有的独立形状。右击被选中的所有独立形状，在弹出的快捷菜单中选择“组合”→“组合”命令，如图 3-144 所示。

通过上述设置，被选中的独立形状将组合成一个图形对象，可以进行整体操作。如果希望对组合对象中的某个形状进行单独操作，可以右击组合对象，在弹出的快捷菜单中选择“组合”→“取消组合”命令。

（10）设置自选图形的层次

在 Word 2010 文档中包括文字层和图形层两个层次，用户可以根据实际需要将自选图形置于文字层的上方或下方，从而实现特殊的图文混排效果。需要注意的是，在绘图画布中绘制的自选图形无法设置层次。将自选图形衬于文字下方的操作步骤如下：

单击选中准备设置层次的自选图形，单击“绘图工具/格式”选项卡“排列”组中的“下移一层”按钮，在打开的菜单中选择“衬于文字下方”命令，生成的效果如图 3-145 所示。

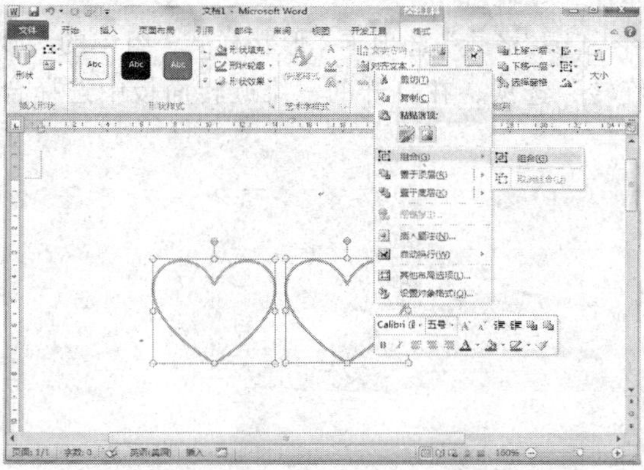

图 3-144　选择“组合”命令

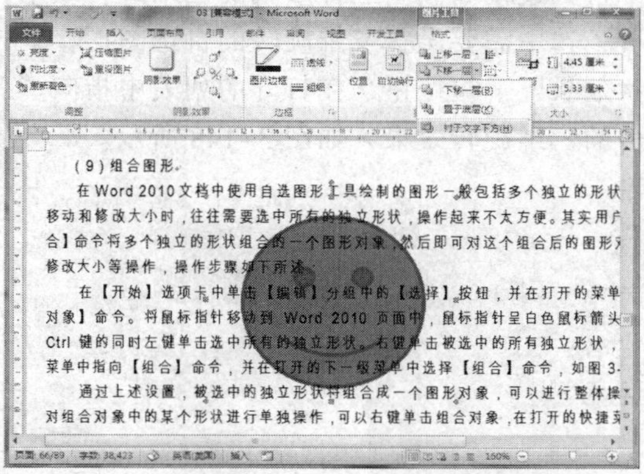

图 3-145　自选图形衬于文字下方效果

使用“上移一层”或“下移一层”按钮，还可以设置多个图形之间的层次顺序。

（11）设置自选图形文字环绕

在 Word 2010 文档中，通过为自选图形设置文字环绕方式，可以使文字更合理地环绕在自选图形周围，从而使图文混排的文档更加规范、美观和经济。在 Word 2010 文档中设置自选图形文字环绕的步骤如下：

单击选中需要设置文字环绕方式的自选图形，单击“绘图工具/格式”选项卡“排列”组中的“位置”下拉按钮，在打开的菜单中选择合适的文字环绕方式，如图 3-146 所示。

除了上述介绍的方法，用户还可以在 Word 2010“设置自选图形格式”对话框中设置自选图形的文字环绕方式，操作步骤如下：

右击准备设置文字环绕方式的自选图形，在弹出的快捷菜单中选择“设置自选图形格式”

命令，弹出“设置自选图形格式”对话框，选择“版式”选项卡，在“环绕方式”区域选择合适的文字环绕方式，单击“确定”按钮即可，如图 3-147 所示。

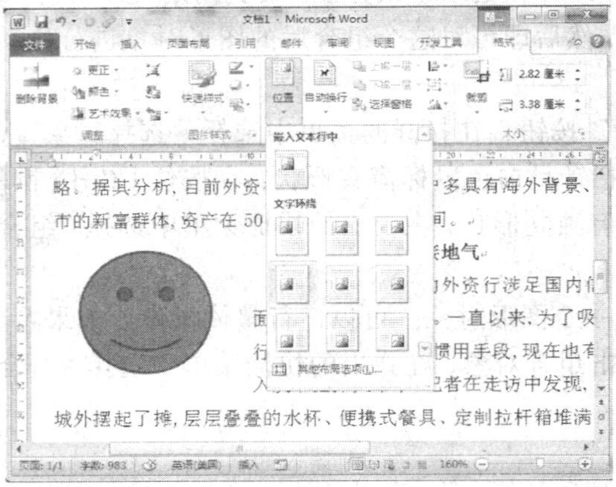

图 3-146 选择自选图形文字环绕方式

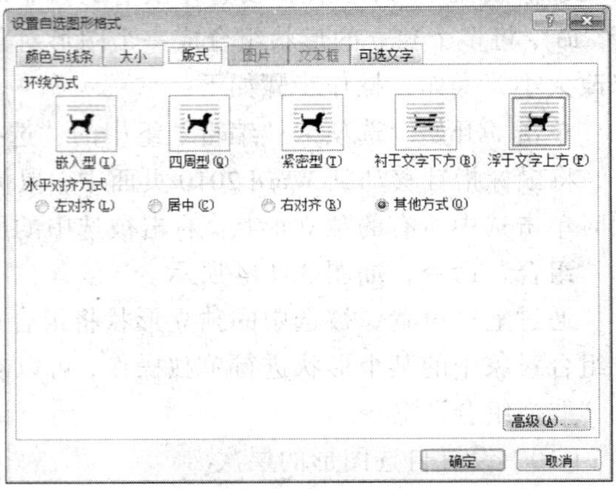

图 3-147 选择自选图形文字环绕方式

（12）为自选图形设置三维效果

通过为 Word 2010 文档中的自选图形设置三维旋转，可以使自选图形呈现立体旋转的效果。无论是本身已经具备三维效果的立体图形（如立方体、圆柱体等），还是平面图形，均可以实现平行、透视和倾斜三种形式的三维旋转效果，具体操作步骤如下：

选中需要设置三维旋转的自选图形，单击“绘图工具/格式”选项卡“形状样式”组中的“形状效果”下拉按钮，在打开的列表中指向“三维旋转”选项，在打开的三维旋转面板中选择合适的三维旋转效果，如图 3-148 所示。

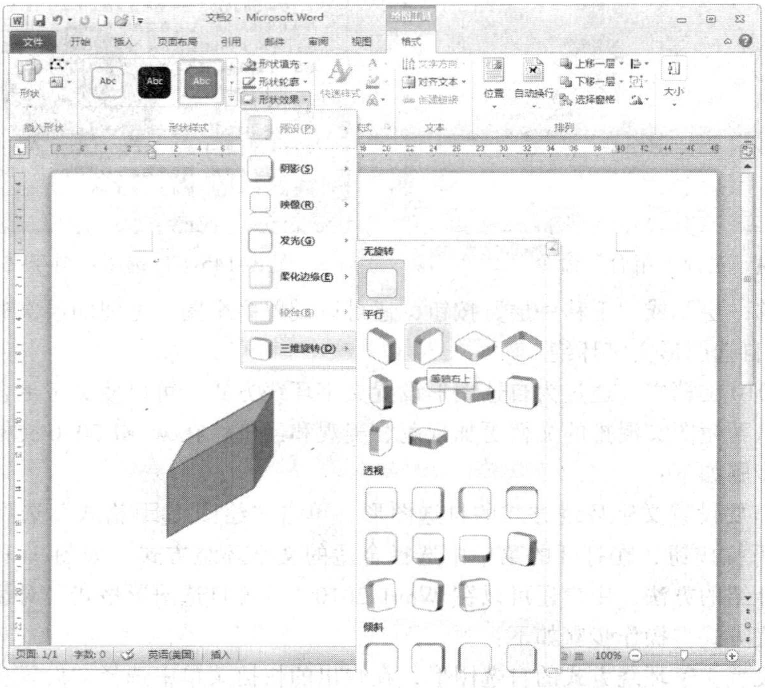

图 3-148 选择“等轴右上”三维效果

如果用户需要对自选图形进行更高级的三维旋转设置，可以在三维旋转面板中选择“三维旋转选项”命令，弹出“设置形状格式”对话框，用户可以针对 X、Y、Z 三个中心轴进一步设置旋转角度，如图 3-149 所示。

通过为 Word 2010 文档中的自选图形设置阴影，可以使自选图形呈现出立体效果。用户可以为 Word 2010 自选图形设置外部、内部和透视三种阴影，具体操作步骤如下：

选中需要设置阴影的自选图形，单击“绘图工具/格式”选项卡“形状样式”组中的“形状效果”下拉按钮，并在打开的列表中指向“阴影”选项，在打开的阴影面板中选择合适的阴影效果，如图 3-150 所示。

如果用户需要对自选图形的阴影效果进行更高级的设置，可以在阴影面板中选择“阴影选项”命令，弹出“设置形状格式”对话框，用户可以对阴影进行“透明度”“大小”“颜色”“角度”等多种设置，以实现更为合适的阴影效果，如图 3-151 所示。

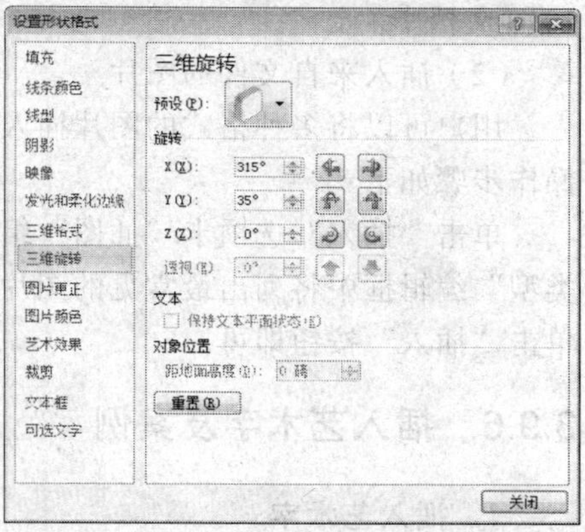

图 3-149　设置自选图形三维旋转角度

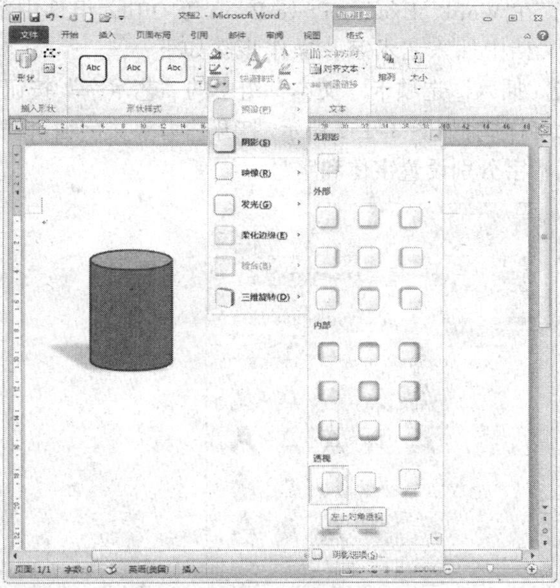

图 3-150　选择“左上角透视”阴影

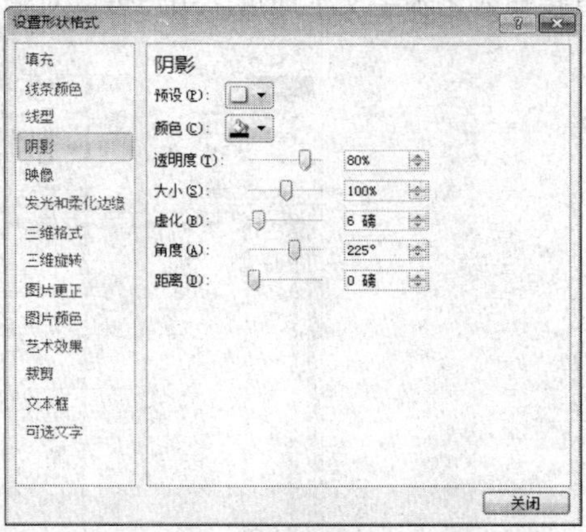

图 3-151　设置阴影颜色或大小

3.9.5　插入图片案例

（1）插入剪贴画

默认情况下，Word 2010 中的剪贴画不会全部显示出来，而需要用户使用相关的关键字进行搜索。用户可以在本地磁盘和 Office.com 网站中进行搜索，其中 Office.com 中提供了大量剪贴画，用户可以在联网状态下搜索并使用这些剪贴画。

在 Word 2010 文档中插入剪贴画的步骤如下：

单击“插入”选项卡“插图”组中的“剪贴画”按钮，打开“剪贴画”任务窗格，在“搜索文字”编辑框中输入准备插入的剪贴画的关键字，单击“结果类型”下拉按钮，在类型列表中仅选中“插图”复选框。完成搜索设置后，在“剪贴画”任务窗格中单击“搜索”按钮，如果被选中的收藏集中含有指定关键字的剪贴画，则会显示剪贴画搜索结果。单击合适的剪贴画，或单击剪贴画右侧的下拉按钮，在打开的菜单中选择“插入”命令即可将该剪贴画插入到 Word 2010 文档中。

（2）插入来自文件的图片

用户可以将多种格式的图片插入到 Word 2010 文档中，从而创建图文并茂的 Word 文档，操作步骤如下：

单击“插入”选项卡“插图”组中的“图片”按钮，弹出“插入图片”对话框，在“文件类型”编辑框中将列出最常见的图片格式，找到并选中需要插入到 Word 2010 文档中的图片，单击“插入”按钮即可。

3.9.6 插入艺术字及案例

1. 插入艺术字

Office 中的艺术字（英文名称为 WordArt）结合了文本和图形的特点，能够使文本具有图形的某些属性，如设置旋转、三维、映像等效果，在 Word、Excel、PowerPoint 等 Office 组件中都可以使用艺术字功能。用户可以在 Word 2010 文档中插入艺术字，操作步骤如下：

将光标移动到准备插入艺术字的位置，单击“插入”选项卡“文本”组中的“艺术字”按钮，在打开的艺术字预设样式面板中选择合适的艺术字样式，如图 3-152 所示。打开艺术字文字编辑框，直接输入艺术字文本即可。用户可以对输入的艺术字分别设置字体和字号。

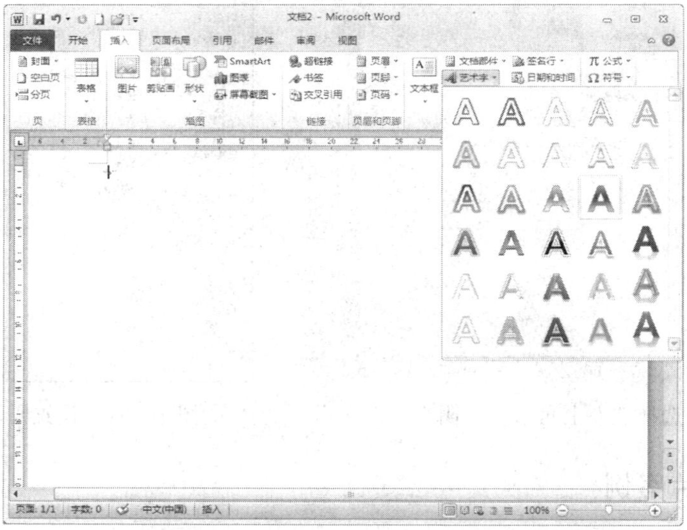

图 3-152 选择艺术字样式

2. 编辑艺术字

（1）设置艺术字文字形状

Word 2010 提供了丰富多彩的艺术字形状，包括弧形、圆形、V 形、波形、陀螺形等多种形状。艺术字形状只能应用于文字级别，而不能应用于整体艺术字对象。通过设置艺术字形状，能够使 Word 2010 文档更加美观，具体操作步骤如下：

打开 Word 2010 文档，选中需要设置形状的艺术字文字，单击“绘图工具/格式”选项卡“艺术字样式”组中的“文本效果”按钮，在打开的文本效果菜单指向“转换”选项，在打开的转换列表中列出了多种形状可供选择，如图 3-153 所示。

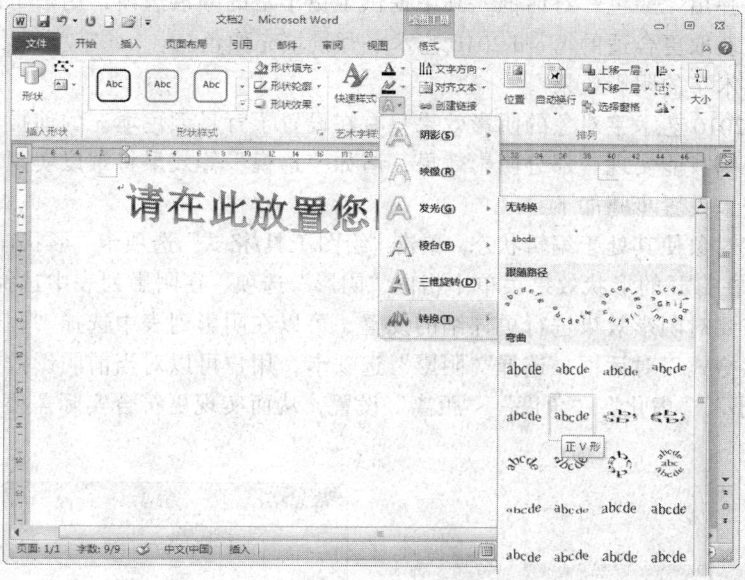

图 3-153　选择艺术字形状

（2）旋转艺术字

如果需要任意角度原样旋转 Word 2010 文档中的艺术字，则必须借助旋转功能来实现。因为通过文字方向功能仅能实现针对文字的、普通排列意义上的 90°、180° 和 270° 旋转。

在 Word 2010 文档中旋转艺术字的步骤如下：

单击艺术字对象使其保持编辑状态（非选中文字状态），单击“绘图工具/格式”选项卡“排列”组中的“旋转”按钮，在打开的旋转方向列表中可以选择“向右旋转 90°”“向左旋转 90°”“垂直翻转”和“水平翻转”四种比较常规的旋转方向。

要实现艺术字任意角度的旋转，需要选择旋转方向列表中的“其他旋转选项”命令，弹出“布局”对话框，选择“大小”选项卡，在“旋转”区域调整旋转角度值，单击“确定”按钮，如图 3-154 所示。

（3）艺术字设置垂直和水平文字方向

Word 2010 中的艺术字具有文本框的特点，用户可以根据排版需要为艺术字设置垂直或水平文字方向，操作步骤如下：

选中需要设置文字方向的艺术字，单击“绘图工具/格式”选项卡“文本”组中的“文字方向”按钮，用户可以选择“水平”“垂直”“将所有文字旋转 90°”“将所有文字旋转 270°”和“将中文字符旋转 270°”五种文字方向。

（4）设置艺术字背景填充

用户在 Word 2010 文档中插入艺术字以后，可以根据需要设置或修改背景填充颜色。背景填充颜色既可以是纯色背景填充，也可以是渐变颜色背景填充。操作步骤如下：

单击艺术字任意位置使其处于编辑状态，单击“绘图工具/格式”选项卡“形状样式”组中的“形状填充”按钮，在打开的形状填充列表中选择“主题颜色”或“标准色”分组中的颜色即可。

如果用户需要更丰富的颜色作为艺术字背景填充色，可以在形状填充列表中选择“其他填充颜色”命令，弹出“颜色”对话框，其中提供了更丰富的颜色选项，用户可以选择标准色或自定义颜色，以获取更合适的 Word 2010 艺术字背景填充颜色。

（5）设置艺术字的阴影效果

针对 Word 2010 艺术字对象的阴影效果只有在设置了背景颜色填充的前提下才能呈现比较完美的效果，否则只能实现一部分阴影效果，诸如“透视”等效果将难以实现。针对整体艺术字对象的阴影效果设置步骤如下：

单击艺术字对象使其处于编辑状态，单击“绘图工具/格式”选项卡“形状样式”组中的“形状效果”按钮，在打开的形状效果菜单中指向“阴影”选项，在阴影列表中选择一种阴影效果。

如果用户需要对阴影效果进行更详细的设置，可以在阴影列表中选择“阴影选项”命令，弹出“设置形状格式”对话框，选择“阴影”选项卡，用户可以对当前阴影效果进行“颜色”“透明度”“大小”“虚化”“角度”“距离”设置，从而实现更符合实际需要的阴影效果，如图 3-155 所示。

图 3-154 调整旋转角度数值

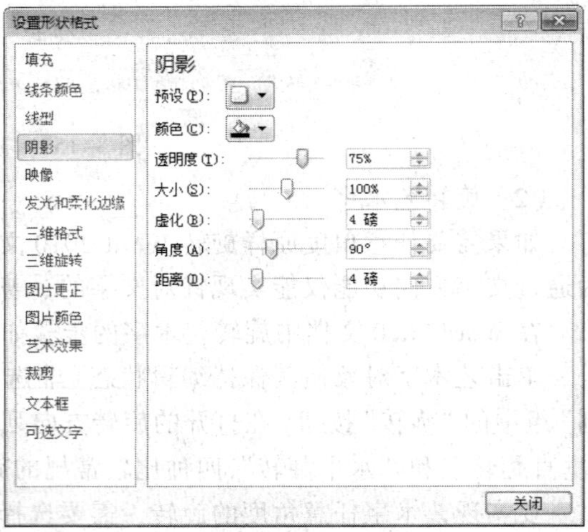

图 3-155 “阴影”选项卡

（6）设置艺术字文字阴影效果

Word 2010 中的艺术字阴影效果包括仅仅应用于文字的阴影和应用于整个艺术字对象的阴影，每种阴影可以实现不同的效果。下面介绍在 Word 2010 中设置艺术字文字阴影效果的方法，操作步骤如下：

选中艺术字文字，单击“绘图工具/格式”选项卡“艺术字样式”组中的“文本效果”按钮，在打开的文本效果菜单中指向“阴影”选项，在打开的阴影列表中选择合适的阴影效果。用户可以为 Word 2010 艺术字设置外部阴影、内部阴影和透视三种形式的阴影效果，其中每种效果根据阴影方向和阴影位置的不同有多种样式可供选择，如图 3-156 所示。

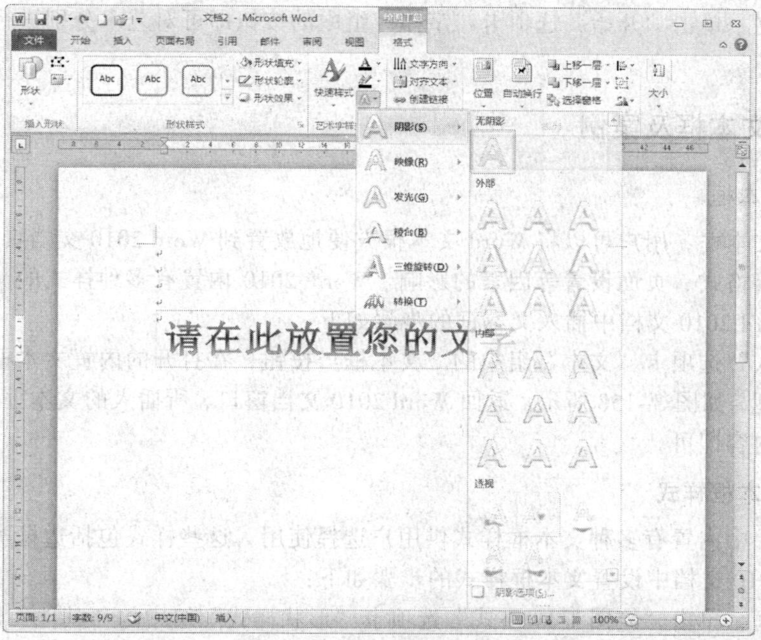

图 3-156　选择艺术字阴影效果

（7）设置艺术字预设效果

所谓预设效果就是 Word 2010 综合运用各种形状效果而提供的若干个艺术字整体效果，例如综合运用填充、棱台和三维旋转后所呈现出来的整体效果。在 Word 2010 中为艺术字设置预设效果的步骤如下：

单击艺术字使其处于编辑状态，单击“绘图工具/格式”选项卡“形状样式”组中的“形状效果”按钮，在打开的形状效果菜单中指向“预设”选项，在预设列表中将鼠标指向任意一项预设效果后，Word 2010 文档中的艺术字将实时显示应用该预设后的实际效果。确认使用某项预设效果后单击该选项即可。

如果用户希望在应用某个预设效果的基础上对其进行更进一步的设置，则可以选择预设列表中的“三维选项”命令。

在“设置形状格式”对话框中选择“三维格式”选项卡，可以对深度颜色、轮廓线颜色、棱台效果和表面材料进行详细设置，以实现更符合用户需求的效果。完成设置后单击“关闭”按钮即可，如图 3-157 所示。

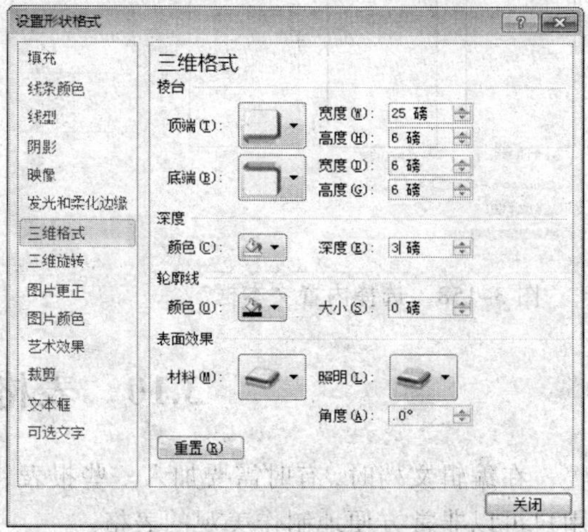

图 3-157　“三维格式”选项卡

（8）修改艺术字文字

用户在 Word 2010 中插入艺术字后，可以随时修改艺术字文字。与 Word 2007 和 Word 2003 不同的是，在 Word 2010 中修改艺术文字非常简单，不需要打开“编辑艺术字文字”对话框，只需要单击艺术字即可进入编辑状态。

在修改文字的同时，用户还可以对艺术字进行字体、字号、颜色等格式设置。选中需要设置格式的艺术字，单击“开始”选项卡“字体”组中的按钮即可对艺术分别进行字体、字号、颜色等设置。

3.9.7 插入文本框及案例

1. 插入文本框

通过使用文本框，用户可以将 Word 文本很方便地放置到 Word 2010 文档页面的指定位置，而不必受到段落格式、页面设置等因素的影响。Word 2010 内置有多种样式的文本框供用户选择使用，在 Word 2010 文档中插入文本框的步骤如下：

单击“插入”选项卡“文本”组中的“文本框”按钮，在打开的内置文本框面板中选择合适的文本框类型，如图 3-158 所示。返回 Word 2010 文档窗口，所插入的文本框处于编辑状态，直接输入文本内容即可。

2. 设置文本框样式

Word 2010 中内置有多种文本框样式供用户选择使用，这些样式包括边框类型、填充颜色等。在 Word 2010 文档中设置文本框样式的步骤如下：

单击文本框，单击“绘图工具/格式”选项卡“形状样式”组中的“其他”形状样式按钮，在打开的文本框样式面板中选择合适的文本框样式和颜色即可，如图 3-159 所示。

图 3-158 选择内置文本框

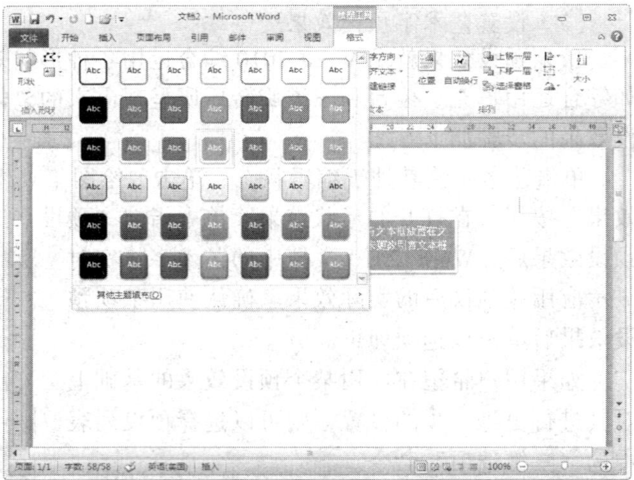

图 3-159 文本框样式面板

3.10 表格的编辑与处理

在编辑文档时，有时需要加入一些报表、统计表以及统计图。Word 提供了制作表格的功能。用户可以非常方便地制作美观的表格。

3.10.1 创建、删除表格及案例

1. 绘制表格

在 Word 2010 中，用户不仅可以通过指定行和列插入表格，还可以通过绘制表格功能自定

义插入需要的表格，操作步骤如下：

单击“插入”选项卡“表格”组中的“表格”按钮，在打开的表格菜单中选择“绘制表格”命令，鼠标指针呈现铅笔形状，在 Word 文档中按住鼠标左键拖动绘制表格边框。然后在适当的位置绘制行和列。完成表格的绘制后，按【Esc】键，或者单击“表格工具/设计”选项卡“绘图边框”组中的“绘制表格”按钮结束表格绘制状态。

如果在绘制或设置表格的过程中需要删除某行或某列，可单击“表格工具/设计”选项卡“绘图边框”组中的“擦除”按钮，鼠标指针呈现橡皮擦形状，在特定的行或列线条上按住鼠标左键拖动即可删除该行或该列。按【Esc】键取消擦除状态。

2. 将文字转换成表格

在 Word 2010 文档中，用户可以很容易地将文字转换成表格。其中关键的操作是使用分隔符将文本合理分隔。Word 2010 能够识别常见的分隔符，例如段落标记（用于创建表格行）、制表符和逗号（用于创建表格列）。例如，对于只有段落标记的多个文本段落，Word 2010 可以将其转换成单列多行的表格；而对于同一个文本段落中含有多个制表符或逗号的文本，Word 2010 可以将其转换成单行多列的表格；包括多个段落、多个分隔符的文本则可以转换成多行、多列的表格。在 Word 2010 中将文字转换成表格的步骤如下：

打开 Word 2010 文档，为准备转换成表格的文本添加段落标记和分隔符（建议使用最常见的逗号分隔符，并且逗号必须是英文半角逗号），选中需要转换成表格的所有文字，如果不同段落含有不同的分隔符，则 Word 2010 会根据分隔符数量为不同行创建不同的列。单击“插入”选项卡“表格”组中的“表格”按钮，在打开的表格菜单中选择“文本转换成表格”命令，弹出“将文字转换成表格”对话框，在“列数”编辑框中将出现转换生成表格的列数，如果该列数为 1（而实际应该是多列），则说明分隔符使用不正确（可能使用了中文逗号），需要返回上面的步骤修改分隔符；在“自动调整”区域可以选中“固定列宽”“根据内容调整表格”或“根据窗口调整表格”单选按钮，用以设置转换生成的表格列宽；在“文字分隔位置”区域自动选中文本中使用的分隔符，如果不正确可以重新选择。设置完毕单击“确定”按钮，如图 3-160 所示。

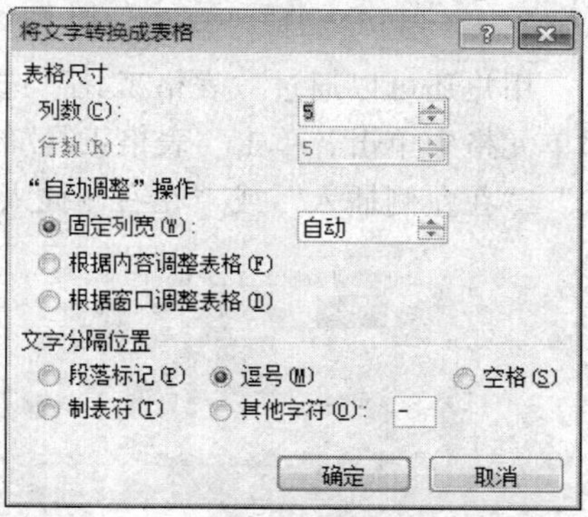

图 3-160　“将文字转换成表格”对话框

3. 将表格转换为文本

在 Word 2010 文档中，用户可以将 Word 表格中指定单元格或整张表格转换为文本内容，操作步骤如下：

选中需要转换为文本的单元格。如果需要将整张表格转换为文本，则只需单击表格任意单元格，单击“表格工具/布局”选项卡“数据”组中的“转换为文本”按钮，弹出“表格转换成文本”对话框，选中“段落标记”“制表符”“逗号”或“其他字符”单选按钮，选择任何一种标记符号都可以转换成文本，只是转换生成的排版方式或添加的标记符号有所不同，最常用的是“段落标记”和“制表符”。选中“转换嵌套表格”复选框可以将嵌套表格中的内容同时转换为文本。设置完毕单击“确定”按钮即可，如图 3-161 所示。

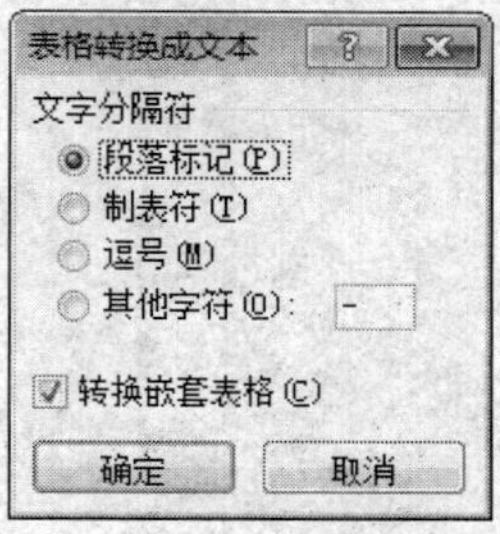

图 3-161　“表格转换成文本”对话框

4．表格中插入行或列

在 Word 2010 文档表格中，用户可以根据实际需要插入行或列。在准备插入行或列的相邻单元格中右击，在弹出的快捷菜单中选择“插入”→“在左侧插入列”“在右侧插入列”“在上方插入行”或“在下方插入行”命令，如图 3-162 所示。

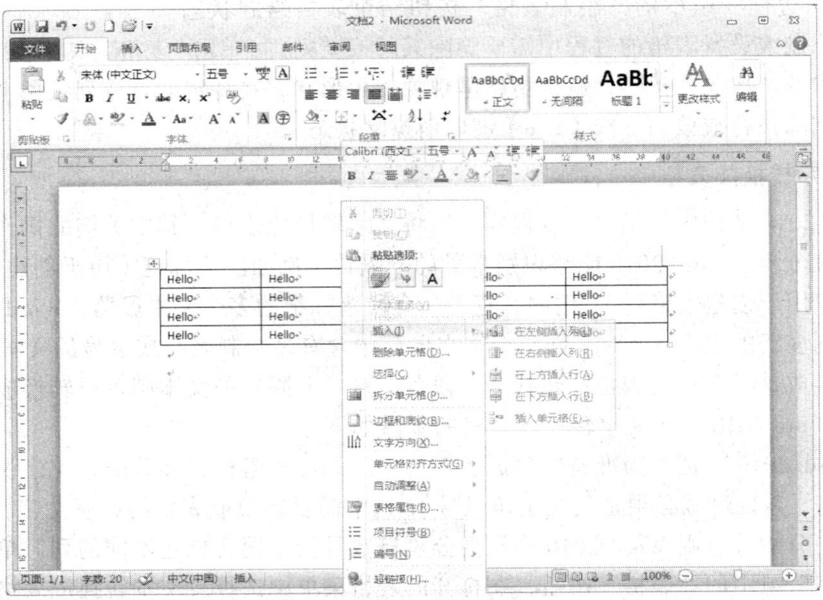

图 3-162　选择插入行或插入列命令

用户还可以通过“表格工具”选项卡实现插入行或插入列的操作。在准备插入行或列的相邻单元格中单击，单击“表格工具/布局”选项卡“行和列”组中的“在上方插入”“在下方插入”“在左侧插入”或“在右侧插入”按钮插入行或列，如图 3-163 所示。

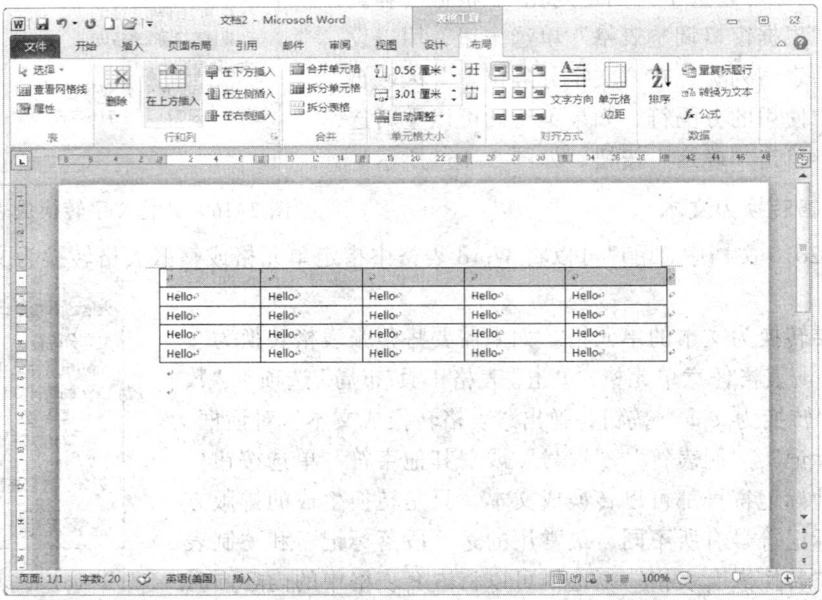

图 3-163　单击插入行或插入列按钮

5. 表格中删除行或列

在 Word 2010 文档表格中，用户可以根据实际需要方便地删除整行或整列。用户可以通过多种方法进行删除行或删除列的操作，分别介绍如下：

方法 1：选中需要删除的行或列后右击，在弹出的快捷菜单中选择“删除行”或“删除列”命令，如图 3-164 所示。

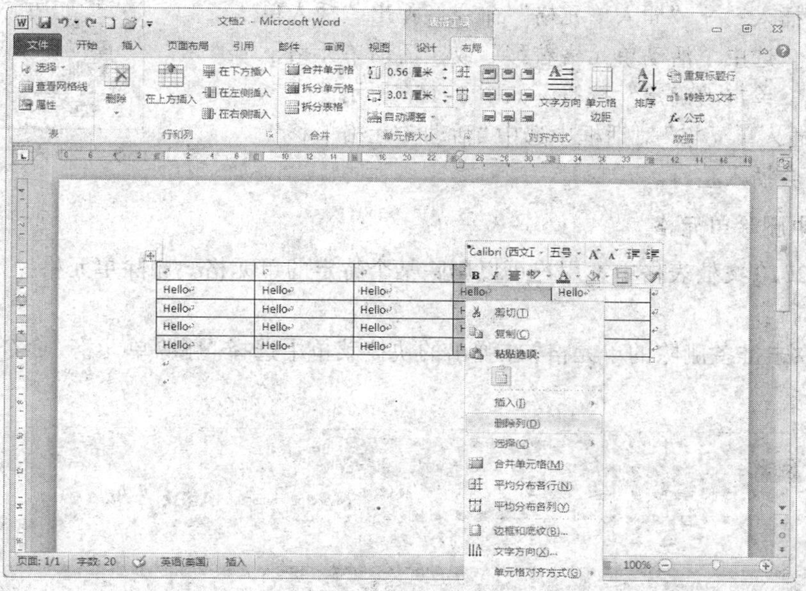

图 3-164　选择“删除列”命令

方法 2：在 Word 2010 文档表格中，单击准备删除的行或列中的任意单元格，单击“表格工具/布局”选项卡“行和列”组中的“删除”下拉按钮，在打开的下拉菜单中选择“删除行”或“删除列”命令，如图 3-165 所示。

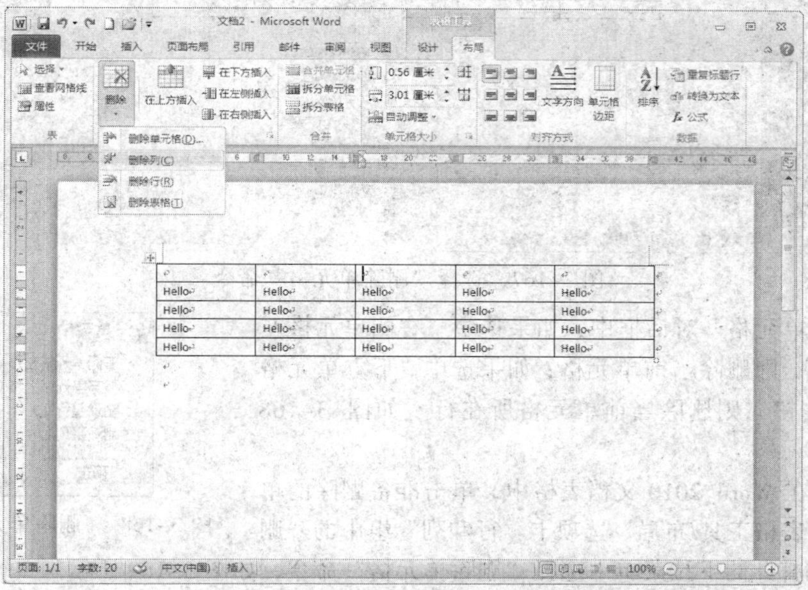

图 3-165　选择“删除列”命令

6. 表格中插入单元格

在 Word 2010 文档表格中，插入或删除单元格的操作并不常见。因为插入或删除单元格会使 Word 表格变得参差不齐，不利于 Word 文档排版。用户可以根据实际需要插入和删除单元格，操作步骤如下：

在准备插入单元格的相邻单元格中右击，在弹出的快捷菜单中选择“插入”→“插入单元格”命令，弹出“插入单元格”对话框，选中“活动单元格右移”或“活动单元格下移”单选按钮，单击“确定”按钮，如图 3-166 所示。

如果在“插入单元格”对话框中选中“活动单元格下移”单选按钮，则会插入整行。

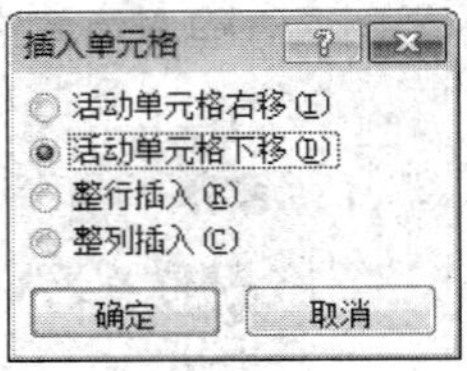

图 3-166 “插入单元格”对话框

7. 表格中删除单元格

在 Word 2010 文档表格中，用户可以删除某个特定的单元格。删除单元格操作可以通过如下两种方法进行：

方法 1：右击准备删除的单元格，在弹出的快捷菜单中选择“删除单元格”命令，如图 3-167 所示。

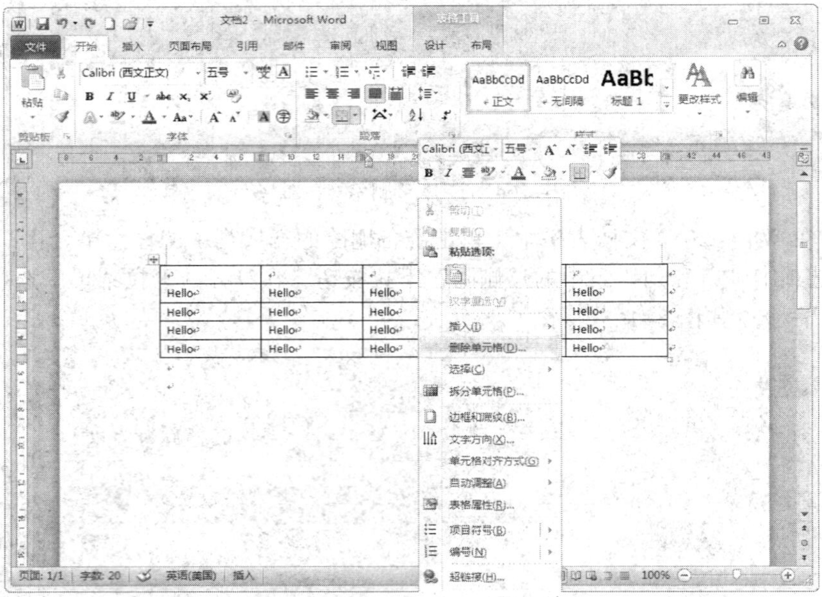

图 3-167 选择“删除单元格”命令

在“删除单元格”对话框中，如果选中“右侧单元格左移”单选按钮，则删除当前单元格；如果选中“下方单元格上移”单选按钮，则删除当前单元格所在行，如图 3-168 所示。

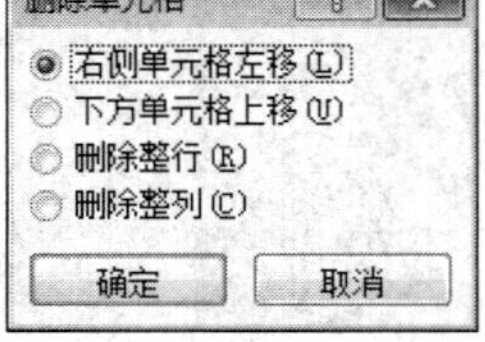

图 3-168 “删除单元格”对话框

方法 2：在 Word 2010 文档表格中，单击准备删除的单元格，单击“表格工具/布局”选项卡“行和列”组中的“删除”按钮，在打开的下拉菜单中选择“删除单元格”命令，如图 3-169 所示。

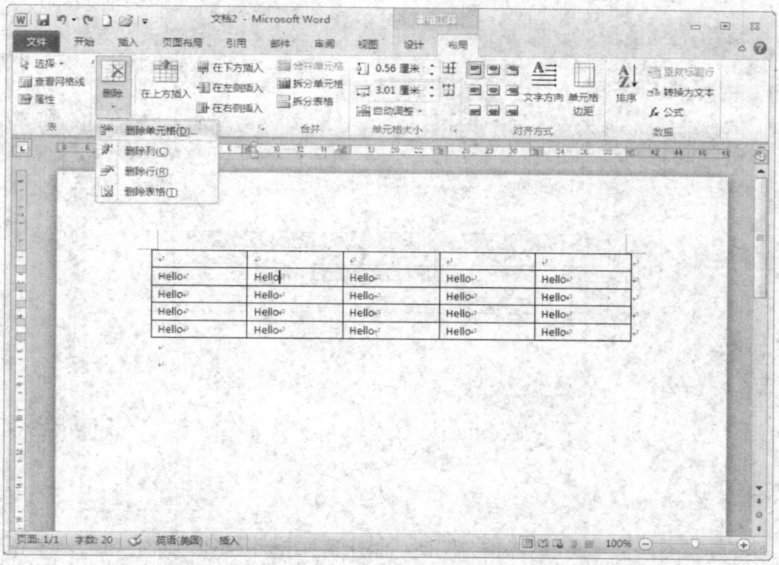

图 3-169　选择“删除单元格”命令

8．合并单元格

在 Word 2010 文档表格中，通过“合并单元格”功能可以将两个或两个以上的单元格合并成一个单元格，从而制作出多种形式、多种功能的 Word 表格。用户可以在 Word 2010 文档表格中通过如下三种方法合并单元格：

方法 1：选中准备合并的两个或两个以上的单元格并右击，在弹出的快捷菜单中选择“合并单元格”命令，如图 3-170 所示。

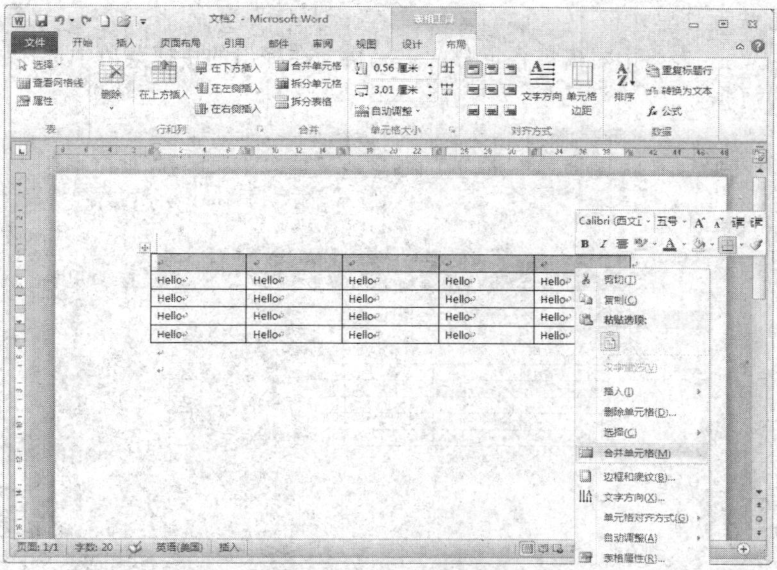

图 3-170　选择“合并单元格”命令

方法 2：选中准备合并的两个或两个以上的单元格，单击“表格工具/布局”选项卡“合并”组中的“合并单元格”按钮，如图 3-171 所示。

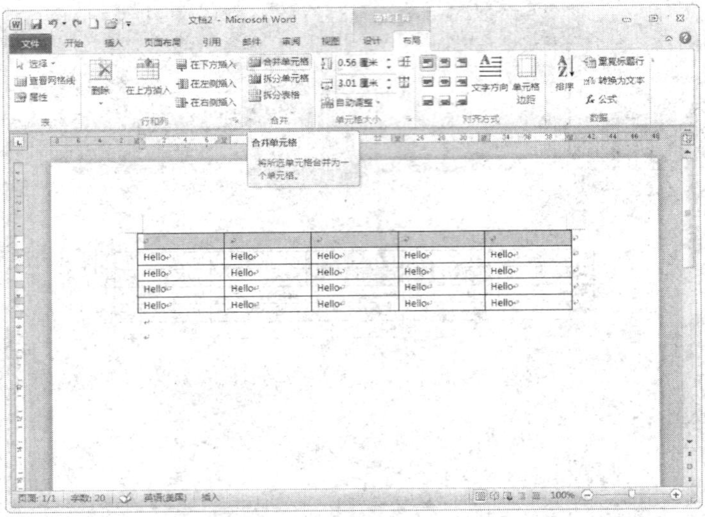

图 3-171　单击“合并单元格”按钮

方法 3：除了使用“合并单元格”按钮合并单元格，用户还可以通过擦除表格线实现合并单元格的目的。单击表格内部任意单元格，单击“表格工具/设计”选项卡“绘图边框”组中的“擦除”按钮，鼠标指针呈橡皮擦形状，在表格线上拖动鼠标将其擦除，可以实现两个单元格的合并。完成合并后按【Esc】键或者再次单击“擦除”按钮取消擦除表格线状态。

9. 拆分单元格

在 Word 2010 文档表格中，通过“拆分单元格”功能可以将一个单元格拆分成两个或多个单元格。通过拆分单元格可以制作比较复杂的多功能表格，用户可以在 Word 2010 文档表格中通过如下两种方法拆分单元格：

方法 1：在 Word 表格中右击准备拆分的单元格，在弹出的快捷菜单中选择“拆分单元格”命令，如图 3-172 所示。

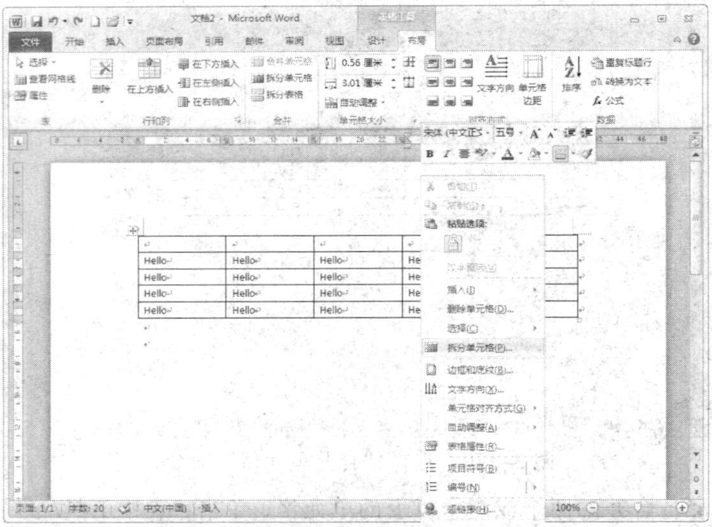

图 3-172　选择“拆分单元格”命令

在“拆分单元格”对话框中，分别设置要拆分成的“列数”和“行数”，单击“确定”按钮，如图 3-173 所示。

方法 2：单击表格中准备拆分的单元格，单击“表格工具/布局”选项卡“合并”组中的“拆分单元格”按钮，如图 3-174 所示。

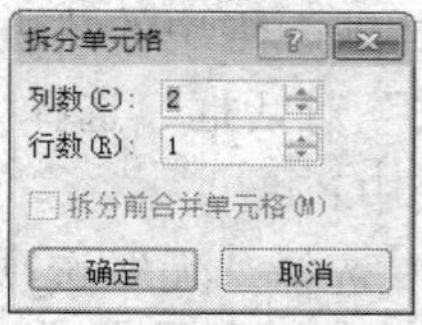

图 3-173 “拆分单元格”对话框

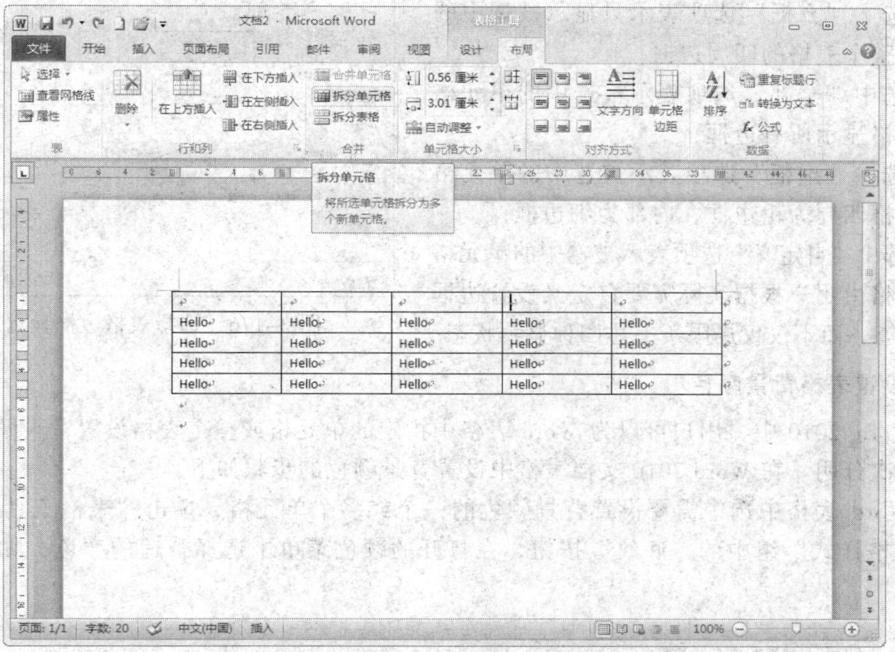

图 3-174 单击“拆分单元格”按钮

10. 允许跨页断行表格

在使用 Word 2010 插入和编辑表格时，有时会根据排版需要使表格中的某一行分别在两个页面中显示。遇到此类问题，可以为表格设置“允许跨页断行”功能，操作步骤如下：

单击表格任意单元格，单击“表格工具/布局”选项卡“表”组中的“属性”按钮，弹出“表格属性”对话框，选择“行”选项卡，选中“允许跨页断行”复选框，单击“确定”按钮，如图 3-175 所示。

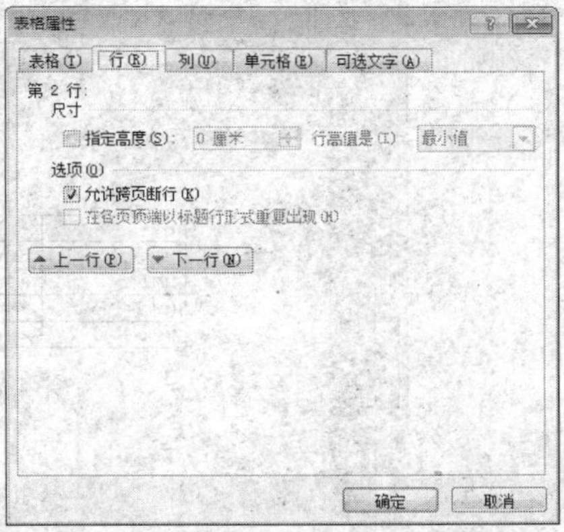

图 3-175 选中“允许跨页断行”复选框

3.10.2 表格的格式化及案例

1. 设置表格边框

在 Word 2010 中，用户不仅可以通过“表格工具”选项卡设置表格边框，还可以在“边框和底纹”对话框中设置表格边框，操作步骤如下：

在 Word 表格中选中需要设置边框的单元格或整个表格，单击“表格工具/设计”选项卡

“表格样式”组中的“边框”下拉按钮，在边框菜单中选择“边框和底纹”命令，弹出“边框和底纹”对话框，选择“边框”选项卡，在“设置”区域选择边框显示位置，如图 3-176 所示。其中：

① 选择“无”选项表示被选中的单元格或整个表格不显示边框；

② 选中“方框”选项表示只显示被选中的单元格或整个表格的四周边框；

③ 选中“全部”选项表示被选中的单元格或整个表格显示所有边框；

④ 选中“虚框”选项表示被选中的单元格或整个表格四周为粗边框，内部为细边框；

⑤ 选中“自定义”选项表示被选中的单元格或整个表格由用户根据实际需要自定义设置边框的显示状态，而不仅仅局限于上述四种显示状态。

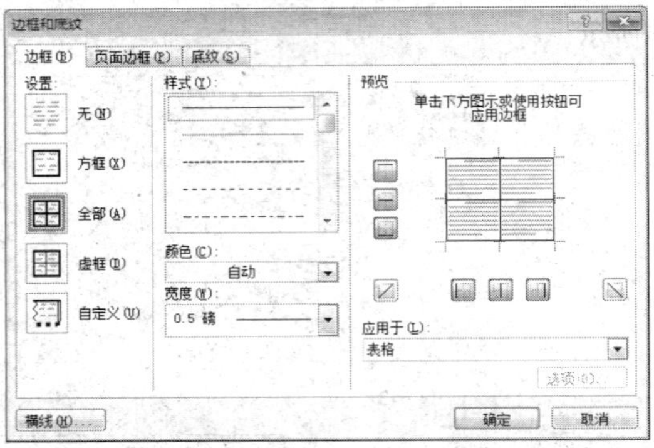

图 3-176 选择表格边框显示状态

2. 设置表格背景颜色

在 Word 2010 中，用户可以为 Word 表格中指定的单元格或整个表格设置背景颜色，使表格外观层次分明。在 Word 2010 文档表格中设置背景颜色的步骤如下：

在 Word 表格中选中需要设置背景颜色的一个或多个单元格，单击“表格工具/设计”选项卡“表格样式”组中的“底纹”按钮，在打开的颜色菜单中选择合适的颜色，如图 3-177 所示。

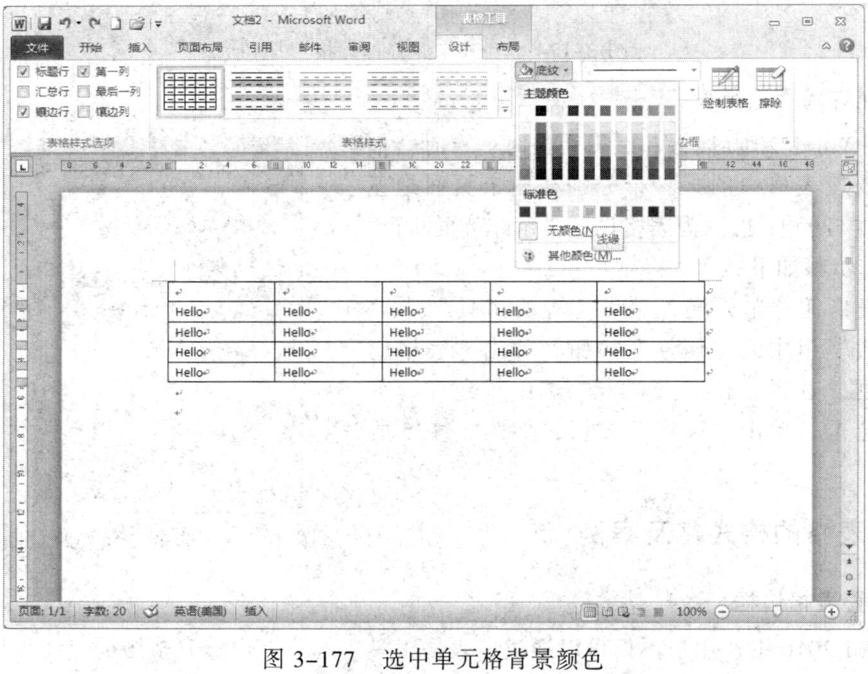

图 3-177 选中单元格背景颜色

3. 设置表格底纹图案

在 Word 2010 中，用户不仅可以为 Word 表格设置单一颜色的背景色，还可以为指定的单元格设置图案底纹，操作步骤如下：

在 Word 表格中选中需要设置底纹图案的一个或多个单元格，单击“表格工具/设计”选项卡“表格样式”组中的“边框”下拉按钮，在打开的边框菜单中选择“边框和底纹”命令，弹出“边框和底纹”对话框，选择“底纹”选项卡，在“图案”区域单击“样式”下拉按钮选择一种样式；单击“颜色”下拉按钮选择合适的底纹颜色，设置完成后单击“确定”按钮，如图 3-178 所示。

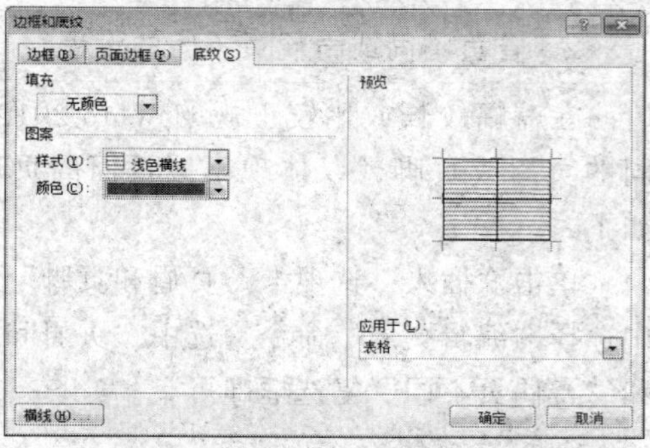

图 3-178　“底纹”选项卡

3.11　页面设置及文档打印

3.11.1　页眉和页脚的设置

页眉和页脚是文档页的顶部和底部重复出现的文字或图片等信息。在普通视图中无法看到页眉和页脚，在页面视图中看到的页眉和页脚会变成灰色，视觉上可区别于正文，打印效果与正文相同。

1. 创建页眉页脚

默认情况下，Word 2010 文档中的页眉和页脚均为空白内容，只有在页眉和页脚区域输入文本或插入页码等对象后，用户才能看到页眉或页脚。在 Word 2010 文档中编辑页眉和页脚的步骤如下：

单击“插入”选项卡“页眉和页脚”组中的“页眉”或“页脚”按钮，在打开的页眉面板中选择“编辑页眉”命令，如图 3-179 所示。用户可以在“页眉”或“页脚”区域输入文本内容，还可以在打开的“设计”选项卡中选择插入页码、日期和时间等对象。完成编辑后单击“关闭页眉和页脚”按钮即可。

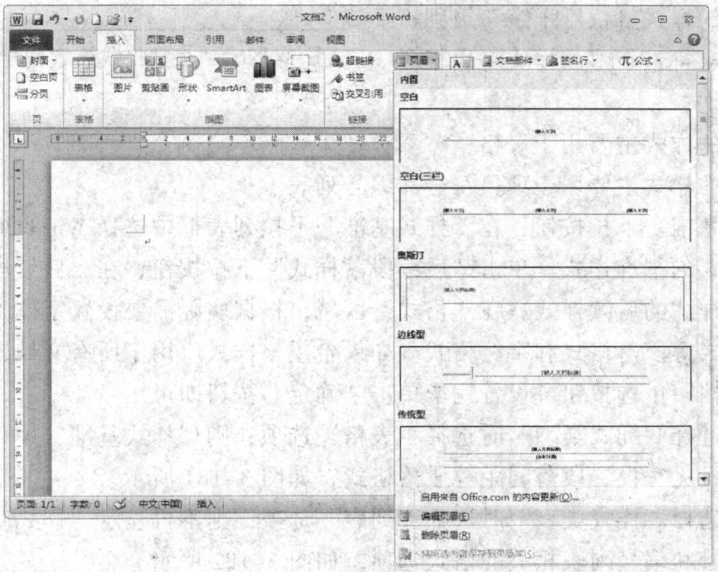

图 3-179　选择“编辑页眉”命令

2．首页不同或奇偶页不同的设置

在篇幅较长或比较正规的 Word 2010 文档中，往往需要在首页、奇数页、偶数页使用不同的页眉或页脚，以体现不同页面的页眉或页脚特色。要实现这个目的很简单，操作步骤如下：

单击“插入”选项卡“页眉和页脚”组中的“页眉”或“页脚”按钮，在打开的页眉面板中选择“编辑页眉”命令。选中“页眉和页脚工具/设计”选项卡“选项”组中的“首页不同”和“奇偶页不同”复选框即可。

3.11.2 样式的设置

样式是指一组已经命名的字符和段落格式，它规定了文档中标题、题注及正文等各个文本元素的格式。

1．创建新样式

在 Word 2010 的空白文档窗口中，用户可以新建一种全新的样式。如新的表格样式、新的列表样式等，操作步骤如下：

单击“开始”选项卡“样式”组中的“对话框启动器”按钮，打开“样式”任务窗格，单击“新建样式”按钮，弹出“根据格式设置创建新样式”对话框，如图 3-180 所示。在“名称”编辑框中输入新建样式的名称，单击“样式类型”下拉按钮，在“样式类型”下拉列表框中包含五种类型：

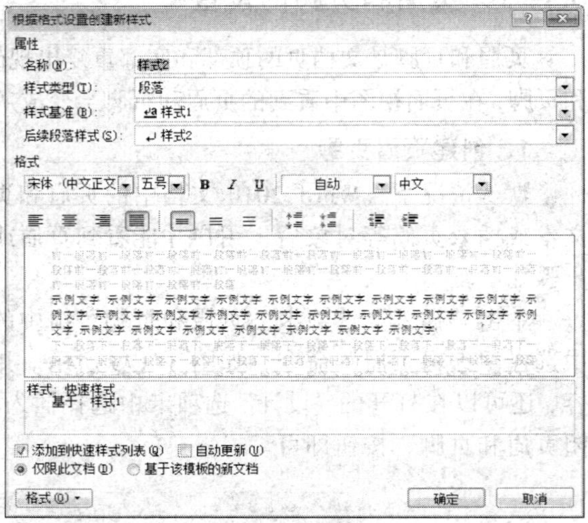

图 3-180 “根据格式设置创建新样式”对话框

段落：新建的样式将应用于段落级别；

字符：新建的样式将仅用于字符级别；

链接段落和字符：新建的样式将用于段落和字符两种级别；

表格：新建的样式主要用于表格；

列表：新建的样式主要用于项目符号和编号列表。

单击“样式基准”下拉按钮，在“样式基准”下拉列表框中选择 Word 2010 中的某种内置样式作为新建样式的基准样式。单击“后续段落样式”下拉按钮，在“后续段落样式”下拉列表框中选择新建样式的后续样式。在“格式”区域，根据实际需要设置字体、字号、颜色、段落间距、对齐方式等段落格式和字符格式。如果希望该样式应用于所有文档，则需要选中“基于该模板的新文档”单选按钮。设置完毕单击“确定”按钮即可。

如果用户在选择“样式类型”时选择“表格”选项，则“样式基准”中仅列出表格相关的样式提供选择，且无法设置段落间距等段落格式，如图 3-181 所示。

如果用户在选择“样式类型”时选择“列表”选项，则不再显示“样式基准”，且格式设置仅限于项目符号和编号列表相关的格式选项，如图 3-182 所示。

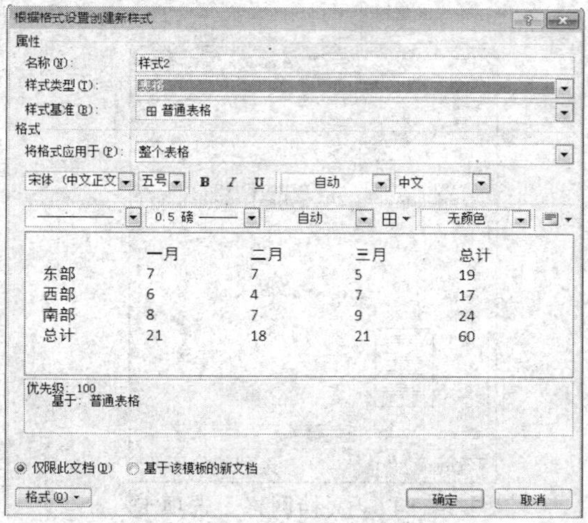

图 3-181　选择“表格”样式类型

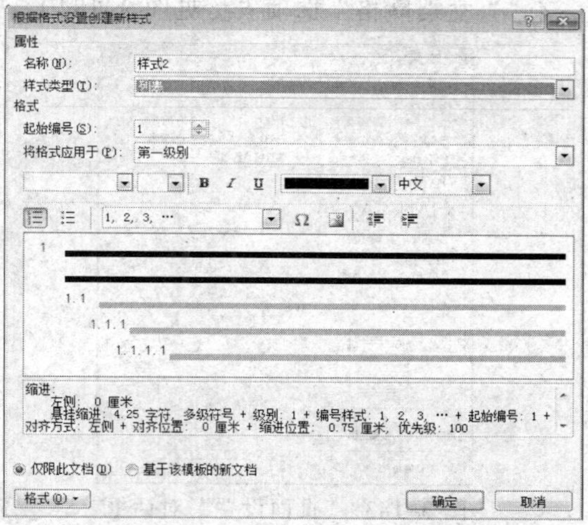

图 3-182　选择“列表”样式类型

2. 查看样式

选中文本后，在“样式”任务窗格中就可以显示所应用的样式名称，当鼠标停在该样式时，还会显示样式所包含的具体设置。

3. 修改样式

无论是 Word 2010 的内置样式，还是 Word 2010 的自定义样式，用户随时可以对其进行修改。在 Word 2010 中修改样式的步骤如下：

单击“开始”选项卡“样式”组中的“对话框启动器”按钮，打开“样式”任务窗格，右击准备修改的样式，在弹出的快捷菜单中选择“修改”命令弹出“修改样式”对话框，用户可以在该对话框中重新设置样式定义。

3.11.3 文档页面的设置

单击“页面布局”选项卡“页面设置”组中的“对话框启动器”按钮，弹出图 3-183 所示的“页面设置”对话框，在其中可以对页边距、纸张、版式、文档网格等进行设置。

1. “页边距”选项卡

“页边距”选项组：对文档的上、下、左、右边距进行设置，也可以对装订线的位置、方向进行设置。

“纸张方向”选项组：设置文档是纵向还是横向。

“页码范围”选项组：设置文档形式。

“预览”选项组：确定该选项卡中的各项设置应用于全篇文档还是应用于某一节。

2. “纸张”选项卡

在该选项卡中，可设置纸张的大小、来源及应用范围。

3. “版式”选项卡

在该选项卡中，可设置页眉和页脚的特殊格式及页面的对齐方式。

4. “文档网格”选项卡（见图 3-184）

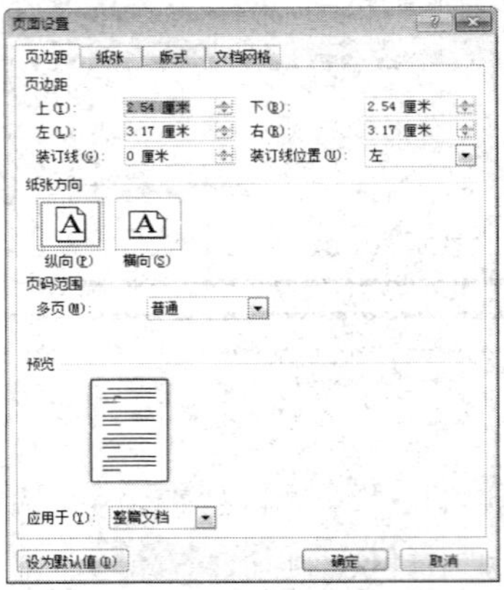

图 3-183 “页面设置”对话框

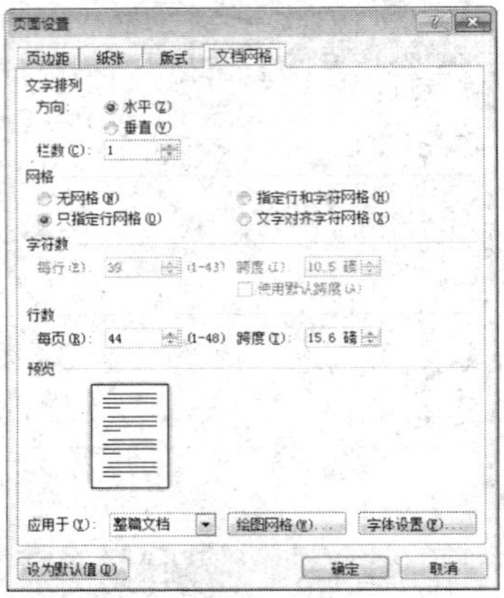

图 3-184 “文档网格”选项卡

“文字排列”选项组：设置文字的排列方向及栏数。

“网格”选项组：通过选择不同的单选按钮来决定是否规定文档中一页由多少行组成，是否规定文档中一行由多少个字组成。

“字符数”选项组：当在“网格”选项组中选择“指定行和字符网格”选项时，“字符”选项组处于可设置状态，可以设置每行多少个字符，或设置字符之间的跨度；当在“网格”选项组中选择“文字对齐字符网格”选项时，“字符”选项组处于可设置状态，可以设置每行多少个字符，但是字符之间的跨度处于不可设置状态。

“行数”选项组：当在“网格”选项组中选择“指定行和字符网格”或“只指定行网格”选项时，“行数”选项组处于可设置状态，可以设置每页多少行，或设置行跨度。

3.11.4 打印文档

单击快速访问工具栏中的“打印”按钮即可应用该台机器设置的默认打印机对全篇文档进行打印。选择“文件”选项卡中的“打印”命令，如图 3-185 所示。在该界面选择用于打印的打印机名称及设置是否手动双面打印；可以选择打印范围，如打印第 1～10 页及第 25 页、第 32～36 页，可在“页数”文本框中输入“1-10,25,32-36”；可以设置要打印文档的份数，以及是否逐份打印。

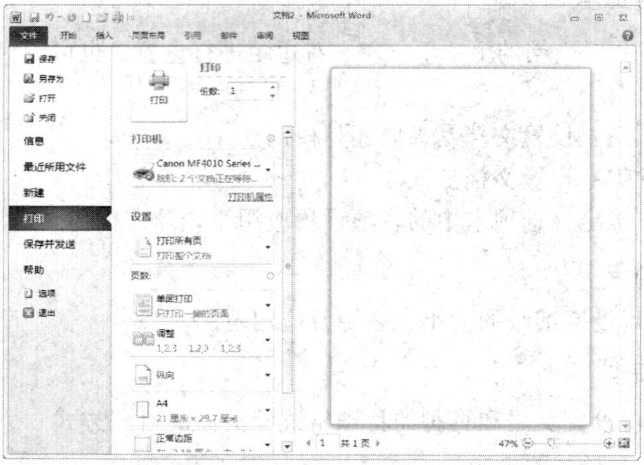

图 3-185 打印文档设置

第4章 电子表格处理软件Excel 2010

Excel 2010 是一种专门用于数据处理和分析的电子表格软件，它可以把文字、数据、图形、图表集合于一体，并进行各种统计计算、分析和管理操作。

4.1　Excel 2010 的基本操作

相关的基本概念：

- 工作簿：一个工作簿就是一个 Excel 文档，其扩展名为.xlsx。Excel 程序启动后自动建立一个名称为 Book1 的工作簿。
- 工作表：每个工作簿默认包含三张工作表，默认名称为 Sheet1、Sheet2、Sheet3。
- 行：以数字标识的是行，一张工作表最多可以有 1 048 567 行。
- 列：以字母标识的是列，一张工作表最多可以有 16 384 列。
- 单元格：行与列交叉处即为一个单元格，其位置用列标加行号来标识。

Excel 2010 的工作界面与 Excel 2003 相比，最明显的变化是取消了传统的菜单操作方式，而代之于各种选项卡。Excel 2010 窗口上方看起来像菜单的名称其实是选项卡的名称，当单击这些名称时会切换到与之相对应的选项卡。每个选项卡根据功能的不同又分为若干个组，各选项卡所拥有的功能如下所述：

1. “开始”选项卡

“开始”选项卡中包括剪贴板、字体、对齐方式、数字、样式、单元格和编辑七个组。该选项卡主要用于帮助用户对 Excel 2010 表格进行文字编辑和单元格的格式设置，是用户最常用的选项卡，如图 4-1 所示。

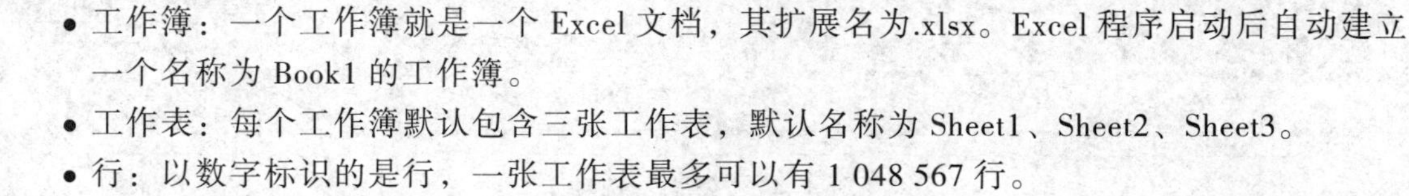

图 4-1 “开始”选项卡

2. “插入”选项卡

“插入”选项卡包括表格、插图、图表、迷你图、筛选器、链接、文本和符号几个组，主要用于在 Excel 2010 表格中插入各种对象，如图 4-2 所示。

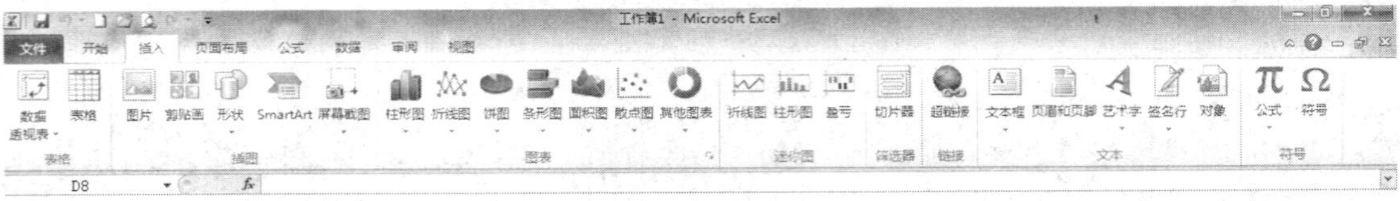

图 4-2 “插入”选项卡

3. “页面布局”选项卡

“页面布局”选项卡包括主题、页面设置、调整为合适大小、工作表选项、排列几个组，用于帮助用户设置 Excel 2010 表格页面样式，如图 4-3 所示。

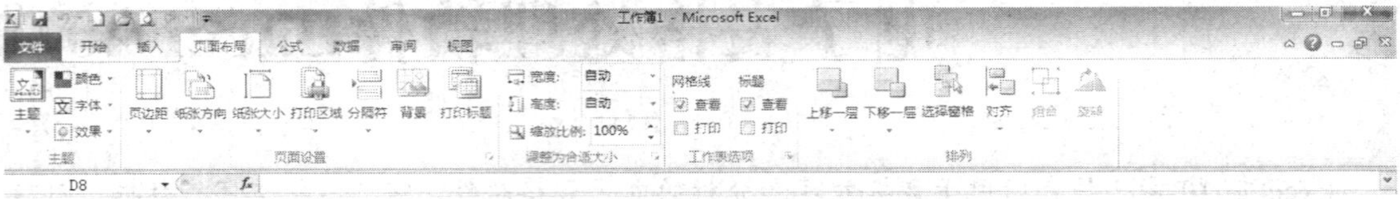

图 4-3 “页面布局”选项卡

4. “公式”选项卡

“公式”选项卡包括函数库、定义的名称、公式审核和计算几个组，用于实现在 Excel 2010 表格中进行各种数据计算，如图 4-4 所示。

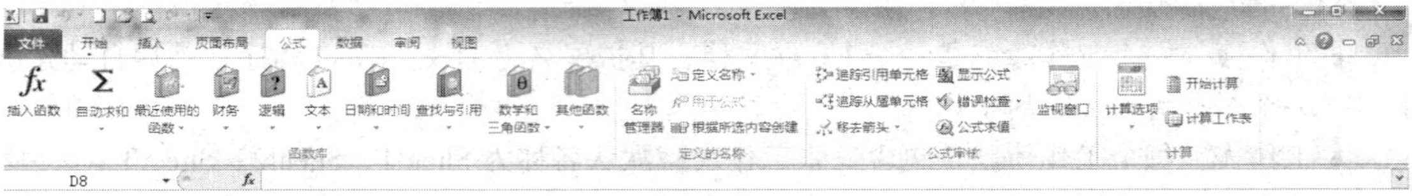

图 4-4 “公式”选项卡

5. “数据”选项卡

“数据”选项卡包括获取外部数据、连接、排序和筛选、数据工具和分级显示几个组，主要用于在 Excel 2010 表格中进行数据处理相关方面的操作，如图 4-5 所示。

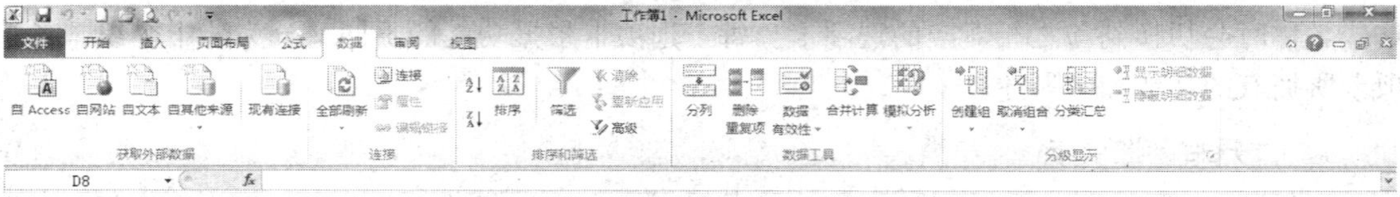

图 4-5 “数据”选项卡

6. “审阅”选项卡

“审阅”选项卡包括校对、中文简繁转换、语言、批注和更改五个组，主要用于对 Excel 2010 表格进行校对和修订等操作，适用于多人协作处理 Excel 2010 表格数据，如图 4-6 所示。

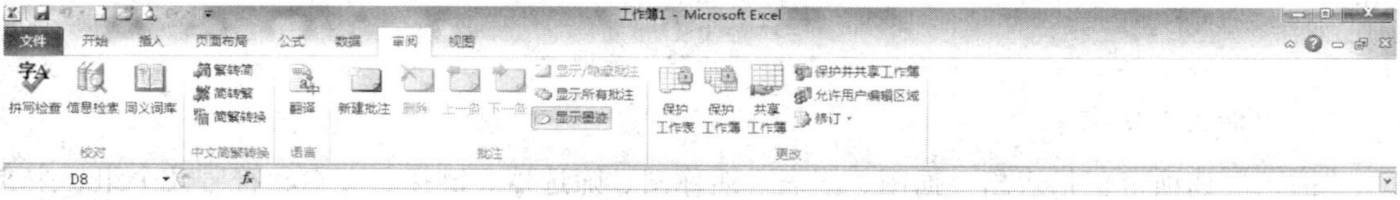

图 4-6 “审阅”选项卡

7．“视图”选项卡

“视图”选项卡包括工作簿视图、显示、显示比例、窗口和宏几个组，主要用于帮助用户设置 Excel 2010 表格窗口的视图类型，以方便操作，如图 4-7 所示。

图 4-7　“视图”选项卡

4.2　数据的输入与编辑

工作表是用户在 Excel 中输入和处理相关数据的工作平台。要使用 Excel 处理数据，必须将数据输入到工作表中，再根据需要使用有关的计算公式以及函数，以达到数据自动处理的目的。

4.2.1　输入数据

注意，在工作表中输入数据时，必须首先选中某个单元格或单元区域。在一个单元格中可输入最多 255 个字符，但是数值项最多只能达到 15 位。在单元格中显示的数字称为显示值，在编辑栏中显示的数字称为原值。

1．文本的输入

文本是一般的文字或字母，在单元格中输入时文本自动显示为左对齐，当输入的长度超过单元格的宽度时，会覆盖相邻的单元格。对于需要作为文本的数字（如电话号码、邮政编码等），输入时需要在其前面加单引号“′”（英文输入法状态），然后输入数字，按【Enter】键即可。

2．数字的输入

在单元格中输入数字时自动显示为右对齐，输入数字较长时，将以科学计数法形式显示。

若输入的数字项以加号“+”开头，Excel 2010 将去掉加号；若以减号“-”开头，Excel 2010 则认为输入的内容为负数。另外，Excel 2010 认为用括号括起来的常数是负数，如(100)表示-100。

在输入数字时可以使用小数点，也可以用逗号来分离整数。当输入带有逗号的数字时，该数字在单元格中显示时带有逗号，而在编辑栏中显示时不带有逗号。

输入分数时，可以先输入小数形式表示的分数，然后再应用分数格式。也可以在分数前加一个零和一个空格。例如，要输入“1/2”，可以先输入“0.5”，然后在当前单元格上右击将单元格格式定义为分数格式，或者直接输入“0 1/2”。

单元格中显示的数字位数取决于该列的宽度，若输入内容的长度大于所在列的宽度，Excel 将四舍五入显示或者显示“#”，具体取决于当前使用的显示格式。如果在单元格中看到一连串的“#”，实际上是数字。

3．设置数据有效性

可以对单元格限定数据输入类型、范围，以及设置数据输入提示信息和输入错误等。

选择要应用数据有效性功能的单元格，单击“数据”选项卡“数据工具”组中的“数据有效性”下拉按钮，在打开的下拉菜单中选择“数据有效性”命令，弹出“数据有效性”对话框，然后根据提示设置，如图 4-8 所示。

4. 输入日期和时间

工作表中的日期和时间数据不仅可以作为说明性文字，同时也可以用于计算和分析操作。

在 Excel 中允许使用斜线、文字及破折号与数字组合的方式来输入日期，但系统默认的日期格式只有一种，当输入的日期格式不同于系统默认格式时，选择该单元格就会发现编辑栏中显示的内容与单元格中显示的内容不同，如图 4-9 所示。

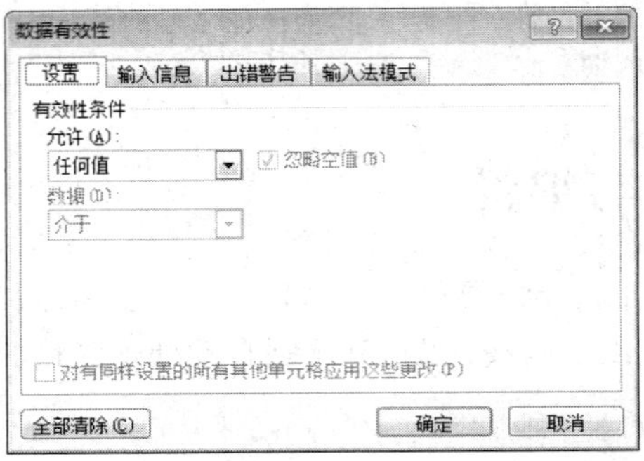

图 4-8 “数据有效性”对话框

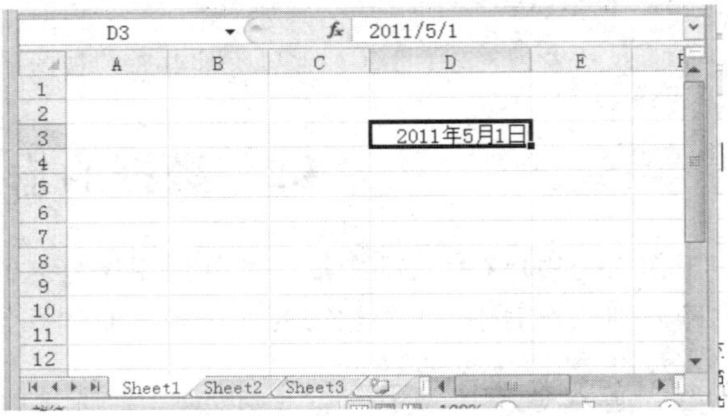

图 4-9 不同的日期显示格式

在 Excel 中时间由小时、分和秒三部分构成，在输入时间时要以冒号将这三个部分隔开，如 10:38:52。为了确保时间表述的准确性，Excel 使用 AM（上午）和 PM（下午）来区分，例如下午 4 点应该在 4:00 后面空一个空格加一个 p，或者以系统默认的 24 小时制直接输入 16:00。

5. 自动填充

（1）填充相同数据

在同行或同列的多个单元格中输入相同的数据，操作步骤如下：

选定包含要有复制数据的单元格，将鼠标移到选定区域的右下角的小方块（称为填充柄），鼠标会变成黑十字。按住鼠标左键并拖动填充柄使之通过要填充的单元格，然后释放鼠标。注意，一次只能向一个方向拖动。

示例 1：成绩表中，有 3 位相邻学生的成绩都是 90 分，已经输入了最上方学生的成绩，按照以下步骤填充下面几位学生的成绩，如图 4-10～图 4-12 所示。

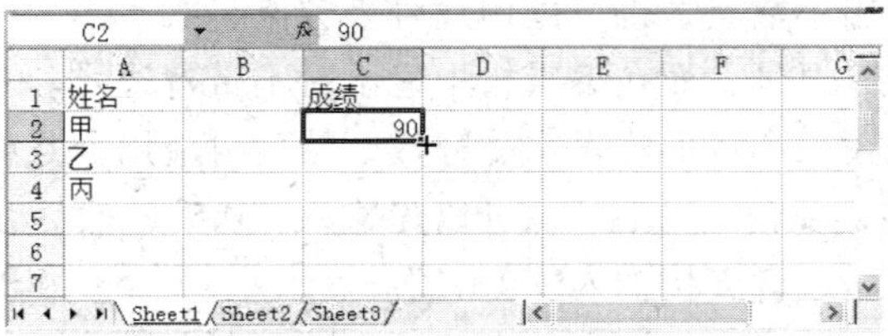

图 4-10 步骤 1 选择已经输入数据的单元格 C2

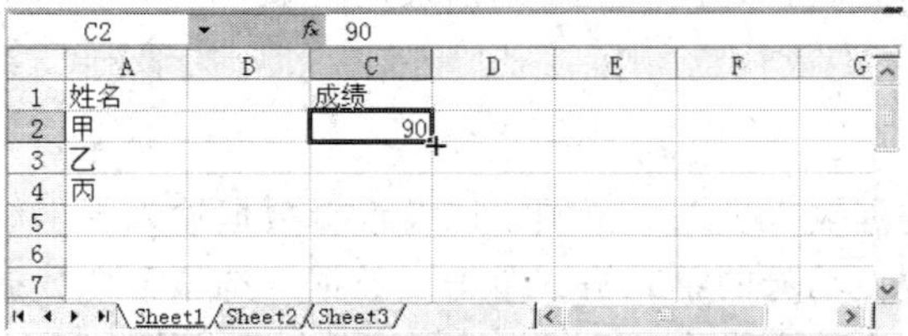

图 4-11 步骤 2 拖动填充柄

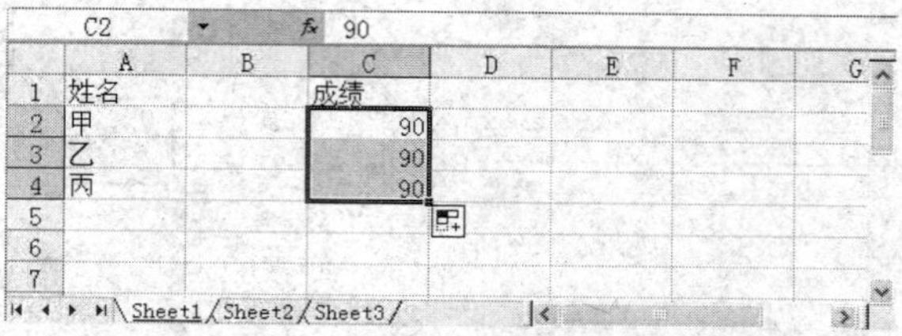

图 4-12　步骤 3 释放鼠标，完成填充

（2）填充序列数据

在 Excel 中，可以通过活动单元格中的数值递增到使用填充柄拖动过的区域来建立序列。操作步骤如下：

选择序列初始内容的单元格，将鼠标移动到选定区域的填充柄上，鼠标变成黑十字。按住鼠标左键并拖动填充柄使之通过要填充的单元格，释放鼠标。然后单击自动填充矩形框右下方的“自动填充按钮”，选择填充方式。

其中，各按钮的含义如下：

① 复制到单元格：复制原单元格的数据到其他单元格。

② 以序列方式填充：原单元格中的数据与被填充的单元格数据构成一个序列。

③ 仅填充格式：仅将原单元格中所使用的格式应用到被填充的单元格中，而不影响被填充单元格的数据。

④ 不带格式填充：仅填充原单元格中的数据而不使用原单元格所使用的格式。

也可以先选定包含序列初始内容的单元格和将要建立序列的单元格，单击“开始”选项卡“编辑”组中的“填充”下拉按钮，在打开的下拉菜单中选择“系列”命令，弹出“序列”对话框，如图 4-13 所示。

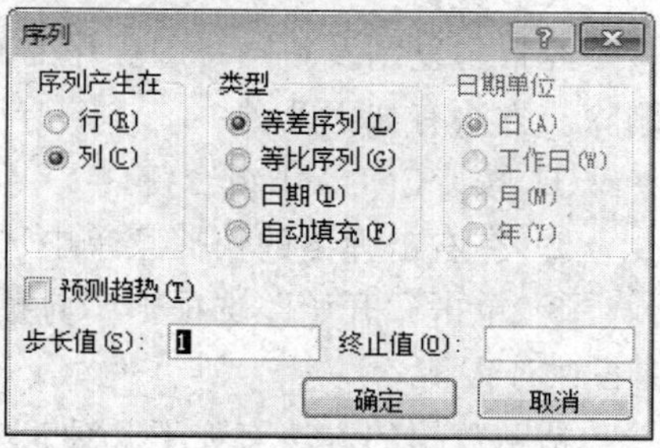

图 4-13　“序列”对话框

① 在“序列产生在”选项组中指定序列产生在“行”或“列”。如果先前选定的单元格为行中的单元格，则这时会自动选定“行”单选按钮。

② 在“类型”选项组中指定填充的类型。如果选择“等差数列”单选按钮或“等比数列”单选按钮则数字按此规律递增。如果在“类型”选项组选择了“日期”单选按钮则要在“日期单位”选项组中选定内容，如果选择“自动填充”单选按钮，则除了“序列产生在”选项组外其余都呈灰色。

③ “步长值”和“终止值”文本框中分别输入使系列增值的步长值和终止系列，选择完成后单击“确定”按钮。

示例 2：成绩表中，有 3 位相邻学生的成绩分别是 90、91、92 分，已经输入了最上方学生的成绩，按照以下步骤填充下面几位学生的成绩，如图 4-14～图 4-16 所示。

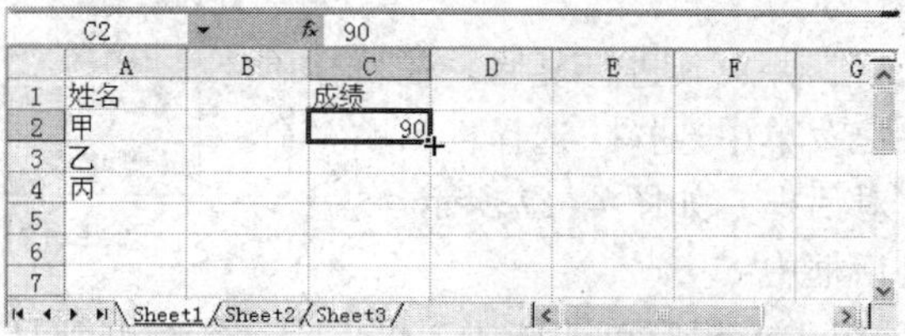

图 4-14　步骤 1 选择已经输入数据的单元格 C2

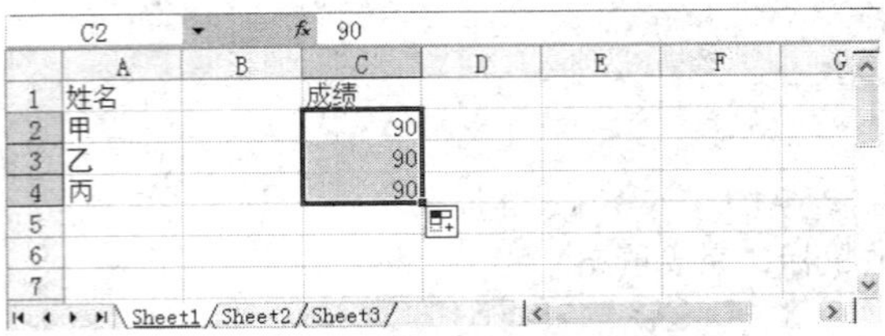

图 4-15　步骤 2 填充相同的数据

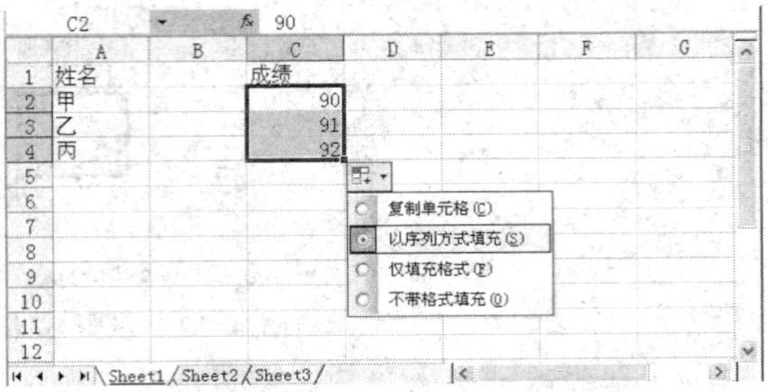

图 4-16　步骤 3 在“自动填充选项”中选择“以序列方式填充”完成填充

4.2.2　复制与粘贴数据

1．复制、剪切、粘贴数据

（1）复制

复制数据的方法有如下几种：

① 按【Ctrl+C】组合键。

② 在右击弹出的快捷菜单中选择“复制”命令。

③ 单击“开始”选项卡“剪贴板”组中的“复制”按钮。

（2）剪切

经常与复制及粘贴一起操作的有剪切操作，它可以在粘贴数据的同时将数据从原单元格中删除。方法有如下几种：

① 按【Ctrl+X】组合键。

② 在右击弹出的快捷菜单中选择“剪切”命令。

③ 单击“开始”选项卡“剪贴板”组中的“剪切”按钮。

（3）粘贴

粘贴数据的方法有如下几种：

① 按【Ctrl+V】组合键。

② 在右击弹出的快捷菜单中选择“粘贴”命令。

③ 单击“开始”选项卡“剪贴板”组中的“粘贴”按钮。

2．选择性粘贴数据

默认情况下进行的粘贴操作是将原单元格中所有内容全部粘贴到目标单元格中，有时仅需要复制原单元格中的数据而保持目标单元格的格式，这时可以使用选择性粘贴功能。操作步骤如下：

选择需要复制的单元格，并对其进行复制。在目标单元格上右击，在弹出的快捷菜单中选择“选择性粘贴”命令，弹出“选择性粘贴”对话框，如图 4-17 所示。

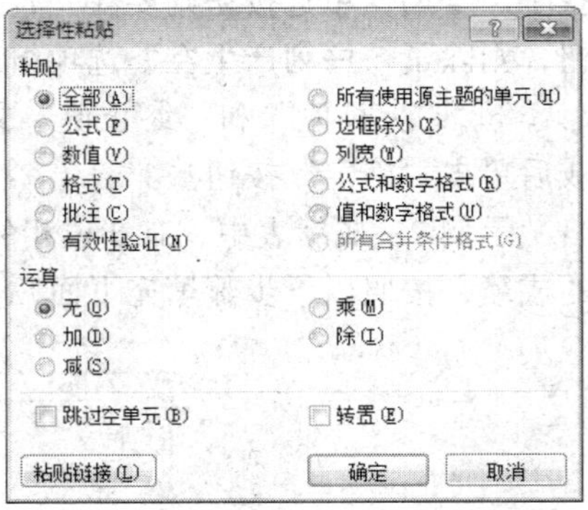

图 4-17　“选择性粘贴”对话框

在“选择性粘贴”对话框中：

① 选中“粘贴”选项组中的相应单选按钮，可以指定要粘贴到目标单元格的内容。

② 选中“运算”选项组中的相应单选按钮，可以指定要对原单元格和目标单元格中的数值进行何种数学运算，运算的结果将被粘贴到目标单元格中。

③ 选中“跳过空单元” 复选框可以避免以多个单元格做原单元格时，有空单元格覆盖相应的目标单元格。

④ 选中“转置”复选框可以在以多个单元格做原单元格时，将原单元格的行、列转置后再粘贴到目标单元格。

4.2.3　删除、编辑数据

当前输入的数据错误或有了更新时，需要对单元格中已有的数据进行编辑，编辑数据通常包括删除、复制、修改等操作。在 Excel 中，清除单元格数据只能删除该单元格中的内容，如数据和数据格式，而该单元格格式本身不会被删除，不会影响工作表中其他单元格的布局。

1. 删除数据

删除数据的方法有如下几种：

① 右击要删除数据的单元格，在弹出的快捷菜单中选择“清除内容”命令。

② 选择要删除内容的单元格，使其以黑框高亮显示，按【Delete】键即可。

③ 将鼠标移动到单元格的右下角，当鼠标形状变成填充柄（黑十字）时，向左上方拖动鼠标。

2. 编辑数据

（1）在单元格中直接修改数据

双击要编辑的数据所在的单元格，使单元格变为可编辑区域，对其中的内容进行修改，按【Enter】键确认所做的改动，按【Esc】键取消所做的改动。

（2）在编辑栏中修改单元格数据

单击要编辑的数据所在的单元格，使单元格变为可编辑区域，在编辑栏中对单元格内容进行修改，按【Enter】键确认所做的改动，按【Esc】键取消所做的改动。

4.3　单元格编辑

4.3.1　单元格、单元格区域

1. 单元格

工作簿的基本元素是单元格，单元格中包含文字、数字或公式，在工作簿内，每行、列的交点就是一个单元格。

单元格在工作簿中的位置用地址标识，由它所在列的列名和所在行的行名组成，其中列名在前，行名在后。例如 A1 标识 A 列 1 行的单元格。

单元格地址的表示有三种方法，在公式复制的时候产生的结果是不同的。

① 相对地址：直接用列号和行号组成，如Ⅳ25 等。

② 绝对地址：在列标和行号前都加上$符号，如$B$2 等。

③ 混合地址：在列标或行号前加上$符号，如$E2、D$8 等。

一个完整的单元格地址，除了列标、行号，还要加上工作簿名和工作表名。其中，工作簿名用方括号“[ ]”括起来，工作表名与列标、行号之间用叹号“！”隔开。如[工资.xlsx]Sheet1！C3，表示工作簿“工资.xlsx”中“Sheet1”工作表的“C3”单元格。

2．单元格区域

指由工作表中一个或多个单元格组成的矩形区域。区域的地址由矩形对角的两个单元格的地址组成，中间用冒号（：）相连。如 C2:E10 表示从左上角的 C2 单元格到右下角的 E10 单元格组成的一个连续矩形区域。

区域地址前可以加工作簿名和工作表名进行工作表之间的操作，如 Sheet5！A1:C80。

4.3.2 选择单元格

在输入数据的过程中，除了用键盘输入数据外，常用的操作是选择单元格以确定要将数据输入到什么位置。

1．选择单个单元格

将鼠标移动到某个单元格中，然后单击该单元格。这时可以看到该单元格以加粗的黑框包围高亮显示，同时名称框中会显示被选择单元格的行号和列标，如图 4-18 所示。

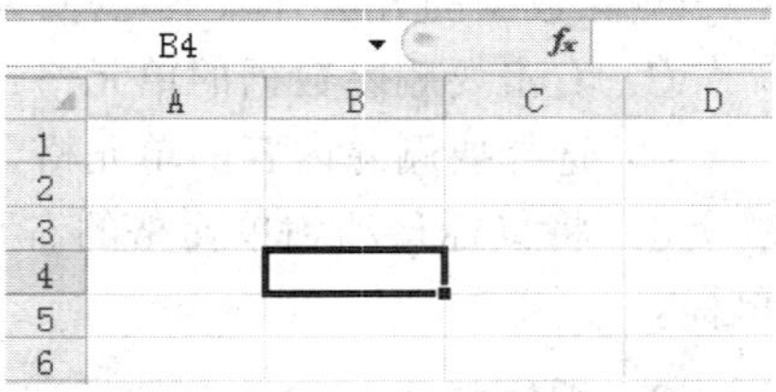

图 4-18 选择单个单元格

2．在单元格之间切换

当输入完一个单元格的内容后需要切换到下一个相邻的单元格，通常是相同行或相同列中的相邻单元格。

① 同行相邻单元格的切换：按【Tab】键可以切换到同行相邻的下一个单元格，按【Shift+Tab】组合键可以切换到同行相邻的上一个单元格。

② 同列相邻单元格的切换：按【Enter】键可以切换到同列相邻的下一个单元格，按【Shift+Enter】组合键可以切换到同列相邻的上一个单元格。

3．选择连续单元格

① 选择单行：鼠标放在要选择行的行首，待鼠标指针变为向右的箭头形状后单击。

② 选择单列：鼠标放在要选择列的列首，待鼠标指针变为向下的箭头形状后单击。

③ 选择连续的多行：将鼠标放在要选择的多行中最上一行的行首，待鼠标指针变为向右的箭头形状后，按住鼠标左键并向下拖动，直到最下方的行也被选择。

④ 选择连续的多列：将鼠标放在要选择的多列中最左一列的列首，待鼠标指针变为向下的箭头形状后，按住鼠标左键并向右拖动，直到最右方的列也被选择。

4．矩形选择

以矩形选择单元格时，按住鼠标左键在矩形的两个斜对角之间拖动，选择区域完成后释放鼠标。

5．选择分散的单元格

选择多个不相邻的单元格时，在进行前面所讲述的方法的同时按住【Ctrl】键。

4.3.3　单元格命名和使用名称

1. 命名单元格

在 Excel 2010 工作簿的数据处理过程中，经常需要同时对多个单元格做相同或类似的操作，可以利用单元格区域以及定义单元格区域名称的方法来简化操作。注意，命名的名称必须符合以下要求：

① 名称中的字符只能是字母、数字或小数点。

② 名称不能包含空格，在需要空格的地方可以使用下画线来代替。

③ 名称不能以数字开头。

④ 名称不能使用其他单元格的地址名称。

⑤ 名称的最大字符长度为 255。

⑥ 名称中不区分大小写。

为单元格命名的常用方法有如下两种：

方法 1：使用菜单命令。选定要进行命名的单元格，单击“公式”选项卡“定义的名称”组中的“名称管理器”按钮，或者直接按【Ctrl+F3】组合键，弹出“名称管理器”对话框，如图 4-19 所示。单击“新建”按钮，弹出“新建名称”对话框，如图 4-20 所示。

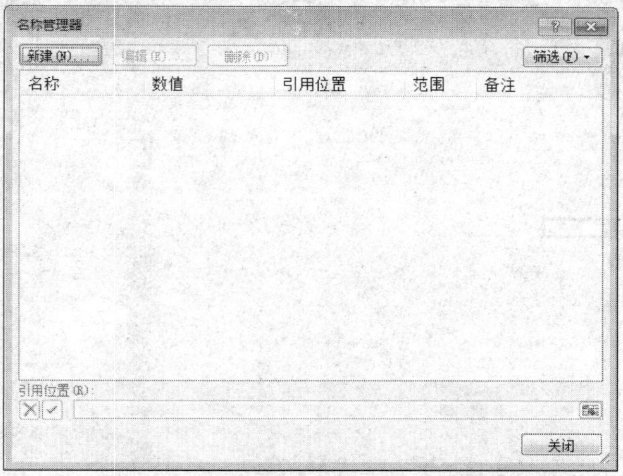

图 4-19　“名称管理器”对话框

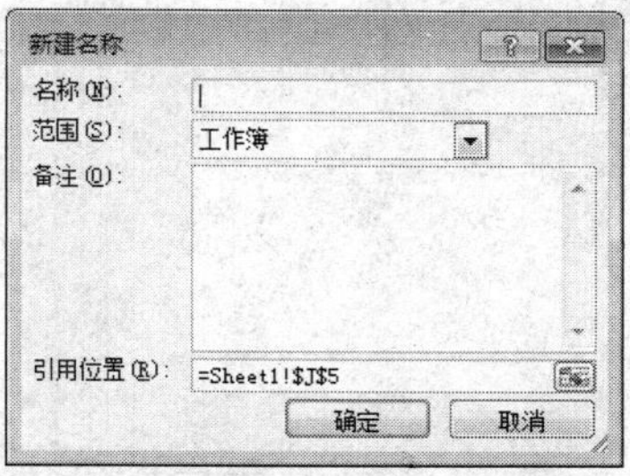

图 4-20　“新建名称”对话框

“引用位置”输入框中显示被选中的单元格引用区域，单击输入框右端的按钮，可以在工作表中选择需命名的单元格区域，然后再单击该按钮返回到“新建名称”对话框。

“名称”文本框用于输入单元格名称。

方法 2：使用“名称框”。在工作表中选定要命名的单元格，在“名称框”中输入单元格名称，按【Enter】键完成命名。

2. 使用名称

当一个单元格或单元格区域被命名之后，该命名自动出现在“名称框”下拉列表中。单击“名称框”右端的下拉按钮，从下拉列表中选择所需的命名，则与该名称相关联的单元格或单元格区域将被选定。

当建立了多个名称后，为了便于记录和跟踪错误，可以建立名称表，具体操作步骤如下：

单击工作表中的一个空白单元格，单击“公式”选项卡“定义的名称”组中的“用于公式”下拉按钮，在打开的下拉菜单中选择“粘贴名称”命令，弹出“粘贴名称”对话框，单击“粘贴列表”按钮。

删除单元格命名的操作步骤如下：

单击“公式”选项卡“定义的名称”组中的“名称管理器”按钮，弹出“名称管理器”对话框，选择要删除的名称，单击“删除”按钮。

4.4 工作表编辑

1. 插入和删除工作表

① 插入工作表：相对于 Excel 2003 和 Excel 2007 等 Excel 老版本，Excel 2010 工作簿中新增了一个“插入工作表”图标。用户可以借助“插入工作表”图标很方便地在工作簿末尾插入一张新的工作表，如图 4-21 所示。

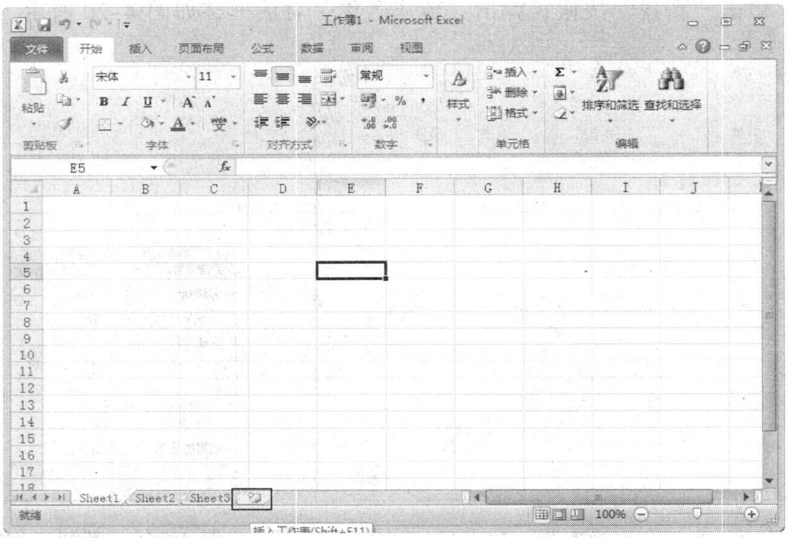

图 4-21 单击“插入工作表”按钮

② 删除工作表：选中要删除的工作表标签，单击“开始”选项卡“单元格”组中的“删除”下拉按钮，在打开的下拉菜单中选择“删除工作表”命令或右击工作表标签，在弹出的快捷菜单中选择“删除”命令即可。

2. 移动和复制工作表

① 移动工作表：选中要移动的工作表标签，按住鼠标左键拖动到适当的位置。

② 复制工作表：复制的范围可以在同一个工作簿，也可以在不同的工作簿。

a. 同一个工作簿中复制：选中要复制的工作表标签，按住【Ctrl】键用鼠标将标签拖动到需要复制的位置。

b. 在不同的工作簿间复制：打开目标工作簿，在原工作簿中选中要复制的工作表，右击工作表标签，在弹出的快捷菜单中选择“移动或复制”命令，弹出“移动或复制工作表”对话框，如图 4-22 所示，在“工作簿”下拉列表框中选择目标工作簿名称，在“下列选定工作表之前”列表框中选一张工作表，被复制的工作表将复制在此工作表之前，选中“建立副本”复选框，即完成复制操作。若取消选中“建立副本”复选框，实现的是工作表的移动操作。

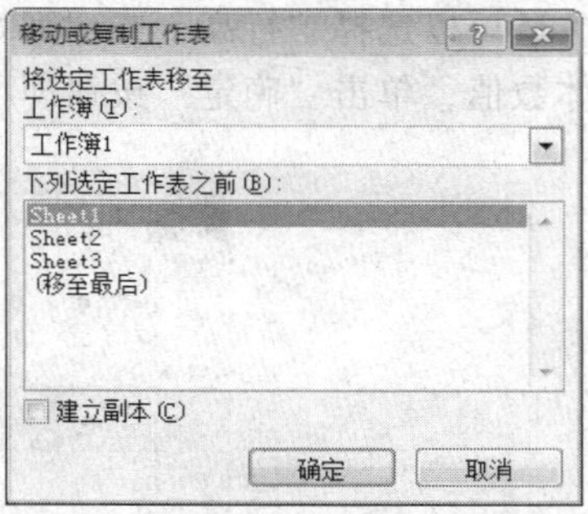

图 4-22　“移动或复制工作表”对话框

3. 重命名工作表

首先选择需要重命名的工作表标签，然后执行下列操作之一即可：

① 单击“开始”选项卡“单元格”组中的“格式”下拉按钮，在打开的下拉菜单中选择“重命名工作表”命令。

② 双击工作表标签，输入新名称，按【Enter】键。

③ 右击工作表标签，在弹出的快捷菜单中选择“重命名”命令，输入新的名称，按【Enter】键。

4.4.1　格式化工作表

1. 设置行高与列宽

方法有如下两种：

方法 1：鼠标移动到行号/列标之间，指针会变为带上下箭头的十字形状，按住鼠标左键，指针的右上方会显示出行高/列宽，拖动鼠标，指针右上方显示的高度值（即当前的行高或列宽）会随之变化，与指针当前所在位置平齐的地方会显示水平/垂直虚线，表示行/列的底部将被拖动到什么位置，到指定位置后释放鼠标。

方法 2：单击“开始”选项卡“单元格”组中的“格式”下拉按钮，在打开的菜单中选择“自动调整行高”或“自动调整列宽”命令，则 Excel 2010 将根据单元格中的内容进行自动调整，如图 4-23 所示。

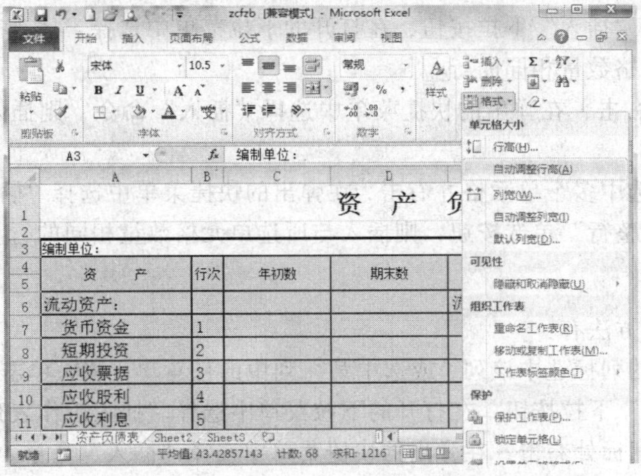

图 4-23　选择“自动调整行高”或“自动调整列宽”命令

还可以选择“行高”或“列宽”命令，弹出“行高”或“列宽”对话框，在编辑框中输入具体数值，单击“确定”按钮即可，如图 4-24 所示。

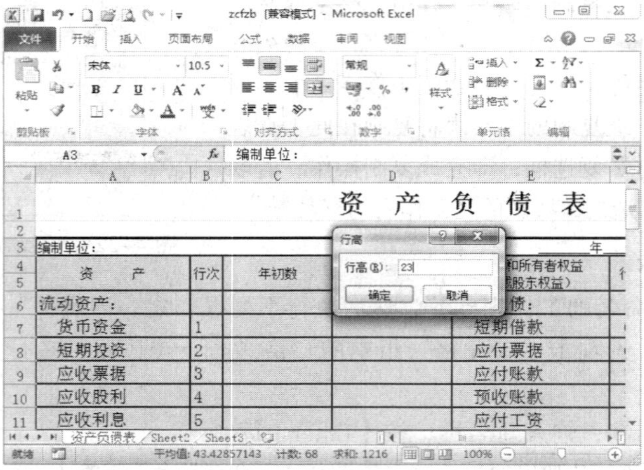

图 4-24 指定行高或列宽数值

2. 增加行

新的行将插入选中行或选中单元格所在行的上方，一次增加一行的方法有：

① 单击某一行的行号选中该行或选中某一行中的任意单元格，单击“开始”选项卡“单元格”组中的“插入”下拉按钮，在打开的下拉菜单中选择“插入工作表行”命令。

② 在某一行的行号处右击，在弹出的快捷菜单中选择“插入”命令。另外，在选中该行后，在选中区域上右击也可以弹出该快捷菜单。

③ 选中一行中任意单元格右击，在弹出的快捷菜单中选择“插入”命令，弹出“插入”对话框，如图 4-25 所示，选择“整行”单选按钮。

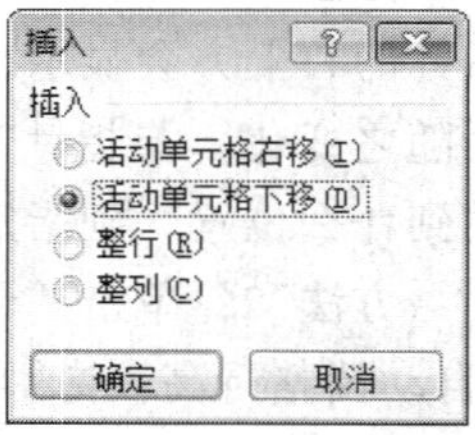

图 4-25 “插入”对话框

一次增加多行的方法：

① 选中多行或在同一列中选中多个单元格，单击“开始”选项卡“单元格”组中的“插入”下拉按钮，在打开的下拉菜单中选择“插入工作表行”命令，则插入与所选行或单元格数量相同的行。

② 选中多行并右击，在弹出的快捷菜单中选择“插入”命令，则插入与所选行数量相同的行。

③ 在同一列中选中多个单元格并右击，在弹出的快捷菜单中选择“插入”命令，弹出“插入”对话框，选择“整行”单选按钮，则插入与所选单元格数量相同的行。

3. 增加列

一次增加一列的方法有：

① 单击某一列的列标选中该列，或选中某一列中的任意单元格，单击“开始”选项卡“单元格”组中的“插入”下拉按钮，在打开的下拉菜单中选择“插入工作表列”命令。

② 在某一列的列标处右击，在弹出的快捷菜单中选择“插入”命令。

③ 选中一列中任意单元格右击，在弹出的快捷菜单中选择“插入”命令，弹出“插入”对话框，选择“整列”单选按钮。

一次增加多列的方法有：

① 选中多列或在同一行中选中多个单元格，单击“开始”选项卡“单元格”组中的“插入”下拉按钮，在打开的下拉菜单中选择“插入工作表列”命令，则插入与所选列或单元格数量相同的列。

② 选中多列并右击，在弹出的快捷菜单中选择“插入”命令，则插入与所选列数量相同的列。

③ 在同一列中选中多个单元格并右击，在弹出的快捷菜单中选择“插入”命令，弹出“插入”对话框，选择“整列”单选按钮，则插入与所选单元格数量相同的列。

4. 增加单元格

选中单元格，单击“开始”选项卡“单元格”组中的“插入”下拉按钮，在打开的下拉菜单中选择“插入单元格”命令（或在单元格上右击），弹出“插入”对话框，根据需要从其中选择“活动单元格右移”或“活动单元格下移”单选按钮。

5. 合并单元格

在 Excel 2010 工作表中，可以将多个单元格合并后居中以作为工作表标题所在的单元格。用户可以通过“开始”选项卡和“设置单元格格式”对话框设置单元格合并，具体实现方法分别介绍如下：

（1）通过“开始”选项卡合并后居中单元格

选中准备合并的单元格区域，单击“开始”选项卡“对齐方式”组中的“合并后居中”下拉按钮，在打开的下拉菜单中选择“合并后居中”命令可以合并单元格同时设置为居中对齐；选择“跨越合并”命令可以对多行单元格进行同行合并；选择“合并单元格”命令仅仅合并单元格，对齐方式为默认；选择“取消单元格合并”命令可以取消当前已合并的单元格，如图 4-26 所示。

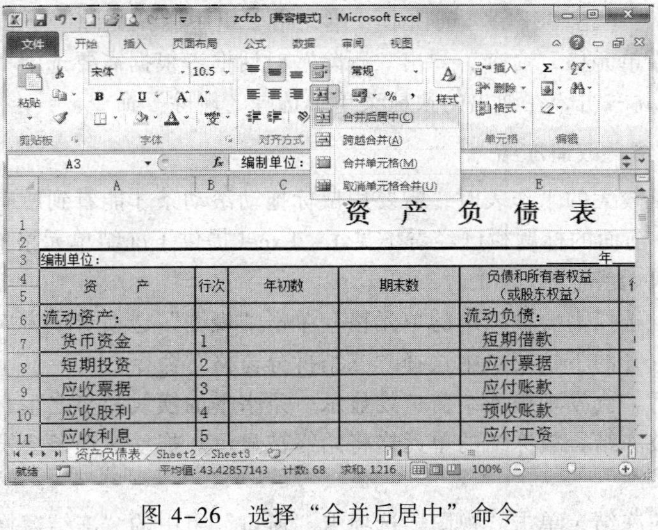

图 4-26　选择“合并后居中”命令

（2）通过“设置单元格格式”对话框合并单元格

选中准备合并的单元格区域并右击，在弹出的快捷菜单中选择“设置单元格格式”命令，弹出“设置单元格格式”对话框，选择“对齐”选项卡，选中“合并单元格”复选框，并在“水平对齐”下拉菜单中选择“居中”选项。完成设置后单击“确定”按钮即可，如图 4-27 所示。

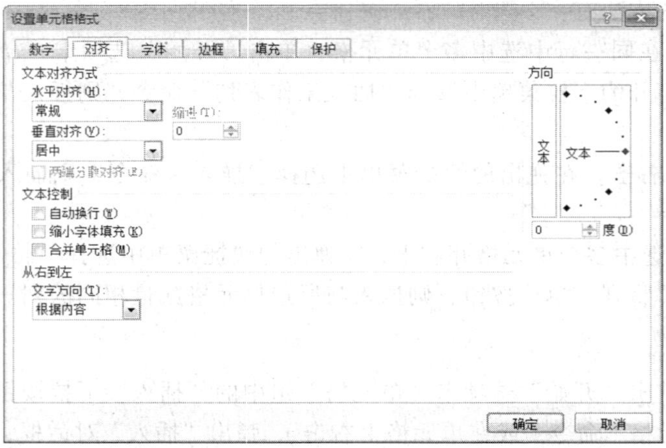

图 4-27 “对齐”选项卡

合并后的单元格的名称是合并前所选单元格中左上角的单元格的名称，如果所选的单元格中有数据，合并后只能保留左上角单元格中的数据。

6. 删除行、列和单元格

删除行、列和单元格不是指只删除数据，而是数据和单元格一起删除，后面的行或列向前补上。

“删除”操作与“添加”操作相似，方法有如下几种：

① 选中行或列，单击“开始”选项卡“单元格”组中的“删除”下拉按钮，在打开的下拉菜单中选择相应命令。

② 选中行或列并右击，在弹出的快捷菜单中选择“删除”命令。

③ 选中单元格，单击“开始”选项卡“单元格”组中的“删除”下拉按钮，在打开的下拉菜单中选择“删除单元格”命令，弹出“删除”对话框，根据需要选中一个单选按钮。

④ 选中单元格并右击，在弹出的快捷菜单中选择“删除”命令。

7. 单元格的冻结、取消冻结

同时查看数据量较大的工作表时，需要用鼠标拖动滚动条才能看到所有数据。当滚动条拖动到最后的数据时，前面的标题栏已经看不见了。Excel 提供了冻结单元格的功能，可以指定区域在滚动查看数据时始终显示。

冻结单元格时，选择需要被冻结的单元格，单击“视图”选项卡“窗口”组中的“冻结窗格”下拉按钮，在打开的下拉菜单中选择“冻结拆分窗格”命令。

执行上述操作后，会发现被冻结窗口处显示一条水平的横线和与之垂直的竖线，表示竖线左边的单元格已经被冻结，被冻结的单元格将始终被显示。拖动滚动条会发现被冻结单元格不会随着滚动条滚动。

取消对单元格的冻结，单击“视图”选项卡“窗口”组中的“冻结窗格”下拉按钮，在打开的下拉菜单中选择“取消冻结窗格”命令。原先指示被冻结单元格所在位置的十字线消失。

8. 行、列的隐藏、显示

隐藏行、列的方法有如下几种：

① 在任意列中选择要隐藏的单元格，单击“开始”选项卡“单元格”组中的“格式”下

拉按钮，在打开的下拉菜单中选择“隐藏和取消隐藏”→“隐藏行（列）”命令。

② 用鼠标在行首拖动以选择要隐藏的行，在行首右击，在弹出的快捷菜单中选择“隐藏”命令。

执行上述操作后，观察行首可以看出，隐藏行处显示了一条较粗的横线，表示被选中的行已被隐藏。在打印工作表时，不会打印隐藏的行或列，实际上，Excel 只是把被隐藏行的高度设置为零。

显示行、列的方法是：

在任意一行、列中选择被隐藏的行、列的单元格，单击“开始”选项卡“单元格”组中的“格式”下拉按钮，在打开的下拉菜单中选择“隐藏和取消隐藏”→“取消隐藏”命令。

9. 工作表的隐藏、显示

隐藏工作表的方法是：

打开工作簿，选择要隐藏的工作表（按住【Ctrl】键可以选择多个工作表），单击“开始”选项卡“单元格”组中的“格式”下拉按钮，在打开的下拉菜单中选择“隐藏和取消隐藏”→“隐藏工作表”命令。

执行上述操作后，观察工作簿下方的标签栏的发现，工作表标签的数量减少了，说明刚才选择的那些工作表已经被隐藏起来了。

显示工作表的方法是：

单击“开始”选项卡“单元格”组中的“格式”下拉按钮，在打开的下拉菜单中选择“隐藏和取消隐藏”→“取消隐藏工作表”命令，弹出“取消隐藏”对话框，选择“取消隐藏工作表”列表框中的工作表名称选项。

10. 保护工作表

在编辑数据的过程中，为了数据的安全，需要保护工作簿、工作表或工作表中的部分单元格。操作步骤如下：

选定不需要被保护的单元格，单击“开始”选项卡“单元格”组中的“格式”下拉按钮，在打开的下拉菜单中选择“锁定单元格”命令。

单击“开始”选项卡“单元格”组中的“格式”下拉按钮，在打开的下拉菜单中选择“保护工作表”命令。这时，除了不需要保护的单元格，其他单元格均已被保护，即信息不能通过键盘修改。

4.4.2 设置工作表格式、样式

1. 设置单元格格式

（1）对齐方式

在 Excel 2010 中，单元格的对齐方式包括左对齐、居中、右对齐、顶端对齐、垂直居中、底端对齐等多种方法，用户可以通过“开始”选项卡或“设置单元格格式”对话框进行设置。

方法 1：通过“开始”选项卡设置单元格对齐方式。

选中需要设置对齐方式的单元格，单击“开始”选项卡“对齐方式”组中的“文本左对齐”“居中”“文本右对齐”“顶端对齐”“垂直居中”“底端对齐”按钮设置单元格对齐方式，如

图 4–28 所示。

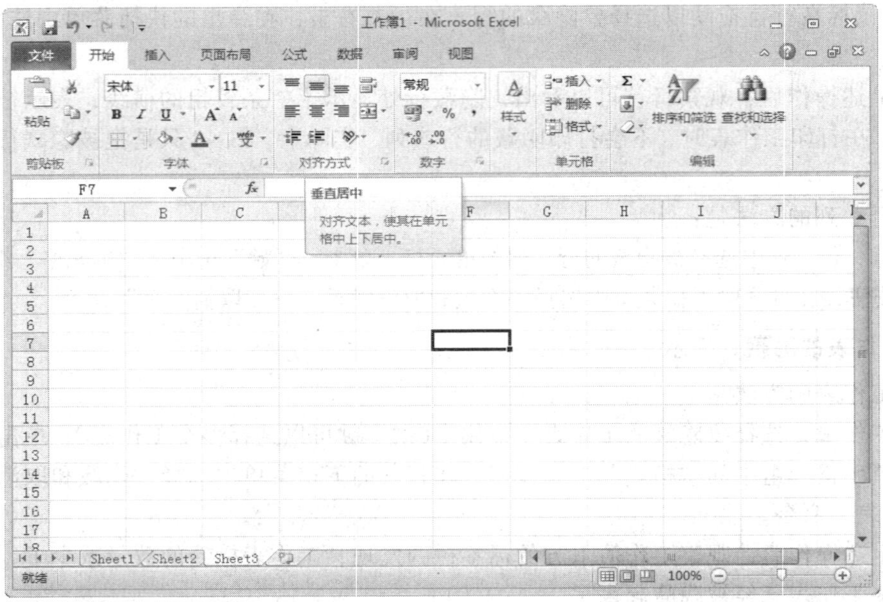

图 4–28 通过“开始”选项卡设置单元格对齐方式

方法 2：通过“设置单元格格式”对话框设置单元格对齐方式。

在“设置单元格格式”对话框中，用户可以获得丰富的单元格对齐方式选项，从而实现更高级的单元格对齐设置，操作步骤如下：

选中需要设置对齐方式的单元格并右击，在弹出的快捷菜单中选择“设置单元格格式”命令，弹出“设置单元格格式”对话框，选择“对齐”选项卡，在“文本对齐方式”区域可以分别设置“水平对齐”和“垂直对齐”方式。其中，“水平对齐”方式包括“常规”“靠左（缩进）”“居中”“靠右（缩进）”“填充”“两端对齐”“跨列居中”“分散对齐”8 种方式；“垂直对齐”方式包括“靠上”“居中”“靠下”“两端对齐”“分散对齐”5 种方式。选择合适的对齐方式，单击“确定”按钮即可，如图 4–29 所示。

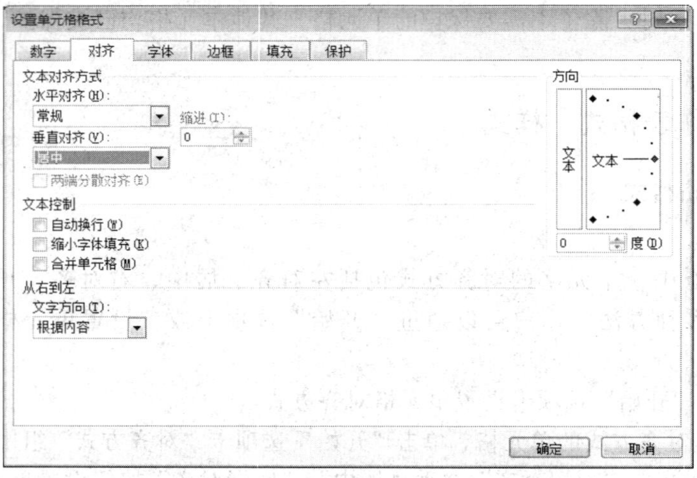

图 4–29 “设置单元格格式”对话框

（2）文本缩进、旋转

文本缩进的方法是在“设置单元格格式”对话框的“对齐”选项卡的“缩进”数值框中设置文本缩进值。

文本旋转的方法是在“设置单元格格式”对话框的“对齐”选项卡的“方向”数值框中设置文本旋转的角度值。

（3）其他格式

① 自动换行：若选中该复选框，则当单元格中的数据长度超过单元格的宽度时会自动换行。

② 缩小字体填充：若选中该复选框，则当单元格中的数据长度超过单元格的宽度时，单元格中的字体会自动缩小使文本始终保持在单元格内。

③ 文字方向：设置文字输入的方向。

2. 自动套用格式

使用 Excel 预先存放的常用格式，称为自动套用格式。操作步骤如下：

单击“开始”选项卡“样式”组中的“套用表格格式”下拉按钮，在打开的下拉菜单中选择样式，弹出“套用表格式”对话框，如图 4-30 所示。

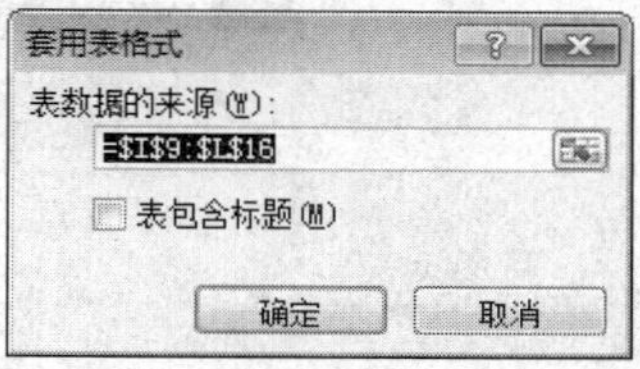

图 4-30 “套用表格式”对话框

用自动套用格式快速删除格式的具体操作步骤如下：

选择要删除格式的单元格区域，单击“表格工具/设计”选项卡“表格样式”组中的“其他”按钮，在打开的下拉菜单中选择“清除”命令，如图 4-31 所示。

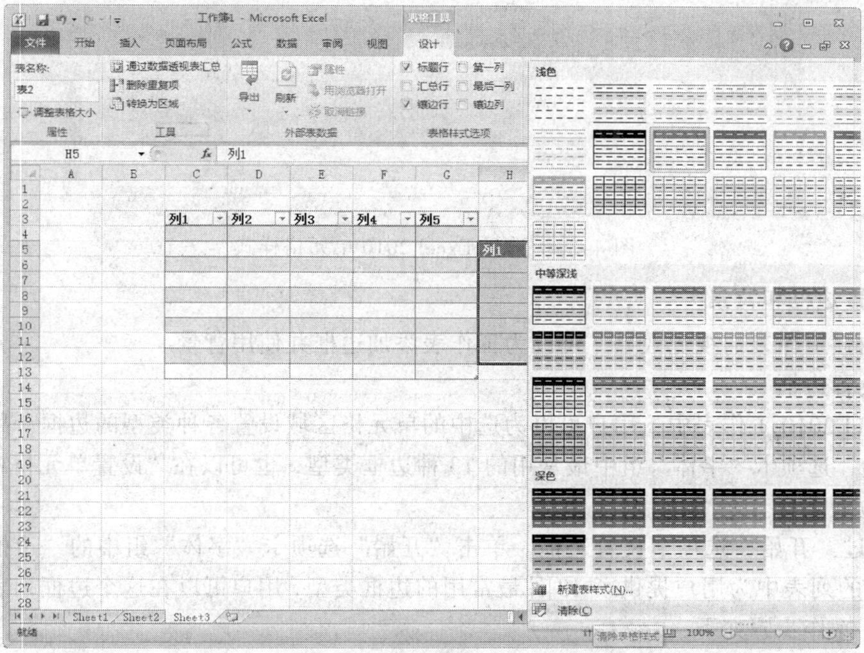

图 4-31 删除表格样式

3. 运用条件格式

条件格式就是使用某种条件对单元格格式进行限制的方法，在所选的多个单元格中，符合条件的单元格将会应用设置的条件格式，不符合条件的单元格则不会应用条件格式。具体操作步骤如下：

单击“开始”选项卡“样式”组中的“条件格式”下拉按钮，在打开的下拉菜单中选择“突出显示单元格规则”→“小于”命令，弹出“小于”对话框，如图 4-32 所示。分别设置参数。

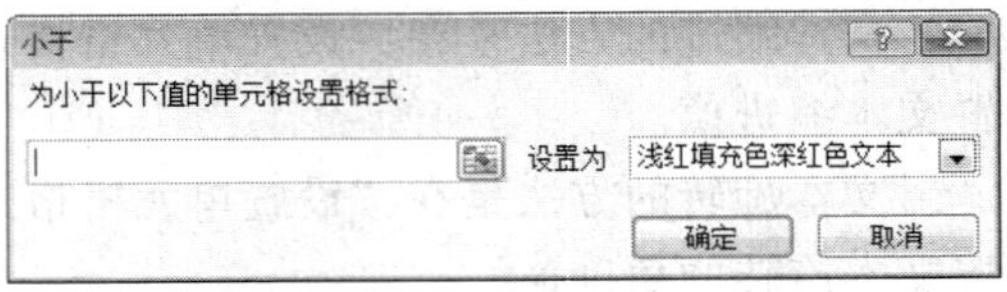

图 4-32 “小于”对话框

4．使用样式

Excel 2010 中含有多种内置的单元格样式，以帮助用户快速格式化表格。单元格样式的作用范围仅限于被选中的单元格区域，对于未被选中的单元格则不会被应用单元格样式。在 Excel 2010 中使用单元格样式的操作步骤如下：

选中准备应用单元格样式的单元格，单击“开始”选项卡“样式”组中的“单元格样式”下拉按钮，在打开的单元格样式列表中选择合适的样式即可，如图 4-33 所示。

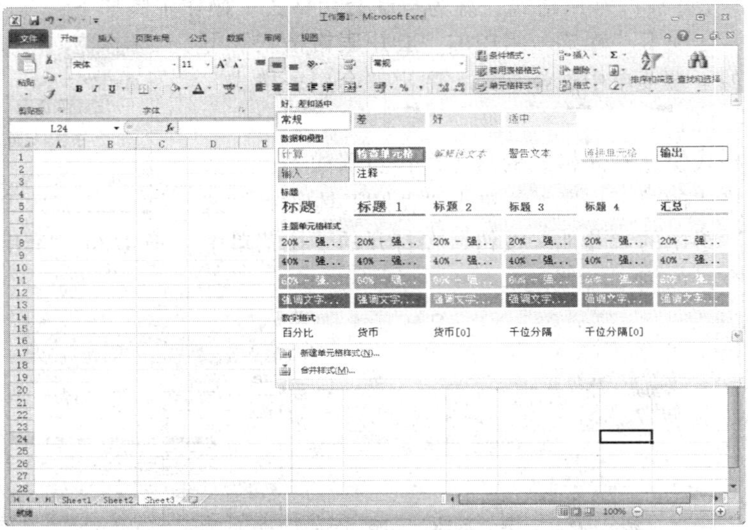

图 4-33 选择 Excel 2010 单元格样式

5．设置边框和背景

为了加强工作表的视觉效果，可以为工作表添加边框并使用背景。

（1）设置边框

在 Excel 2010 工作表中，用户可以为选中的单元格区域设置各种类型的边框。用户既可以选择“开始”选项卡“字体”组中最常用的 13 种边框类型，也可以在“设置单元格格式”对话框中选择边框类型。

① 通过“开始”选项卡设置边框。单击“开始”选项卡“字体”组中的“边框”下拉按钮，在打开的列表中为用户提供了 13 种最常用的边框类型，用户可以在这个边框列表中找到合适的边框，操作步骤如下：

选中需要设置边框的单元格区域，单击“开始”选项卡“字体”组中的“边框”下拉按钮，在打开的边框列表中根据实际需要选中合适的边框类型即可，如图 4-34 所示。

② 通过“设置单元格格式”对话框设置边框。如果用户需要更多的边框类型，例如需要使用斜线或虚线边框等，则可以在“设置单元格格式”对话框中进行设置，操作步骤如下：

选中需要设置边框的单元格区域并右击，在弹出的快捷菜单中选择“设置单元格格式”命令，弹出“设置单元格格式”对话框，选择“边框”选项卡，在“线条”区域可以选择各种线形和边框颜色，在“边框”区域可以分别单击上边框、下边框、左边框、右边框和中间边框按钮设置或取消边框线，还可以单击斜线边框按钮选择使用斜线。另外，在“预置”区域提供了“无”“外边框”“内边框”三种快速设置边框按钮。完成设置后单击“确定”按钮即可，如图 4-35 所示。

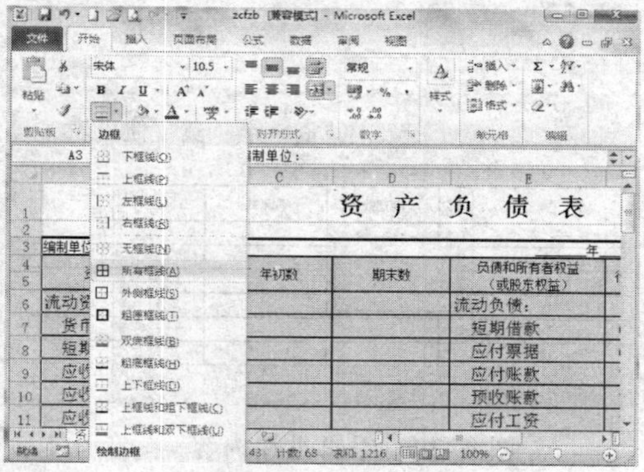

图 4-34　选中合适的边框类型

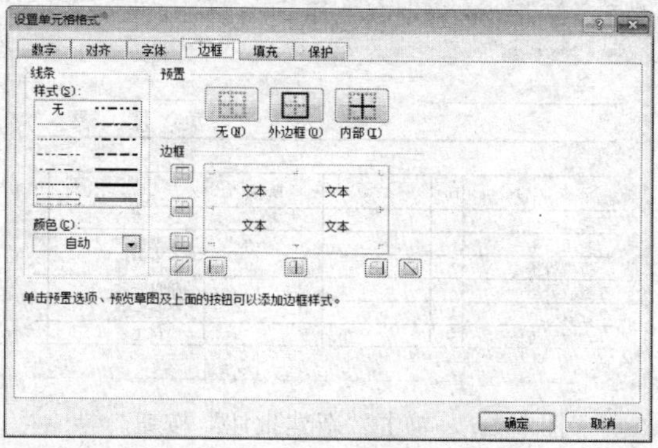

图 4-35　“边框”选项卡

（2）设置背景

在 Excel 中不仅可以指定单元格的背景颜色，还可以使用图片作为工作表的背景图。设置背景颜色的操作步骤如下：

在“设置单元格格式”对话框中选择“填充”选项卡，如图 4-36 所示。在“背景色”区域选择一种颜色。

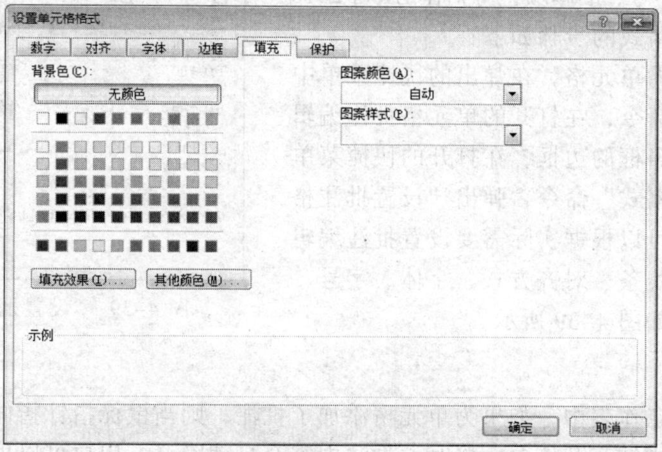

图 4-36　“填充”选项卡

4.4.3　单元格批注

在工作表中，单元格的有些数据需要对其作一些注解和说明，称为批注。

1. 添加批注

添加批注就是为单元格添加说明性文字，这些文字不是工作表的正文，只是起辅助说明作用。操作步骤如下：

选中需要添加批注的单元格单击“审阅”选项卡“批注”组中的“新建批注”按钮（见图 4–37），打开批注编辑框，默认情况下第一行将显示当前系统用户的姓名。用户可以根据实际需要保留或删除姓名，然后输入批注内容即可，如图 4–38 所示。

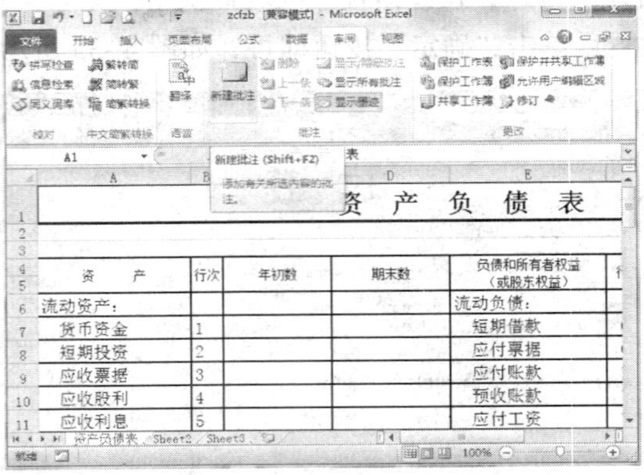

图 4–37 单击“新建批注”按钮

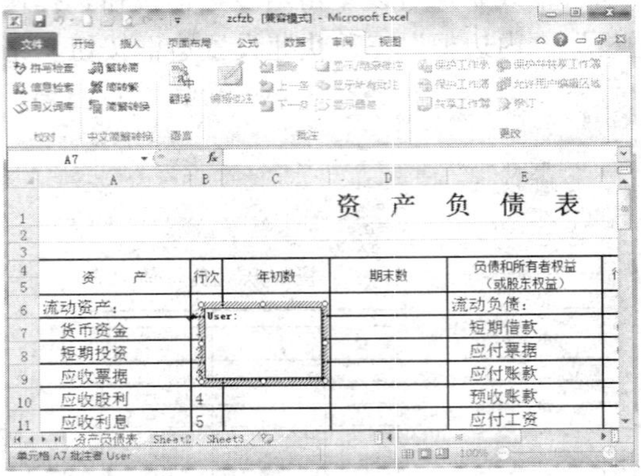

图 4–38 编辑批注内容

批注文本框左上角显示的是用户名。添加了批注的单元格右上角会显示一个红色的三角形，它表示该单元格中有批注文字，需要注意。

2. 编辑批注

用户可以对 Excel 2010 单元格中的批注内容进行格式设置，例如批注编辑框背景颜色、边框线条、对齐方式、字体、字号、字体颜色等。在 Excel 2010 中设置单元格批注格式的步骤如下：

右击含有批注的单元格，在弹出的快捷菜单中选择“编辑批注”命令，在打开的单元格批注编辑框中，右击批注编辑框的边框，在打开的快捷菜单中选择“设置批注格式”命令，弹出“设置批注格式”对话框，用户可以根据实际需要设置批注编辑框背景颜色、边框线条、对齐方式、字体、字号、字体颜色等选项，如图 4–39 所示。

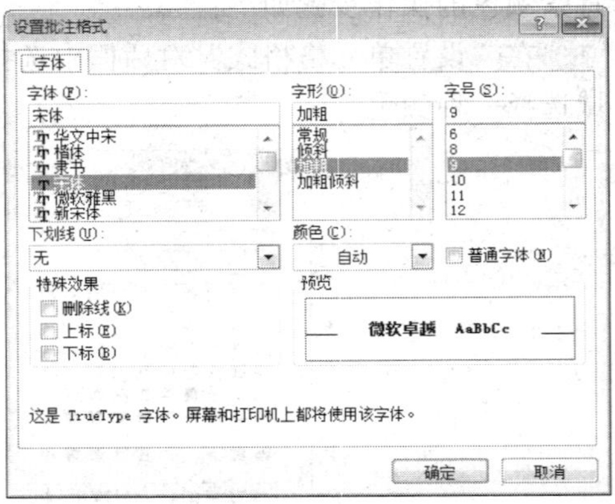

图 4–39 “设置批注格式”对话框

3. 查看批注

在 Excel 2010 工作表中，如果为单元格添加了批注，则当鼠标指针指向该单元格时会显示批注内容。当鼠标指针离开该单元格时，批注内容会自动隐藏。用户可以根据实际需要设置为一直显示批注内容，操作步骤如下：

右击含有批注的单元格，在弹出的快捷菜单中选择“显示/隐藏批注”命令，则该单元格的批注将永久显示。如果用户希望该单元格的批注内容在鼠标指针离开后保持隐藏状态，则可以再次右击该单元格，在弹出的快捷菜单中选择“隐藏批注”命令。

4. 删除批注

如果 Excel 2010 工作表中的单元格批注失去存在的意义，用户可以将其删除，操作步骤如下：

右击含有批注的单元格，在弹出的快捷菜单中选择“删除批注”命令即可。

4.4.4　编辑工作表界面

Excel 的工作界面是一个多文档窗口，可以同时打开多个工作簿。在对多个工作簿中同时进行操作时可以切换，以及安排显示布局等。

1. 拆分与合并窗口

拆分窗口的功能可以将窗口分成几个小窗口，在各个小窗口中分别查看不同的内容。而合并窗口操作所实现的功能刚好相反，它将几个小窗口合并为一个大窗口以便在一个窗口中观察更多的内容。

（1）拖动拆分条

将鼠标悬停在拆分条上，等其变成上下箭头形状时，拖动拆分条就可以将窗口拆分成左右或上下两个小窗口，所观察的仍是同一个工作簿，如图 4-40 所示。

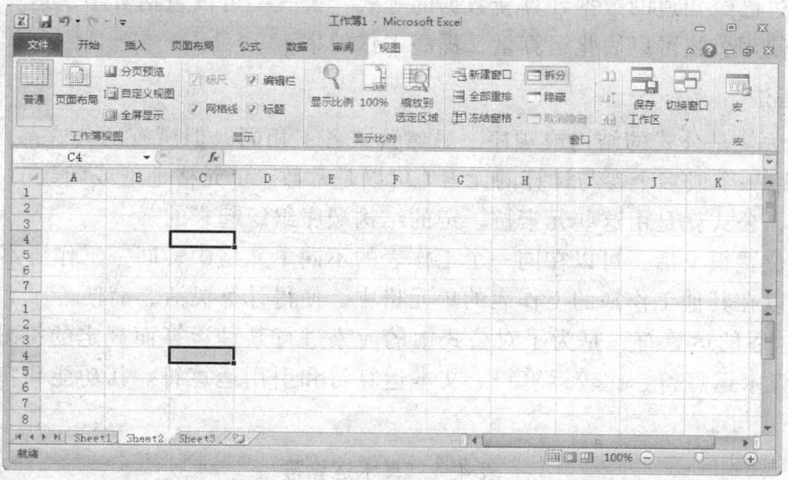

图 4-40　鼠标拖动拆分条拆分窗口

（2）双击拆分条

双击拆分条，原来的大窗口会被自动拆分为左右或上下相等的两个窗口，然后再使用鼠标拖动到理想位置。

（3）指定拆分位置

先指定某一行或列，再以该行和列为基准进行窗口拆分，单击“视图”选项卡“窗口”组中的“拆分”按钮。

2. 排列窗口

当有多个窗口存在时，如果各窗口排列不合理就会影响操作。

单击“视图”选项卡“窗口”组中的“重排窗口”按钮，弹出“重排窗口”对话框，如图 4-41 所示。

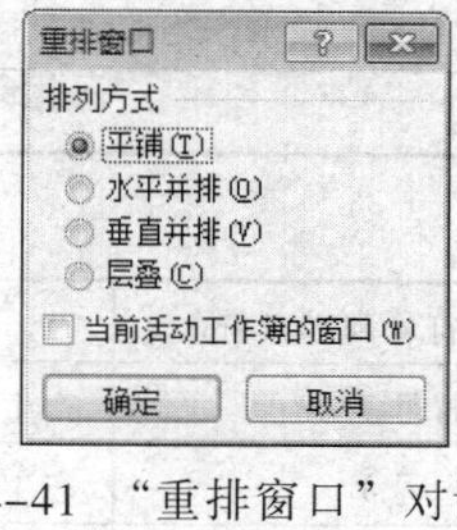

图 4-41　“重排窗口”对话框

3. 切换窗口

切换窗口是指改变当前的活动窗口，因为只有活动窗口才能对其中的数据进行操作，判断一个窗口是否为活动窗口可以观察该窗口标题栏是否为高亮。

通常使用以下两种方法来切换：

① 通过鼠标选择：单击某窗口的任意区域，既可使成为活动窗口。

② 按【Ctrl+Tab】组合键：在所有显示出的窗口中循环选择活动窗口。

4．隐藏窗口

选择要隐藏的窗口，单击“视图”选项卡“窗口”组中的“隐藏”按钮。

虽然窗口被隐藏，但仍然存在，单击“视图”选项卡“窗口”组中的“取消隐藏”按钮，显示被隐藏的窗口。

4.5 使 用 公 式

4.5.1 创建公式

公式是通过已经知道的数据计算新数据的等式，公式中可以包括数字、运算符号和一些内置的函数等。使用公式可以简化运算量，提高工作效率。

1．基本语法

公式的语法就是公式的结构或顺序。虽然公式各不相同，但所有的公式都是以符号“=”开始的，而后跟一个或多个参与计算的元素（可以是常数、单元格地址或函数），多个元素之间用运算符分隔，公式就是由这些元素按一定的结构顺序组织起来的。

各元素的位置很灵活，可以在同一个工作表的不同单元格中、同一工作簿不同工作表的单元格中，也可以在其他工作簿的工作表的单元格中，使得计算灵活、简便。

等号“=”后的运算符，是为了对公式中的元素进行某种运算而规定的符号。Excel 中有 4 类运算符：算术运算符、比较运算符、文本运算符和引用运算符。其功能和特点如表 4-1～表 4-3 所示。

表 4-1 算术运算符

公式中的符号和键盘符	+	–	–	*	/	^	%	( )
含义	加	减	负号	乘	除	乘方	百分比	括号
示例	3 + 3	3 – 3	– 3	3*3	3/3	3 ^ 3	33%	(3 + 3)*3

表 4-2 比较运算符

公式中的符号和键盘符	=	>	<	> =	< =	< >
含义	等于	大于	小于	大于或等于	小于或等于	不等于
示例	A1 = A2	A1 > A2	A1 < A2	A1 > = A2	A1 < = A2	A1 < > A2

表 4-3 引用运算符

符号和键盘符	含 义	示 例
:（冒号）	产生一个包括两个基准单元格所指定范围内的所有单元格的引用	A1:A2
,（逗号）	产生一个包括两个单元区域的引用	SUM（A1:A2,B1:B2）
（空格）	产生一个包括两个单元格公共部分的引用	SUM（A1:A2 B1:B2）

2. 运算符的优先级

每个运算符都有一个固定的运算优先级。在计算过程中，同级的运算符，按照从等号开始从左到右进行计算；不同级的运算符，按照运算符的优先级进行计算，优先级高的运算符将先于优先级低的运算符进行计算。

表 4-4 列出各种运算符号的优先级。

表 4-4　各种运算符的优先级

优　先　级	运　算　符	说　明
高优先级	:（冒号）	区域运算符
	,（逗号）	联合运算符
	（空格）	交叉运算符
	（）	括号
	–	负号
	%	百分比
	^	乘方
	*和/	乘和除
	+ 和 –	加和减
低优先级	&	文本运算符
	=，>，<，>=，<=，<>	比较运算符

在公式中，括号可以改变公式的优先级。在 Excel 中，总是最先计算括号内的内容，括号内、外的内容则仍按照规定的顺序计算。如果想要控制括号中的运算符号，则可以使用括号嵌套括号，但要注意确保括号的完整性。

3. 输入公式

在 Excel 中输入简单公式的步骤如下：

在工作表中选中一个单元格，输入等号（=），在等号（=）后输入要计算的公式，按【Enter】键结束，如图 4-42 所示。

4. 在公式中使用单元格标记

单元格标记就是各个单元格的名称，一个单元格标记代表了该单元格中的内容。在 Excel 中，单元格标记可以和数字、运算符一起使用。

在公式中使用单元格标记的方法如下（见图 4-43）：

① 选中要在其中输入公式的单元格。

② 在编辑栏中输入等号，然后单击要在编辑栏中输入的第一个单元格，也可以在编辑栏中输入该单元格标记。单击单元格时，单元格周围会出现闪动的边框，其名称将显示在编辑栏中。输入运算符后，闪动的边框将消失，并且变为蓝色。

③ 单击运算符后要输入的单元格的名称，此时该单元格的名称将输入到编辑栏中。在编辑栏中该单元格的名称将以新的颜色显示，并且该单元格的边框也将会以同样的颜色闪烁。如果还要输入别的单元格标记则需输入另外一个运算符。在整个公式中每个单元格标记和单元格边框都会以不同颜色出现。

④ 按【Enter】键结束，这时整个公式的运算结果将显示在最初选中的单元格中，所有单

元格标记的颜色和边框都会消失。

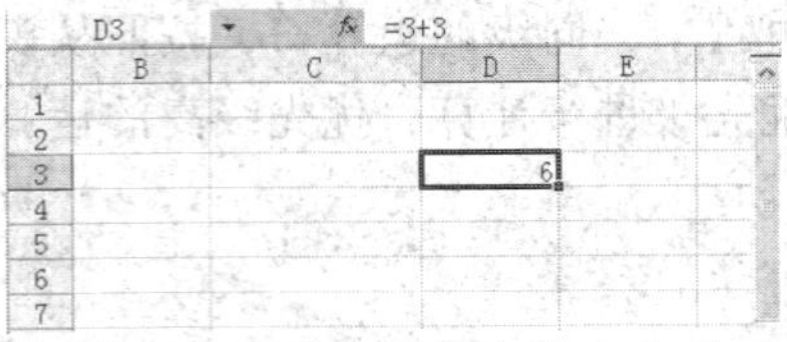

图 4-42　在工作表中输入公式

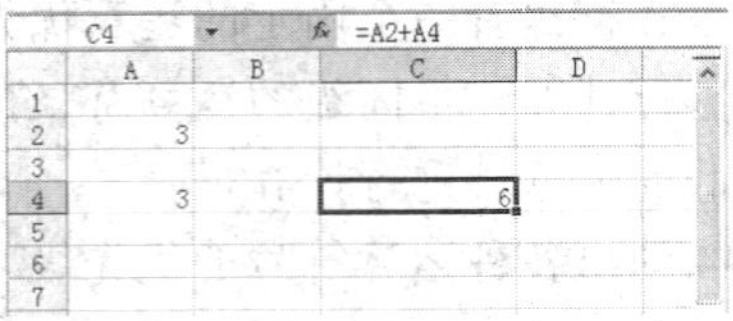

图 4-43　在公式中使用单元格标记

5. “公式”选项卡

在 Excel 中可以使用“公式”选项卡输入公式。使用选项卡时，在正式输入公式之前可以对公式进行预览，如果公式中含有函数，选项卡还有助于输入工作表函数。

使用“公式”选项卡输入函数的操作步骤如下：

选中一个单元格，单击“插入函数”按钮，弹出“插入函数”对话框，如图 4-44 所示。在“选择函数”列表框中选择函数，单击“确定”按钮，弹出“函数参数”对话框，如图 4-45 所示，输入函数参数，单击“确定”按钮完成公式输入。这时在编辑栏中将显示完整的公式，并将计算结果显示在单元格中。

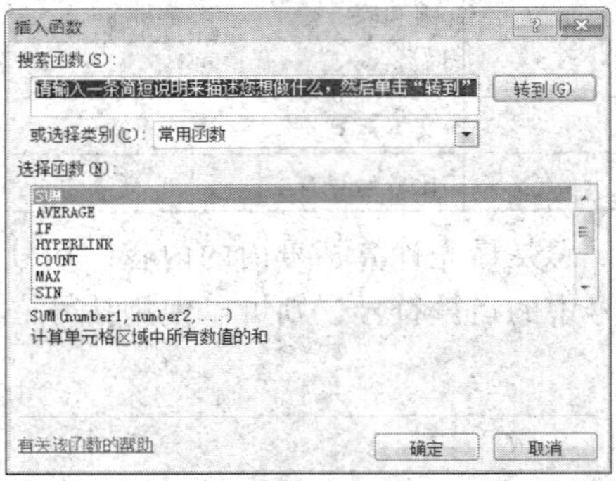

图 4-44　“插入函数”对话框

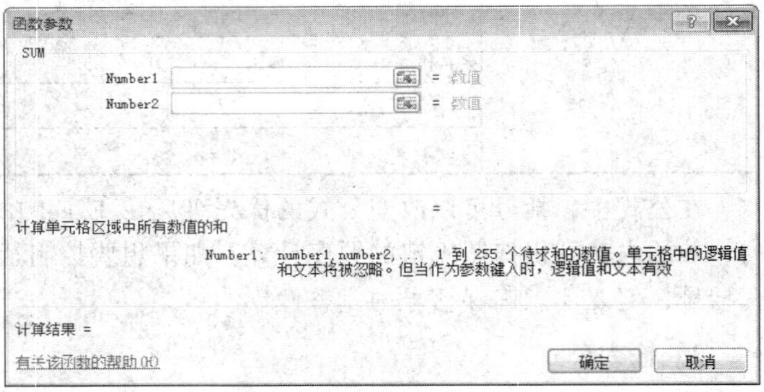

图 4-45　“函数参数”对话框

4.5.2　编辑公式

1. 修改公式

单击要修改的公式所在的单元格，在编辑栏中直接对公式进行修改，如果需要修改公式中的函数，则更换或修改函数的参数。编辑结束后按【Enter】键完成操作。

如果要取消编辑操作，按【Esc】键。

2. 移动或复制公式

在 Excel 中，复制已经输入公式的单元格，然后粘贴到其他单元格中，则原单元格中的公式会自动复制，其他粘贴公式的单元格中计算公式也会作相应的调整。

移动或复制公式的其他方法有：

（1）利用菜单复制或移动公式

选择包含复制公式的单元格，如果要移动公式，则单击“开始”选项卡“剪贴板”组中的“剪切”按钮；如果要复制公式，则单击“开始”选项卡“剪贴板”组中的“复制”按钮；然后单击移动或复制公式的目标单元格，然后再单击“开始”选项卡“剪贴板”组中的“粘贴”下拉按钮，在打开的下拉菜单中选择“选择性粘贴”命令，弹出“选择性粘贴”对话框，在“粘贴”区域中选中“公式”单选按钮。

（2）利用鼠标复制或移动公式

选定包含待移动或复制公式的单元格，将鼠标指针指向选定区域的边框。

如果要移动公式，按住鼠标左键将选定区域拖动到目标区域左上角的单元格中，替换粘贴区域中所有的现有数据；如果要复制公式，则在拖动时按住【Ctrl】键。

（3）利用填充移动或复制公式

利用填充可以将公式复制到相邻的单元格中。具体操作步骤如下：

选定包含公式的单元格，拖动填充柄，把要运用该公式的所有单元格都选中，释放鼠标，公式即被复制。

示例 3：使用公式，完成下面三件物品的总额输入，如图 4-46～图 4-48 所示。

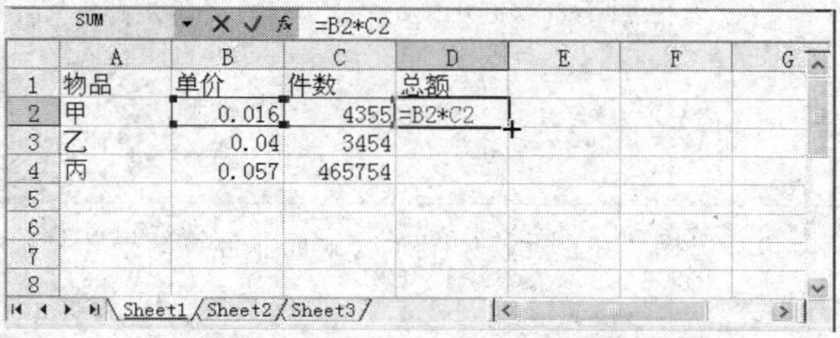

图 4-46　步骤 1 选中物品甲的总额单元格 D2，输入“单价×件数=总额”的计算公式

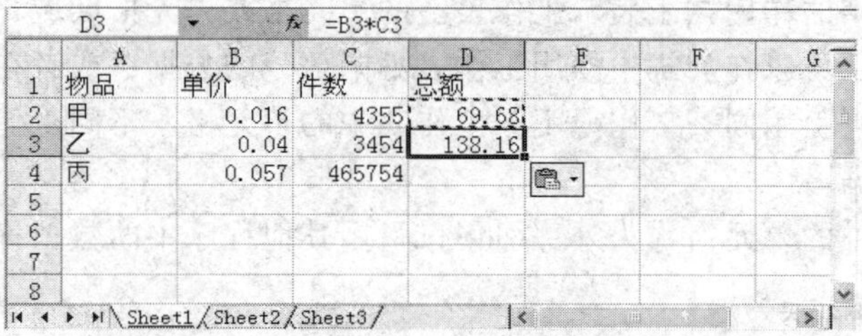

图 4-47　步骤 2 复制 D2，粘贴到物品乙的总额单元格 D3 内，完成公式复制

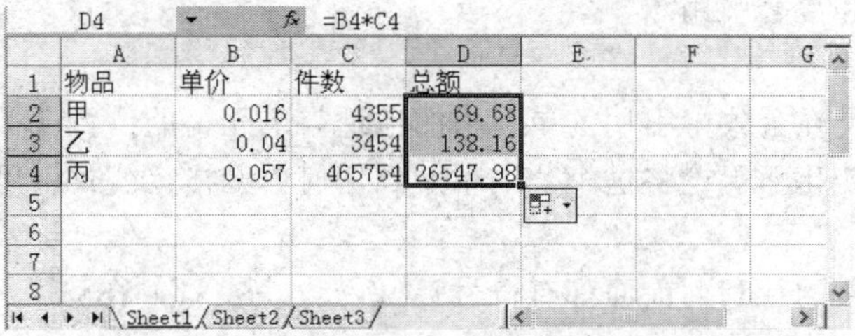

图 4-48　步骤 3 直接拖动 D2 的填充柄，至物品丙的总额单元格 D4 释放鼠标，完成公式填充

4.5.3 显示公式

在输入公式后，单元格中显示的是由公式计算的结果，而公式本身则在编辑栏中显示。要在单元格中显示输入公式的具体操作步骤如下：

选择“文件”选项卡中的“选项”命令，弹出“Excel 选项”对话框，选择“高级”选项卡，在“此工作表的显示选项”区域选择“在单元格中显示公式而非其计算结果”复选框即可，如

图 4-49 所示。

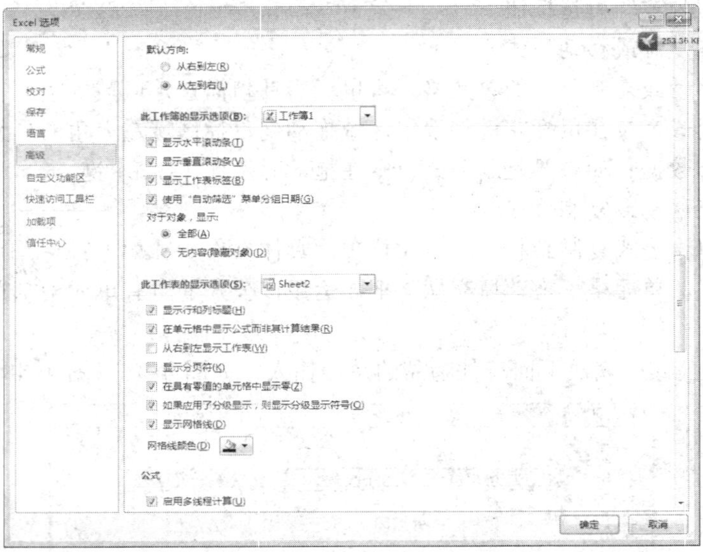

图 4-49　选择“在单元格中显示公式而非计算结果”复选框

4.5.4　引用公式

在 Excel 中，引用的作用在于表示工作表上的单元格或单元格区域，并指明公式中所使用的数据位置，通过引用可以在公式中使用工作表不同部分的数据，或者在多个公式中使用同一单元格的数值，还可以引用同一工作簿不同工作表中的单元格、不同工作簿中的单元格，甚至其他应用程序中的数据。

引用不同工作簿中的单元格称为外部引用，引用其他程序中的数据称为过程引用。

1. 引用的类型和切换方式

在 Excel 中，根据引用的单元格与被引用的单元格之间的位置关系可以将引用分为三种：绝对引用、相对引用和混合引用。

（1）绝对引用

所谓绝对引用就是在公式中引用的单元格的地址与单元格的位置无关，单元格的地址不随单元格位置的变化而变化，无论将这个公式粘贴到任何单元格，公式引用的还是原来单元格的数据。

绝对引用的单元格的行和列前面都有符号$。例如，=$C$1 + B1，公式中C1 和B1 就是绝对引用。

符号$的作用在于通知 Excel 在引用公式时，不要对引用进行调整。如果将上面的公式粘贴到 D1、E3 单元格中时，公式运行后返回的数值仍是 C1、B1 两个单元格的值之和。

（2）相对引用

所谓相对引用就是基于包含公式的单元格与被引用的单元格之间的相对位置的单元格的地址引用。如果将公式从一个单元格复制到另一个单元格，相对引用将自动调整计算结果。

在形式上相对引用直接输入单元格的名称，不需要加上符号$。例如，=A1 + A2，如果该公式所在的单元格是 A3，那么将该公式复制到 B3 时，公式自动变为=B1 + B2。

（3）混合引用

所谓混合引用是指行固定而列不固定或列固定而行不固定的单元格引用。

若符号$在字母前，而不在数字前，那么被引用的单元格列的位置是绝对的，而行的位置是相对的；若符号$在数字前，而不在字母前，那么被引用的单元格行的位置是绝对的，而列的位置是相对的。

例如：=$A3 + 2，=A$3 + 2。

对于第一个公式，假设 B1 单元格中的公式为=$A3 + 2，当该公式被复制到 D2 单元格时，该公式将引用 A 列的值，该引用行部分将发生变化，因为行的前面没有$，即行不固定。

对于第二个公式，假设 B1 单元格中的公式为=A$3 + 2，当该公式被复制到 D2 单元格时，该公式将引用 3 行的值，该引用列部分将发生变化，因为列的前面没有$，即列不固定。

（4）绝对引用和相对引用之间的切换

选中包含公式的单元格，在编辑栏中选择要更改的引用，按【F4】键即可在引用组合中切换。

2. 引用单元格

（1）引用同一工作簿中的单元格

公式的引用可以在同一工作簿的不同单元格之间进行，方法有如下两种：

方法 1：用键盘直接输入。例如，在 Sheet1 中选中一个单元格 B1，输入=SUM(Sheet2!B1:B2)，按【Enter】键。此时，Sheet2 工作表的 B1:B2 单元格中数据之和就被引用。

方法 2：用鼠标引用单元格。例如，在 Sheet1 中选中一个单元格 B1，输入“=SUM（”，单击 Sheet2 标签，在 Sheet2 工作表中选中 B1:B2 单元格，按【Enter】键。此时，Sheet2 工作表的 B1:B2 单元格中数据之和被引用过来。

（2）引用其他工作簿中的单元格

公式的引用可以在其他工作簿的单元格之间进行，方法有如下两种：

方法 1：用键盘直接输入。例如，已经存在一个工作簿 Excel1.xlsx，要引用该工作簿中 Sheet1 工作表中 B1:B2 单元格中的数据之和，其存放路径为 D:\Excel1.xlsx。先在当前工作簿的 Sheet1 工作表中选择一个单元格 B1，然后输入=SUM(' D:\[Excel1.xlsx]Sheet1'!B1:B2)，按【Enter】键。此时，工作簿 Excel1.xlsx 的 B1:B2 单元格中的数据之和被引用过来。

方法 2：用鼠标引用单元格。例如，已经存在一个工作簿 Excel1.xlsx，要引用该工作簿中 Sheet1 工作表中 B1:B2 单元格中的数据之和，在当前工作簿的 Sheet1 工作表中选中一个单元格 B1，输入“=SUM（”，打开工作簿 Excel1.xlsx，选中 B1:B2 单元格，按【Enter】键。此时，工作簿 Excel1.xlsx 的 B1:B2 单元格中数据之和被引用过来。

4.5.5 出错检查和审核

在 Excel 中，公式返回的出错值有多种，了解这些出错值信息的含义可以帮助用户纠正公式中的错误。

1. ####

出现出错值####，可能的原因有以下几种：单元格所在的列不够宽；使用了负的日期；使用了负的时间。

2. #VALUE

在公式中需要输入数值或逻辑值的单元格中输入文本时，Excel 就会显示#VALUE 的出错值。这是因为 Excel 无法将输入的文本转换为正确的数值类型。

3. #DIV/0!

出现出错值#DIV/0!,可能的原因有以下几种:公式中除数或分母为零;引用了空白单元格;引用了包含数值为零的单元格;运行的宏程序中含有返回#DIV/0! 的函数或公式。

4. #NUM!

出现出错值#NUM!,可能的原因有以下几种:函数中需要数字参数的地方使用了非数字参数;使用了迭代计算的工作表函数,并且这些工作表函数无法得到有效的结果(如 IRR 或 RATE 等)。

5. #NAME!

出现出错值#NAME!,可能的原因有以下几种:在单元格中输入了一些 Excel 不可识别的值;使用了"分析工具库"加载宏部分的函数,而没有装载加载宏;使用不存在的名称;在公式中使用了禁止使用的标志;使用了错误的函数名称;在公式中文本没有加双引号;缺少区域引用的冒号;引用了未经声明的工作表。

各种出错信息的原因总结如表 4-5 和表 4-6 所示。

表 4-5 公式中的出错信息

出错信息	可能的原因
#DIV/0!	公式被零除
#N/A	没有可用的数值
#NAME!	Excel 中不能识别公式中使用的汉字
#NULL!	指定的两个区域不相交
#NUM!	数字有问题
#REF!	公式中使用了无效的单元格
#VALUE	参数或操作数的类型有错

表 4-6 函数中的出错信息

出错信息	可能的原因
#NAME!	把文本作为函数的数值型参数
#NUM!	函数中出现非法数值参数
#REF!	函数中引用了一个所在列或行已被删除的单元格
#VALUE!	函数中引用的参数不合适

4.6 使用函数

函数是 Excel 附带的预定义或内置公式。函数可作为独立的公式单独使用,也可以用于另一个公式或另一个函数内。一般来说,每个函数都可以返回一个计算得到的结果值,而数组函数则可以返回多个值。

函数是按照特定的顺序进行运算的,这个特定的运算顺序就是语法。函数的语法是以函数的名称开始的,在函数名之后是左圆括号"(",右圆括号")"代表该函数结束,在两个括号之间是函数的参数。

函数与公式的区别在于公式是以等号开始的，当函数名称前加上一个等号时，函数就当成公式使用。

Excel 提供了 9 大类共 300 多个函数，包括：数学与三角函数、统计函数、数据库函数、逻辑函数等。函数由函数名和参数名组成，格式为：函数名(参数 1,参数 2,…)。

函数的参数可以是具体的数值、字符、逻辑值，也可以是表达式、单元地址、区域、区域名称等。函数本身也可以作为参数。即使一个函数没有参数，也必须加上括号。

4.6.1　插入函数

选中一个单元格，在单元格中首先输入函数的名称，然后是左圆括号“(”，接着在括号里输入函数的参数，参数之后是右圆括号“)”。

如果不能记住函数的名称或参数，可以利用函数向导输入函数。具体操作步骤如下：

选中一个单元格，单击“公式”选项卡“函数库”组中的“插入函数”按钮，弹出“插入函数”对话框，如图 4-50 所示，在“选择函数”列表框中选择函数。

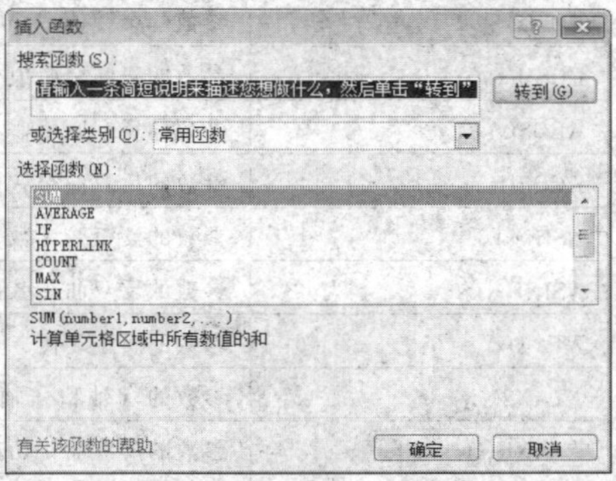

图 4-50　“插入函数”对话框

4.6.2　常见函数

1. 数学与三角函数

（1）取整函数：INT(x)

取数值 x 的整数部分。例如：INT(123.45)的运算结果值为 123。

（2）求绝对值函数：ABS(x)

求数值 x 的绝对值。例如：ABS(-8)的运算结果值为 8。

（3）截尾取整函数：TRUNC(x1,x2)

将数字 x1 的小数部分保留 x2 位，其余全部截去。X2 默认值为 0，且可省略。例如：TRUNC(-8.239,2)的运算结果值为-8.23，TRUNC(8.9)的运算结果值为 8。

（4）四舍五入函数：ROUND(x1,x2)

将数值 x1 四舍五入，小数部分保留 x2 位。例如：ROUND(536.8175,3)的运算结果值为 536.818。

（5）四舍五入函数：Fixed(x1,x2,L)

将 x1 保留小数位数 x2 进行四舍五入，并以文字串形式返回结果。L 的值为 TRUE，则返回的文字不含逗号;L 的值等于 FALSE 或省略,则返回的文字中带逗号格式。例如:Fixed(1234.567,1)的运算结果值为 1,234.6；Fixed(1234.567,-1,TRUE)的运算结果值为 1230；Fixed(44.33,2,)的运算结果值为 44.33。

（6）求余数函数：MOD(x,y)

返回数字 x 除以 y 得到的余数。例如：MOD(5,2)的运算结果值为 1。

（7）圆周率函数：PI( )

取圆周率 π 的值（没有参数）。

（8）随机数函数：RAND( )

产生一个 0 和 1 之间的随机数（没有参数）

（9）求平方根函数：SQRT(x)

返回正值 x 的平方根。例如：SQRT(9)的运算结果值为 3。

其他的数学与三角函数如表 4-7 所示。

表 4-7　其他数学与三角函数

函数名称	函数说明	参数说明
COS(x)	参数的余弦值	以弧度为单位的参数
COSH(x)	参数的双曲余弦值	任意实数
ACOS(x)	参数的反余弦值	有效范围为 1 到-1
ACOSH(x)	参数的反双曲余弦值	大于或等于 1 的实数
ASIN(x)	参数的反正弦函数值	-1 到 1 的数值
ASINH(x)	参数的反双曲正弦值	任何参数
ATAN(x)	参数的反正切值	所有角度的反正切值
ATAN2(x,y)	参数的 *X* 轴和 *Y* 轴的反正切值	*X* 轴、*Y* 轴的坐标值
ATANH(x)	参数的反双曲正切值	-1 到 1 的数值
CELING(x1,x2)	参数的返回进位后的数值	x1 为准备进位的数值，x2 为基本倍数
DEGREES(x)	弧度转为角度	转换的弧度值
COMBIN(x1,x2)	组合函数	x1 为组合项目的数量，x2 为每种组合的项目数量
COUNTIF(x1,x2)	符合某条件的单元格个数	x1 为设置筛选条件所操作的单元格个数，x2 为筛选条件，可以是文本或数值
EVEN(x)	四舍五入到最接近的偶整数	任意实数
EXP(x)	自然对数的幂次方	作为自然对数的指数
FACT(x)	计算数字的阶乘	非负数

2．文本函数（字符函数）

（1）ASC(x)

将全角字符转换成半角字符（通常英文和数字都是半角的字符）。x 为字符串的单元格引用。

（2）LEFT(s,x)

返回参数 s 中包含的从左数起的 x 个字符。s 可以是一个字符串（用引号括住）、包含字符串的单元格地址或字符串公式。x 默认值为 1。

（3）LEN(x)

将文本字符串中的字符数返回。x 是要查找长度的文本，如果文本中含有空格，那么空格将作为字符进行计数。

（4）TEXT(s,x)

将数值转换为按指定数字格式表示的文本。s 为数值、计算结果为数值的公式、包含数字值的单元格的引用。x 为要设置数字的格式。

（5）DOLLAR(s,x)

依照货币格式将小数四舍五入到指定的位数并转换成文本。s 为数字、包含数字的单元格引用或计算结果为数字的公式。x 为十进制的小数位数，如果 x 为负数，则 s 从小数点往左按相应位数取整，如果省略 x，则默认值为 2。

负值使用的格式为($#,##0.00_)

（6）MID(s,x1,x2)

返回字符串 s 中从第 x1 个字符位置开始的 x2 个字符。s 可以是一字符串（用引号括住）、包含字符串的单元格地址或字符串公式。

（7）RIGHT(s,x)

返回参数 s 中包含的最右边的 x 个字符。s 可以是一字符串（用引号括住）、包含字符串的单元格地址或字符串公式。若 x 为 0，则不返回字符；若 x 大于整个字符串的字符个数，则返回整个字符串。x 默认值为 1。

（8）SEARCH(x1,x2,x3)

返回在 x2 中第一次出现 x1 时的字符位置，查找顺序为从左至右。如果找不到 x1，则返回错误值#VALUE!。查找文本时，函数 SEARCH()不区分大小写字母。其中 x1 中可以使用通配符“?”或“*”。x3 为查找的起始字符位置。从左边开始计数，表示从该位置开始进行查找。x3 默认值为 1。

（9）FIND(x1,x2,x3)

返回在 x2 中第一次出现 x1 时的字符位置，查找顺序为从左至右但是函数 FIND 在查找时区分大小写字母，并且不允许使用通配符。如果 x1 没有在 x2 中出现，函数 FIND 返回错误值#VALUE!。

其他文本（字符）函数如表 4-8 所示。

表 4-8　其他文本（字符）函数

函数名称	函数说明
CHAR	返回对应数字代码的字符，并且可将其他类型文件中的代码转换为字符
CLEAN	删除文本中不能打印的字符。对从其他应用程序中输入的文本使用，则删除其中含有的当前操作系统无法打印的字符
CODE	返回文本字符串中第一个字符的数字代码
CONCATENATE	将几个文本字符合并为一个文本字符串
EXACT	该函数测试两个字符串是否完全相同。如果相同返回 TRUE，不相同返回 FALSE。区分大小写，但忽略格式差异
FIXED	将数字按指定的小数位数进行取整
JIS	将字符串中的半角片假名更改为全角
LOWER	将一个文本字符串中的所有大写字母转换为小写字母
PHONETIC	提取文本字符串中的拼音字符，此函数只适用于日文
PROPER	将文本字符串的首字母及任何非字母字符之后的首字母转换成大写，将其余的字母转换成小写
PEPLACE	使用其他文本字符串并根据指定的字符数替换某文本字符串中的部分文本
REPT	按照给定的次数重复显示文本
SUBSTITUTE	将某一文本字符串中替换指定的文本
TRIM	除了单词之间的单个空格外，清除文本中所有的空格
UPPER	将文本转换成大写形式
VALUE	将代表数字的文本字符串转换成数字

3．逻辑函数

（1）“与”函数：AND(x1,x2,…)

所有参数的逻辑值为真时返回 TRUE，只要一个参数的逻辑值为假即返回 FALSE。其中，参数 x1、x2……为待检测的若干个条件值(最多 30 个),各条件必须是逻辑值(TRUE 或 FALSE)、计算结果为逻辑值的表达式或者是包含逻辑值的单元格引用。

如果引用的参数包含文字或空单元格，则忽略其值。

如果指定的单元格区域内包括非逻辑值，AND 返回错误值#VALUE!。

（2）“或”函数：OR(x1,x2,…)

在其参数组中，任何一个参数的逻辑值为真，即返回 TRUE，参数 x1、x2……为待检测的若干个条件值（最多 30 个），各条件必须是逻辑值（TRUE 或 FALSE）、计算结果为逻辑值的表达式或者是包含逻辑值的单元格引用。

（3）“非”函数：NOT(x1,x2,…)

对逻辑参数 x 求相反的值。如果逻辑值为假，NOT 返回 TRUE，如果逻辑值为真，NOT 返回 FLASE。

（4）条件函数：IF(x,n1,n2)

根据逻辑值 x 判断，若 x 的值为 TRUE，则返回 n1，若 x 的值为 FALSE，则返回 n2。其中 n2 可以省略。

（5）FALSE( )

用来返回 FALSE 的逻辑值。只要在单元格中直接输入 FALSE，就可以建立 FALSE 的逻辑值。此函数不需要参数。

（6）TRUE( )

用来返回 TRUE 的逻辑值。只要在单元格中直接输入 TRUE，就可以建立 TRUE 的逻辑值。此函数不需要参数。

4．数据库函数

DAVERAGE(x1,x2,x3)：将列表或数据库中某一字段内所有符合指定条件的数据进行平均。x1 为构成数据清单或数据库的数据列。x2 设置函数中要使用的字段，字段参数可以为字段名称的文字表示再加上引号。x3 为包含所指定条件的单元格区域，但区域中至少含有一个字段名称，且字段名称之下至少有一个单元格，用来指定该字段的条件设置。

其他数据库函数如表 4-9 所示。

表 4-9 其他数据库函数

函数名称	函数说明
DCOUNT	计算符合条件的单元格数目，所应用的区域是根据数据库的参数操作的
DCOUNTA	计算指定字段的非空白单元格的数目
DMAX	返回列表或数据库的列中满足指定条件的最大数值
DPRODUCT	利用筛选的条件将符合条件的单元格进行相乘
DGET	从列表或数据的列中提取符合指定条件的单个值
DMIX	返回列表或数据库项目中符合指定条件的最小值

续表

函数名称	函数说明
DSTDEV	根据筛选出来的数据库项目样本总体计算标准差
DSTDEVP	将列表或数据库的列中满足指定条件的数字作为一个样本，估算样本总体的标准偏差
DSUM	将符合条件的数据库项目之目标字段汇总
DVAR	将列表或数据库的列中满足指定条件的数字作为样本，估算样本总体的方差
DVARP	将列表或数据库的列中满足指定条件的数字作为样本总体，计算总体的方差
GETPIVOTDATA	返回数据透视表中的数据

5. 统计函数

（1）求平均值函数：AVERAGE(x1,x2,⋯)

返回所列范围中所有数值的平均值。参数 x1，x2⋯⋯可以是数值、区域或区域名称，最多 30 个。如果数组或引用参数包含文本、逻辑值或空白单元格，则这些值将被忽略，但包含零值的单元格将计算在内。

（2）COUNT(x1,x2,⋯)

返回所列参数（最多 30 个）中数值的个数。函数在计算时，把数字、文本、空值、逻辑值和日期计算进去，但是错误值或其他无法转化成数的内容则忽略。这里的“空值”是指函数的参数中有一个“空参数”，和工作表单元格的“空白单元”是不同的。

（3）COUNTA(x1,x2,⋯)

返回所列参数（最多 30 个）中数据项的个数。在这里，“数据”是广义的概念，计算值可以是任何类型，它们可以包括空字符（“ ”）。

（4）COUNTIF(x1,x2_)

计算给定区域 x1 满足条件 x2 的单元格的数目。条件 x2 的形式可以为数字、表达式或文本。

（5）COUNTBLANK(x)

计算指定区域 x 中空白单元格的数目。含有返回值为“ ”（空文本）的公式单元格也计算在内，但包含零值的单元格不计算在内。

（6）求最大值函数：MAX(LIST)

返回指定 LIST 中的最大数值，LIST 可以是数值、公式或包含数字或公式的单元格范围引用的表。

（7）求和函数：SUM(x1,x2,⋯)

返回包含在引用中的值的总和。x1、x2⋯⋯可以是单元格区域或实际值。

（8）SUMIF(x1,x2,x3)

根据指定条件 x2 对若干单元格求和。其中 x1 为用于条件判断的单元格区域，x2 为确定哪些单元格将被相加求和的条件，其形式可以为数字、表达式或文本。

（9）AVEDEV(x1,x2,⋯)

返回一组数据与其均值的绝对偏差的平均值，常用于评测数据的离散度。x1、x2⋯⋯为需要计算绝对平均值的 1 到 30 个参数，可以用单一数组（即对数组区域的引用）代替用逗号分隔的参数。

其他的统计函数如表 4-10 所示。

表 4-10 其他统计函数

函数名称	函数说明
BETADIST	返回 beta 累积分布函数
BETAINV	返回具有指定概率的累积分布的区间点
CHIDIST	返回 x2 分布的收尾概率
CONFIDENCE	返回样本平均值的置信区间
CORREL	返回单元格区域 array1 和 array2 之间的相关函数
DEVSQ	返回数据点与各自样本平均值偏差的平方和
EXPONDDIST	返回指数分布
FDIST	返回 f 概率分布
FISHER	返回点 x 的 fisher 变换
FORECAST	根据已有的数值计算或预测未来值，此预测为基于给定的 x 值推导出的 y 值
FREQUENCY	以一列垂直数组返回某个区域中数据的频率分布
GAMMADIST	返回伽玛分布，可以使用此函数研究具有偏态分布的变量
GAMMALN	返回伽玛函数的自然对数
HARMEAN	返回数据集合的调和平均值
KURT	返回数据集的峰值
LARGE	返回数据集中第 *k* 个最大值
LINEST	使用最小二乘法对已知数据进行最佳直线拟合，并返回描述此直线的数组
MAXA	返回参数列表中的最大值
MODE	返回在某一数组或数据区域中出现频率最多的数值
NORMDIST	返回指定平均值和标准偏差的正态分布函数
NORMINV	返回指定平均值和标准偏差的正态累积分布函数的反函数
PERCENTILE	返回区域中数值的第 *k* 个百分点的值
PERMUT	返回从给定数目的对象集合中选取的若干对象的排列数
POISSON	返回泊松分布
QUARTILE	返回数据集的四分位数
RANK	返回一个数字在数字列表中的排位
SKEW	返回分布的偏斜度
SMALL	返回数据集中第 *k* 个最小值
TDIST	代替 t 分布的临界值表
TINV	返回作为概率和自由度函数分布的 t 值
TREND	返回一条线性回归拟合线的值
TTEST	返回与 t 检验相关的概率
VAR	计算基于给定样本的方差
VARP	计算基于整个样本总体的方差
WEIBULL	返回韦伯分布
ZTEST	返回 z 检验的单尾概率值

6. 查找和引用函数

（1）ADDRESS(x1,x2,x3,n)

按照给定的行号和列标，建立文本类型的单元格地址。x1 为在单元格引用中使用的行号，x2 为在单元格引用中使用的列标，x3 为指定返回的引用类型。

（2）VLOOKUP(x1,x2,x3,x4)

在表格或数值数组的首列查找指定的数值，并由此返回表格或数组当前行中指定列处的数值。x1 为需要在数组第一列中查找的数值，可以为数值、引用或文本字符串；x2 为需要在其中查找数据的数据表，可以使用对区域或区域名称的引用，如数据库或列表；x3 为开始选择结果的表格列；x4 为一逻辑值，指明函数返回时是精确匹配还是近似匹配。

7. 日期和时间函数

（1）NOW( )

返回当前日期和时间所对应的序列号。如果在输入函数前，单元格的格式为“常规”，则结果将设为日期格式。

（2）DATE(x1,x2,x3)

返回代表特定日期的序列号。如果在输入函数前，单元格格式为“常规”，则结果将设为日期格式。x1 为 1 到 4 位数字，x2 代表每年月份的数字，如果所输入的月份大于 12，将从指定年份的一月份开始往上加算，x3 代表在该月份中第几天的数字，如果所输入的日期大于该月份的天数，将从指定月份的第一天开始往上累加。

（3）DAY(x)

返回以序列号表示的某日期的天数，用整数 1 到 31 表示。x 为要查找的那一天的日期。

8. 信息函数

（1）TYPE(x)

返回数值的类型。当某个函数的计算结果取决于特定单元格中数值的类型时使用，x 为任意数值、数字、文本及逻辑值等。

（2）INFO(x)

返回有关当前操作环境的信息。x 为文本，指明所要返回的信息类型。

（3）CELL(x1,x2)

返回某一引用区域的左上角单元格的格式、位置或内容等信息。x1 为一个文本值，指定所需要的单元格信息的类型。

9. 财务函数

（1）可贷款函数：PV(r,n,p,f,t)

用于计算固定偿还能力下的可贷款总数。其中，r 为月利率，n 为还款总月数，p 为各期计划偿还的金额，f 和 t 可以省略，省略时为 0。

（2）偿还函数：PMT(r,n,p,f,t)

与 PV 函数相反，本函数用于贷款后，计算每期需偿还的金额。其中，r 为各期利率，n 为付款总月数，p 为贷款数，f 和 t 可以省略，省略时为 0。

（3）DB(r,n,p,f,t)

使用固定余额递减法，计算一笔资产在给定期间内的折旧值。其中，r 为资产原值，n 为资产在折旧后的价值，p 为折旧期限，f 为需要计算折旧值的周期，t 为第一年的月份数，可以省略，省略时为 12。

（4）RATE(r,n,p,f,t,s)

返回年金的各期利率。其中，r 为总投资期（即该项投资的付款期总数）；n 为各期付款额，其数值在整个投资期内保持不变。通常 n 包括本金和利息，但不包括其他费用或税金，如果忽略 n，则必须包含 p 参数；p 为现值，即从该项投资开始计算时已经入款的款项，或一系列未来付款当前值的累积和，也称为本金；f 为未来值，或在最后一次付款后希望得到的现金余额，如果省略 f，则假设其值为 0；t 为数字 0 或 1，用以指定各期的付款时间是在期初还是期末；s 为预期利率。

（5）IRR(r,n)

返回由数值代表的一组现金流的内部收益率。r 为数组或单元格的引用，包含用来计算返回的内部收益率的数字。

4.6.3 组合函数

组合函数就是在一个函数中嵌套着另外一个函数，即一个函数的运行结果作为另一个函数的参数出现在这个函数之中。

组合函数的用法与单独函数的用法是一样的，不同的就是在主题函数中嵌套着另外一个函数。这时需要注意嵌套函数的运行结果应满足主题函数对参数的要求，否则会出现错误。

4.7 使用图表

4.7.1 图表

1. 图表术语

在 Excel 中，图表的作用在于将数据以更直观、更形象的形式表现出来。以下列出一些图表中经常使用的术语：

① 图表区域：整个图表以及图表中的数据称为图表区域。

② 图例：图例是一个方框，用于标识图表中的数据系列或分类指定的图案或颜色。

③ 绘图区：在二维图表中，以坐标轴为界并包含所有数据系列的区域。在三维图表中，此区域以坐标轴为界并包含数据系列、分类名称、刻度线标签和坐标轴标题。

④ 数据标志：图表中的条形、面积、圆点、扇面或其他符号，代表源于数据表单元格的单个数据点或值。图表中的相关数据标志构成了数据系列。

⑤ 三维背景墙和基底：包围在许多三维图表周围的区域，用于显示图表的纬度和边界。绘图区中有两个背景墙和一个基底。

⑥ 数据系列：在图表中绘制的相关数据点，这些数据源自数据表的行和列。图表中的每个数据系列具有唯一的颜色或图案并且在图表的图例中表示。可以在图表中绘制一个或多个数据系列，饼图只有一个数据系列。

⑦ 图例项标示：图例项标示位于图例项的左边。设置图例项标示的格式也将设置与其他关联的数据标志的格式。

⑧ 图表标题：图表标题是说明性的文本，可以自动与坐标轴对齐或在图标顶部居中。

⑨ 数据标签：为数据标志提供附加信息的标签，数据标签代表源于数据表单元格的单个数据点或值。

⑩ 刻度线和刻度线标签：刻度线是类似于直尺分隔线的短度量线，与坐标轴相关。刻度线标签用于表示图表上的分类、值或系列。

2. 图表类型

在 Excel 中，内置了 14 种图表类型，每种图表类型又包含若干种不同的子类型。表 4-11 简述各种图表的用途。

表 4-11　图表类型及用途

类　型	用　途
柱形图	用于显示一段时间内数据的变化或各项之间的比较关系
条形图	用于描述各项之间的差异变化或者显示各个项与整体之间的关系
折线图	显示图表中的数据变化
散点图	用于比较不同的数据系列之间数据的关联性
面积图	显示局部随时间的幅值变化关系
圆环图	显示局部占有整体的百分比，能充分显示百分比的变化
雷达图	用于多个数据系列之间的总和值的比较，各个分类沿各自的数值坐标轴相对于中点呈辐射状分布，同一序列的数值之间用折线相连
曲面图	用于确定两组数据之间的最佳逼近
气泡图	一种特殊类型的 XY 散点图
股价图	用于分析股票价格走势
圆锥图	用柱形圆锥反映数据的变化
圆柱图	用柱形圆柱反映数据的变化
棱锥图	用柱形棱锥反映数据的变化

4.7.2　创建图表

在 Excel 中，可以利用“图表工具栏”或者“图表向导”两种方法创建图表。根据图表放置的位置不同，可以将图表分为嵌入式图表和工作表图表，创建方式大体相同。

1. 创建简单的图表

在 Excel 中默认的图表类型是柱形图，在工作表中创建一个默认柱形图的具体操作步骤是：在工作表中选定绘制图表的单元格区域，按【F11】键即可完成简单图表的创建，如图 4-51 所示。

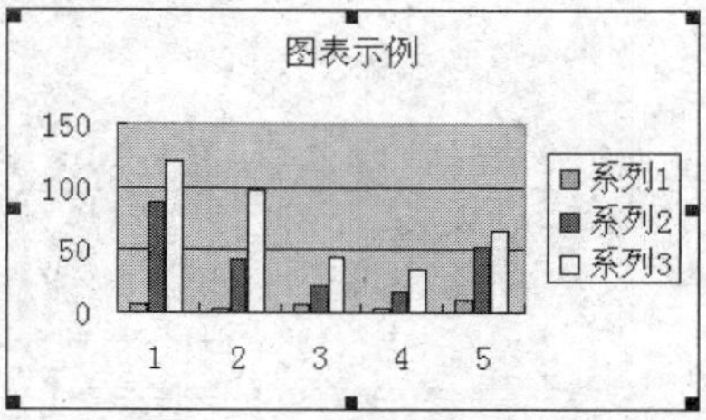

图 4-51　简单的柱形图表

2. 使用图表命令创建图表

在工作表中选定绘制图表的单元格区域，单击“插入”选项卡“图表”组中的“柱形图”下拉按钮，在打开的下拉菜单中选择“簇状柱形图”命令，即可插入选中的图表。

将鼠标放在任何一个表示数据的矩形条上，将会自动显示出该矩形条的内容和数值。

4.7.3　编辑图表

1. 让数据系列重叠显示

选中图表中的任意数据系列并右击，在弹出的快捷菜单中选择“设置数据系列格式”命令，弹出“设置数据系列格式”对话框。向右拖动“系列重叠”栏中的滑块，使其为正值（值的大小与系列间的重叠幅度有关），如图 4-52 所示。单击“确定”按钮，即可看到图表中的系列重叠显示的效果，如图 4-53 所示。

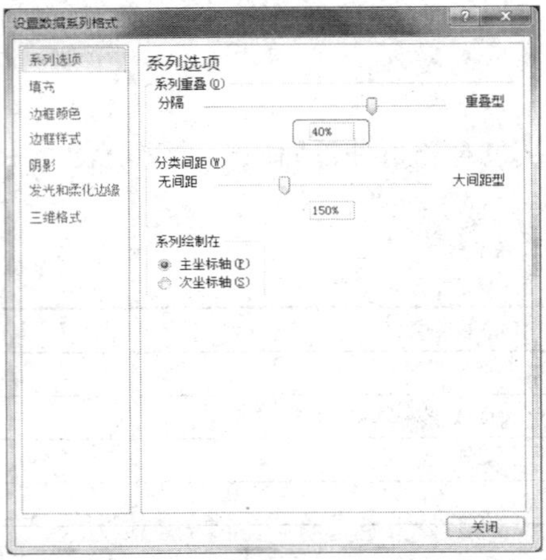

图 4-52 “设置数据系列格式”对话框

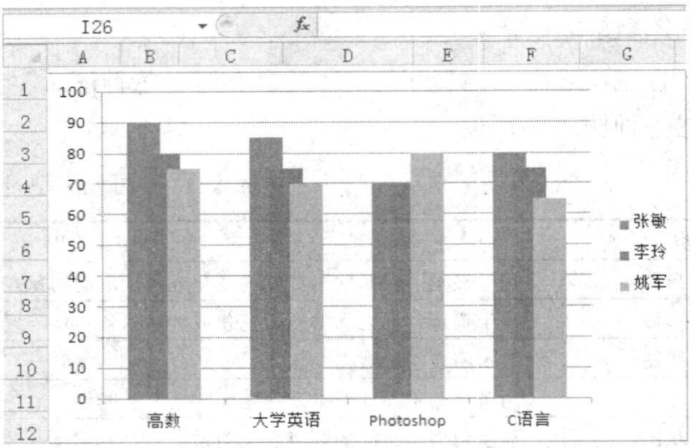

图 4-53 系列重叠显示的效果

2. 快速调整图例位置

默认情况下，创建图表后图例位于图表区域的右侧。若用户想要更改图例的位置。选中图表中的图例并右击，在弹出的快捷菜单中选择“设置图例格式”命令，弹出“设置图例格式”对话框。在右侧“图例位置”区域选择“靠上”单选按钮，如图 4-54 所示。单击“关闭”按钮，即可看到图表中的图例已调整到图表的顶部，如图 4-55 所示。

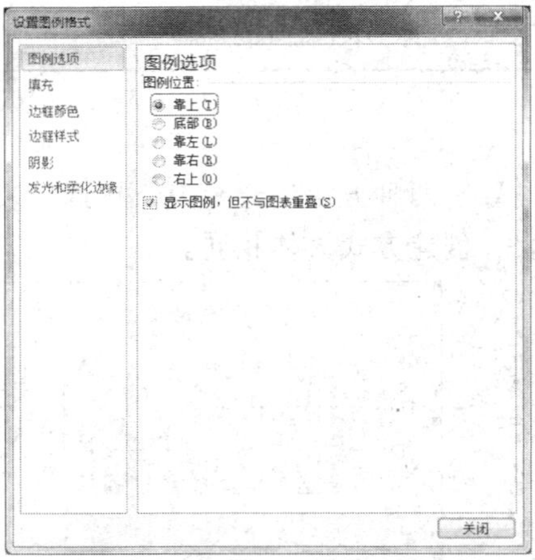

图 4-54 “设置图例格式”对话框

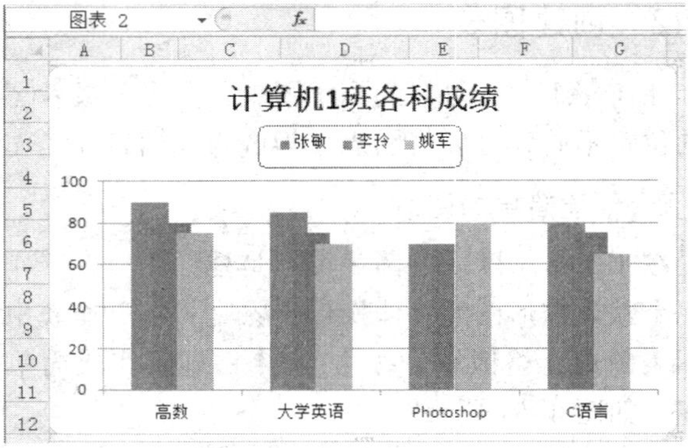

图 4-55 图例位置调整的效果

3. 快速更改图例项名称

选择图表中的图例项并右击，在弹出的快捷菜单中选择“选择数据”命令，弹出“选择数据源”对话框，在“图例项（系列）”列表框中选择“系列 1”，如图 4-56 所示。单击“编辑”按钮，弹出“编辑数据系列”对话框，单击“系列名称”文本框右侧的折叠按钮，在工作表数据区域中选择图例名称所在的单元格 A3，再次单击折叠按钮，单击“确定”按钮返回“选择数据源”对话框中，即可看到“图例项（系列）”列表框中的“系列 1”已更改为“张敏”，如图 4-57 所示。

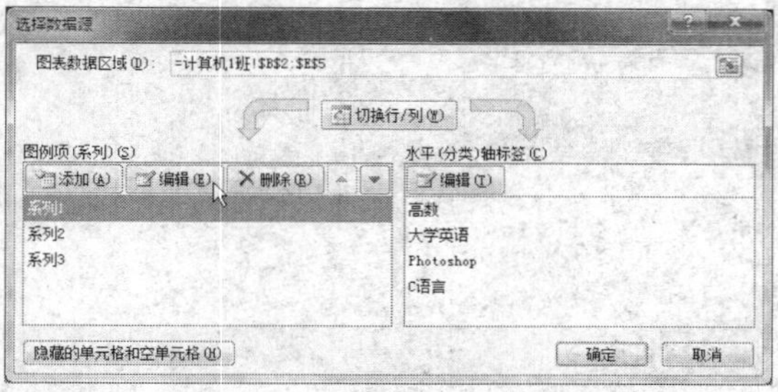

图 4-56　“选择数据源”对话框

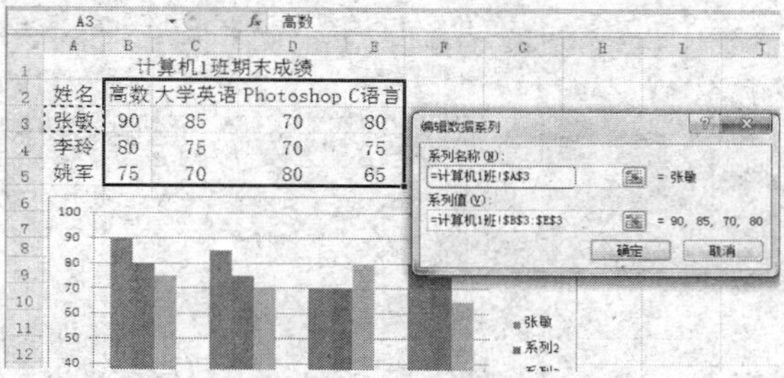

图 4-57　更改图例项名称的效果

4．隐藏图表网格线

默认情况下，创建图表后，通常会在图表中自动添加主要横网格线。如果用户想要隐藏网格线，则可以选中工作表中的图表，单击“布局”选项卡“坐标轴”组中的“网格线”下拉按钮，在打开的下拉列表中选择“无”选项，即可隐藏图表中的网格线。

5．反向坐标轴的数值

打开一个图表，选中要设置的垂直坐标轴并右击，在弹出的快捷菜单中选择“设置坐标轴格式”命令，弹出“设置坐标轴格式”对话框，如图 4-58 所示，在右侧“坐标轴选项”区域选中“逆序刻度值”复选框。单击“关闭”按钮，即可看到图表中纵向坐标中数值已以逆序的方式显示。

6．设置折线图数据系列阴影效果

选中图表中要设置阴影效果的数据系列并右击，在弹出的快捷菜单中选择“设置数据系列格式”命令，弹出“设置数据系列格式”对话框，如图 4-59 所示。在左侧列表中选择“阴影”选项，在右侧“阴影”区域设置各项参数。单击“关闭”按钮，即可看到图表中折线图数据系列的阴影效果。

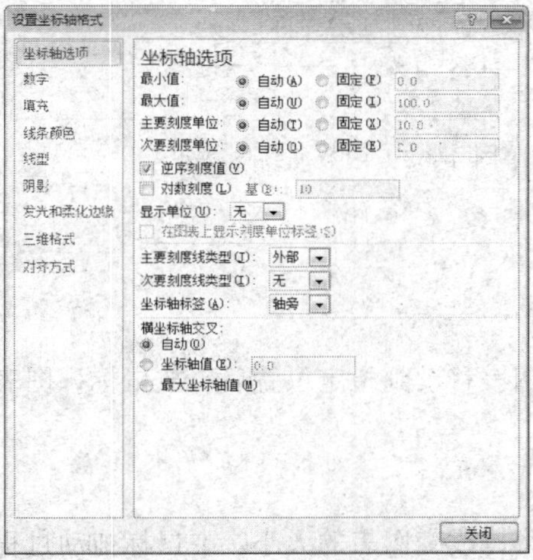

图 4-58　“设置坐标轴格式”对话框

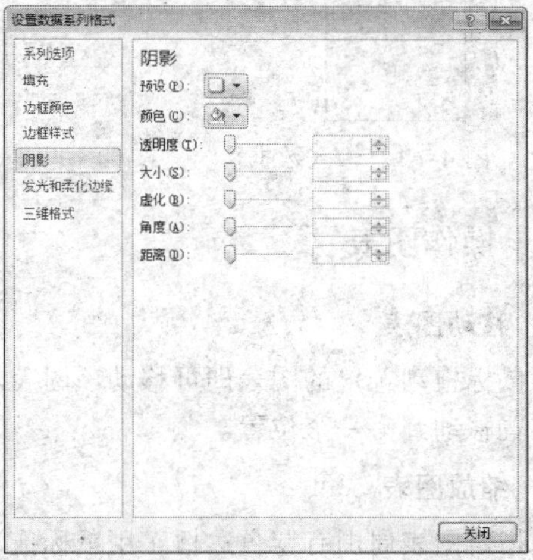

图 4-59　“设置数据系列格式”对话框

7．为图表添加垂直线

为图表添加垂直线，可快速识别每个数据点在水平轴上的数值，其添加方法如下：选中图表中的数据系列，单击“布局”选项卡“分析”组中的“折线”下拉按钮，在打开的下拉列表中选择“垂直线”选项，即可为数据系列的各个数据点添加垂直线，如图 4-60 所示。

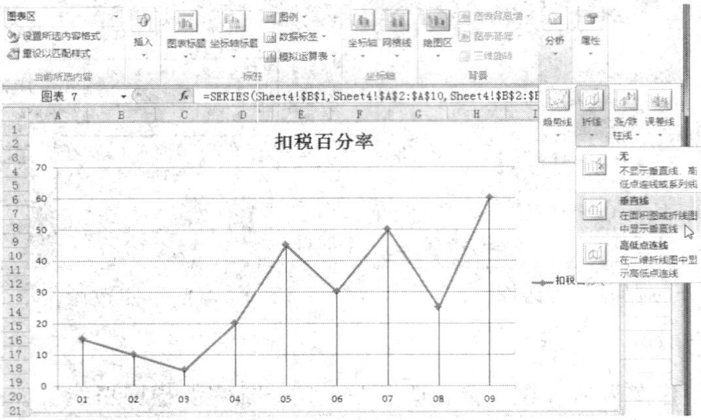

图 4-60　添加垂直线

8. 创建函数曲线图

在 B1 单元格中输入函数“$y=x^2+6x+4$”，在 B2:C9 单元格区域中输入“x 值”和“y 值”，如图 4-61 所示。其中在 C3 单元格中输入公式“=B3^2+6*B3+4”，按【Ctrl+Enter】组合键输入数据，将鼠标指针放置在 C3 单元格的右下角，当其变为十字形状时向下拖动鼠标，填充该列中的其他单元格。选中数据区域 B2:C9，单击“插入”选项卡“图表”组中的“散点图”下拉按钮，在打开的下拉列表中选择“带平滑线的散点图”选项，即可创建函数曲线图。更改图表标题为“$y=x^2+6x+4$”，其最终效果如图 4-62 所示。

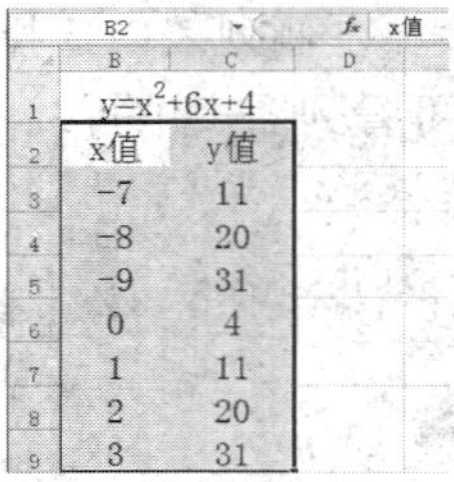

图 4-61　输入数据

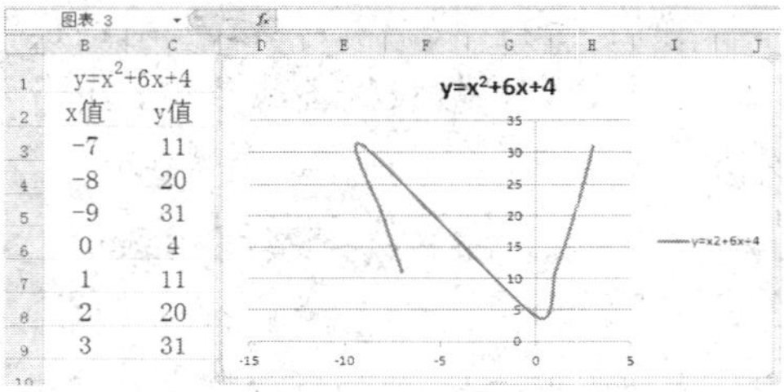

图 4-62　函数曲线图效果

4.7.4　操作图表

1. 移动图表

用鼠标拖动选定的图表即可移动该图表。当把图表移动到指定位置后释放鼠标，图表便由一个位置移动到另一个位置。

2. 缩放图表

被指定图表周围有蓝色边框，用鼠标拖动四边可以改变图表的大小。在鼠标拖动过程中，鼠标指针会变成十字形状。

如果想保持图表的长、宽比例不变，可以用鼠标拖动图表四角，同时改变横向、纵向的大小。

3. 复制图表

（1）拖放式

选定要复制的图表，按住【Ctrl】键的同时用鼠标将图表拖动到目标位置，释放鼠标，图表便被复制。

（2）菜单方式

选定要复制的图表，单击“开始”选项卡“剪贴板”组中的“复制”按钮，选定目标单元格，单击“开始”选项卡“剪贴板”组中的“粘贴”按钮，图表便被复制。

4．组合图表

有多个图表同时进行操作时，可以将这些图表组合成一个整体进行操作。

将要组合的多个图表选中并右击，在弹出的快捷菜单中选择“组合”→“组合”命令，多个图表便被组合成一个整体。

取消组合时，先选中已经组合的图表并右击，在弹出的快捷菜单中选择“组合”→“取消组合”命令，图表组合效果便消失。

5．删除图表

选定要删除的图表并右击，在弹出的快捷菜单中选择“删除”命令（或单击“开始”选项卡“编辑”组中的“清除”下拉按钮，在打开的菜单中选择“全部清除”命令），图表便被删除。

4.8　数据管理

Excel 针对工作簿中的数据提供了一整套强大的命令集，对工作表数据可以像数据库一样使用，使得数据的管理与分析变得十分容易。用户可以对数据进行查询、排序、筛选、记录的增删等操作。

4.8.1　数据清单

在使用 Excel 数据管理功能时，用户不需要特别命名即可直接把表看作数据库工作表，实现数据库功能。在工作表中每列称为一个字段，它存放的是相同类型的数据，数据表的第一行为每个字段的名称，它一般是文字值；表中每行称为一条记录，每条记录存放的是一组相关的数据。所以，一个数据清单主要由字段名和记录两部分组成。

在 Excel 中使用“记录单”命令是实现行的增加、修改、删除与查找的方法之一，这种方法把包括字段名的一行看作表头，将其下每一行数据看作一条记录，以行为单位显示记录。

建立数据清单的基本操作方法如下：

在 Excel 2010 中没有记录单命令按钮需要自己添加，在工作簿中选择“文件”选项卡中的“选项”命令，弹出“Excel 选项”对话框，选择“快速访问工具栏”选项卡，在“从下列位置选择命令”下拉列表框中选择“不在功能区中的命令”，找到“记录单”命令将其添加到“自定义快捷访问工具栏”列表框中。此时就可以在快速访问工具栏中找到“记录单”按钮。单击快速访问工具栏中的“记录单”按钮，弹出“记录单”对话框，如图 4-63 所示。

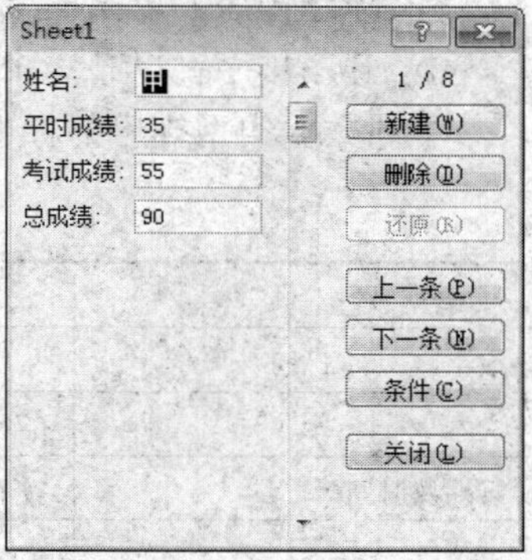

图 4-63　“记录单”对话框

在该对话框的顶端显示了数据清单所在工作表的名称，各文本框的名称就是数据清单中的字段名称，文本框的内容就是所选单元格所在的记录的相应数据。单击“上一条”或“下一条”按钮，或用滚动条上的箭头查看数据记录。

创建数据清单时须注意：

当数据清单中的数据被一个空行或列隔开时，Excel 会将它看成两部分。

在数据清单的第一行建立字段名称，Excel 将使用字段名建立报告、进行排序等操作。

字段名最好使用文字，且只能使用 255 个字符以内的文字或文字公式。

字段名只能有一个，如果在数据清单中打开了多个相应的字段名，则影响筛选等操作。

“记录单”对话框可以实现以下功能：

（1）增加记录

单击“记录单”对话框右上角的“新建”按钮，会新建一条空白记录，在对话框的右上方记录符号位置显示“新记录”。不论选择的单元格位于数据清单的什么位置，新记录内容始终被添加到最后一行中。

（2）修改记录

在“记录单”对话框的文本框中可以对当前显示出的记录内容进行编辑。

（3）删除记录

在“记录单”对话框中查找到需要删除的记录，单击“删除”按钮，弹出警告提示对话框，单击“确定”按钮即可。

（4）还原记录

在修改记录内容后，单击“还原”按钮可以将文本框中修改过的数据还原为未修改前的数据。

（5）查找记录

在“记录单”对话框中，可以设定条件，进行查找记录。具体操作步骤如下：单击“条件”按钮，在对话框中的相应编辑框中输入查找条件，单击“下一条”按钮，即可在对话框中显示与查找条件匹配的第一条记录。

4.8.2 数据排序

在数据清单中，针对某些列的数据可单击“数据”选项卡“排序和筛选”组中的“排序”按钮重新组织行的顺序。

1. 简单排序

简单排序可以在自动筛选状态实现，是较为常见的数据排序方法。当数据清单处于自动筛选状态时，各字段名的右边都有一个下拉按钮，单击该按钮会打开一个下拉列表，最上面的两项可以执行排序的功能。

① 降序排序：以某一个字段的数据为标准按照从大到小的顺序进行排列。

② 升序排序：以某一个字段的数据为标准按照从小到大的顺序进行排列。

不同数据类型排序的标准如表 4-12 所示。

表 4-12 数据类型排序顺序

数据类型	排序标准（升序）
数字	从所能表示的最大负数到最大正数
文本	0-9 空格！“#$%（ ）*+:;〈 〉？ @[\]∧-{}~ A-Z,a-z
日期及时间	按照日期及时间的先后
空值	无论升序、降序，空值单元格都排在最后

简单排序的操作步骤如下：

单击需要进行排序的表格某列中的任一数据单元格，单击“数据”选项卡“排序和筛选”组中的“升序”按钮或“降序”按钮，即可对工作表数据依据本列数据默认状态的升序或降序排列。

2. 对多列进行排序

打开“销售”工作表，选中 A2:F12 单元格区域，如图 4-64 所示。单击“数据”选项卡“排序和筛选”组中的“排序”按钮，弹出“排序”对话框，在“主要关键字”下拉列表框中选择“销售数量”选项，在“次序”下拉列表框中选择“升序”选项，单击“添加条件”按钮，如图 4-65 所示。

销售日期	货品名称	客户	销售数量	单价	销售金额
2005/3/15	显示器	莱山	5	1500.00	7500.00
2005/3/12	显示器	牟平	10	1650.00	16500.00
2005/3/10	显示器	莱山	10	1800.00	18000.00
2005/3/15	主板	海阳	3	530.00	1590.00
2005/3/11	主板	海阳	4	600.00	2400.00
2005/3/10	主板	牟平	8	550.00	4400.00
2005/3/12	机箱	牟平	2	1980.00	3960.00
2005/3/12	机箱	海阳	2	2050.00	4100.00
2005/3/10	机箱	莱山	5	2200.00	11000.00
2005/3/15	机箱	海阳	6	2450.00	14700.00

图 4-64　选中数据

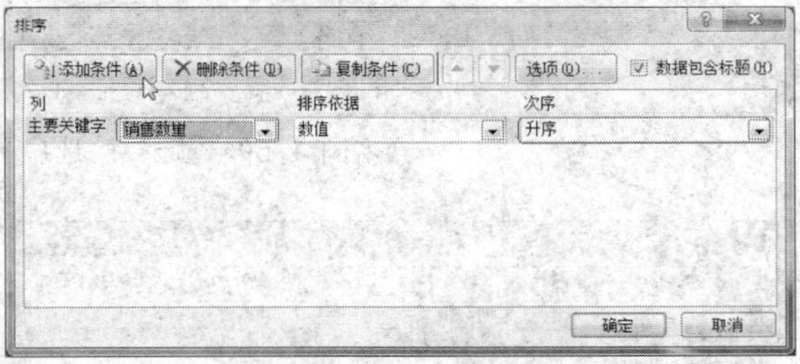

图 4-65　“排序”对话框

添加次要关键字，在“次要关键字”下拉列表框中选择“销售金额”选项，在“次序”下拉列表框中选择“升序”选项，如图 4-66 所示。单击“确定”按钮，则“销售数量”和“销售金额”两列中的数据就按照升序进行排列，如图 4-67 所示。

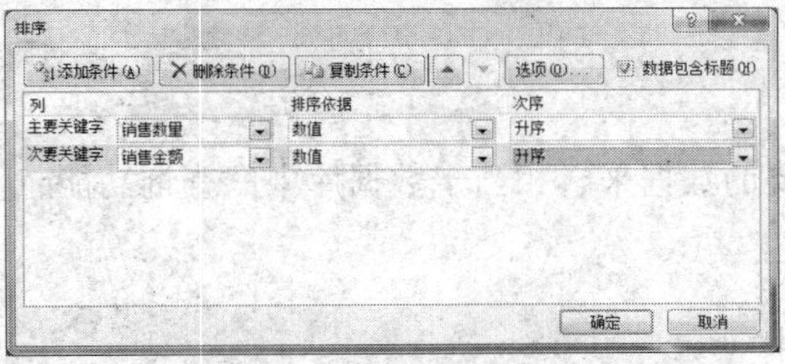

图 4-66　设置次要关键字

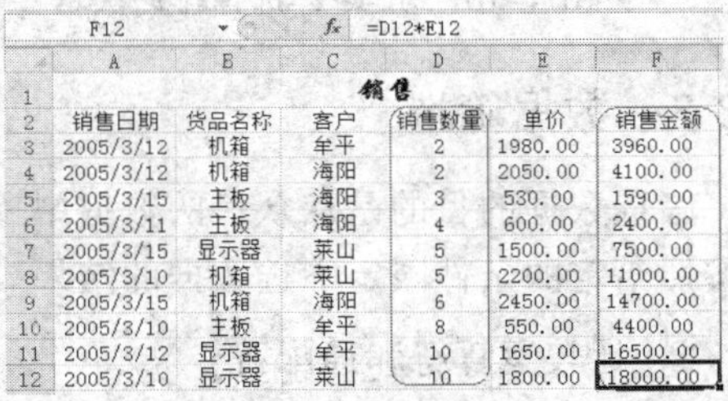

销售日期	货品名称	客户	销售数量	单价	销售金额
2005/3/12	机箱	牟平	2	1980.00	3960.00
2005/3/12	机箱	海阳	2	2050.00	4100.00
2005/3/15	主板	海阳	3	530.00	1590.00
2005/3/11	主板	海阳	4	600.00	2400.00
2005/3/15	显示器	莱山	5	1500.00	7500.00
2005/3/10	机箱	莱山	5	2200.00	11000.00
2005/3/15	机箱	海阳	6	2450.00	14700.00
2005/3/10	主板	牟平	8	550.00	4400.00
2005/3/12	显示器	牟平	10	1650.00	16500.00
2005/3/10	显示器	莱山	10	1800.00	18000.00

图 4-67　排序后的效果

“排序”对话框中各选项的功能如下：

① 主要关键字：排序时首先要满足的字段排序条件。

② 次要关键字：排序时，在满足主要关键字的条件下，次要满足的字段排序条件。

③ 数据包含标题：若选中该复选框，则排序时字段名不进行排序。若不选中该复选框，则排序时字段名与数据一起进行排序。

④ 选项：单击该按钮，弹出“排序选项”的对话框（见图 4-68），在其中可以设置更加精确的条件。在“排序选项”对话框中各项功能的使用方法如下：

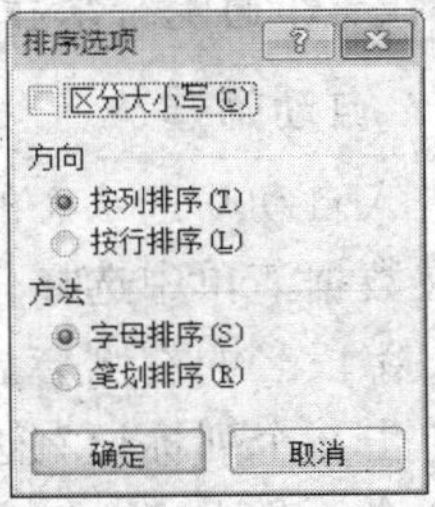

图 4-68　“排序选项”对话框

- 区分大小写：表示精确按 ASCII 码的值进行排序。选中该复选框在排序时要区分英文字母的大小写，大写字母将排在小写字母的前面。
- 按列排序：按字段排序。
- 按行排序：在“排序”对话框中只能选行标题作为关键

字，从而按照每一行中的数据进行排序。

- 字母排序：汉字按照字母顺序排序。
- 笔画排序：汉字按照笔画多少排序。

示例 4：把下面的学生成绩按“递增”方式排序，如图 4-69～图 4-71 所示。

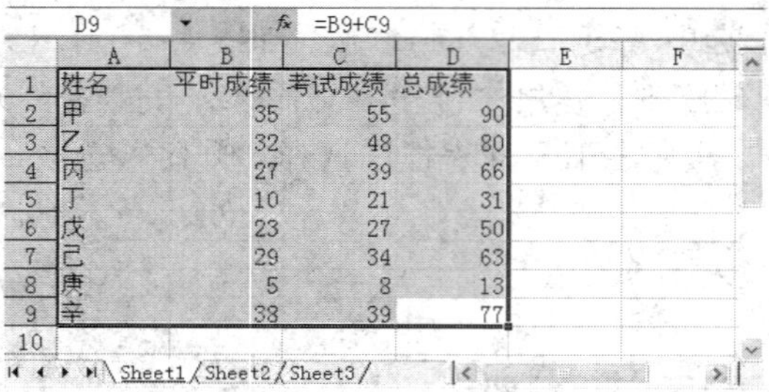

图 4-69　步骤 1 选中要排序的单元格数据

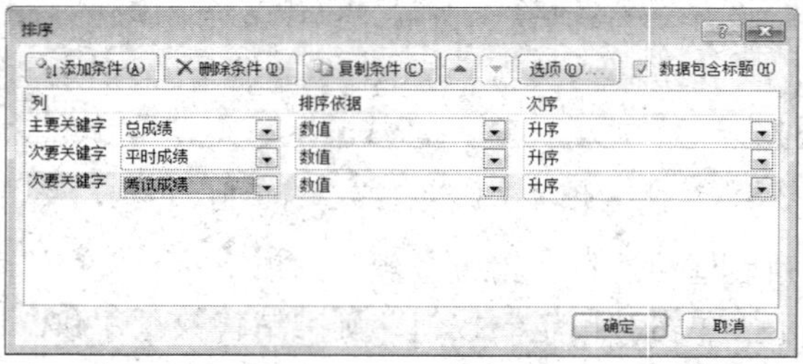

图 4-70　步骤 2 选择排序关键字

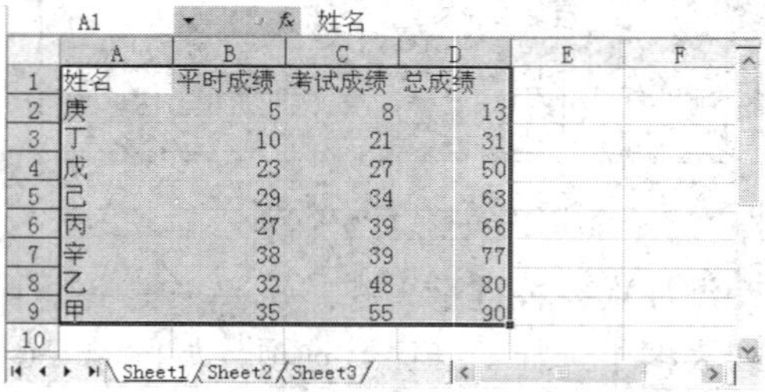

图 4-71　步骤 3 完成排序

4.8.3 数据筛选

筛选数据的目的是从众多的数据中挑选出需要的数据来，相当于数据库中的查询功能，可以按照给定的条件限定筛选数据的结果。

1. 比较运算符和通配符

比较运算符就是一些关系表达式，在 Excel 中常用的比较运算符有 =（等于）、>（大于）、<（小于）、> =（大于或等于）、< =（小于或等于）、< >（不等于）。当筛选条件多于一个时可以用“与”或“或”连接各个条件。“与”表示要同时满足两端的条件，“或”表示只需满足两端的任意一个条件即可。

常用的通配符有“？”和“*”，其中“？”用来代替一个字符，“*”用来代替多个字符。如果要查找“？”或“*”，则需要在它们前面加上一个转义符“~”，这样 Excel 就不会再把“？”或“*”当作通配符来看待。

2. 自动筛选

进入自动筛选状态的操作步骤如下：

在数据清单中选择任意一个单元格，单击“数据”选项卡“排序和筛选”组中的“筛选”按钮，字段名的右侧会显示一个下拉按钮，表示数据清单已经进入自动筛选状态。

单击某个列标记右边的下拉按钮，会打开一个下拉列表，选择“数字筛选”→“自定义筛选”命令，弹出“自定义自动筛选方式”对话框，如图 4-72 所示，可以定义自动筛选条件。

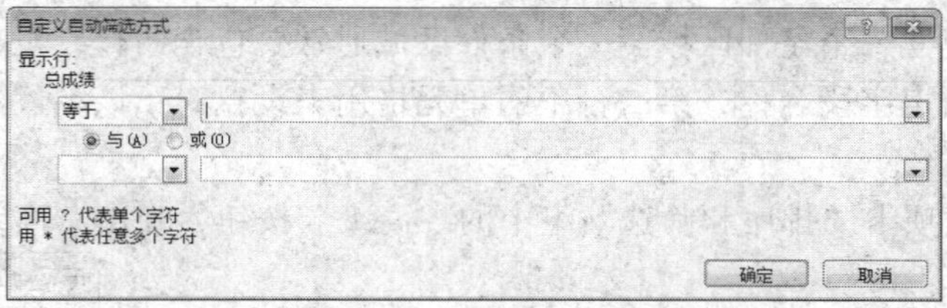

图 4-72 “自定义自动筛选方式”对话框

在“自定义自动筛选方式”对话框中可以设置两个筛选条件。在筛选结果中，满足条件的记录的行号以蓝色显示。

如果要再显示全部记录，可单击刚才使用过的下拉按钮，在打开的下拉列表中选择“全选”命令即可。

如果要显示所有被隐藏的行，并移去“自动筛选”下拉按钮，则单击“数据”选项卡“排序和筛选”组中的“筛选”按钮。

如果要删除已经设置的自动筛选条件，选择“数据”选项卡“排序和筛选”组中的“清除”按钮。“清除”按钮只有在设置了自动筛选条件后才会被激活。

示例 5：查询表中总成绩为“70 分～90 分”的学生，如图 4-73～图 4-76 所示。

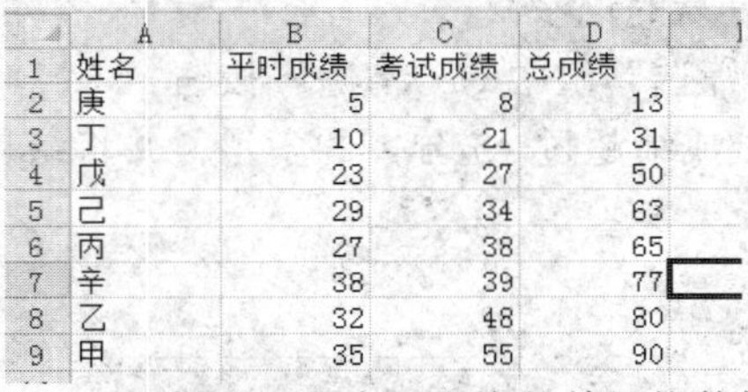

	A	B	C	D
1	姓名	平时成绩	考试成绩	总成绩
2	庚	5	8	13
3	丁	10	21	31
4	戊	23	27	50
5	己	29	34	63
6	丙	27	38	65
7	辛	38	39	77
8	乙	32	48	80
9	甲	35	55	90

图 4-73 步骤 1 选中要查询的单元格数据

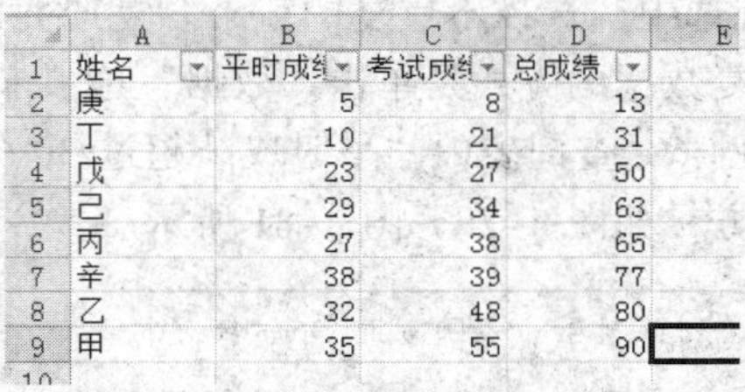

	A	B	C	D	E
1	姓名	平时成约	考试成约	总成绩	
2	庚	5	8	13	
3	丁	10	21	31	
4	戊	23	27	50	
5	己	29	34	63	
6	丙	27	38	65	
7	辛	38	39	77	
8	乙	32	48	80	
9	甲	35	55	90	

图 4-74 步骤 2 设置自动筛选

图 4-75 步骤 3 选择自动筛选方式

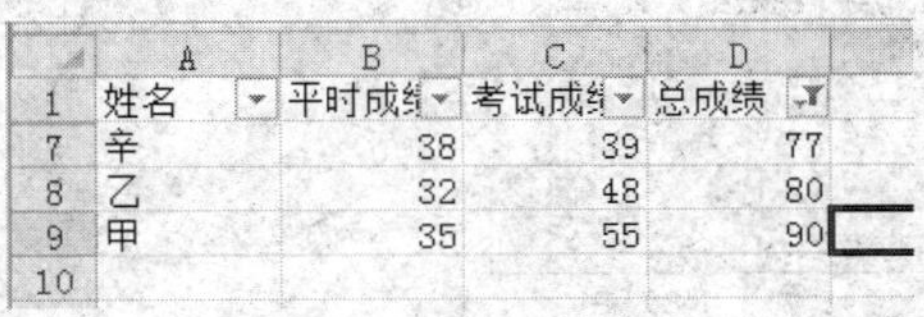

	A	B	C	D
1	姓名	平时成约	考试成约	总成绩
7	辛	38	39	77
8	乙	32	48	80
9	甲	35	55	90
10				

图 4-76 步骤 4 完成自动筛选

3. 高级筛选

在某些情况下，查询条件比较复杂或必须经过计算才能进行有条件的查询，可以使用高级筛选。

高级筛选的主要方法是定义三个单元格区域：一是定义查询的数据区域；二是定义查询的条件区域；三是定义存放查找出满足条件和记录的区域。当这些区域都定义好便可进行筛选。

高级筛选的条件不是在对话框中设置的，而是在工作表的某个区域中给定的，因此在使用高级筛选之前需要建立一个条件区域。一个条件区域通常要包含两行，至少两个单元格，第一行中的单元格用来指定字段名称，第二行中的单元格用来设置对于该字段的筛选条件。具体操作步骤如下：

单击“数据”选项卡“排序和筛选”组中的“高级”按钮，弹出“高级筛选”对话框，如图 4-77 所示。

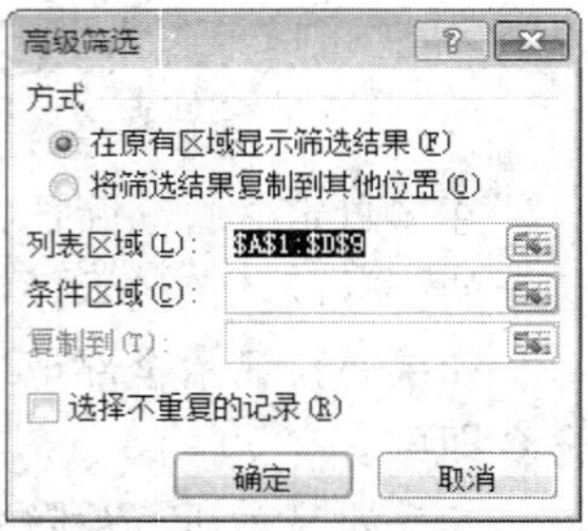

图 4-77 “高级筛选”对话框

在“方式”区域有两个单选按钮，用来指定筛选结果存放的方式，即在原有区域显示筛选结果，还是将筛选结果复制到其他位置（指定的提取区域）。

①“列表区域”文本框用来指定进行排序的数据区域。

②“条件区域”文本框用来指定按哪个区域的条件进行筛选的区域名。

③“复制到”文本框用来指定筛选结果存放的数据区域。只有选择“将筛选结果复制到其他位置”单选按钮时该文本框才自动激活。

可以直接在以上三个文本框中输入单元格区域名，也可以通过激活某个区域由系统自动识别填写。

④ 选中“选择不重复的记录”复选框可以忽略重复的记录。

恢复数据的方式是单击“数据”选项卡“排序和筛选”组中的“清除”按钮。

示例 6：查询表中“平时成绩超过 30 分、且考试成绩超过 45 分”的学生，并将结果放到表的下方，如图 4-78～图 4-81 所示。

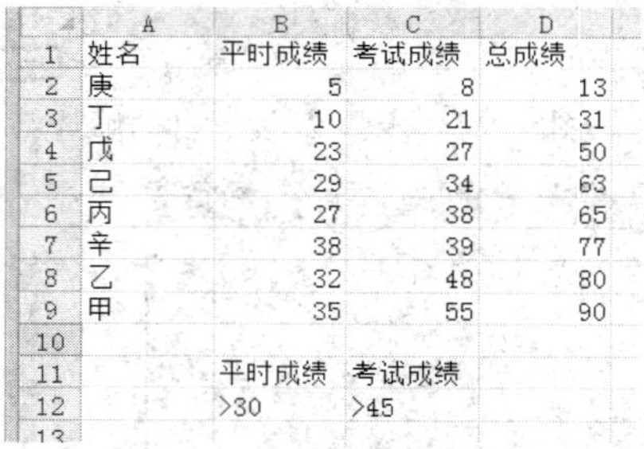

	A	B	C	D
1	姓名	平时成绩	考试成绩	总成绩
2	庚	5	8	13
3	丁	10	21	31
4	戊	23	27	50
5	己	29	34	63
6	丙	27	38	65
7	辛	38	39	77
8	乙	32	48	80
9	甲	35	55	90
10				
11		平时成绩	考试成绩	
12		>30	>45	

图 4-78 步骤 1 要查询的单元格数据

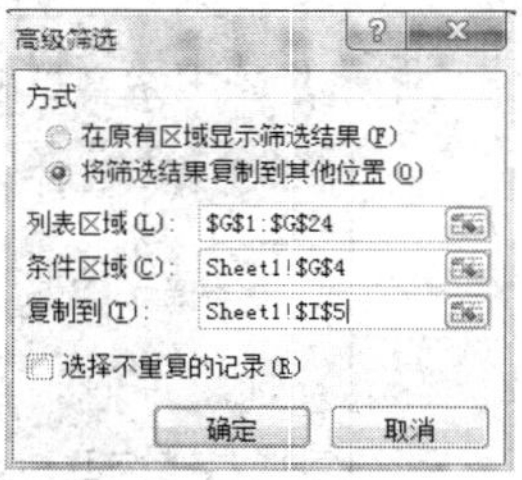

图 4-79 步骤 2 选择“高级筛选”中的“将筛选结果复制到其他位置”单选按钮

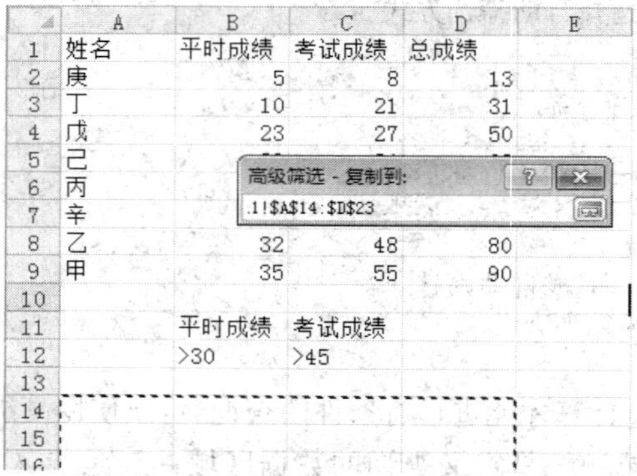

图 4-80 步骤 3 设置“列表区域”“条件区域”“复制到”文本框

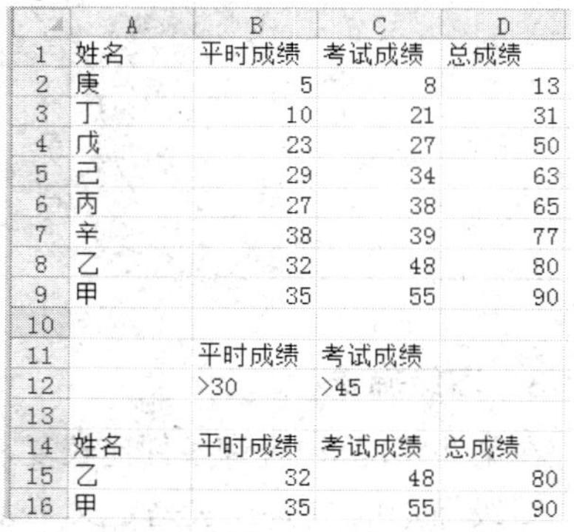

	A	B	C	D
1	姓名	平时成绩	考试成绩	总成绩
2	庚	5	8	13
3	丁	10	21	31
4	戊	23	27	50
5	己	29	34	63
6	丙	27	38	65
7	辛	38	39	77
8	乙	32	48	80
9	甲	35	55	90
10				
11		平时成绩	考试成绩	
12		>30	>45	
13				
14	姓名	平时成绩	考试成绩	总成绩
15	乙	32	48	80
16	甲	35	55	90

图 4-81 步骤 4 完成高级筛选

4.8.4　分类汇总

Excel 提供的数据“分类汇总”功能，包含了求和、均值、方差及最大值和最小值等用于汇总的函数，便于数据分析和统计。

在对数据清单中的某个字段进行分类汇总操作之前，首先要对该字段进行一次排序操作，以便得到一个整齐的汇总结果。

具体操作步骤如下：

选定需要汇总的字段，对数据清单进行排序。在数据清单中选择任意一个单元格，单击“数据”选项卡“分级显示”组中的“分类汇总”按钮，弹出“分类汇总”对话框，如图 4-82 所示。

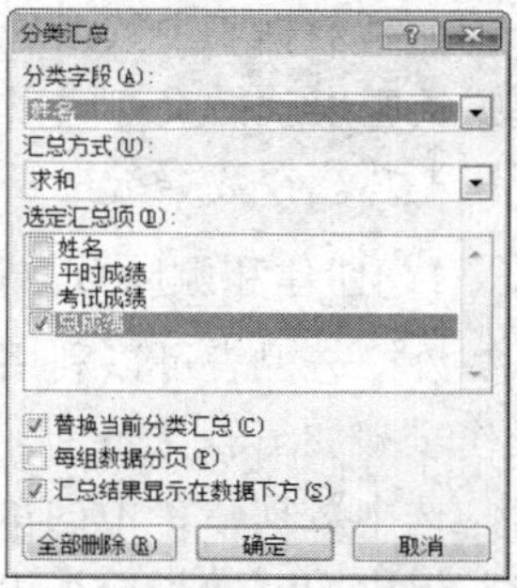

图 4-82　“分类汇总”对话框

“分类汇总”对话框中的各项功能如下：

① 分类字段：在该下拉列表框中可以指定进行分类汇总的字段。

② 汇总方式：在该下拉列表框中可以选择汇总方式，包括求和、求平均值、求方差等。

③ 选定汇总项：在该列表框中可以选择多个要执行汇总操作的字段。

④ 替换当前分类汇总：如果已经执行过分类汇总操作，选中该复选框，会以本次操作的分类汇总结果替换上一次的结果。

⑤ 每组数据分页：如果选中该复选框，则分类汇总的结果按照不同类别的汇总结果分页，在打印时也将分页打印。

⑥ 汇总结果显示在数据下方：如果选中该复选框，则分类汇总的每一类会显示在本类数据的下方，否则会显示在本类数据的上方。

⑦ 全部删除：单击该按钮，可以将当前的分类汇总结果清除。

在进行分类汇总时，Excel 会自动对列表中的数据进行分级显示，在工作表窗口左边会出现分级显示区，列出一些分级显示符号，允许对数据的显示进行控制。在默认情况下，数据按三级显示，可以通过单击工作表左侧的分级显示区上方的“1”“2”“3”按钮进行分级显示控制。分级显示区有“+”“-”分级显示符号，“+”表示单击该按钮将在工作表中的显示由高一级向低一级展开数据，“-”表示单击该按钮将在工作表中的显示由低一级向高一级折叠数据。当分类汇总方式不止一种时，按钮将多于 3 个。

示例 7：对所有学生成绩汇总求和，如图 4-83～图 4-85 所示。

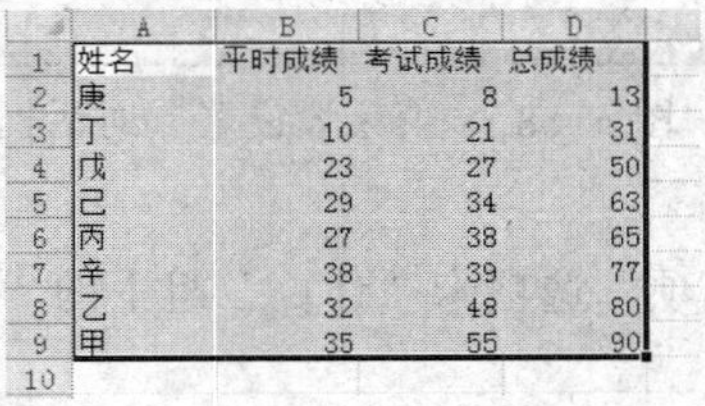

	A	B	C	D
1	姓名	平时成绩	考试成绩	总成绩
2	庚	5	8	13
3	丁	10	21	31
4	戊	23	27	50
5	己	29	34	63
6	丙	27	38	65
7	辛	38	39	77
8	乙	32	48	80
9	甲	35	55	90
10				

图 4-83　步骤 1 选择汇总的单元格数据排序

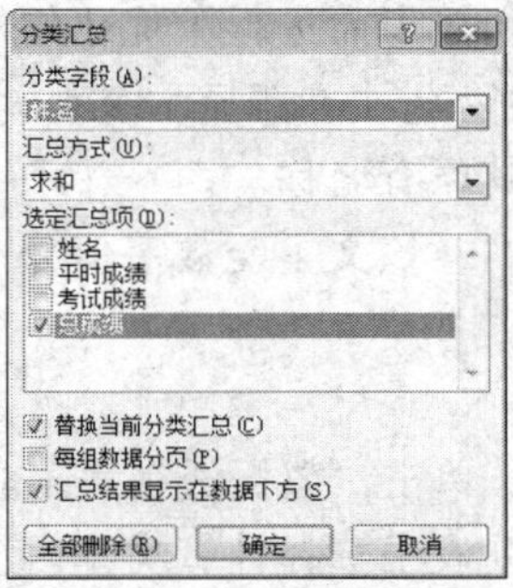

图 4-84　步骤 2 选择“分类汇总”

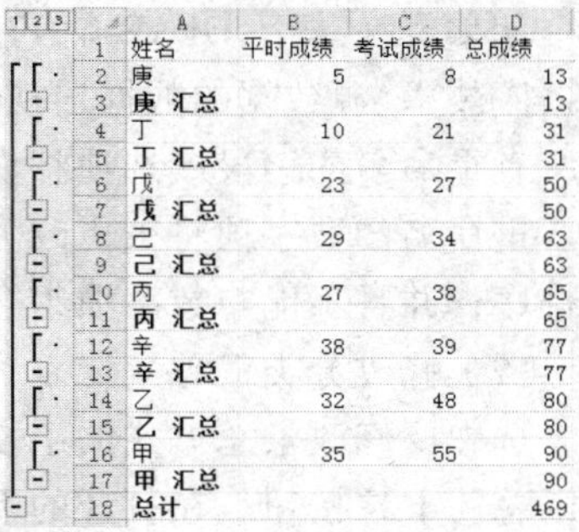

	A	B	C	D
1	姓名	平时成绩	考试成绩	总成绩
2	庚	5	8	13
3	庚 汇总			13
4	丁	10	21	31
5	丁 汇总			31
6	戊	23	27	50
7	戊 汇总			50
8	己	29	34	63
9	己 汇总			63
10	丙	27	38	65
11	丙 汇总			65
12	辛	38	39	77
13	辛 汇总			77
14	乙	32	48	80
15	乙 汇总			80
16	甲	35	55	90
17	甲 汇总			90
18	总计			469

图 4-85　步骤 3 完成分类汇总

4.8.5 数据透视表

分析数据表中数据的相关汇总值，尤其是要合计较大的数据清单时，可以使用数据透视表。数据透视表就是交互式报表，可快速合并和比较大量数据，用户可旋转其行或列以观察源数据的不同汇总。在数据透视表中，源数据中的每个列或字段都成为汇总多行信息的数据透视表字段。

1. 创建和删除数据透视表

数据透视表可以利用数据透视表向导来创建。具体操作步骤如下：

选中数据清单中的单元格，单击“插入”选项卡“表格”组中的“数据透视表”按钮，弹出“创建数据透视表”对话框，如图 4-86 所示。单击“确定”按钮，弹出“数据透视表字段列表”对话框，在该对话框的“选择要添加到报表的字段”列表框中，根据自己的需要选择相应的选项。

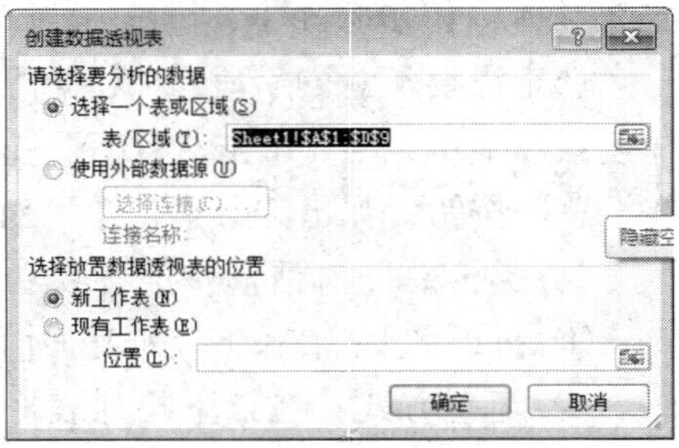

图 4-86 “创建数据透视表”对话框

2. 编辑数据透视表

创建完数据透视表之后，将自动激活“数据透视表工具/选项”选项卡，如图 4-87 所示，在此选项卡中可以对创建的数据透视表进行更改数据、更改表名、显示/隐藏数据透视表等操作。

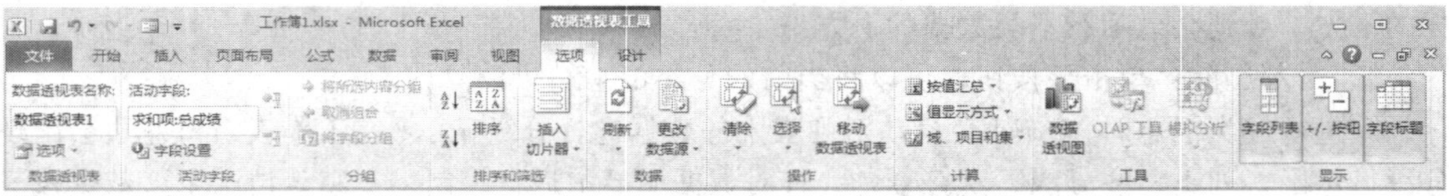

图 4-87 “数据透视表工具/选项”选项卡

（1）字段更名

在数据表中双击要重命名的字段，弹出“值字段设置”对话框，如图 4-88 所示。在“自定义名称”文本框中输入新的字段名。

如果要在基于 OLAP（为查询和报表而进行了优化的数据库技术）源数据的数据透视表中隐藏并重新显示级别，则所有重命名的字段或选项将恢复其原有名称。

重命名的数字项将被更改为文本，该文本与数字值分开排序，并且不能与数字项组合。

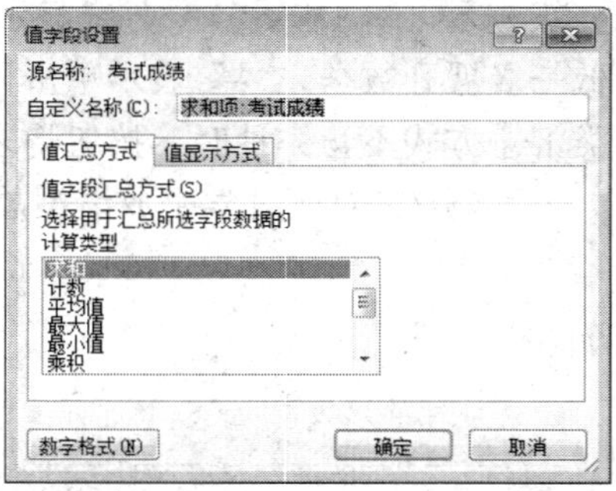

图 4-88 “值字段设置”对话框

（2）修改分类汇总

选中要修改汇总方式的字段名，单击“数据透视表工具/选项”选项卡“计算”组中的“按值汇总”下拉按钮，在打开的下拉列表中选择计算类型。

3. 设置数据透视表的格式

创建完数据透视表之后，将自动激活“数据透视表工具/设计”选项卡，如图 4-89 所示，在此选项卡中可以对创建的数据透视表进行布局、透视表样式修改等操作。

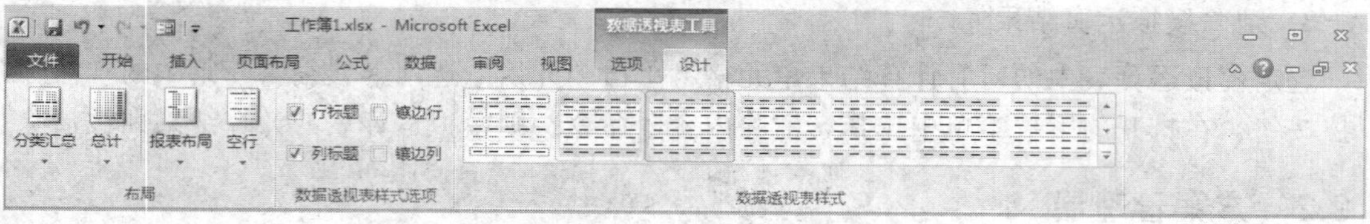

图 4-89 “数据透视表工具/设计”选项卡

4.9 数 据 分 析

4.9.1 使用模拟运算表分析数据

模拟运算表是由一组替换值代替公式中的变量得出的一组结果所组成的一个表，模拟运算表为某些运算中的所有更改提供了捷径，可以将所有更改的运算结果一起显示在工作表中，从而更容易分析。模拟运算表分为两种：单变量模拟运算表和双变量模拟运算表。

1. 单变量模拟运算表

单变量模拟运算表显示一个变量的不同变化值对一个或多个公式的影响。具体使用方法如下：

选定包含变量的单元格，单击“数据”选项卡“数据工具”组中的“模拟运算表”下拉按钮，在打开的下拉菜单中选择“模拟运算表”命令，弹出“模拟运算表”对话框，如图 4-90 所示。

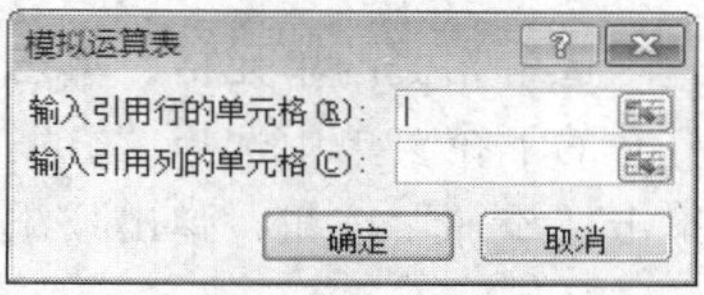

图 4-90 “模拟运算表”对话框

在“模拟运算表”对话框中有两个文本框，分别是“输入引用行的单元格”和“输入引用列的单元格”。如果已知的数值存放在同一列中，则在“输入引用列的单元格”文本框中输入变量所在的单元格。如果已知的数值存放在同一行中，则在“输入引用行的单元格”文本框中输入变量所在的单元格。其中，变量所在的单元格是指公式中变化的参数。

单击“确定”按钮，模拟运算表会根据不同的变量值进行计算，同时把计算结果填充到运算表相应的单元格中。

2. 双变量模拟运算表

双变量模拟运算表用来分析两个变量的几组不同的数值变化对公式结果所造成的影响。使用双变量模拟运算表进行求解时，两个变量应分别存放在一行和一列中，而两个变量所在的行与列交叉的那个单元格中放置的是这两个变量带入公式后得到的计算结果。具体使用方法如下：

选定包含两组变量和公式的单元格区域，单击“数据”选项卡“数据工具”组中的“模拟运算表”下拉按钮，在打开的下拉菜单中选择“模拟运算表”命令，弹出“模拟运算表”对话框，在“输入引用行的单元格”和“输入引用列的单元格”中输入相应的单元格名称，单击“确定”按钮，模拟运算表会根据不同的变量值进行计算，同时把计算结果填充到运算表相应的单元格中。

注意，在使用单变量运算表和双变量运算表时，如果输入的数值被排成一列，则在第一个数值的上一行且处于数值右侧的单元格中输入使用的公式，在同一行的第一个公式右边输入其他公式；如果输入的数值被排成一行，则在第一个数值的左边一列且处于数值下方的单元格中输入使用的公式，在同一列的第一个公式下边输入其他公式。

3．清除模拟运算结果

选定模拟运算表中的所有计算结果单元格，单击“开始”选项卡“编辑”组中的“清除”下拉按钮，在打开的下拉菜单中选择“清除内容”命令，则模拟运算表的计算结果即被清除。

4.9.2 方案管理器

方案是一组命令的组成部分，也称作假设分析工具。方案是 Excel 保存在工作表中并可进行自动替换的一组值，用户可以使用方案来预测工作表模型的输出结果，也可以在工作表中创建并保存不同的数组值，然后切换到任意新方案以查看不同的结果。

使用方案管理，可以完成以下工作：

① 建立多个方案，每个方案中可以含有几组数据，从而进行多次预测。

② 命名、保存和查看工作表中方案的计算结果。

③ 建立输入数据和计算结果的总结报告。

④ 将一组方案合并成单个模型。

⑤ 保护方案，防止方案被修改。

⑥ 隐藏方案。

⑦ 自动追踪方案更改。

1．创建方案

选中相关的单元格，单击“数据”选项卡“数据工具”组中的“模拟分析”下拉按钮，在打开的下拉菜单中选择“方案管理器”命令，弹出“方案管理器”对话框，如图 4–91 所示。单击“添加”按钮，弹出“添加方案”对话框，如图 4–92 所示。

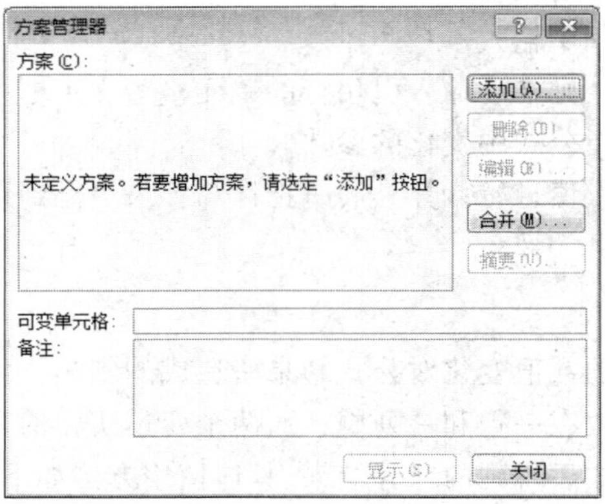

图 4–91 “方案管理器”对话框

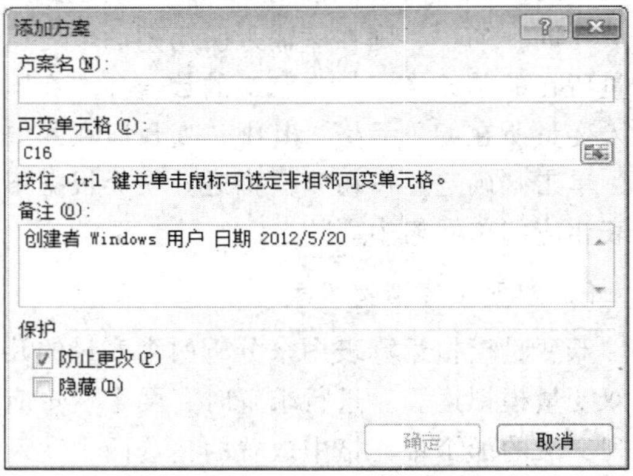

图 4–92 “添加方案”对话框

在“添加方案”对话框的“方案名”文本框中输入方案名称。

在“可变单元格”文本框中输入方案相关单元格，也可以按住【Ctrl】键，然后单击单元格，注意单元格之间需要用逗号分开。

在“保护”区域选择“防止更改”复选框，确定无误后单击“确定”按钮，弹出“方案变量值”对话框，如图 4–93 所示。

在该对话框中输入可变单元格的最佳值。单击“确定”按钮，返回“方案管理器”对话框。

按照上述步骤添加方案，在“方案管理器”对话框中选择一种方案后，单击“显示”按钮，这时在工作表中会显示相应的结果。

2. 编辑方案

（1）保护方案

在“方案管理器”对话框中选择要保护的方案名称，单击“编辑”按钮，弹出“编辑方案”对话框，如图 4–94 所示。

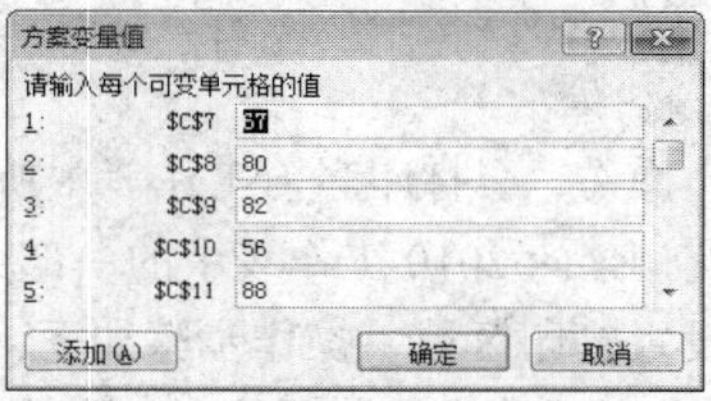

图 4–93　“方案变量值”对话框

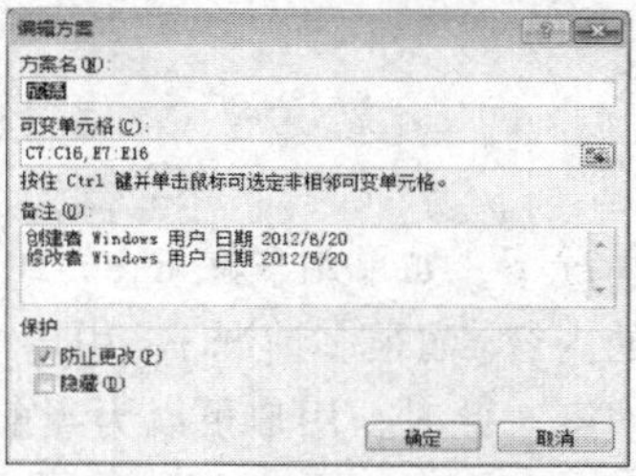

图 4–94　“编辑方案”对话框

如果想防止别人修改方案，可以将“防止更改”复选框选中，如果想隐藏方案名称，可以将“隐藏”复选框选中，单击“确定”按钮完成操作。

（2）修改方案

在“方案管理器”对话框中选择要修改的方案名称，单击“编辑”按钮，弹出“编辑方案”对话框，在其中对方案进行相应的修改，单击“确定”按钮，弹出“方案变量值”对话框，在其中输入可变单元格的新值，单击“确定”按钮，方案即被修改。

（3）合并方案

在“方案管理器”对话框中单击“合并”按钮，弹出“合并方案”对话框，如图 4–95 所示。

在“工作簿”下拉列表框中选择需要的工作簿名称，在“工作表”下拉列表框中选择需要的工作表名称，单击“确定”按钮，即可进行合并。

（4）删除方案

在“方案管理器”对话框中选中要删除的方案名称，单击“删除”按钮。

3. 创建方案报表

需要按照统一的格式列出工作表中各个方案的信息时，单击“方案管理器”对话框中的“摘要”按钮，可以把报表自动格式化，并复制到一个新的工作表中。具体操作步骤如下：

在“方案管理器”对话框中单击“摘要”按钮，弹出“方案摘要”对话框，如图 4–96 所示。

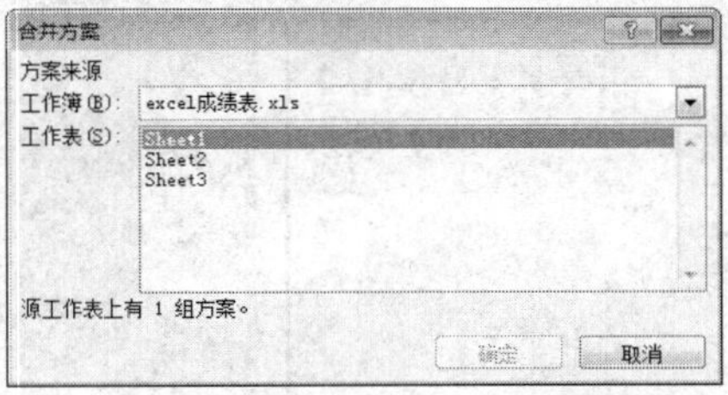

图 4–95　“合并方案”对话框

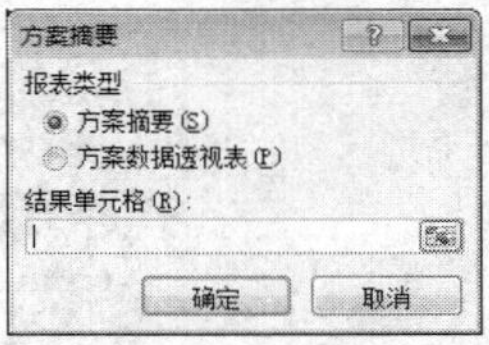

图 4–96　“方案摘要”对话框

在“方案摘要”对话框中选中“方案摘要”单选按钮，单击“确定”按钮，则一个新的工作表会显示在工作簿中。在“方案管理器”对话框中每执行一次“摘要”命令，Excel 都会创建一个工作表。

4. 基于方案的数据透视表

在现有方案的基础上创建一个数据透视表的具体操作步骤如下：

在“方案管理器”对话框中单击“摘要”按钮，弹出“方案摘要”对话框，选中“方案数据透视表”单选按钮，单击“确定”按钮，即可创建基于方案的数据透视表。

4.10 打印功能

默认情况下，如果用户在 Excel 2010 工作表中执行打印操作，会打印当前工作表中所有非空单元格中的内容。而很多情况下，用户可能仅仅需要打印当前 Excel 2010 工作表中的一部分内容，而非所有内容。此时，用户可以为当前 Excel 2010 工作表设置打印区域，操作步骤如下：

选中需要打印的工作表内容，单击“页面布局”选项卡“页面设置”组中的“打印区域”下拉按钮，在打开的菜单中选择“设置打印区域”命令即可，如图 4-97 所示。

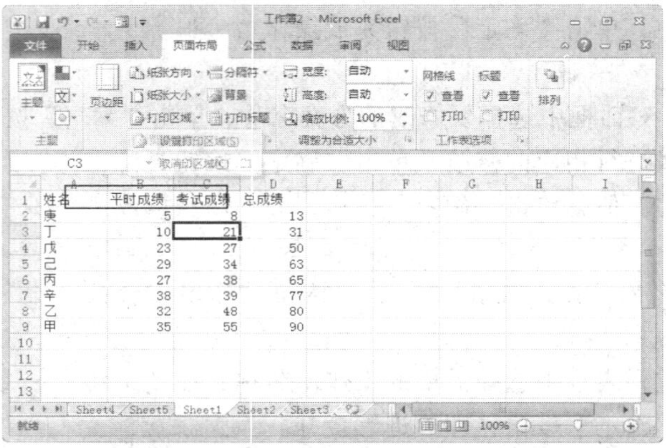

图 4-97 选择“设置打印区域”命令

如果为当前 Excel 2010 工作表设置打印区域后又希望能临时打印全部内容，则可以使用“忽略打印区域”功能。操作方法为：选择“文件”选项卡中的“打印”命令，在打印窗格的“设置”区域单击打印范围下拉按钮，在打开的列表中选择“忽略打印区域”选项，如图 4-98 所示。

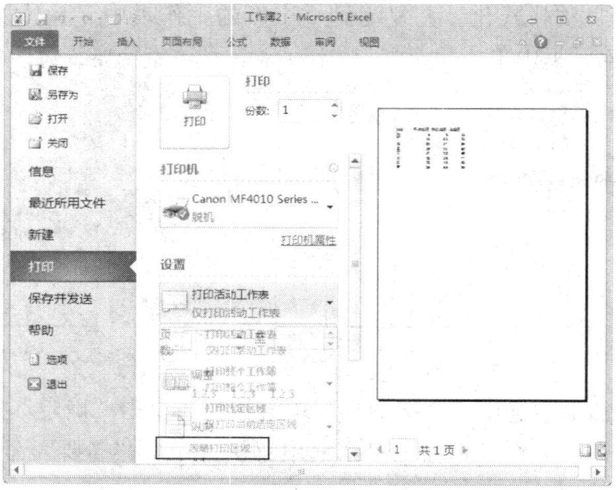

图 4-98 选择“忽略打印区域”选项

第5章

演示文稿制作软件PowerPoint 2010

PowerPoint 2010 是一款专门用来制作演示文稿的应用软件，也是 Microsoft Office 系列软件中的重要组成部分，主要用于设计制作广告宣传、产品演示的电子版幻灯片。中文版 PowerPoint 2010 在继承以前版本的强大功能的基础上，更以全新的界面和便捷的操作模式引导用户制作图文并茂、声形兼备的多媒体演示文稿。它可以制作出集文字、图形、图像、声音以及视频等多媒体元素为一体的演示文稿，让信息以更轻松、更高效的方式表达出来。

5.1 PowerPoint 2010 基本知识

演示文稿是由若干张幻灯片连续组成的文档，幻灯片是演示文稿的组成单位。演示文稿可以打印在投影胶片上制作成幻灯片，在演讲时直接投影到屏幕上，也可以制作成 Web 页发布在 Internet 上浏览，还可以在计算机的屏幕上显示。

5.1.1 PowerPoint 2010 的启动和退出

1. 启动 PowerPoint 2010

安装好 Microsoft Office 2010 后，通过双击桌面上的 PowerPoint 快捷方式，或者单击“开始”按钮，选择“所有程序”→“Microsoft Office”→“Microsoft Office PowerPoint 2010”命令启动 PowerPoint，如图 5-1 所示。还可以通过已保存的 PowerPoint 文件启动 PowerPoint。

图 5-1　PowerPoint 2010 的启动

2. 退出 PowerPoint 2010

退出 PowerPoint 2010 的方法与之前学习过的 Office 软件包的其他软件一样，具体操作方法有如下几种：

- 单击 PowerPoint 2010 窗口右上角的“关闭”按钮。
- 单击标题栏最左端的控制菜单按钮，在弹出的控制菜单中选择“关闭”命令。
- 双击 PowerPoint 2010 窗口左上角的 PowerPoint 图标。
- 在 PowerPoint 2010 窗口中选择“文件”选项卡中的“退出”命令。

- 在标题栏的任意处右击，在弹出的快捷菜单中选择“关闭”命令。
- 按【Alt+F4】组合键。

5.1.2 PowerPoint 2010 的工作界面

PowerPoint 2010 的工作界面主要由标题栏、选项卡、快速访问工具栏、幻灯片编辑区、备注窗口、幻灯片目录窗口、状态栏、视图切换按钮区等部分组成，如图 5-2 所示。

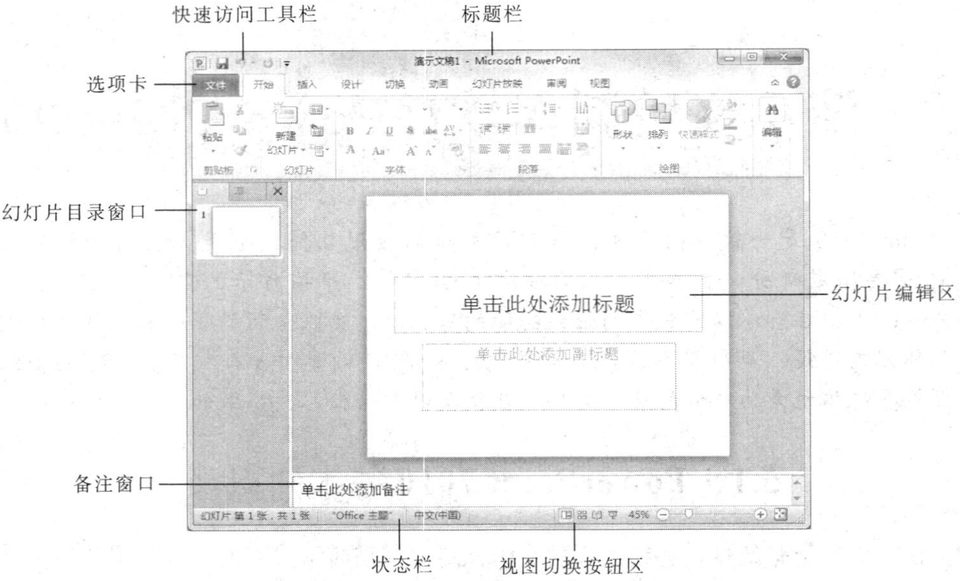

图 5-2 PowerPoint 2010 的工作界面

- 标题栏：位于程序窗口顶端，用于显示当前演示文稿的名称，并且提供最大化、最小化和关闭等功能按钮。
- 快速访问工具栏：默认状态含有保存、撤销和重复三个按钮，也可自定义。
- 选项卡：PowerPoint 提供的合并菜单栏，是用户控制 PowerPoint 功能的主要工具，可以通过单击其中的按钮，使 PowerPoint 执行各种操作。PowerPoint 2010 中的选项卡主要有：文件、开始、插入、页面布局、引用、邮件、审阅、视图、加载项。
- 组：PowerPoint 将一些常用的命令用图形按钮代替，按功能分成组，单击这些按钮可以执行相应的命令。
- 幻灯片编辑区：此处可以显示和编辑幻灯片。
- 备注窗口：在幻灯普通视图模式下位于幻灯片编辑窗口下部，用来为幻灯片添加备注。
- 幻灯片目录窗口：默认情况下，位于 PowerPoint 2010 窗体左侧。
- 状态栏：在 PowerPoint 窗口底部，它向用户提供了关于演示文稿内容的信息。
- 视图切换按钮区：在状态栏的右侧，此处包括 4 种不同的视图按钮。

5.1.3 PowerPoint 2010 的视图方式

PowerPoint 2010 提供了“普通视图”“幻灯片浏览视图”“阅读视图”“幻灯片放映”4 种视图模式，使用户在不同的工作需求下都能得到一个舒适的工作环境。每种视图都包含有该视图下特定的工作区、功能区和其他工具。在不同的视图中，用户都可以对演示文稿进行编辑和加工，同时这些改动都将反映到其他视图中。

在状态栏右侧有 4 个按钮是演示文稿的视图按钮，单击各个按钮可以在不同视图间进行切换：

①“普通视图”按钮：在该模式下，窗口每屏只显示一张幻灯片，如图 5-3 所示。

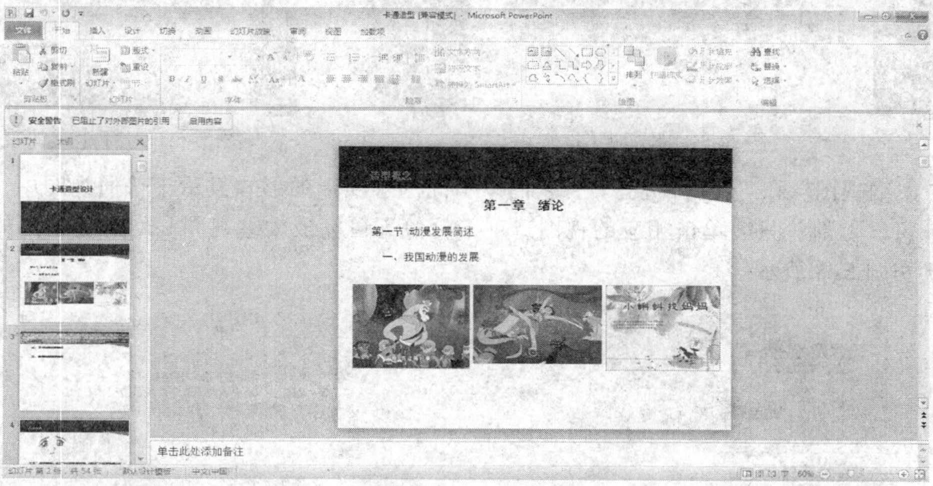

图 5-3 普通视图

②“幻灯片浏览视图”按钮：在该模式下，窗口中将一次显示多张幻灯片，并且可在该视图下完成对演示文稿的浏览，也可以设置各张幻灯片的动画效果，但在该模式下不能对幻灯片进行编辑，如图 5-4 所示。

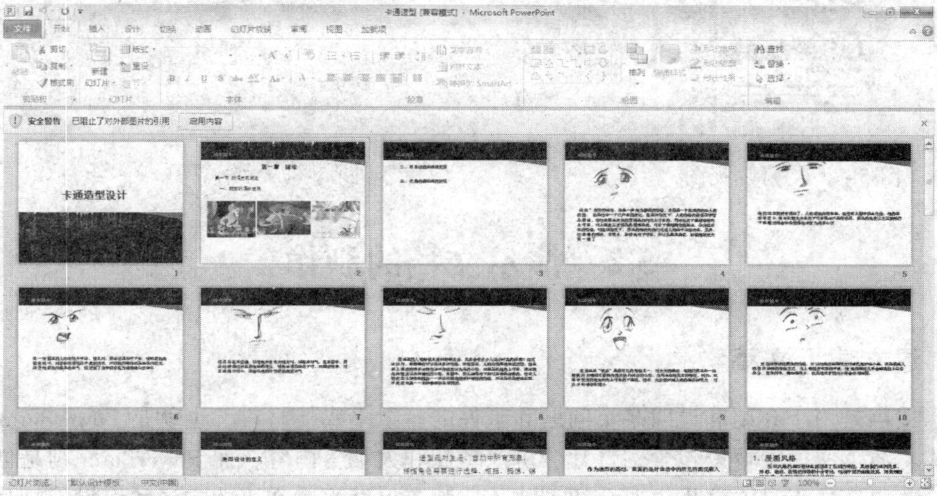

图 5-4 幻灯片浏览视图

③“阅读视图”按钮：在该模式下，窗口一次显示一张幻灯片，保留标题栏和状态栏，方便阅读，如图 5-5 所示。

④“幻灯片放映视图”按钮：单击该按钮后，PowerPoint 可根据事先的设定将多张幻灯片连接起来进行连续放映，可以看到演示文稿的实际放映效果，如图 5-6 所示。

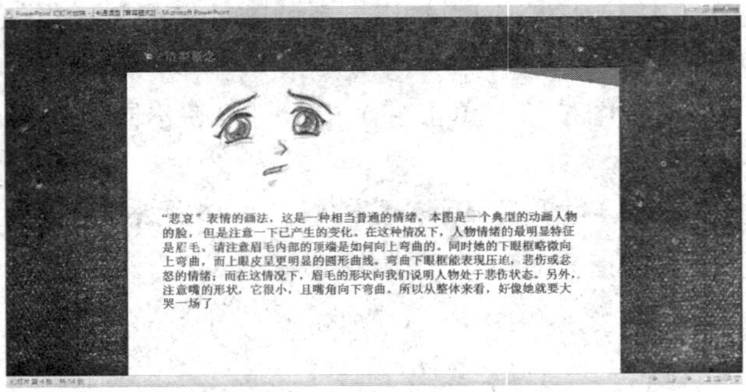

图 5-5　阅读视图

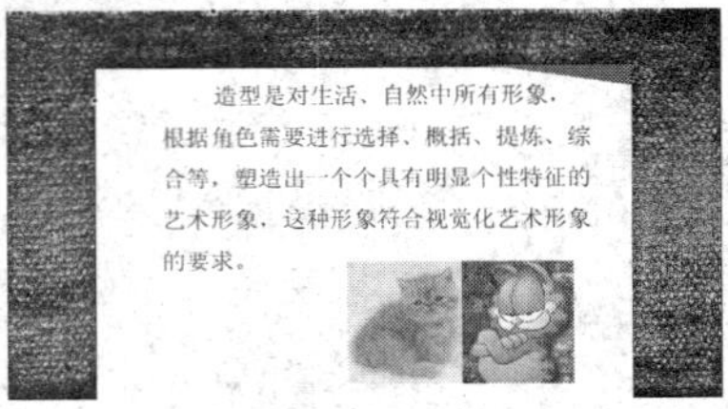

图 5-6　幻灯片放映视图

⑤“大纲视图”和“幻灯片视图”：它们以不同的选项卡的形式显示于普通视图中，位于幻灯片目录窗口上部，只需单击相应的视图选项卡标签即可完成大纲视图和幻灯片视图的切换，如图 5-7 和图 5-8 所示。

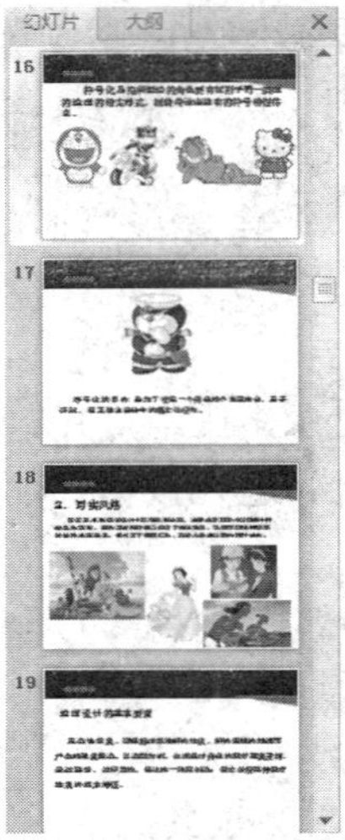

图 5-7　幻灯片视图

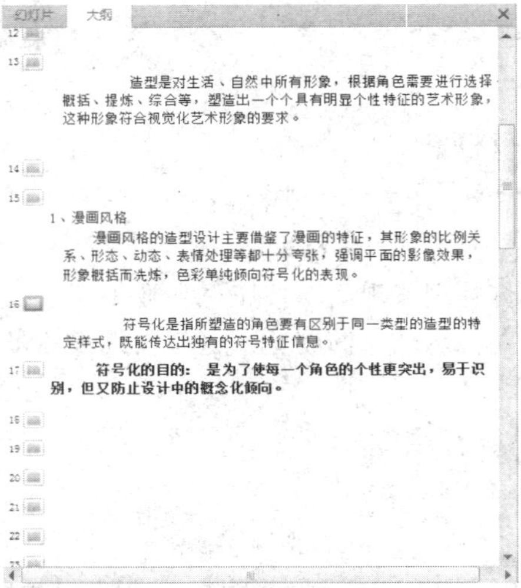

图 5-8　大纲视图

5.2　演示文稿的制作

5.2.1　建立演示文稿

演示文稿是用于介绍和说明某个问题和事件的一组多媒体材料，也就是 PowerPoint 生成的文件形式。演示文稿中可以包含幻灯片、讲演备注和大纲等内容，而 PowerPoint 则是创建和演示播放这些内容的工具。这里主要介绍创建、放映与保存演示文稿的方法和编辑幻灯片的基本操作。

如果用户希望建立具有自己风格和特点的演示文稿，可以通过空白幻灯片来设计。它不包含任何背景图案。可通过单击各种占位符图标或单击“插入”选项卡中的按钮插入自己所需的图片、表格、声音、视频等各种对象。

建立空演示文稿，选择“文件”选项卡中的“新建”命令，在“可用的模板和主题”中选择“空白演示文稿”，新建不依赖于任何样式的空白演示文稿的第一张幻灯片，接下来可以通过不断单击“开始”选项卡“幻灯片”组中的“新建幻灯片”按钮加入新的幻灯片，单击“新建幻灯片”下拉按钮，可选择需要的幻灯片版式，如图 5-9～图 5-11 所示。

图 5-9　新建演示文稿

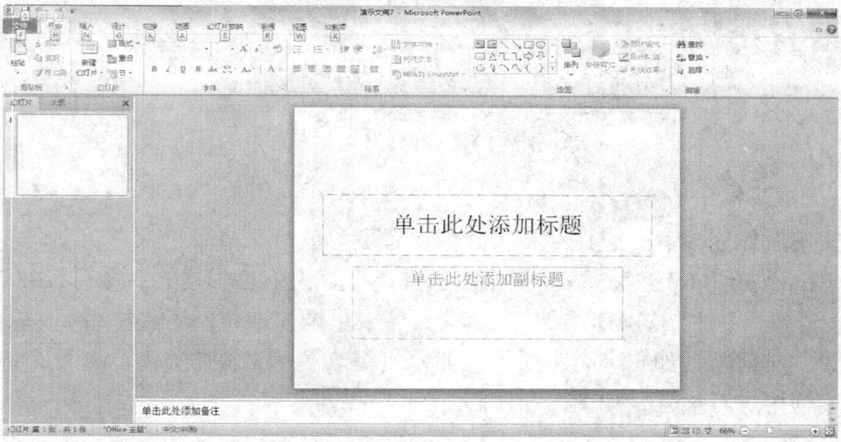

图 5-10　幻灯片版式窗口

图 5-11　幻灯片版式

5.2.2 打开、保存和关闭演示文稿

1. 打开演示文稿

打开已创建好的演示文稿的方法与 Word 和 Excel 相同，一种方法是双击已存在的 PowerPoint 文件图标；另一种方法是在已启动的 PowerPoint 环境中选择“文件”选项卡中的“打开”命令，弹出“打开”对话框，找到文件存放位置后选中，单击“打开”按钮，如图 5-12 所示。

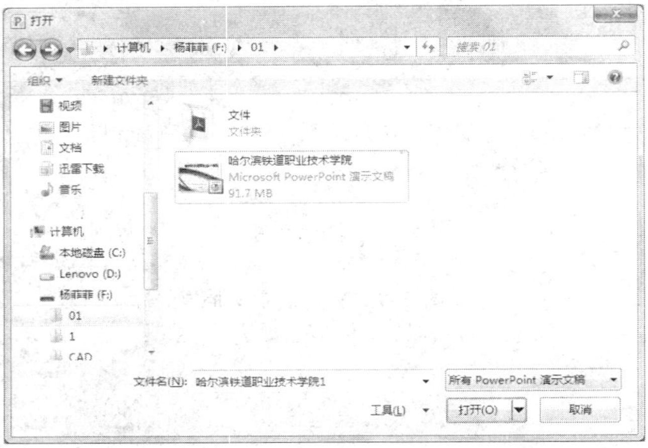

图 5-12 “打开”对话框

2. 保存演示文稿

当演示文稿制作完成后，应保存在指定的位置上。演示文稿可以保存为不同的格式，如演示文稿格式（.pptx）、HTML 格式等。如果演示文稿保存为 HTML 格式，则可以在 Internet 上查看并使用它。选择“文件”选项卡中的“保存”命令或单击快速访问工具栏中的“保存”按钮，弹出“另存为”对话框，如图 5-13 所示。如果想更改演示文稿的类型，则可在选择“保存类型”下拉列表框中进行设置，如图 5-14 所示。

图 5-13 “另存为”对话框

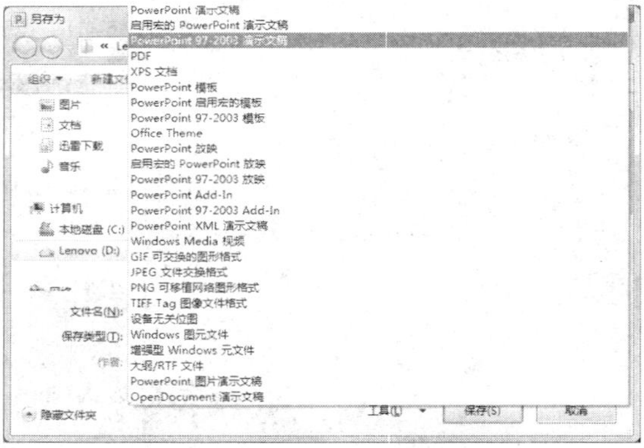

图 5-14 选择保存类型

如果需要把已存在的演示文稿保存在其他位置，选择“文件”选项卡中的“另存为”命令，弹出图 5-13 所示的“另存为”对话框，设置好保存位置后单击“保存”按钮即可。

3. 关闭演示文稿

PowerPoint 可以同时打开多个演示文稿，每个演示文稿显示一个窗口，若要关闭某一演示文稿，则可以将其保存后，选择“文件”选项卡中的“关闭”命令。

5.2.3　编辑演示文稿中的幻灯片

编辑幻灯片是指对幻灯片进行修改、添加、删除、复制、移动等操作。在进行这些操作之前，首先要选定所要编辑的幻灯片，一般在幻灯片浏览视图下进行。

1. 选择幻灯片

选择单张幻灯片：无论是在普通视图还是在幻灯片浏览视图模式下，只需单击需要的幻灯片即可选中该张幻灯片。

在幻灯片浏览视图下，所有的幻灯片都会以缩小的图标显示在屏幕上，如图 5-15 所示。如果要选择单张幻灯片，单击即可，此时被选中的幻灯片周围有一个黄色外框。

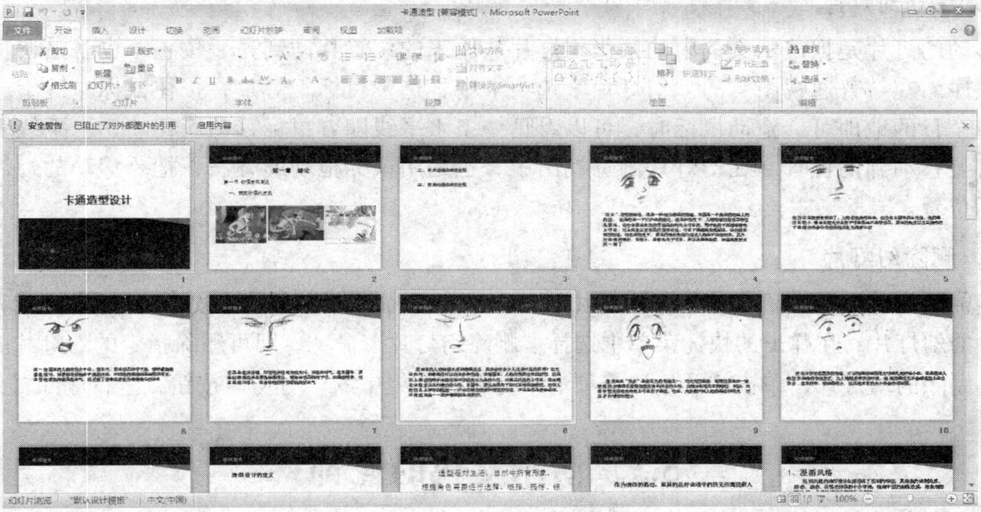

图 5-15　幻灯片浏览视图

选择编号相连的多张幻灯片：首先单击起始编号的幻灯片，然后按住【Shift】键，单击结束编号的幻灯片，此时将有多张幻灯片被同时选中。

选择编号不相连的多张幻灯片：在按住【Ctrl】键的同时，依次单击需要选择的每张幻灯片，此时被单击的多张幻灯片同时被选中。在按住【Ctrl】键的同时再次单击已被选中的幻灯片，则该幻灯片被取消选择。

2. 编辑幻灯片上的文字

先选择要添加文字内容的幻灯片，根据幻灯片中的有关提示，单击文本区后，输入所需的内容。对于当前幻灯片文本框不完全合适时，可以在幻灯片中把原有文本框删除，然后插入一个新的文本框进行文字输入。

3. 插入新幻灯片

在默认情况下幻灯片的数量只有一张，如果需要多张幻灯片，用户可以根据以下三种方法创建幻灯片。

① 直接单击“开始”选项卡“幻灯片”组中的“新建幻灯片”按钮。

② 单击“开始”选项卡“幻灯片”组中“新建幻灯片”下拉按钮，在打开的列表框中选择要添加的幻灯片版式。

③ 在普通视图的“幻灯片”选项卡或“大纲”选项卡中选中第一张幻灯片，按【Enter】键，即可在下方创建一张相同版式的幻灯片。

4. 复制幻灯片

将已制作好的幻灯片复制到其他位置上，便于用户直接使用和修改。幻灯片的复制有两种方法：一种是作幻灯片副本，选择要复制的幻灯片，单击“开始”选项卡“剪贴板”组中的“复制”按钮。另一种是直接用复制和粘贴命令复制，右击要复制的幻灯片，在弹出的快捷菜单中选择“复制”命令，指针定位到要复制的位置右击，在弹出的快捷菜单的“粘贴”命令中选择要粘贴的方式，如图 5-16 所示。

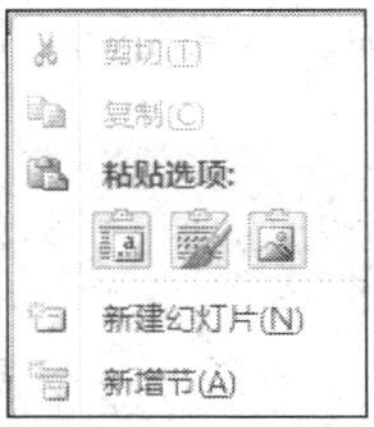

图 5-16 粘贴选项

5. 移动幻灯片

移动幻灯片是把演示文稿中的某张幻灯片从原来的位置移动到另一位置，也就是调整幻灯片的顺序。在“普通视图”的“幻灯片”选项卡中，选中目标幻灯片，按住鼠标左键不放将幻灯片拖至目的地即可。拖动鼠标时，可以看见一条水平线随着鼠标移动而移动，水平线表示幻灯片将要移动到的位置。在幻灯片浏览视图中，也是用鼠标拖动的方法，把要移动的幻灯片拖至目标位置。

6. 删除幻灯片

当需要删除演示文稿中的某张幻灯片时，先选中目标幻灯片，然后按【Delete】键或者右击要删除的幻灯片，在弹出的快捷菜单中选择“删除幻灯片”命令，即可删除指定的幻灯片。还可选中要删除的幻灯片，单击“开始”选项卡“剪贴板”组中的“剪切”按钮，进行删除操作。

5.3 演示文稿的修饰

PowerPoint 2010 具有一个显著的特点，它可以使演示文稿中的所有幻灯片具有一致的外观效果，可以通过三种方式来控制幻灯片的外观，分别是：制作幻灯片母版、应用背景和应用主题。

5.3.1 制作幻灯片母版

幻灯片母版是指为了生成形式相近的幻灯片而做的母版，在母版中进行编辑可快速创建出形式相近的幻灯片，以提高工作效率。

1. 幻灯片母版

幻灯片母版是最常用的母版样式，因为幻灯片母版控制的是除标题以外的所有幻灯片的格式，如果更改了幻灯片母版，这一变化将影响基于这一母版的所有幻灯片样式。

单击“视图”选项卡“母版视图”组中的“幻灯片母版”按钮，进入幻灯片母版编辑状态，如图 5-17 所示。

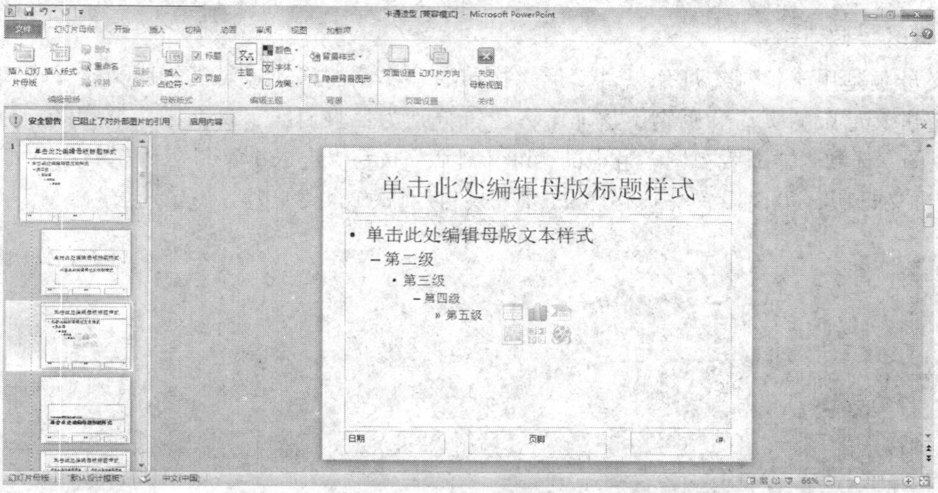

图 5-17　幻灯片母版

在幻灯片母版中有 5 个占位符，用来确定幻灯片母版的版式。这 5 个占位符分别为：标题样式、文本样式、日期区、页脚区、数字区。

标题样式、文本样式：如果在母版中设置标题或文本的样式，则同时修改除标题幻灯片以外的所有幻灯片的标题或文本样式。如将母版中的标题样式设置为宋体、红色、加粗、倾斜，则所有幻灯片的标题都使用该样式。

2. 标题幻灯片母版

标题幻灯片母版控制的是演示文稿的第一张幻灯片，必须是以“新建幻灯片”列表中的第一种“标题幻灯片”版式建立的。由于标题幻灯片相当于演示文稿的封面，所以要把它单独设计出来。

3. 备注母版

备注母版是为演讲者提供的备注空间以及设置备注幻灯片的格式。单击“视图”选项卡“母版视图”组中的“备注母版”按钮，进入备注母版编辑状态，如图 5-18 所示。

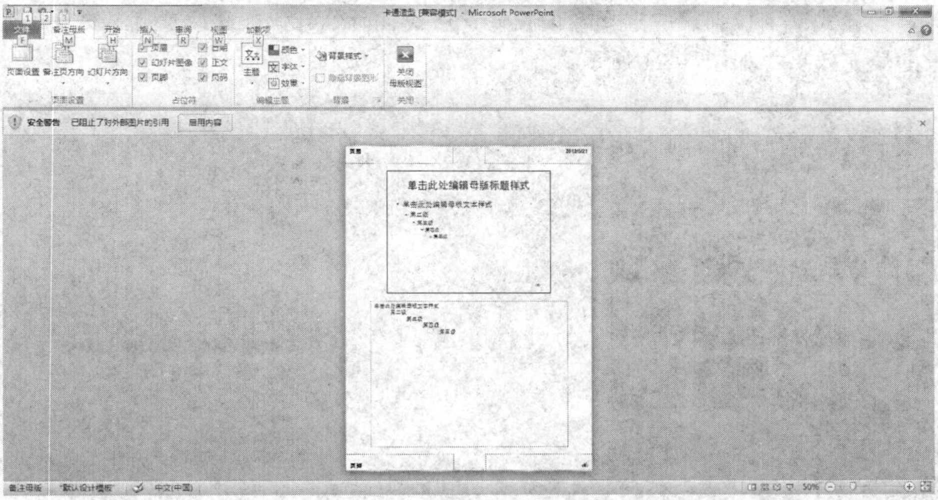

图 5-18　备注母版

4. 讲义母版

讲义母版是用于控制幻灯片以讲义形式打印演示文稿的格式。讲义母版中有4个占位符，用来确定讲义母版的页眉、页脚。这4个占位符分别为：页眉区、日期区、页脚区、数字区。单击“视图”选项卡“母版视图”组中的“讲义母版”按钮，进入讲义母版编辑状态，如图5-19所示。“讲义母版”可以设置一页打印1、2、3、4、6、9张幻灯片。

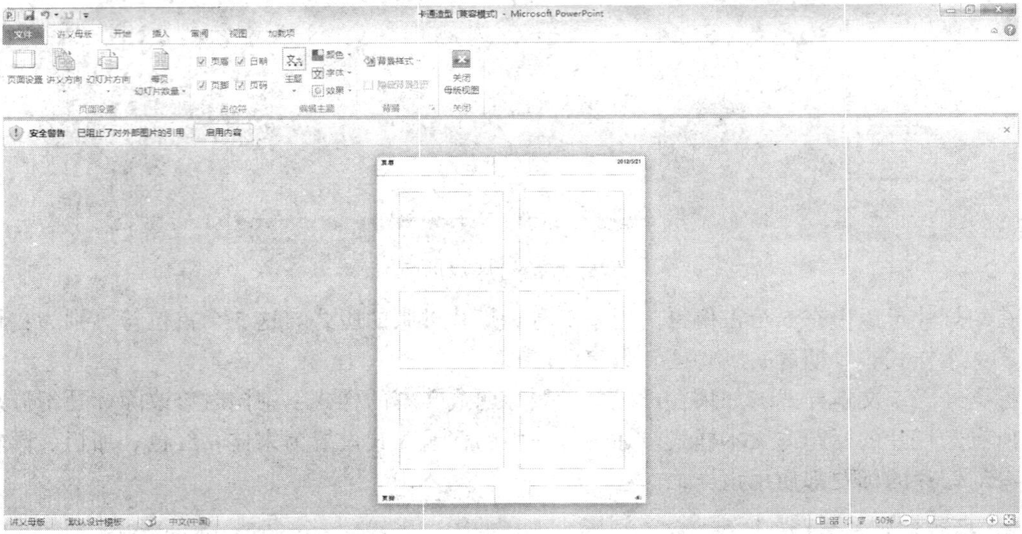

图 5-19　讲义母版

5.3.2　应用背景

对 PowerPoint 2010 设置背景时，可以应用系统自带的背景样式，这样可以避免设置的烦琐操作。单击“设计”选项卡“背景”组中的“背景样式”下拉按钮，在打开的下拉列表中提供了许多背景样式，如图5-20所示。

在“背景样式”下拉列表中选择“设置背景格式”命令，弹出“设置背景格式”对话框，设置背景的填充效果，如图5-21所示。

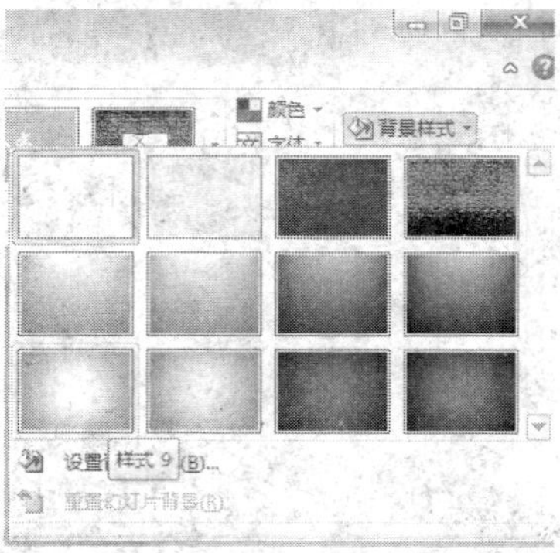

图 5-20　背景样式

图 5-21　“设置背景格式”对话框

在选择幻灯片背景的过程中，要注意背景颜色与文字颜色和内容的和谐搭配。

5.3.3　应用主题

幻灯片应用主题是指幻灯片的整体样式，包括幻灯片中的背景和文字等对象。这里提供了许多主题供选择，应用主题后的幻灯片，会赋予更专业的外观从而改变整个演示文稿的格式。

在“设计”选项卡的“主题”组中提供了多种主题样式，如图 5-22 所示。单击右侧的“其他”按钮，可打开“所有主题”列表框，如图 5-23 所示。

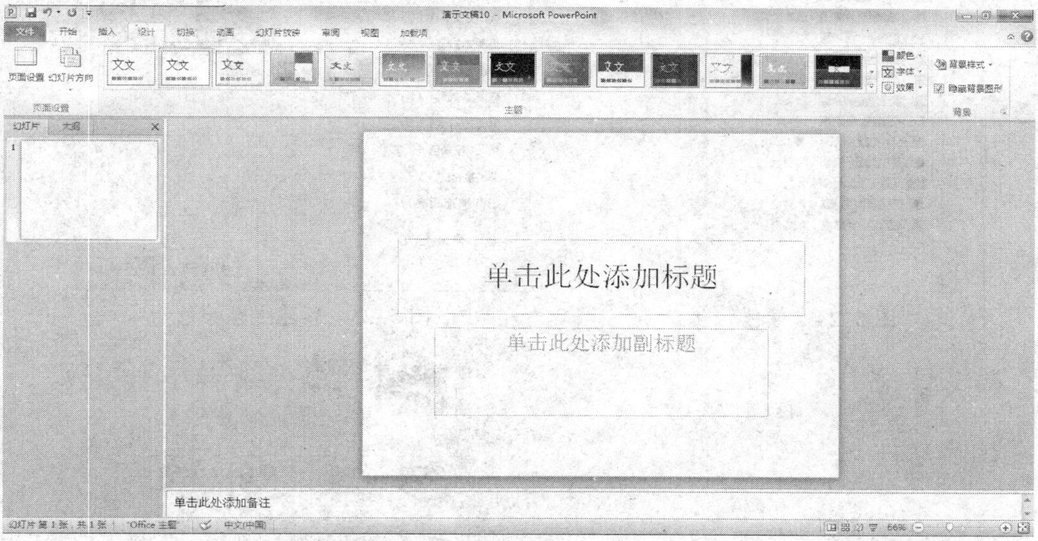

图 5-22　应用主题

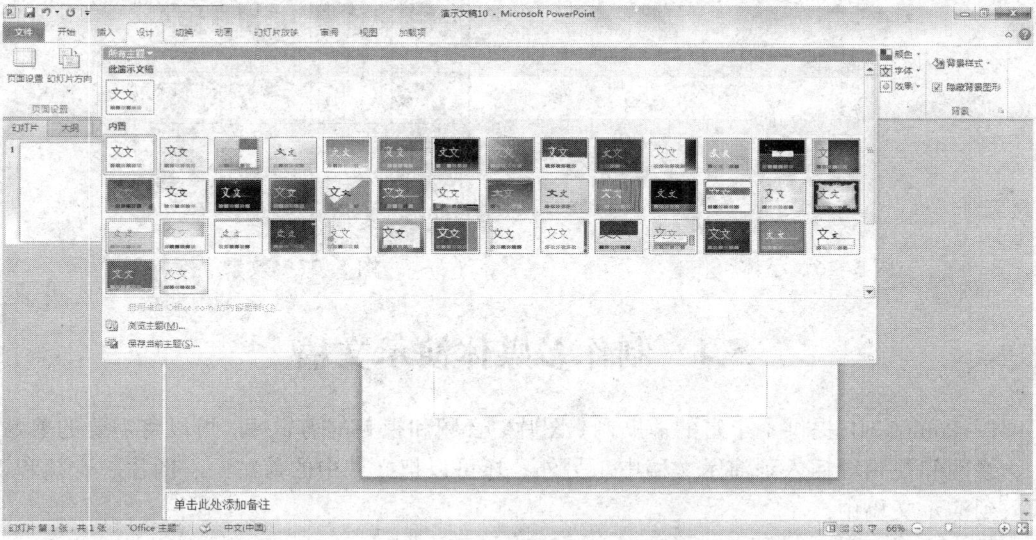

图 5-23　所有主题

如果“所有主题”列表框中的样式不能满足要求，可根据自己的要求自定义主题样式，即通过“设计”选项卡“主题”组中的“颜色”“字体”“效果”下拉按钮对主题进行设置，如图 5-24～图 5-27 所示。

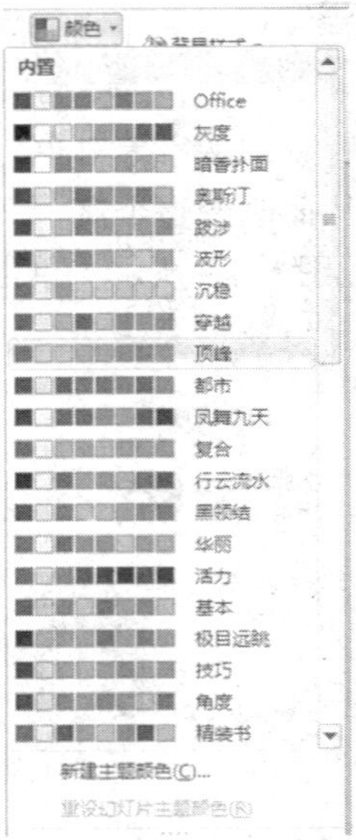

图 5-24 颜色

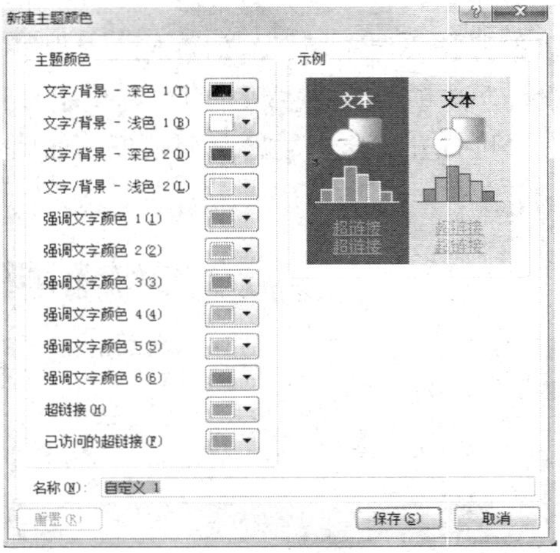

图 5-25 新建主题颜色

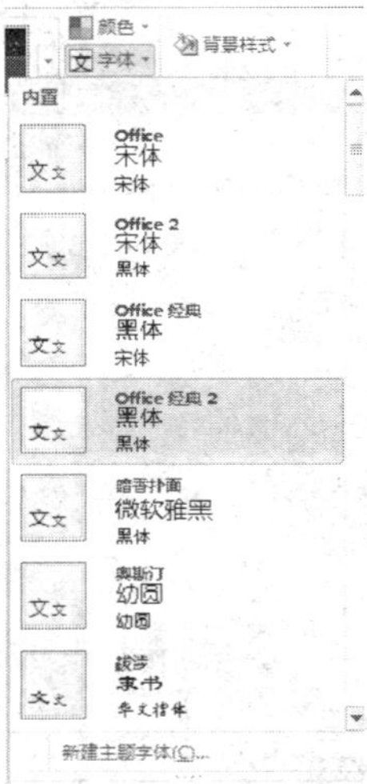

图 5-26 字体

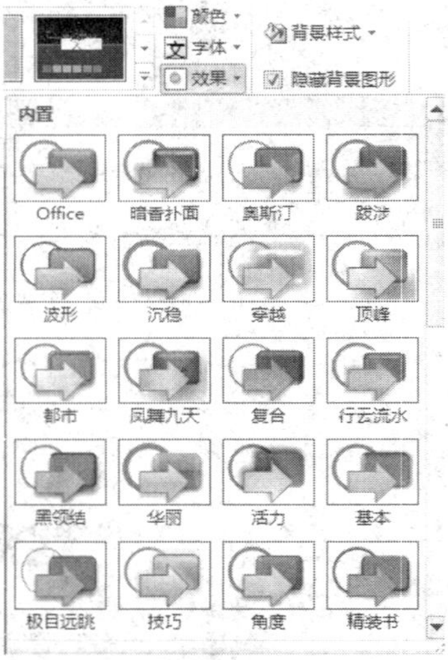

图 5-27 效果

5.4 制作多媒体演示文稿

PowerPoint 2010 提供了丰富的剪贴画、图片、音频和视频的剪辑库，可以将需要的剪贴画、图片、音频和视频等插入到演示文稿中。另外，还可以把文件中的剪贴画、图片、音频和视频等插入到演示文稿中。

5.4.1 插入剪贴画与图片

1. 插入剪贴画

先选择要插入剪贴画的幻灯片，如果幻灯片版式包含剪贴画区域，则双击该区域打开“剪贴画”任务窗格，或者单击“插入”选项卡“图像”组中的“剪贴画”按钮，在窗体的右侧打开“剪贴画”任务窗格，在“搜索文字”文本框中输入关键字，如动物，即可显示与动物相关的剪贴画，单击所需要的剪贴画即可，如图 5-28 和图 5-29 所示。

图 5-28　“剪贴画”图库

图 5-29　动物“剪贴画”图库

2. 插入图片

PowerPoint 2010 可以直接使用图片的编辑、美化功能，更加方便、快捷地制作出个性演示文稿。插入图片文件除来自剪辑库外，还可以指定图像文件插入到幻灯片中。先选中要插入图片的幻灯片，单击“插入”选项卡“图像”组中的“图片”按钮，弹出“插入图片”对话框。选择适合的图像文件，单击“确定”按钮即可在当前幻灯片中插入图片。

在制作演示文稿时，经常需要抓取桌面上的一些图片，如程序窗口、电影画面等，在以前版本需要安装一个图像截取工具才能完成。而在 PowerPoint 2010 中新增了屏幕截图功能，这样即可轻松截取、导入桌面图片。

操作时，首先在 PowerPoint 2010 中打开需要插入图片的演示文稿，单击“插入”选项卡“图像”组中的“屏幕截图”下拉按钮，打开一个下拉菜单，其中显示所有已打开窗口的缩略图，如图 5-30 所示。

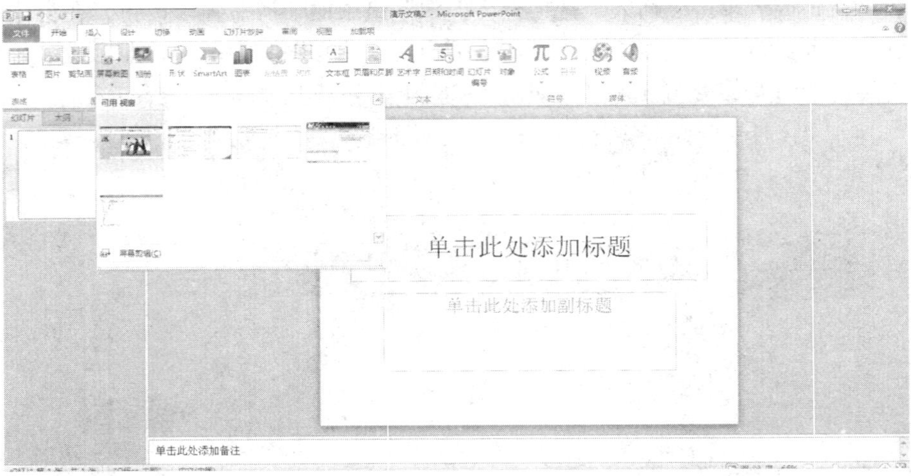

图 5-30　屏幕截图

单击其中某个窗口缩略图，即可将该窗口进行截图并自动插入文档中。如果只想截取桌面某一部分图片，可在下拉菜单中选择“屏幕剪辑”命令，随后 PowerPoint 2010 文档窗口会自动最小化，此时鼠标变成“+”形状，在屏幕上拖动鼠标即可进行手动截图。

截图后虽然直接可以在演示文档中使用，但是为了美观，经常需要把图片的一部分裁剪掉，比如只在演示文档中展示图片中的主体。此时，就可以在 PowerPoint 2010 中快速将图片多余的地方进行裁剪，单击“图片工具/格式”选项卡“大小”组中的“裁剪”下拉按钮，在打开的下拉菜单中选择“裁剪”命令，随后可以看到图片边缘已被框选，使用鼠标拖动任意边框，即可将图片不需要的部分进行裁剪，如图 5-31 所示。

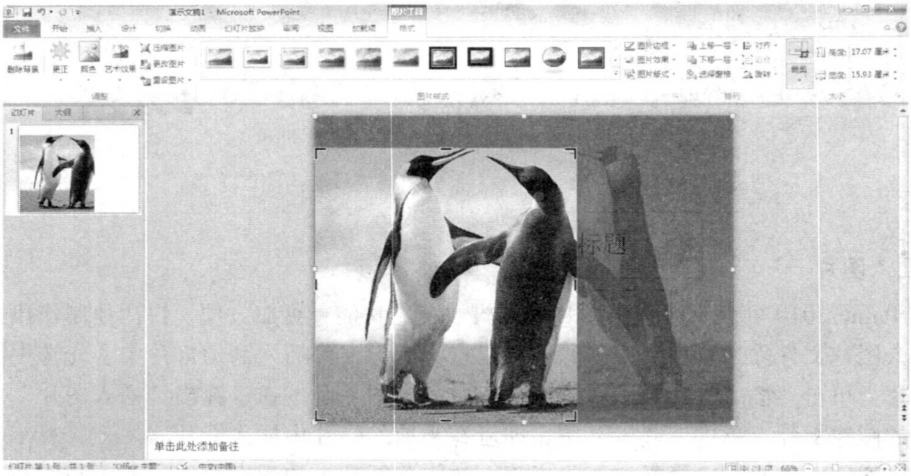

图 5-31　图片裁剪

PowerPoint 2010 中的裁剪功能非常强大，除了直接对图片进行裁剪外，还可以通过裁剪“纵横比”按照系统提供的图像比例对图片进行裁剪。此外，PowerPoint 2010 还提供了形状裁剪功能，选择“裁剪”下拉菜单中的“裁剪为形状”命令，打开多个形状列表，在此选择一种图形样式，这样该图片会自动裁剪为该形状，如图 5-32 所示。

图 5-32　图片裁剪形状

如果插入幻灯片中的图片背景和幻灯片的整体风格不统一，就会影响幻灯片播放的效果，这时可以对图片进行调整，去掉图片上的背景。去除图片背景一般都要使用 Photoshop 等专业的图像编辑工具才能实现，现在 PowerPoint 2010 也可以在演示文稿中轻松完成。单击“图片工具格式”选项卡“调整”组中的“删除背景”按钮，进入图像编辑界面，此时看到需要删除背景的图像中多出了一个矩形框，通过移动这个矩形框来调整图像中需保留的区域。选择保留区域后，单击“背景清除”选项卡“关闭”组中的“保留更改”按钮，这样图像中的背景就会自动删除，如图 5-33 所示。

图 5-33　删除图片背景

在 PowerPoint 2010 中增加了很多艺术样式和版式，可以非常方便地打造一张张有个性的图片。单击“图片工具/格式”选项卡“调整”组中的“艺术效果”下拉按钮，在打开的多个艺术效果列表中对图片应用不同的艺术效果，使其看起来更像素描、线条图形、粉笔素描、绘图或绘画作品。随后在“图片工具/格式”选项卡“图片样式”组中选择一种类型，这样就可以为当前图片添加一种样式效果，如图 5-34 所示。

此外，还可以根据需要对图片进行颜色、图片边框、图片版式等项目设置，使用户轻松制作出有个性的图片效果。

图 5-34　图片的艺术效果与样式

3. 插入图表对象

在幻灯片中插入图表对象是将数据表格以图表对象的形式在幻灯片中表示出来。图表对象的编辑是在其数据表上进行的，编辑后，对应的图表随之发生相应的变化。插入图表对象的具体操作步骤如下：先选择要插入图表对象的幻灯片，单击“插入”选项卡“插图”组中的“图表”按钮，弹出“插入图表”对话框，如图 5-35 所示。在数据表中输入新的数据取代数据表中的样本数据，创建新的图表对象，如图 5-36 所示。数据输入结束后将数据表窗口关闭。若需要对数据表进行编辑，则双击图表，使其处于编辑状态，然后进行编辑。编辑图表完毕后，在图表区域外单击，即可返回 PowerPoint 2010 工作状态，新建的图表即被插入到当前幻灯片中，其位置可以通过移动对象来调整。

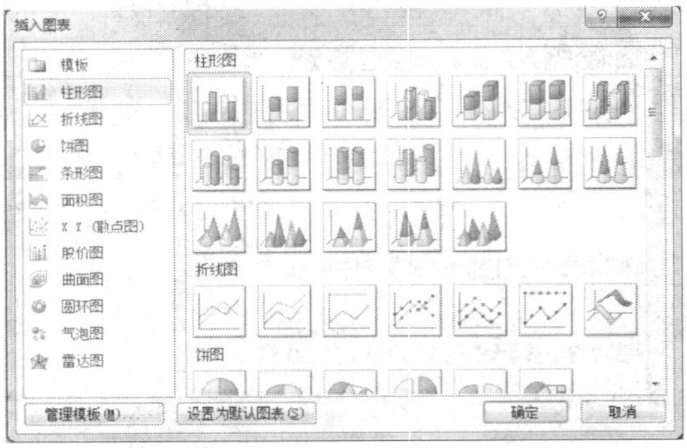

图 5-35　选择图表类型

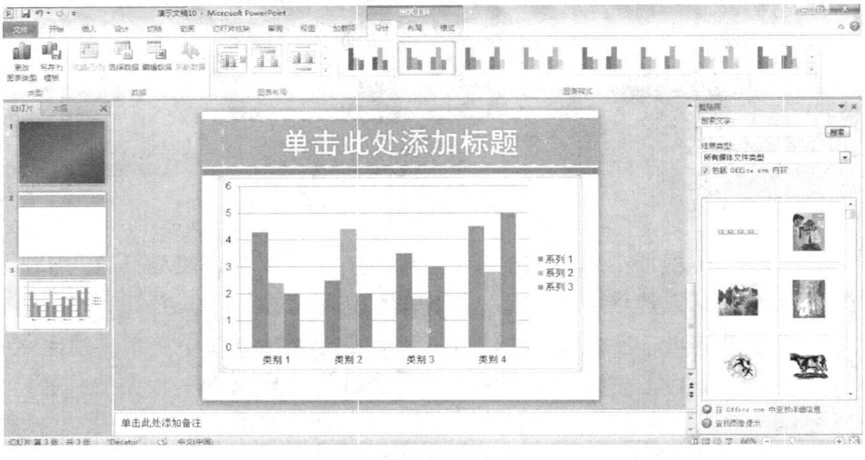

图 5-36　插入图表界面

4. 插入 Excel 工作表

要将 Excel 工作表插入到幻灯片中，先选择要插入的幻灯片，单击“插入”选项卡“表格”组中的“表格”下拉按钮，在打开的下拉列表中选择“Excel 电子表格”命令，插入表格后的幻灯片如图 5-37 所示。

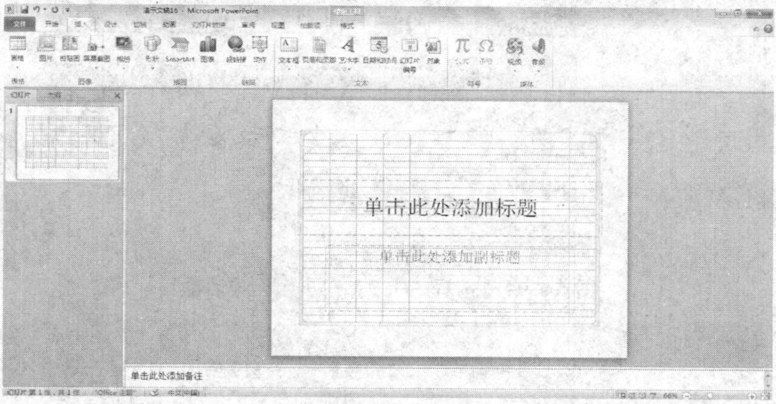

图 5-37　插入 Excel 电子表格后的幻灯片

在电子表格中输入及编辑数据，最后单击幻灯片的空白处，返回 PowerPoint 2010 工作状态。

5. 插入艺术字

艺术字是美化演示文稿的一种方式，如果使用得当，幻灯片会产生更好的视觉效果。在 PowerPoint 2010 中插入艺术字与在 Word 2010 中相同，单击“插入”选项卡“文本”组中的“艺术字”下拉按钮，打开艺术字字库，根据需要进行选择，如图 5-38 所示。

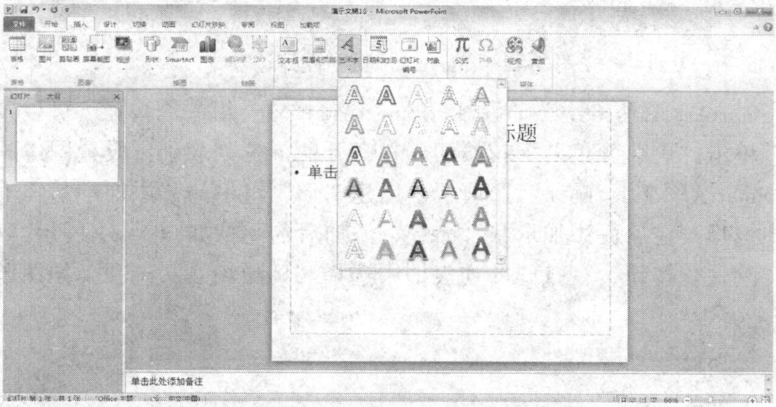

图 5-38　艺术字字库

6. 插入 SmartArt 图形

通过在幻灯片中插入 SmartArt 图形，可以把单一的列表变成色彩斑斓的有序列表、组织图或流程图。单击“插入”选项卡“插图”组中的“SmartArt”按钮，弹出“选择 SmartArt 图形”对话框，如图 5-39 所示。在该对话框中选择相应的选项。

在幻灯片中插入 SmartArt 图形，可以节省编辑占位符的时间。但插入到幻灯片中的 SmartArt 图形只是一个模型，需要在其中输入文本对其进行编辑才能满足使用要求。当插入 SmartArt 图形时，会自动激活“SmartArt 工具/设计”选项卡和“SmartArt 工具/格式”选项卡，如图 5-40

所示。通过两个选项卡中的按钮可对 SmartArt 图形的布局、颜色及样式等进行编辑。

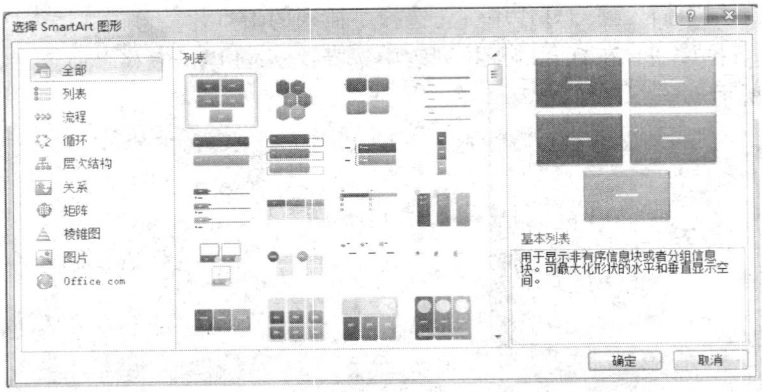

图 5-39 “选择 SmartArt 图形”对话框

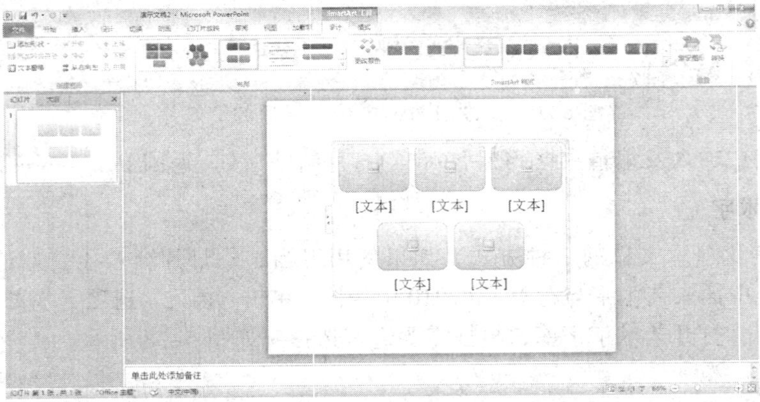

图 5-40 SmartArt 图形设计选项卡

① 单击“SmartArt 工具/设计”选项卡“SmartArt 样式”组中的按钮，可以设置当前所选布局的图像样式，单击“更改颜色”下拉按钮，在打开的下拉列表中可设置图像的颜色。

② 单击“SmartArt 工具/设计”选项卡“创建图形”组中的“添加形状”下拉按钮，在打开的下拉菜单中选择“在后面添加形状”命令，添加后的图像如图 5-41 所示。单击“SmartArt 样式”组中的“其他”按钮，在打开的列表框中选择“鸟瞰场景”选项，如图 5-42 所示。

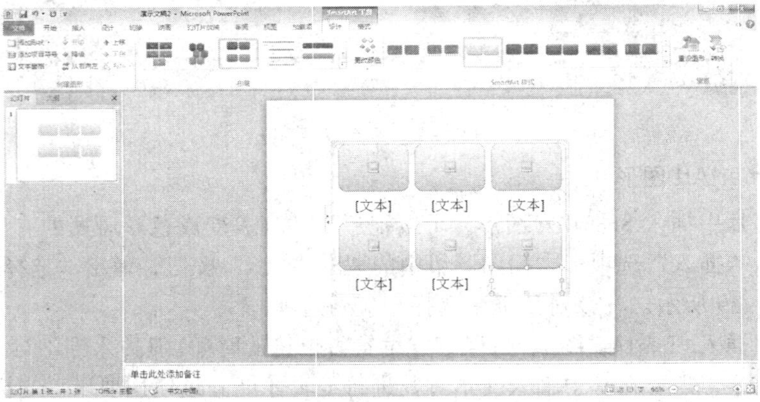

图 5-41 为 SmartArt 图形添加形状

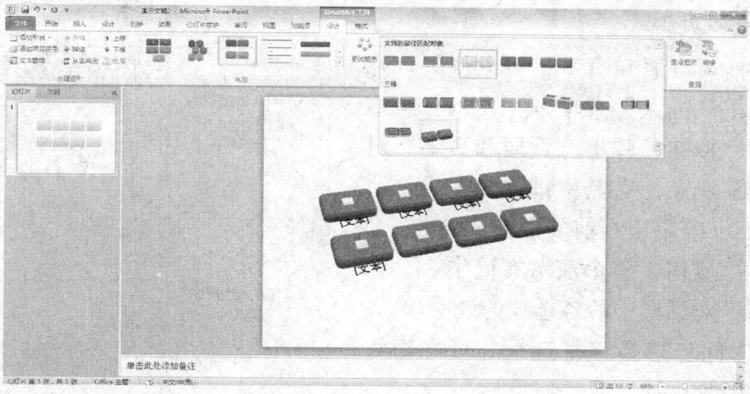

图 5-42　SmartArt 样式——鸟瞰场景

③ 选中 SmartArt 图形中的图形，单击“SmartArt 工具/格式”选项卡“形状”组中的“更改形状”下拉按钮，在打开的列表框中选择“燕尾形箭头”选项，如图 5-43 所示，更改后的形状如图 5-44 所示。

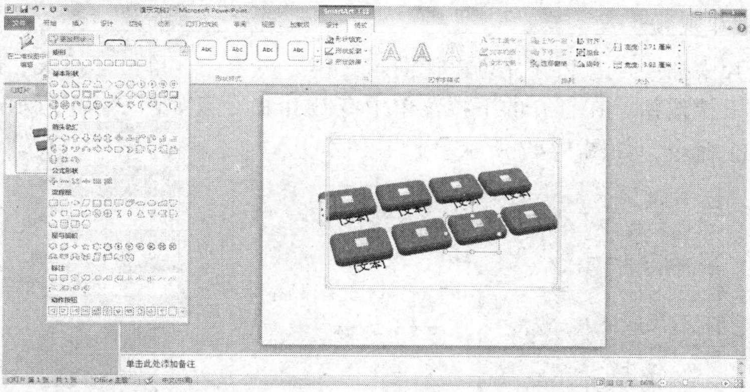

图 5-43　SmartArt 更改形状

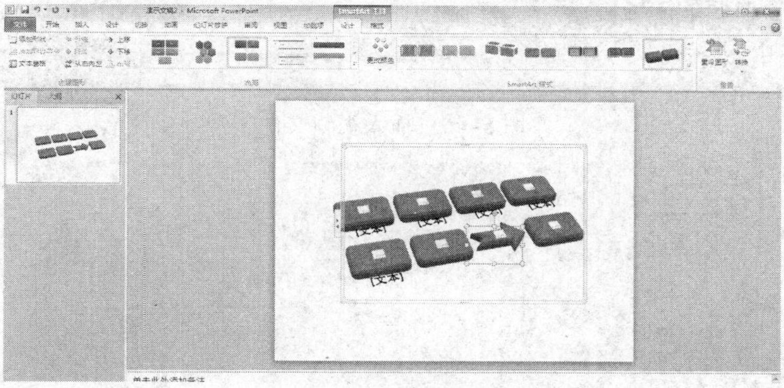

图 5-44　燕尾形箭头

“SmartArt 工具/格式”选项卡中的“形状样式”组、“艺术字样式”组、“排列”组和“大小”组的使用方法与编辑占位符、图片是完全相同的。

在“SmartArt 工具/格式”选项卡中，只有当 SmartArt 图形为三维形状时，“形状”组中的“在二维视图中编辑”按钮才可使用。

7. 插入页眉和页脚

在幻灯片中插入页眉和页脚，可以使幻灯片更易于阅读。单击“插入”选项卡“文本”组中的“页眉和页脚”按钮，弹出“页眉和页脚”对话框，如图 5-45 所示。在其中进行设置后，单击“应用”按钮，可应用于当前幻灯片，单击“全部应用”按钮，可应用于整个演示文稿中。

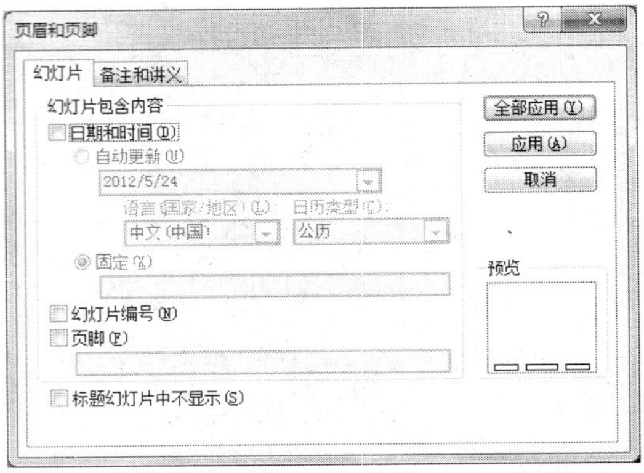

图 5-45 页眉和页脚

“页眉和页脚”对话框中的各选项的说明如下：

① 日期和时间：选择该复选框，可在幻灯片中显示时间和日期。

② 幻灯片编号：选择该复选框，可在幻灯片中显示出编号。

③ 页脚：选择该复选框，可在其下方的文本框中输入需要在页脚显示的文字。

④ 标题幻灯片中不显示：选择该复选框，则在标题页中不显示页眉和页脚。

8. 插入音频和视频

通过在幻灯片中插入声音和影片可以使演示文稿绘声绘色，单击“插入”选项卡“媒体”组中的“视频”下拉按钮，在打开的下拉菜单中有 3 个命令，如图 5-46 所示。在“音频”下拉菜单中也有 3 个命令，如图 5-47 所示。

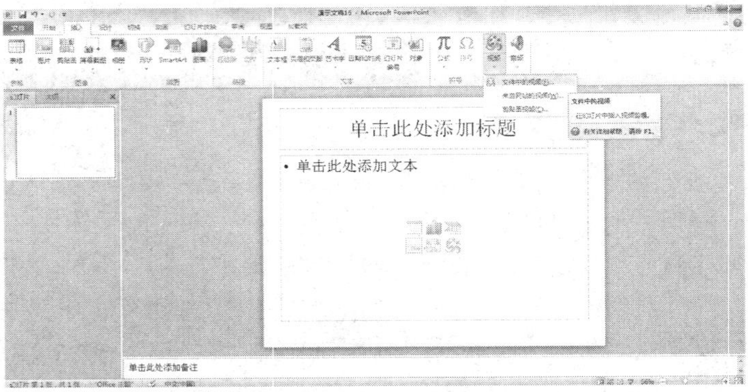

图 5-46 插入视频文件

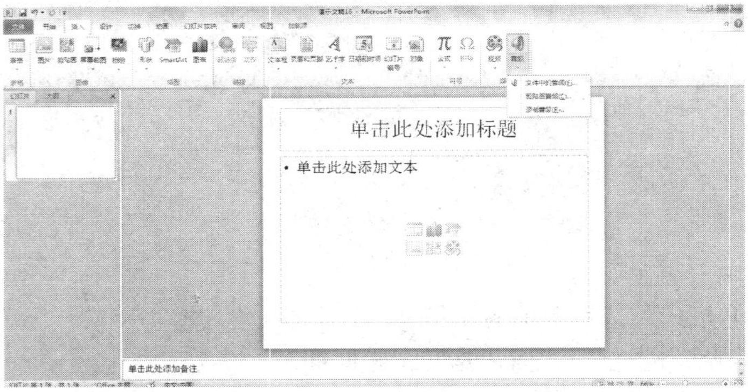

图 5-47 插入音频文件

9. 录制音频

向幻灯片中添加音频，可以使幻灯片在放映时画面有配音的效果，例如，对放映画面的说明，人物的对白，自然界的风声、雨声、动物的叫声等。录制音频需要在计算机上安装声卡、话筒等设备。录制音频有两种方式，一种是对单张幻灯片录制音频且有录音标记，另一种是对整套或多张幻灯片录制音频且没有任何标记。

（1）对单张幻灯片录制音频

选中要进行录制音频的幻灯片，单击“插入”选项卡“媒体”组中的“音频”下拉按钮，在打开的下拉菜单中选择“录制音频”命令，弹出图 5-48 所示的“录音”对话框，单击圆形按钮开始录音，单击方形按钮录音结束，单击三角形按钮可将录制的声音播放一次。录制完毕后幻灯片上会有一个声音图标，如图 5-49 所示，在幻灯片放映时，只需单击此图标录制的音频就能播放出来。

图 5-48 “录音”对话框

（2）对整套或多张幻灯片录制音频

选中要录制音频的第一张幻灯片，单击“幻灯片放映”选项卡“设置”组中的“录制幻灯片演示”按钮弹出“录制幻灯片演示”对话框，选中“旁白和激光笔”复选框，如图 5-50 所示。

图 5-49 幻灯片上录制音频的声音图标

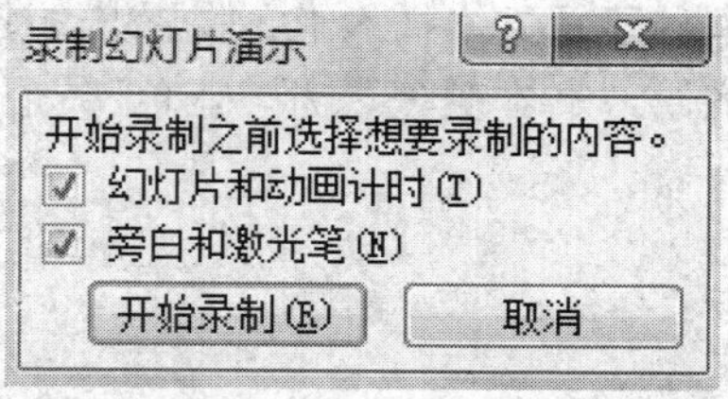

图 5-50 “录制幻灯片演示”对话框

5.4.2 制作“求职的高效途径”演示文稿

本实例是制作“求职的高效途径”演示文稿，在制作本实例时首先要启动 PowerPoint 2010；其次，在占位符中输入文本，并对文本进行格式设置；最后，对幻灯片进行插入图案操作。

① 启动 PowerPoint 2010，自动新建一个名为“演示文稿 1”的演示文稿，单击占位符“单击此处添加标题”，输入文本“求职的高校途径”，选择输入的文本，对其字体、字号和颜色进行设置，如图 5-51 所示，选择文本框，将其移动到图 5-52 所示的位置。

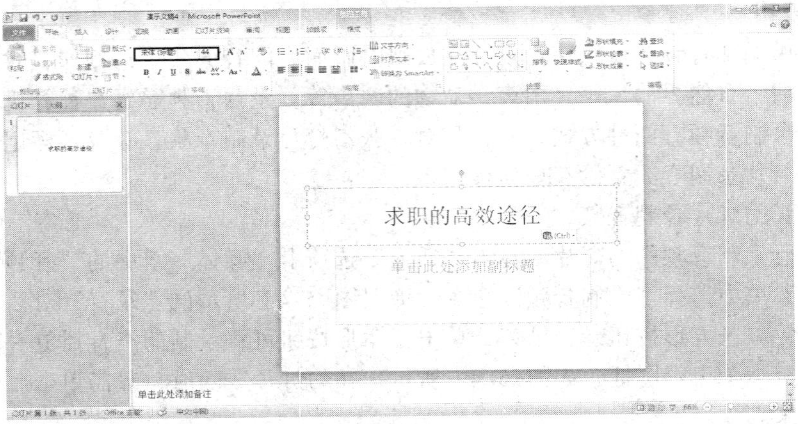

图 5-51　输入标题

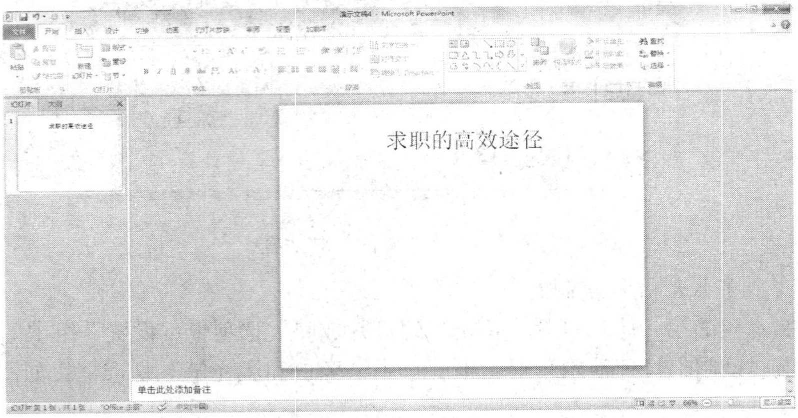

图 5-52　移动标题

② 选择副标题文本框，按【Delete】键将其删除，单击“插入”选项卡“文本”组中的“文本框”按钮，将鼠标移动到幻灯片编辑区，当光标变成闪动光标时，在此处绘制文本框，会在文本框内显示文本插入点，设置其“字体”为“微软雅黑”，“字号”为 20，“对齐方式”为“两端对齐”，“文本颜色”为“蓝色”，输入文本，效果如图 5-53 所示。

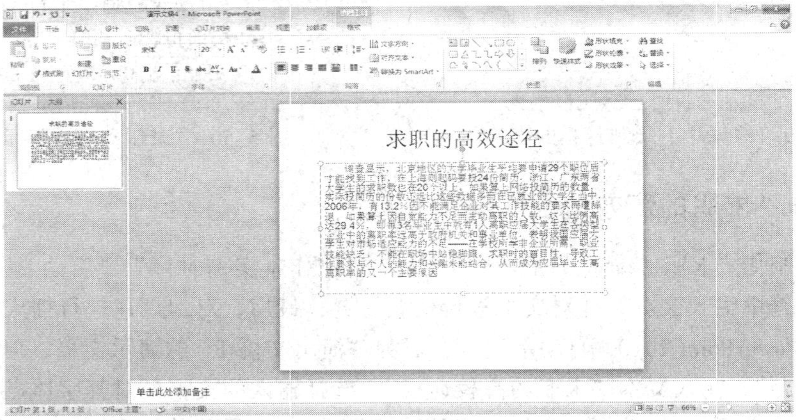

图 5-53　输入正文内容

③ 选择输入文字后的文本框，单击“开始”选项卡“段落”组中的“行距”按钮，在打开的下拉菜单中选择“行距选项”命令，弹出“段落”对话框，设置如图 5-54 所示，单击“确定”按钮，效果如图 5-55 所示。

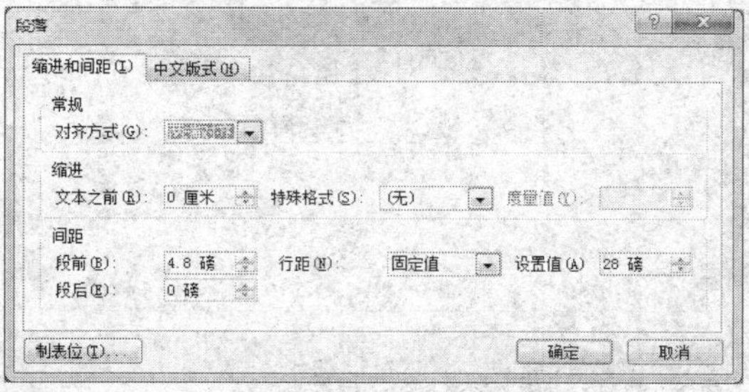

图 5-54　设置段落格式

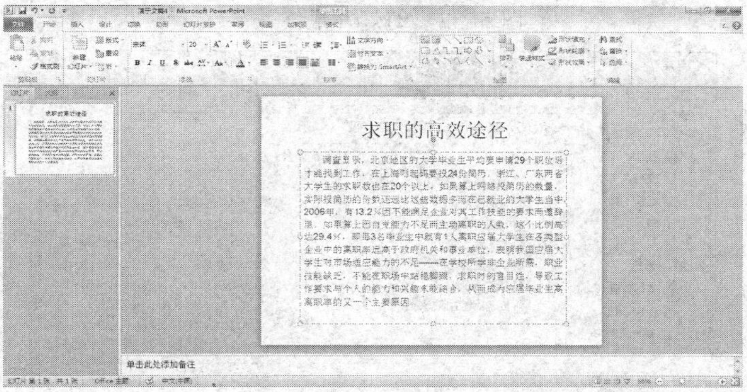

图 5-55　正文内容设置后效果

④ 单击“设计”选项卡“背景”组中的“背景样式”下拉按钮，在打开的下拉菜单中选择“设置背景格式”命令，弹出“设置背景格式”对话框，选择“图片或纹理填充”单选按钮，单击“纹理”下拉按钮，在打开的列表框中选择“画布”选项，如图 5-56 所示，单击“关闭”按钮，完成设置，幻灯片如图 5-57 所示。

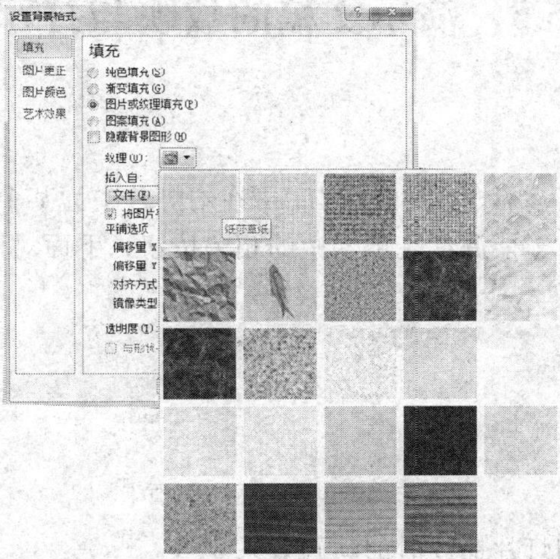

图 5-56　设置背景样式

完成“求职的高效途径”演示文稿的制作。选择“文件”选项卡中的“保存”命令，将其保存到指定位置，如图 5-58 所示。

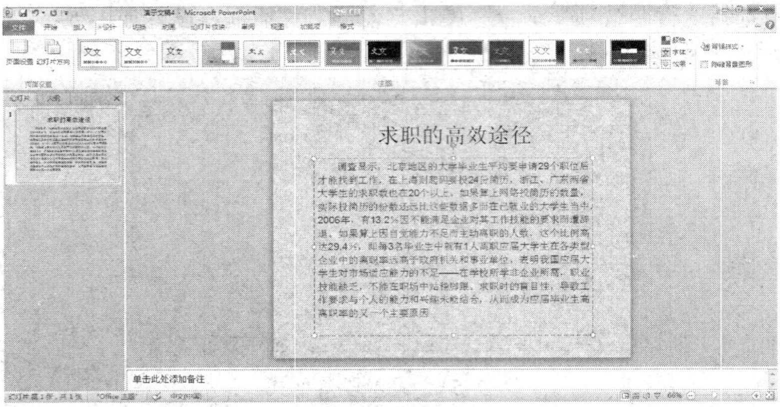

图 5-57　幻灯片最终效果

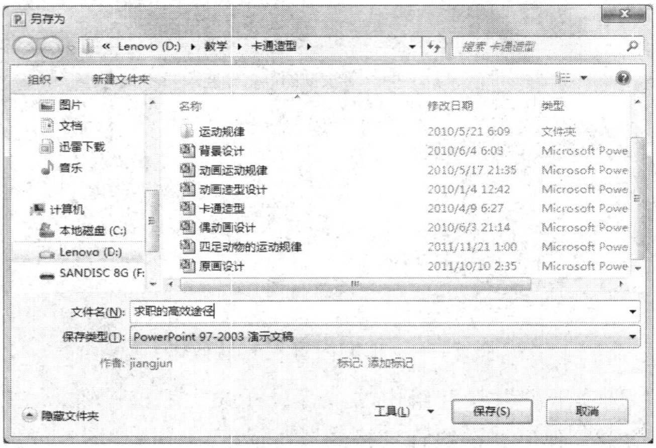

图 5-58　保存幻灯片

5.5　演示文稿的放映与打印

5.5.1　设置动画效果

为了使幻灯片更加丰富多彩、更具吸引力，可在幻灯片中为某个对象添加自定义动画效果。只有对幻灯片设置动画后，才能激活选项卡中的相关按钮，下面对选项卡中的各组功能进行介绍，如图 5-59 所示。

图 5-59　“动画”选项卡

①“预览”组：预览幻灯片播放时的动画效果。

②“动画”组：为幻灯片添加动画效果。

③“高级动画”组：可自定义、复制动画效果。

④“计时”组：可对动画进行排序和计时操作。

“动画”可分为四类：进入、强调、退出、动作路径。

进入：用来设置放映幻灯片时，对象在幻灯片中出现的过渡效果。

强调：如果在放映幻灯片时，需要突出强调某个对象，则可以为这个对象设置强调动画效果。

退出：用来设置放映幻灯片时，对象在幻灯片中消失时的过渡效果。

动作路径：用来设置按照特定路径运动效果。

为幻灯片中的图形对象添加动画效果，具体步骤如下：

① 在幻灯片中选取需要设置动画效果的对象。

② 在“动画”选项卡“动画”组中选择一种动画方案，如图 5-60 所示。

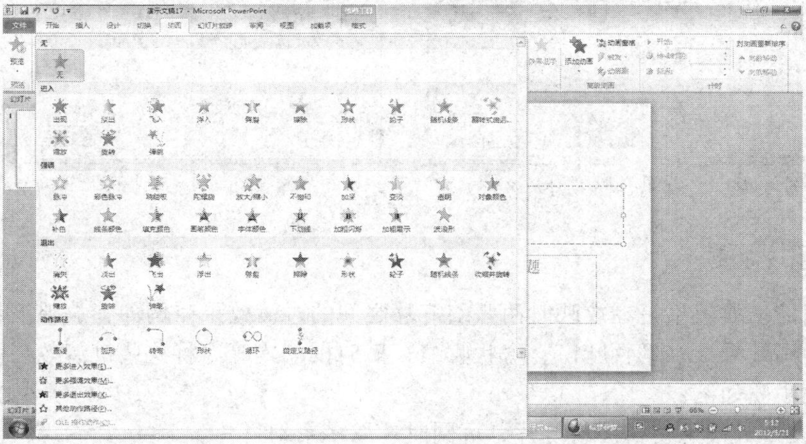

图 5-60　选择动画效果

③ 对于添加的动画效果可以进行再编辑，可利用“高级动画”组和“计时”组完成，如图 5-61 所示。

编辑动画效果还有另一种方法，在“动画窗格”任务窗格中，单击动画右侧的下拉按钮，打开下拉列表，如图 5-62 所示。

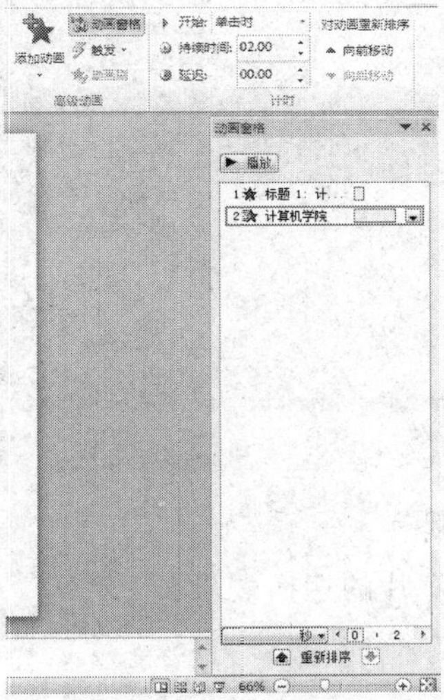

图 5-61　窗格编辑效果

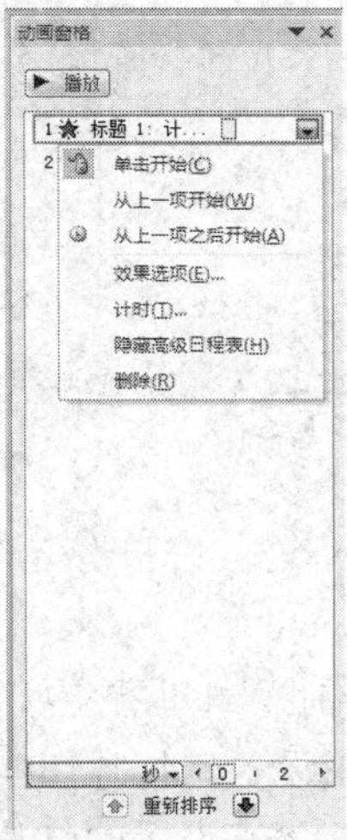

图 5-62　编辑进入效果选项

效果选项：用来设置动画效果的运动方向和为动画效果添加声音效果，选择后弹出图 5-63 所示对话框。

计时：用来设置动画效果的时间间隔，选择后弹出图 5-64 所示对话框。

可以用以上方法在幻灯片中添加退出、强调、动作路径动画效果。

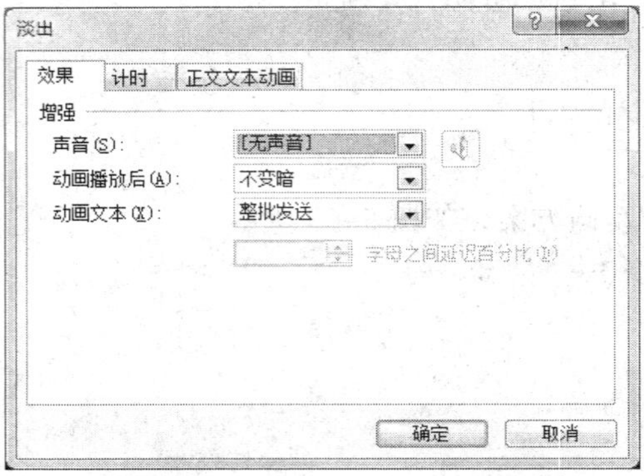

图 5-63 “效果”选项卡

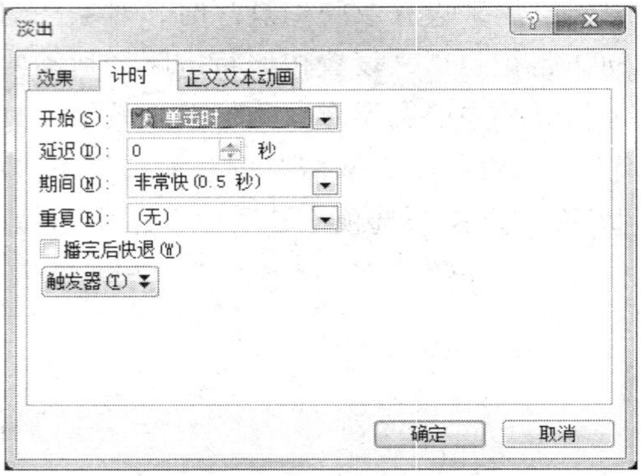

图 5-64 “计时”选项卡

5.5.2 幻灯片切换

幻灯片间的切换效果是在放映时两张幻灯片之间的过渡效果。例如，放映演示文稿时新幻灯片出现的动画效果有水平百叶窗、盒状收缩、横向棋盘式等。将这些过渡效果添加到幻灯片中的具体操作步骤如下：

① 选择要进行效果切换的幻灯片，可同时选取多个幻灯片。

② 单击“切换”选项卡“切换到此幻灯片”组中的任一种过渡效果（见图 5-65），即可为幻灯片设置切换效果。

图 5-65 幻灯片切换效果

在幻灯片“计时”组里有一些命令可以用来编辑幻灯片的切换效果：

a. 声音：用来设置幻灯片切换时的伴随声音。

b. 持续时间：用来设置幻灯片切换时的速度。

c. 全部应用：表示当前设置的切换效果应用于整个演示文稿的所有幻灯片。

d. 换片方式：用来设置幻灯片切换方式。选择“单击鼠标时”复选框表示单击鼠标切换到下一页幻灯片；选择“设置自动换片时间”复选框，可以设置间隔时间，表示隔一段时间后幻灯片自动切换到下一页。

5.5.3　创建交互式演示文稿

交互式放映演示文稿是在放映时允许通过鼠标单击而跳转到不同的位置，类似于 Web 页的跳转。在 PowerPoint 2010 中有两种方法可以设置交互式放映：动作按钮和超链接。

PowerPoint 2010 提供了预先制作好的动作按钮供用户选用，可将这些动作按钮插入到演示文稿中并为之定义链接。操作步骤如下：

① 选中要加入按钮的幻灯片。

② 单击“插入”选项卡“插图”组中的“形状”按钮，打开的下拉列表如图 5-66 所示，从中选择一个适合的图形按钮。

③ 鼠标指针变成“十”形状后，在幻灯片中拖动鼠标出现一个图形按钮（一般将按钮放在幻灯片的左、右下角），松开鼠标左键后，弹出“动作设置”对话框，如图 5-67 所示。

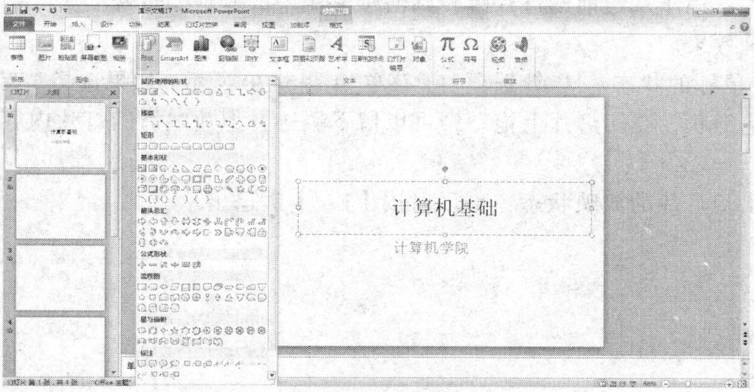

图 5-66　“形状”下拉列表

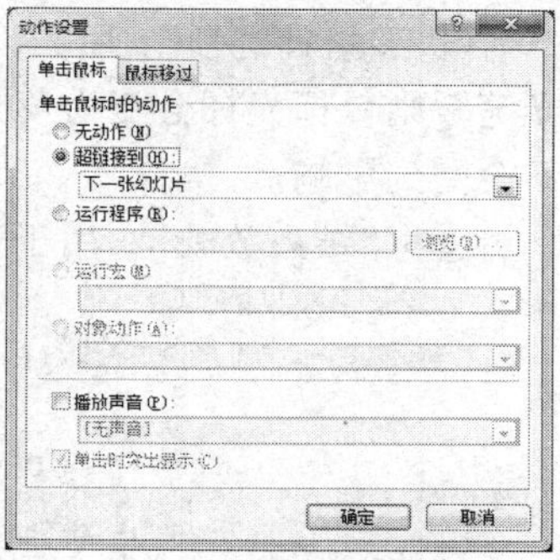

图 5-67　“动作设置”对话框

④ 在对话框中有“单击鼠标”和“鼠标移过”两个选项卡，分别用来设置鼠标单击按钮或移动过按钮的动作，这个动作可以定义为链接到某个位置或是运行某个应用程序。

⑤ 选中“播放声音”复选框，在下拉列表框中可以选择声音效果。一般在“单击鼠标”选项卡中设置链接动作或运行某个应用程序；在“鼠标移过”选项卡中设置“播放声音”效果。

⑥ 单击“确定”按钮完成动作按钮设置，在幻灯片放映中可观看设置的动作按钮效果。

5.5.4　演示文稿的放映

当演示文稿设置完成以后，就可以将演示文稿中的幻灯片放映出来了。放映时可以确定两种起始位置：

从第一张幻灯片开始放映。单击“幻灯片放映”选项卡“开始放映幻灯片”组中的“从头开始”按钮或按【F5】键。

从当前幻灯片开始放映：单击“幻灯片放映”选项卡“开始放映幻灯片”组中的“从当前幻灯片开始”按钮或者按【Shift+F5】组合键。

设置幻灯片的放映方式：单击“幻灯片放映”选项卡“设置”组中的“设置幻灯片放映”按钮，弹出“设置放映方式”对话框，如图 5-68 所示。

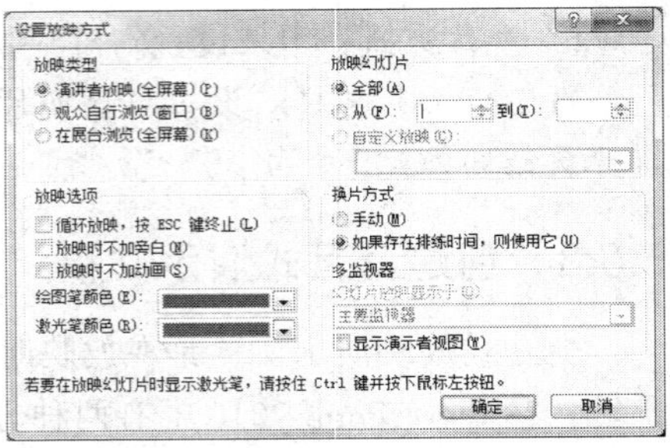

图 5-68 “设置放映方式”对话框

在“设置放映方式”对话框中有三种放映方式：

① 演讲者放映：是以全屏幕的形式显示幻灯片内容，这种方式下演讲者具有完整的控制权，并可以采用人工或自动方式放映。

② 观众自行浏览：是以窗口的形式显示幻灯片内容，观众可以参与幻灯片的播放过程。

③ 在展台浏览：是以全屏的形式在展台上进行演示，这种方式可自动放映演示文稿，每次放映结束后重新启动放映，从而实现循环放映。

在放映过程中，可以利用快捷菜单或命令按钮对幻灯片进行操作。

（1）快捷菜单

放映时，在幻灯片上右击，弹出的快捷菜单如图 5-69 所示。

① “下一张”和“上一张”：用于从当前幻灯片跳转到演示文稿中的其他幻灯片。

② “屏幕”：用于设置屏幕效果。

③ “指针选项”：用于设置鼠标的状态。“指针选项”子菜单如图 5-70 所示，如果选择“荧光笔”则鼠标光标会变为荧光笔形状，在幻灯片上拖动，可以留下墨迹，但放映后幻灯片内容不会受到影响。

④ “结束放映”：用于退出幻灯片的放映状态，也可以按【Esc】键退出。

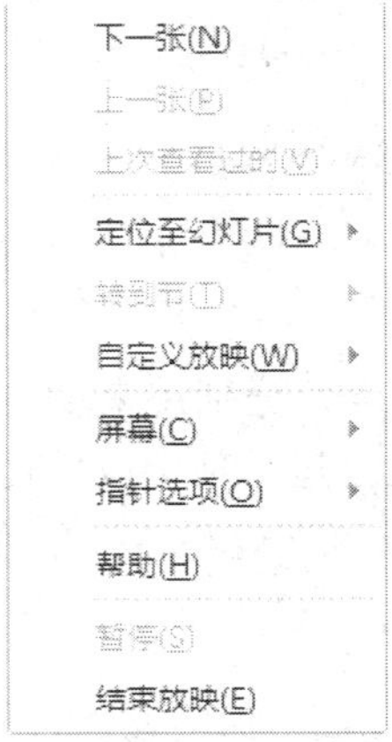

图 5-69 放映幻灯片时的快捷菜单

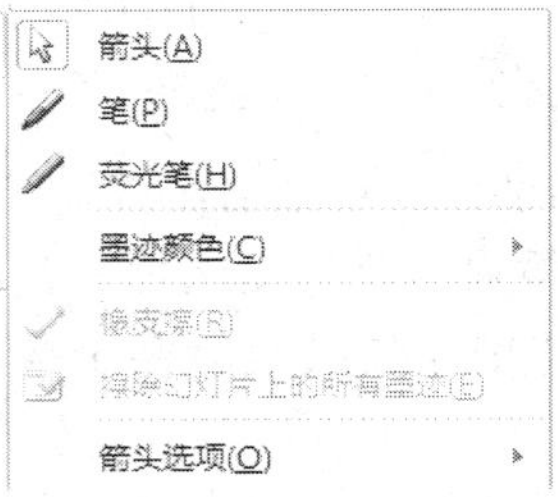

图 5-70 “指针选项”子菜单

（2）图标按钮

当放映幻灯片时在屏幕的左下角有 4 个按钮，如图 5-71 所示，利用这些按钮可以对幻灯片进行操作。

图 5-71 放映按钮

第一个按钮：将幻灯片切换到上一张。

第二个按钮：打开图 5-70 所示的菜单，可以设置笔、荧光笔等。

第三个按钮：相当于在幻灯片中右击，弹出图 5-69 所示的菜单。

第四个按钮：幻灯片将切换到下一张。

5.5.5　打印演示文稿

建立好演示文稿以后，除了可以将它演示出来以外，还可以将演示文稿打印出来。具体操作步骤如下：

① 页面设置。在打印演示文稿之前，必须先将幻灯片的大小和方向设置好，确保打印出来的效果能够满足要求。单击“设计”选项卡“页面设置”组中的“页面设置”按钮，弹出“页面设置”对话框，如图 5-72 所示。

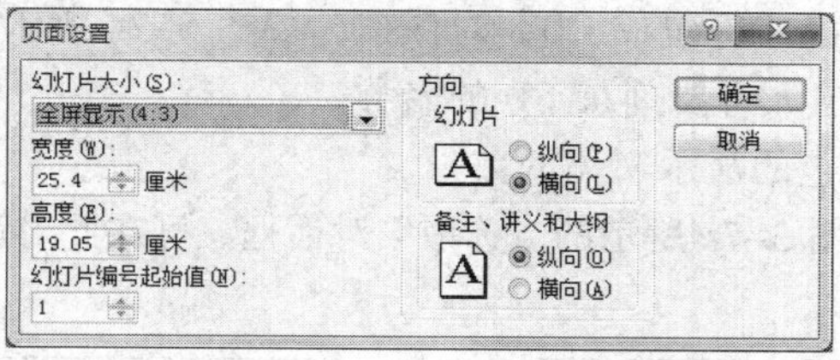

图 5-72　“页面设置”对话框

幻灯片大小：用于设置幻灯片的尺寸。

幻灯片编号起始值：用于设置打印演示文稿的编号起始值。

方向：用于设置打印方向。

② 设置打印选项。打印页面设置好以后，还要对打印机、打印范围、打印份数、打印内容等进行设置或修改。选择“文件”选项卡中的“打印”命令，打开“打印”窗格，如图 5-73 所示。

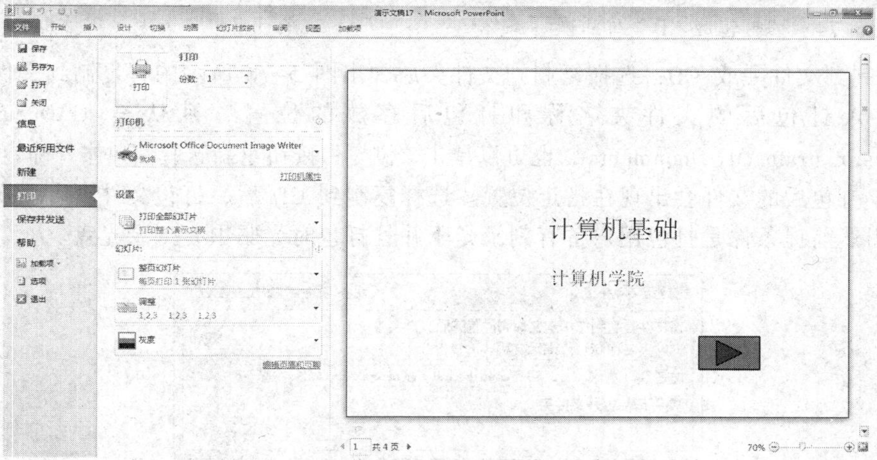

图 5-73　“打印”窗格

设置：第一项用于设置要打印演示文稿的范围，确定是打印“当前幻灯片”还是“打印全部”幻灯片，也可“自定义范围”打印。第二与第三项用于选择打印整页幻灯片、备注页或是大纲。还可以在列表中选择“讲义”的版式，此时“讲义”栏里的内容变为可用状态。在“讲义”栏里可以设置每一页纸张能打印出多少张幻灯片，并且可以设置打印讲义的顺序。第四项“颜色/灰度”用于设置幻灯片的颜色，为了打印清晰，就在列表中选择“黑白”选项。

5.5.6　演示文稿的打包

不同的计算机中软件环境不尽相同，有的计算机没有安装 PowerPoint 2010，使用播放器程序可以在没有安装 PowerPoint 2010 的计算机中放映演示文稿。这时需要将 PowerPoint 2010 演示文稿打包。

PowerPoint 2010 提供了打包向导功能。这个向导可以将演示文稿所需的所有文件和字体打包到一起。将 PowerPoint 2010 播放器一起打包，在没有安装 PowerPoint 2010 的计算机上也能播放演示文稿。打包的过程如下：

① 打开要打包的演示文稿，选择 “文件”选项卡中的“保存并发送”命令，在右侧的窗口中选择“将演示文稿打包成 CD”命令，打开“将演示文稿打包成 CD”窗格。在该窗格中单击“打包成 CD”按钮，弹出“打包成 CD”对话框，如图 5-74 所示。

② 将 CD 命名为：可输入将要刻录 CD 的名称。

③ 添加：可增加要打包的演示文稿的数量。

④ 选项：单击后弹出图 5-75 所示的“选项”对话框，可在此对话框中为演示文稿添加打开和修改密码。

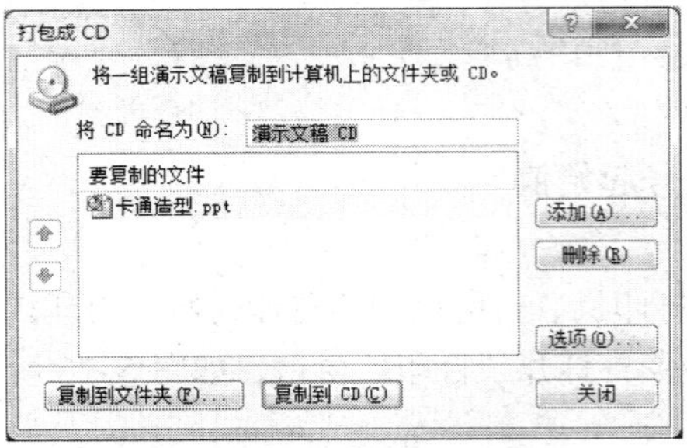

图 5-74 “打包成 CD”对话框

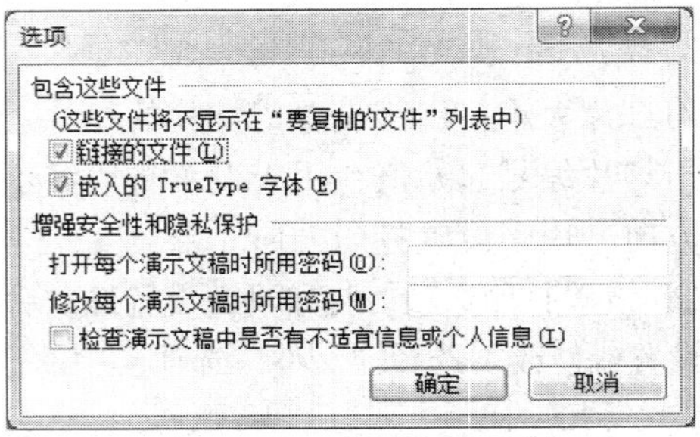

图 5-75 “选项”对话框

⑤ 复制到文件夹或 CD：选择复制到文件夹后弹出图 5-76 所示的“复制到文件夹”对话框，可输入打包后的文件夹名称和打包后存放的位置，默认是 C:\Documents and Settings\Administrator\My Documents\，也可以单击“浏览”按钮重新选择，单击“确定”按钮后，打包完成，打包后的文件会出现在指定位置。选择复制到 CD 后，打包文件会直接产生在刻录光盘中，当然前提条件是打包用户备有刻录光驱并且打包时光驱中有刻录光盘。

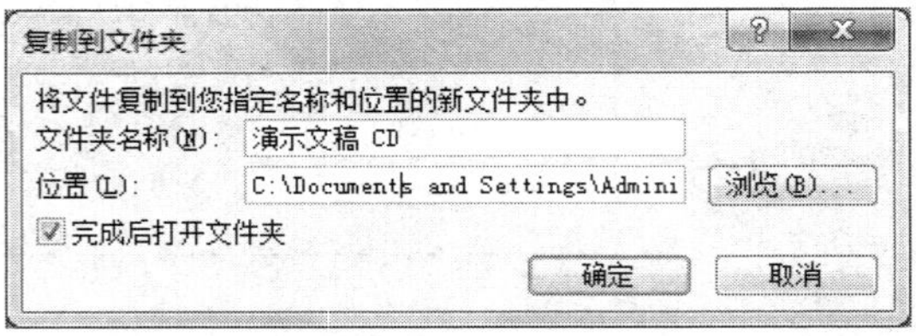

图 5-76 “复制到文件夹”对话框

第6章 数据库管理软件Access 2010

Access 2010 是微软公司推出的基于 Windows 的桌面关系数据库管理系统（Relational Database Management System，RDBMS），是 Office 系列应用软件之一。Access 2010 可用于收集和组织信息工作，使用它不但可以制作和管理数据库中的组件，还可以存储相关人员、产品等其他内容的信息。

6.1 Access 2010 基本操作

6.1.1 Access 2010 的工作界面

Access 2010 的工作界面与 Word 2010、Excel 2010、PowerPoint 2010 的工作界面相似，唯一不同的是 Access 2010 的操作窗口是由导航窗格和选项卡文档区组成。

Access 2010 的工作界面如图 6-1 所示。

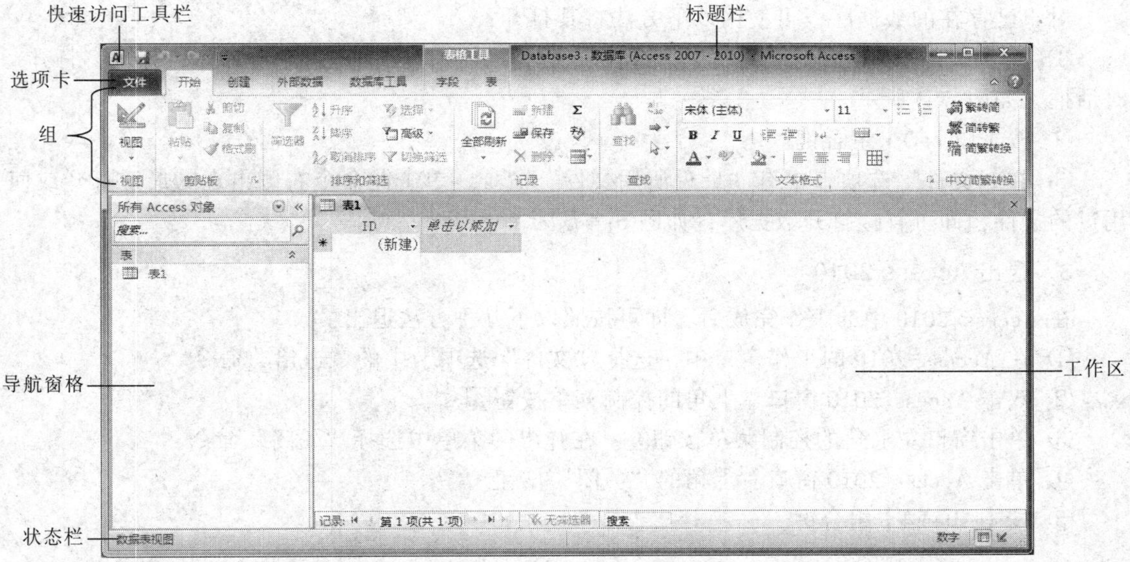

图 6-1 Access 2010 的工作界面

① 标题栏：位于程序窗口顶端，显示当前数据库的名称，并且提供最大化、最小化和关闭等功能按钮。

② 快速访问工具栏：默认状态含有保存、撤销和重复三个按钮，也可自定义。

③ 选项卡：Access 2010 提供的合并菜单栏，是用户控制 Access 2010 功能的主要工具，通过单击其中的按钮使 Access 2010 执行各种操作。Access 2010 中的选项卡主要有：文件、开始、创建、外部数据、数据库工具、加载项、表格工具。

④ 组：Access 2010 将一些常用的命令用图形按钮代替，按功能分成组，单击这些按钮可以执行相应的命令。

⑤ 工作区：此处可以显示和编辑数据库。

⑥ 导航窗格：在 Access 2010 操作过程中起导航作用，可以显示数据库中各对象的名称，双击其中任意对象即可在选项卡文档区显示该对象内容。

⑦ 选项卡文档区：当打开数据库文件中的一个对象时，它就会在选项卡文档区以选项卡的形式显示于该窗口中，选择相应的选项卡，即可打开相应的对象窗口。

⑧ 状态栏：在工作区的底端，它向用户提供了关于演示文稿内容的信息。

6.1.2 启动与退出 Access 2010

1. 启动 Access 2010 的操作方法

① 单击“开始”按钮，选择“所有程序”→“Microsoft Office”→“Microsoft Office Access 2010”命令，如图 6-2 所示。

② 为了能够在桌面上快速地启动 Access 2010，用户可以在桌面上创建一个快捷方式图标，双击该图标即可启动该程序

③ 双击已经存在的 Access 2010 文件。

2. 打开 Access 2010 数据库

对于已存在的数据库，可使用以下方法将其打开：

① 在 Access 2010 的工作窗口中，选择“文件”选项卡中的“打开”命令，弹出“打开”对话框，如图 6-3 所示。

② 按【Ctrl+O】组合键。

③ 在“文件”选项卡中有“最近所用文件”命令，单击此命令右侧出现的最近打开或使用过的文件，即可直接打开数据库，如图 6-4 所示。

3. 退出 Access 2010

在 Access 2010 中的工作完成后，即可按照以下几种方法退出：

① 在 Access 2010 的工作窗口中，选择“文件”选项卡中的“退出”命令。

② 双击 Access 2010 窗口左上角的控制菜单按钮。

③ 单击窗口左上角的控制菜单按钮，在弹出的菜单中选择“关闭”命令。

④ 单击 Access 2010 窗口右上角的“关闭”按钮。

⑤ 按【Alt+F4】组合键。

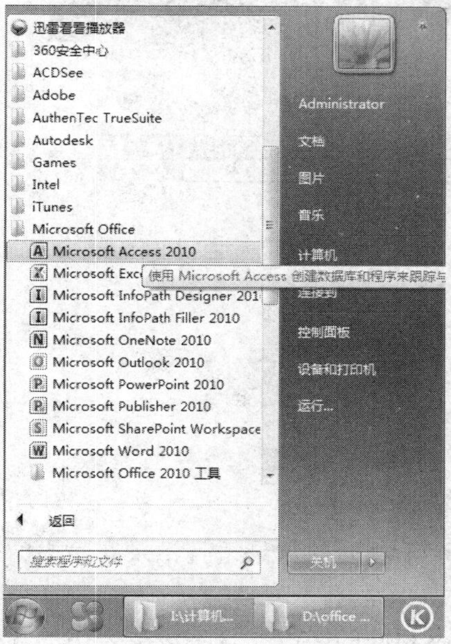

图 6-2　Access 2010 的启动

图 6-3　打开 Access 2010 数据库

图 6-4　“最近所用文件”命令

6.1.3　认识 Access 2010 数据库主体元素

Access 2010 数据库中的主体元素，主要包括表、窗体、报表和查询 4 种，使用这些元素可对数据库文件中的对象进行组织和管理。

（1）表

表是数据库操作的基础，更是数据库中存储数据的核心，相当于 Excel 2010 中的工作区，用于存储和组织数据。在 Excel 2010 中用行和列作为数据的坐标，而在 Access 2010 中是用记录和字段来定位的，如图 6-5 所示。

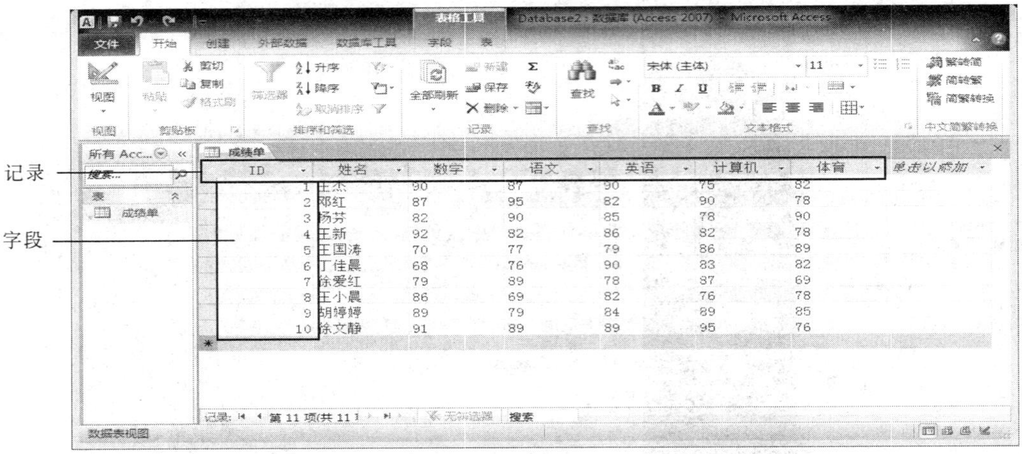

图 6-5　Access 2010 中的表

① 记录：指表每一行中的数据，一张表可包含多个不相同的记录，且记录在表中的顺序不同不会影响数据的实际意义。

② 字段：指表每一列的数据，一张表可包含多个不相同的字段，且字段在表中的顺序不同不会影响到数据的实际意义。

（2）窗体

Access 2010 中窗体的显示状态如图 6-6 所示。使用窗体可以在数据库中输入、添加、删除和更改数据，还可以通过添加控件的方式增加窗体中显示的内容，并可以在窗体和窗体之间创建超链接。

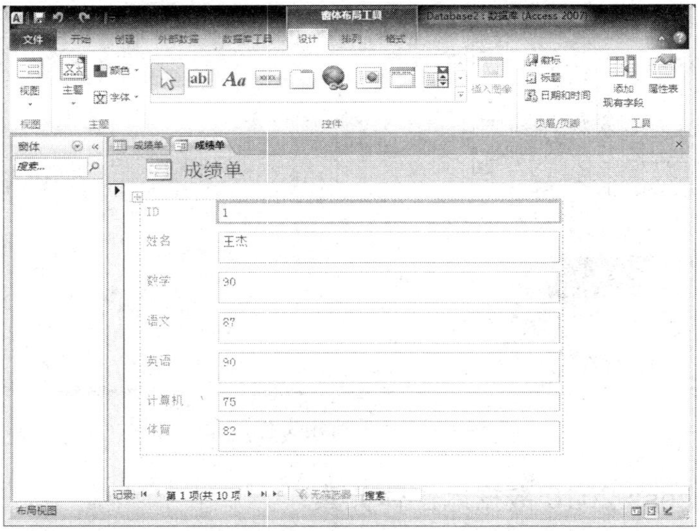

图 6-6　Access 2010 中的窗体

（3）报表

Access 2010 中报表的显示状态如图 6-7 所示。报表可以显示数据库中的数据文档，在其中可以用文本框显示名称、数值，用标签显示标题，除此之外还可以图表形式显示数据。通常会在打印数据资料时用到。

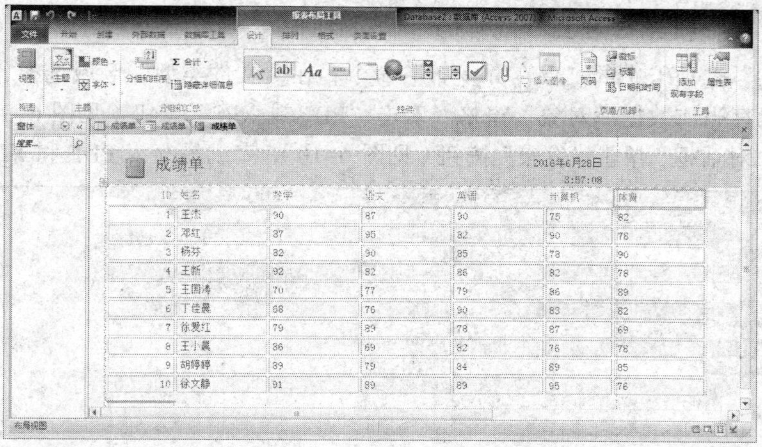

图 6-7　Access 2010 中的报表

（4）查询

Access 2010 中查询的显示状态如图 6-8 所示。使用查询可以指定条件，在多张表中查询符合设置条件的数据，并将其组合成表。另外，还可以对表进行编辑、更改等操作。

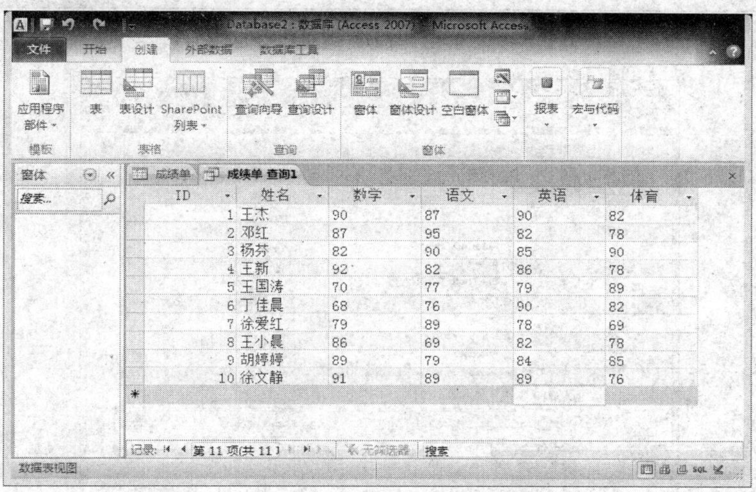

图 6-8　Access 2010 中的查询

6.1.4　转换为 PDF 和 XPS 格式

如果希望将文件保存以防他人修改，并能够轻松共享和打印这些文件，可以在 Access 2010 中将文件转换为 PDF 或 XPS 格式，而无须其他软件或加载。

1. 什么是 PDF 和 XPS 格式

① PDF：可以保存文档格式并允许文件共享。在联机状态下查看或打印 PDF 格式的文件时，此文件可保存预期的格式，使他人无法更改文件中的数据。此外，PDF 格式对于要使用专业印刷方法进行复制的文档十分有用。

② XPS：一种平台独立技术，此技术也可以保存文档格式并支持文件的共享。在联机状态下查看或打印 XPS 文件时，此文件也可保存预期的格式，使他人无法更改文件中的数据。与 PDF 格式相比 XPS 格式能够在接收人的计算机上呈现更加精彩的图像和颜色。

2. 另存为 PDF 和 XPS 格式

选择“文件”选项卡中的“保存并发布”命令，在“文件类型”区域选择“对象另存为”命令，打开“保存当前数据库对象”窗格，双击“PDF 或 XPS”按钮（见图 6-9），弹出“发布为 PDF 或 XPS”对话框，单击“发布”按钮（见图 6-10），完成另存为 PDF 和 XPS 格式的操作。

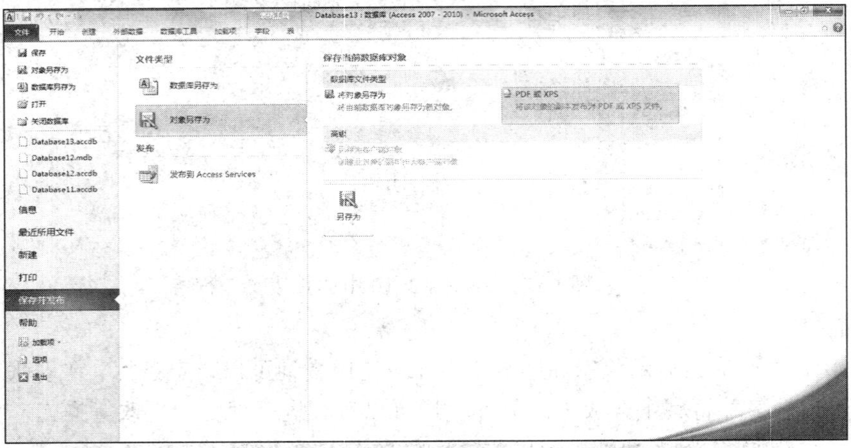

图 6-9 单击“PDF 或 XPS”按钮

图 6-10 “发布为 PDF 或 XPS”对话框

6.2 主键和索引

主键和索引是 Access 2010 为方便对数据进行查询与编辑操作特别引入的概念，使用主键和索引可以提高输入和查询的速度。本课将就主键和索引两个知识点进行重点讲解。

6.2.1 了解主键

主键是表格中主关键字的简称。使用它可以保证记录中主键字段数据不出现重复值。在 Access 2010 中共有三种主键类型，即自动编号主键、单字段主键和多字段主键。

1. 自动编号主键

在新创建的表中输入字段时，Access 2010 会将自动编号设为主键，如每在表中输入一个字段，自动编号主键都会自动输入连续的数字编号，如图 6-11 所示。

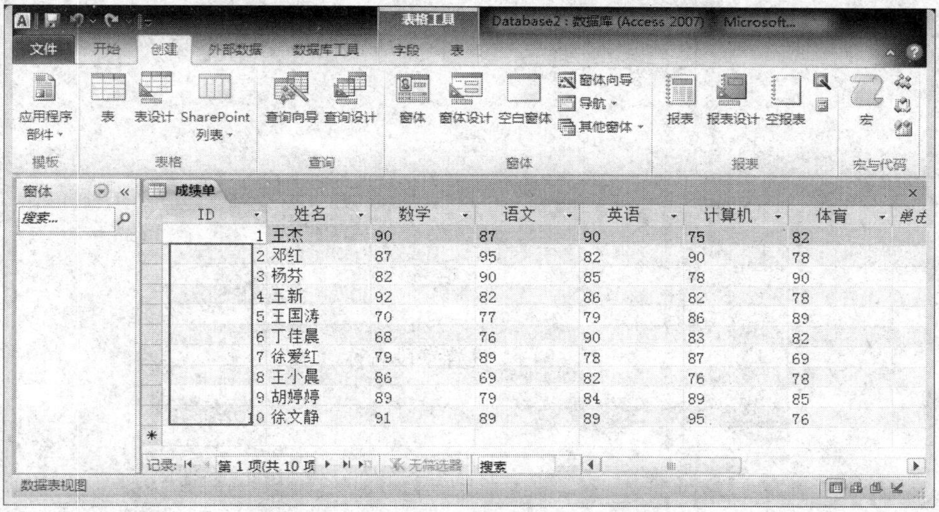

图 6-11 自动编号主键

2. 单字段主键

如果选择的字段在表中是唯一值，那么可以将该字段设置为单字键主键，如果是重复值或空值，不能将其设置为单字段主键。

3. 多字段主键

如果表中的字段都不是唯一值时，可以将两个或更多的字段设置为主键。这样可用于多对多关系中关联另外两个表。

6.2.2 设置和删除主键

自定义主键的操作步骤如下：

① 单击“开始”选项卡“视图”组中的“视图”下拉按钮，在打开的下拉菜单中选择“设计视图”命令，如图 6-12 所示。将表切换到“设计”选项卡，在“字段名称”列表框中选择要设为主键的字段行，如图 6-13 所示。

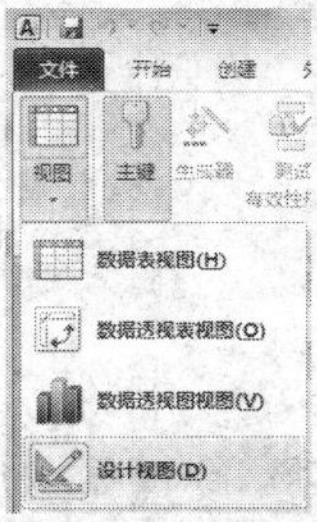

图 6-12 选择“设计视图”命令

② 单击“设计”选项卡“工具”组中的“主键”按钮，在该字段前面会出现标记，如图 6-14 所示，这表示已设置该字段为主键。如果选择字段的同时按住【Ctrl】键，再单击“设计”选项卡中的“主键”按钮，即可设置多字段主键，如图 6-15 所示。

设置主键后，如果想删除设置的主键，可将要删除的主键选中，单击“设计”选项卡“工具”组中的“主键”按钮，即可将其删除。

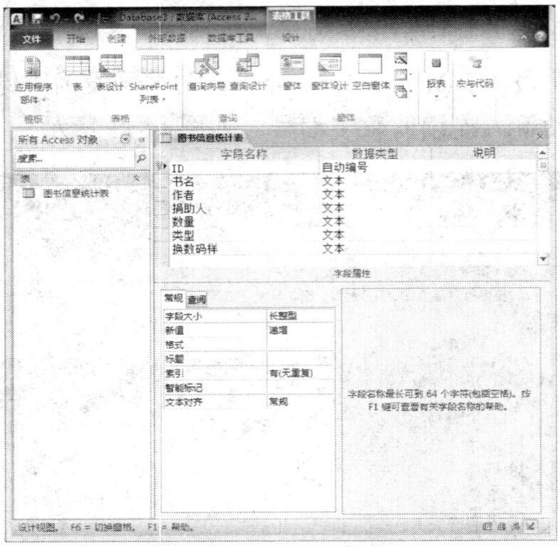

图 6–13　设置字段名称

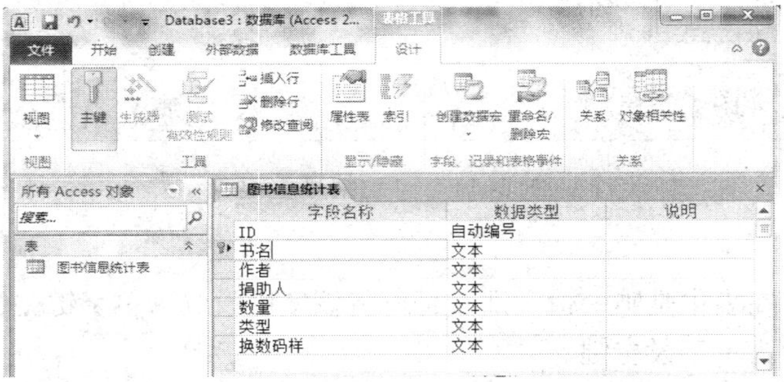

图 6–14　字段前的主键标记

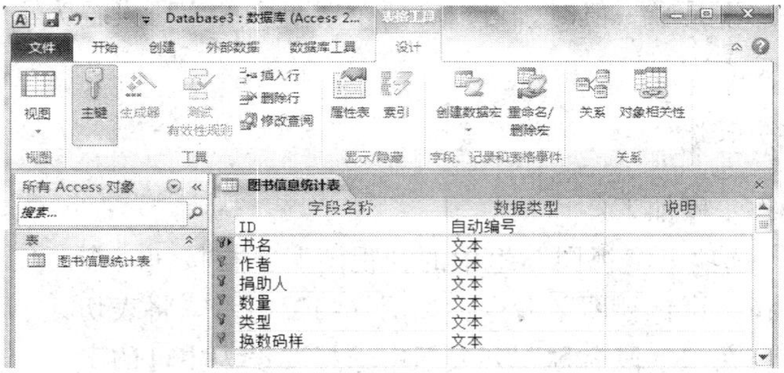

图 6–15　多字段主键

③ 设置完成后，选择“文件”选项卡中的“保存”命令，保存主键设置，单击工作界面右下角的“数据表视图”按钮，即可返回数据表视图。

6.2.3　创建和删除索引

索引是一种排序机制，使用它可以对数据进行加速查询和排序操作。在设置索引时可设置其是否允许重复值，如果不允许重复值，可将该索引创建为唯一索引。

单击工作界面右下角的“设计视图”按钮，切换到“设计”选项卡，单击“表格工具/设计”选项卡“显示/隐藏”组中的“索引”按钮（见图 6–16），弹出“索引：图书信息统计表”对话框，在“索引名称”列表框中输入索引名称，在“字段名称”下拉列表中选择相应的字段，如图 6-17 所示，设置完成后，单击右上角的“关闭”按钮，保存设置。

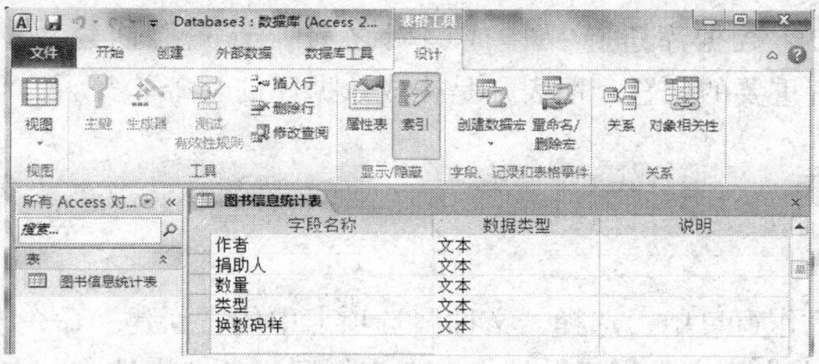

图 6-16 单击“索引”按钮

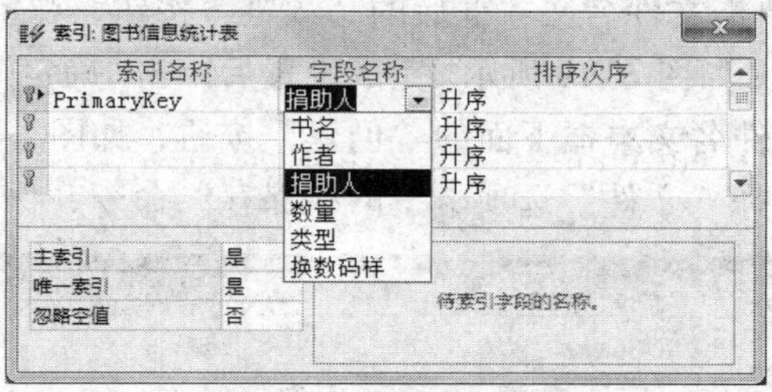

图 6-17 “索引：图书信息统计表”对话框

6.2.4 Access 数据库其他常用基本术语

如果要真正了解 Access 数据库，首先要对其常用的基本术语进行掌握和认识，下面介绍 Access 数据库中常用的基本术语。

1. 关系模型

一个关系就相当于一张二维表。用二维表形式表示实体和实体间关系的数据模型称为关系模型。

2. 关系

关系是连接不同数据库中表之间的桥梁，这种连接通常用表中匹配的关键字来完成，如一对多或多对多，这种对关系的描述称为关系模型，一个关系模式对应着一个关系结构，其表示格式如下：

关系名(属性名 1,属性名 2,…,属性名 n)

3. 属性

关系中的列称为属性。每列都有一个属性名，但在同一个关系中不允许出现相同的属性名。

4. 域

域是指属性的取值范围。

5. 键

键又称关键字，它是由一个或多个属性组成的，用于唯一标识一个记录，如教师用书表中的“书名”字段可以区别表中的各个记录，所以“书名”可以作为关键字来使用。一个关系中可以存在多个关键字，但能标识记录的关键字称为主关键字。

6. 外部键

如果关系中的一个属性不是关系的主键，而是另外一个关系的主键，则该属性称为外部键或外部关键字。

6.3 创建数据库和表

在对 Access 2010 数据库进行操作或编辑之前，首先要创建数据库和表。数据库在 Access 2010 中占据着重要的位置，而表则是构成数据库的基础。

6.3.1 创建数据库

1. 创建空数据库

在 Access 2010 工作窗口中，选择“文件”选项卡中的“新建”命令按【Ctrl+N】组合键，在“可用模板”区域单击“空数据库”按钮，在右侧窗格的“文件名”文本框中输入相应的文件名，如图 6-18 所示。单击文件名文本框后的“浏览”按钮，弹出“文件新建数据库”对话框，选择放置数据库的位置，如图 6-19 所示。完成设置后单击“确定”按钮，返回到 Access 2010“文件”选项卡中，单击文件名文本框下面的“创建”按钮，如图 6-20 所示，创建一个空白数据库，如图 6-21 所示。选择“文件”选项卡中的“保存”命令，保存数据库。

图 6-18　建立空数据库

图 6-19　“文件新建数据库”对话框

图 6-20　单击“创建”按钮

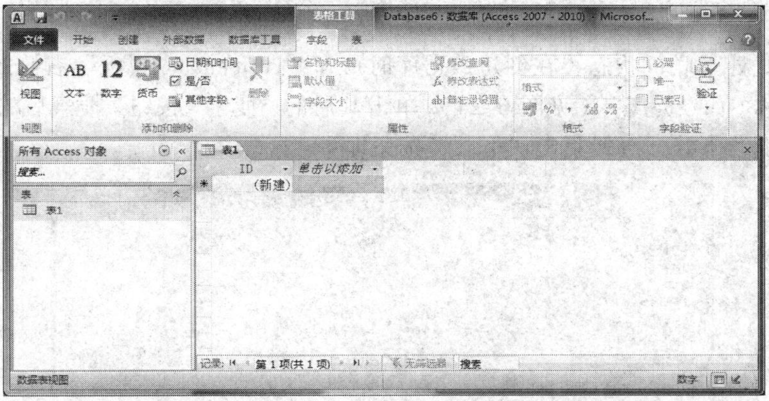

图 6-21　创建好的数据库

2. 使用模板创建数据库

在 Access 2010 中可以使用“样本模板”创建有样式的数据库，除此之外还可以通过网络下载更多的模板，以便在创建数据库时提供选择。使用“样本模板”创建数据库的操作步骤如下：

启动 Access 2010，选择“文件”选项卡中的“新建”命令，在“可用模板”区域单击“样本模板”按钮，切换到“样本模板”列表，如图 6-22 所示，单击右侧的“新建”按钮，即可创建数据库，如图 6-23 所示。

图 6-22　“样本模板”列表

图 6-23 利用“样本模板”列表创建的数据库

如果计算机处于联机状态，在创建数据库时可在“Office.com 模板”右侧的文本框中输入需要的模板名称（如“资产”）（见图 6-24），单击其后的“搜索”按钮，搜索后的模板如图 6-25 所示，如果想继续下载，直接单击“下载”按钮即可。

图 6-24 搜索到的“Office.com 模板”

图 6-25 “资产”模板

6.3.2　创建表

表是构成数据库的基础，更是数据库中存储数据的重要场所。Access 2010 中的表与 Excel 2010 中的工作表相似，是创建其他对象的基础。

1. 创建空白表

在 Access 2010 中共有两种创建空白表的方法。一种是使用空数据库创建，在创建空数据库的同时也创建了一个空表。另一种是使用“表”按钮创建。在数据库的基础上，如果再创建一张表，单击“创建”选项卡“表格”组中的“表”按钮，如图 6–26 所示，可以看到在“选项卡文档区”出现“表 2”选项卡，如图 6–27 所示。

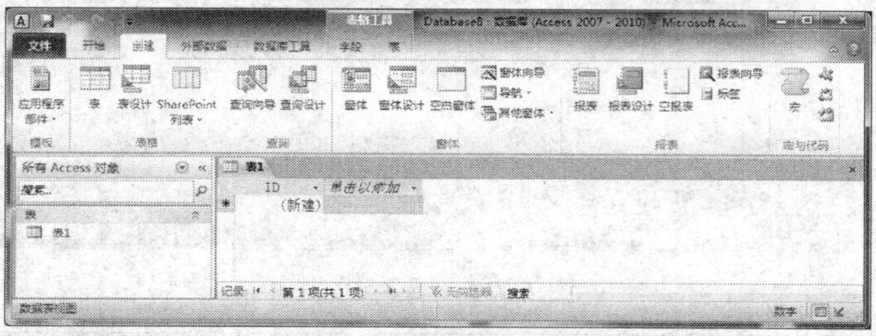

图 6–26　单击“表”按钮

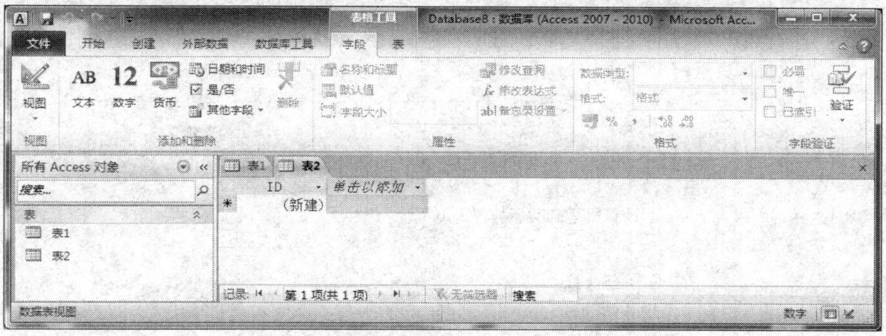

图 6–27　创建空白表效果

2. 使用表设计器创建表

使用表设计器创建表时可以为各字段设置大小、格式、类型、默认值与空间等属性，使输入数据符合设置的字段属性，以此规范表中的数据。

在 Access 2010 中创建一个空数据库，单击“创建”选项卡“表格”组中的“表设计”按钮，切换到“表格工具/设计”选项卡下，输入相应的字段名称，如图 6–28 所示。在输入字段时，可以在“数据类型”下拉列表框中更改数据类型，如数字、日期/时间等。

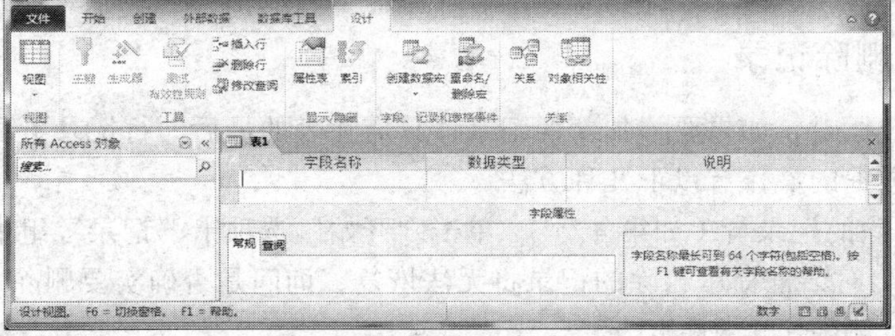

图 6–28　“表格工具/设计”选项卡

在不同的视图中对表进行更改后，切换视图时都会弹出保存表的提示对话框，更改数据之后，直接按【Ctrl+S】组合键保存所做的更改。

输入完成后，选择“文件”选项卡中的“保存”命令，在“导航窗格” 选项中双击“图书统计”表，切换到数据表视图，如图 6-29 所示，在表中输入相关内容，如图 6-30 所示，完成表的创建。

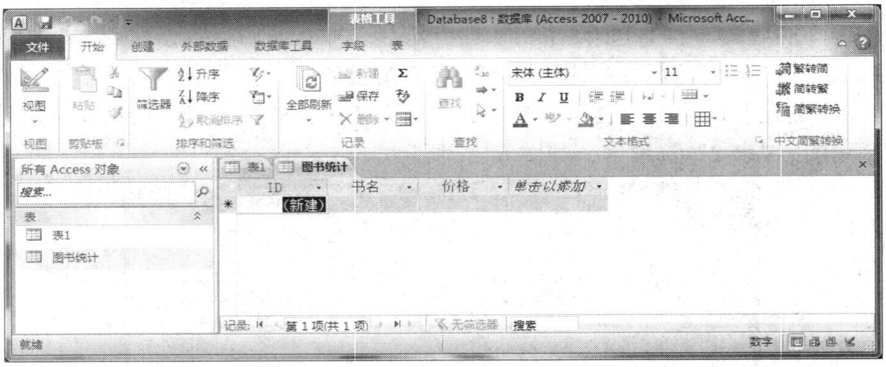

图 6-29 保存的表

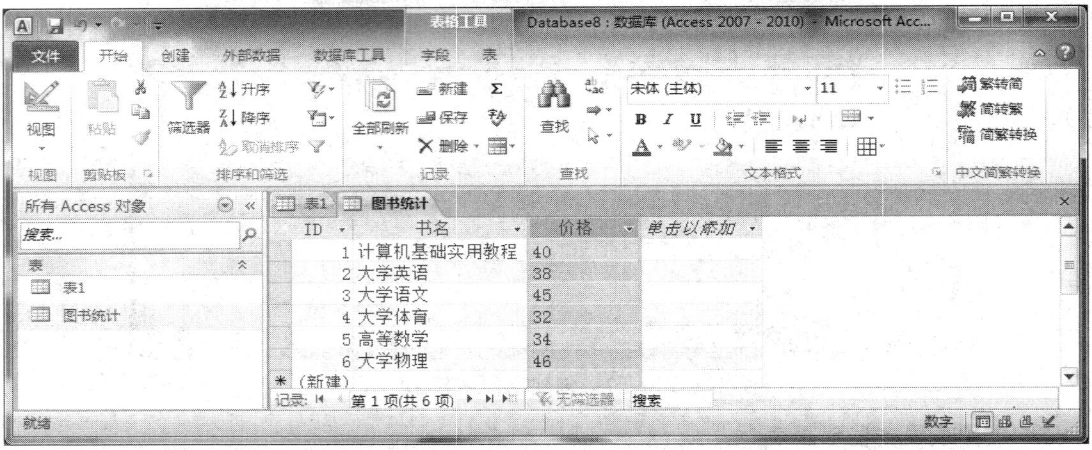

图 6-30 在表中输入内容

6.4 编 辑 表

在表中输入数据后，可以对数据表视图中的数据进行编辑，如添加或删除记录和字段，排序和筛选记录、改变字段的位置、导入和导出数据等。

6.4.1 添加或删除记录

在表中输入数据时，如果要添加新的记录，只需在表的最后一行记录下面输入所需的数据即可。删除某行数据的操作有以下几种方法。

① 选择要删除的记录行（如第 4 行），单击“开始”选项卡“记录”组中的“删除”按钮（见图 6-31），弹出对话框提示删除的记录将无法恢复，询问是否确实要删除（见图 6-32），单击“是”按钮即可删除所选择的记录。

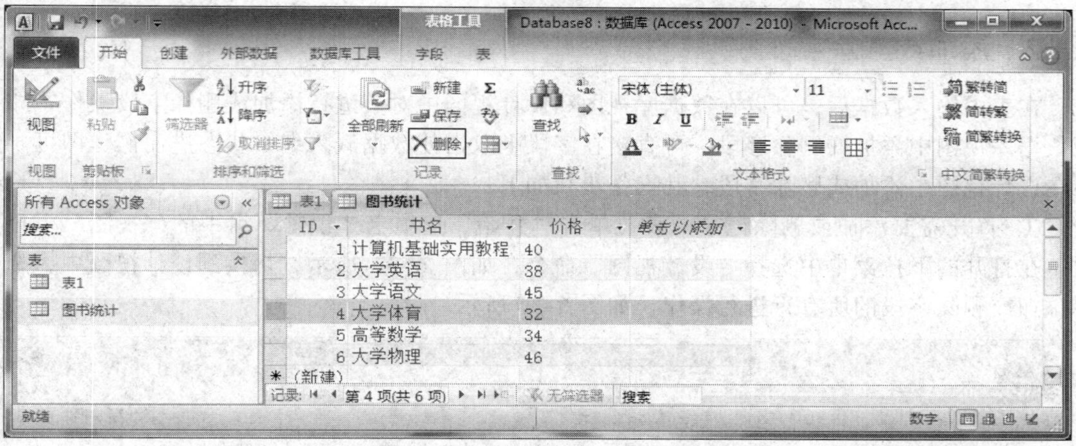

图 6-31　删除记录

② 选择要删除的记录行，单击“开始”选择卡“记录”组中的“删除”下拉按钮，在打开的下拉菜单中，选择“删除记录”命令。

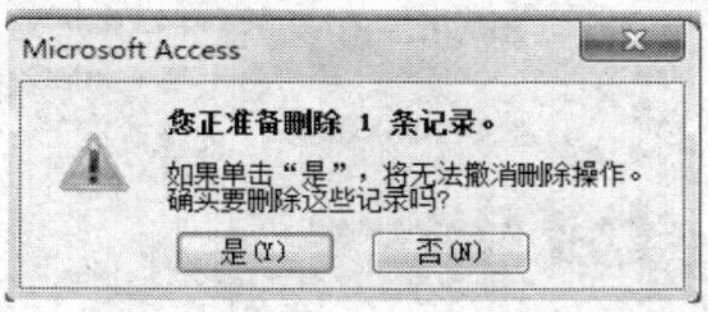

图 6-32　确定删除记录

③ 选择要删除的记录行，按【Delete】键。

在表中输入数据之后，可以对记录进行排序操作，以方便对表中的信息进行对比。除此之外还可以对数据进行筛选操作，以方便查看符合条件的记录。

Access 2010 默认排序方式是升序，单击字段名右侧的按钮，在打开的下拉菜单中选择“升序”或“降序”命令。也可以在该列表的“文本筛选器”列表框中选择要显示对象的相应选项，根据设置进行筛选工作，如图 6-33 所示。

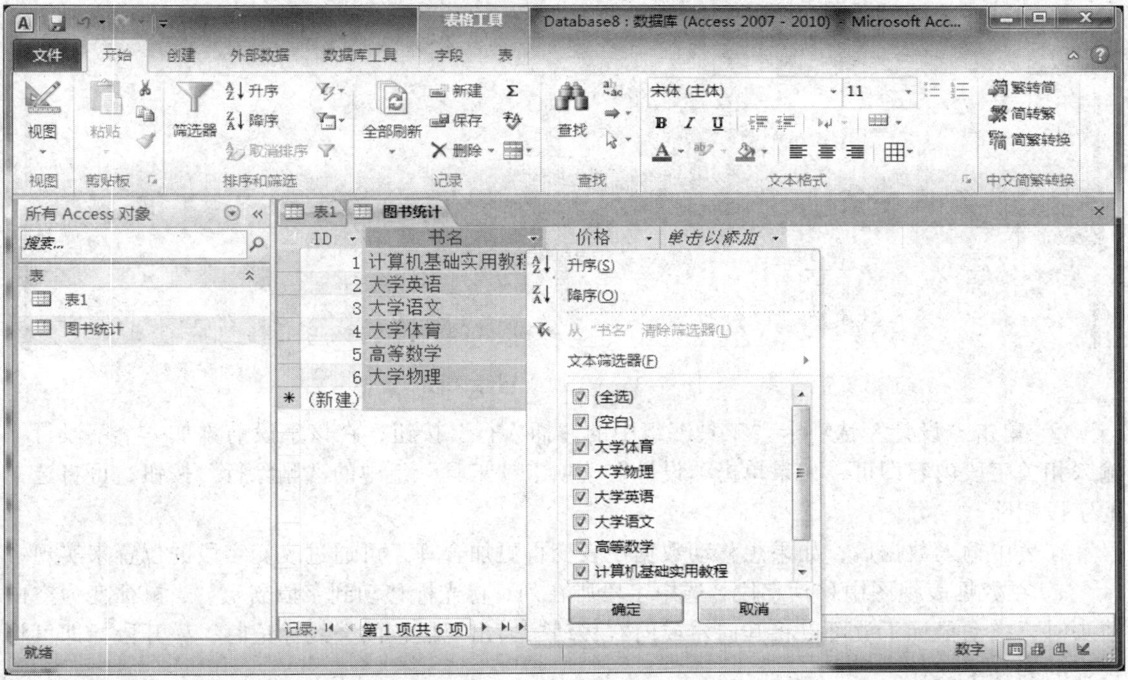

图 6-33　“文本筛选器”列表框

6.4.2　添加或删除字段

在表中输入数据后，可以在数据库视图和设计视图中对表进行添加或删除字段操作，如果在数据库视图中添加或删除字段，可直接在字段上双击使数据载入编辑状态进而操作即可。如果在设计视图中添加或删除字段，其操作步骤如下：

① 打开需要添加或删除记录的表，单击“开始”选项卡“视图”组中的“视图”下拉按钮，在打开的下拉菜单中选择“设计视图”命令，如图 6–34 所示，切换到设计视图中，选中要添加或删除字段的所有行进行操作，如图 6–35 所示。

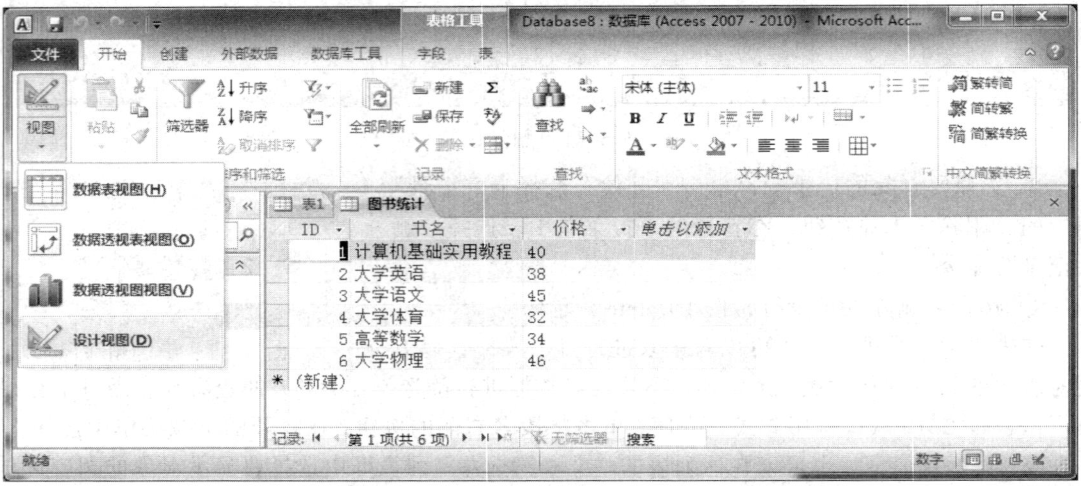

图 6–34　选择“视图设计”命令

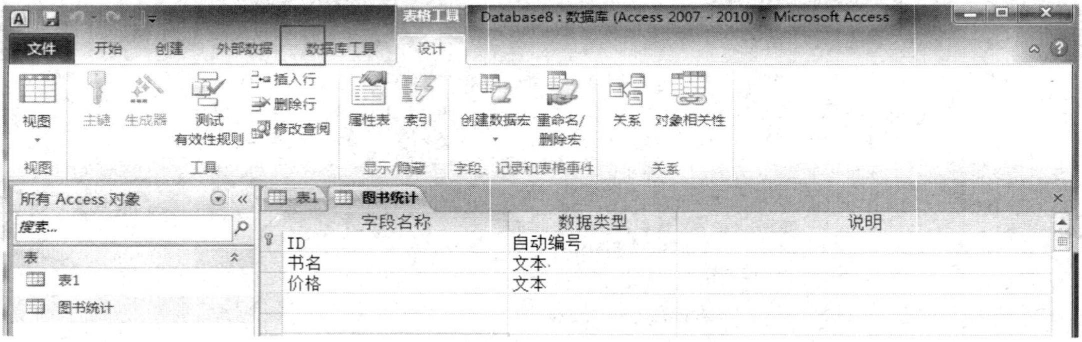

图 6–35　添加或删除字段

② 单击“设计”选项卡“工具”组中的“插入行”按钮，在该字段前添加一个字段行，输入相关字段内容即可，如果单击“设计”选项卡“工具”组中的“删除行”按钮，可将选中的字段删除。

在表中输入数据后，如果想移动数据使表变得更加合理，可通过改变字段的位置来实现。

a. 在数据表视图中移动字段：选中字段所在列，将光标移动到字段名上，当鼠标变为空白箭头时，拖动鼠标不放可以将其向左或向右移动，当出现黑色的竖线标记时，松开鼠标即可将选择的列移至该处。

b. 在设计视图中移动字段：选中字段所在行，将光标移动到字段名上，当鼠标变为空白箭头时，拖动鼠标不放可以将其向前或向后移动，当出现黑色的横线标记时，松开鼠标即可将选择的行移至该处。

6.4.3　导入和导出数据

在 Access 2010 中对表进行编辑时，能方便地从其他数据库文件、Excel 工作簿、文本文件或其他文件中导入数据，也可以将 Access 2010 中的数据导出为 Excel 工作簿、文本文件或其他文件。

1. 导入数据

数据库在对表进行编辑时如果运用导入数据的方法，可以提高输入数据和编辑表的效率。

① 单击“外部数据”选项卡“导入并链接”组中的“Excel”按钮，弹出“获取外部数据-Excel 电子表格”对话框（见图 6-36），单击“浏览”按钮，弹出“打开”对话框，选择相应的文本文件，如图 6-37 所示。

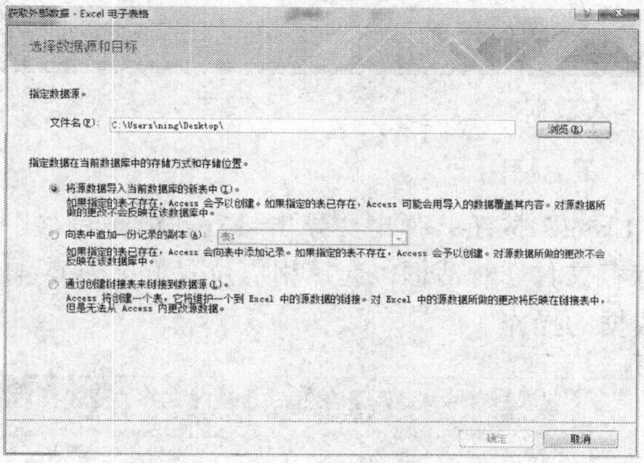

图 6-36　选择获取外部数据路径

图 6-37　选择文本文件

② 选择完成后单击“打开”按钮，返回到“获取外部数据—Excel 电子表格”对话框，单击“确定”按钮弹出“导入数据表向导”对话框，如图 6-38 所示，在此对话框中选择默认设置，依次进行下一步操作，完成导入数据的操作，如图 6-39 所示。

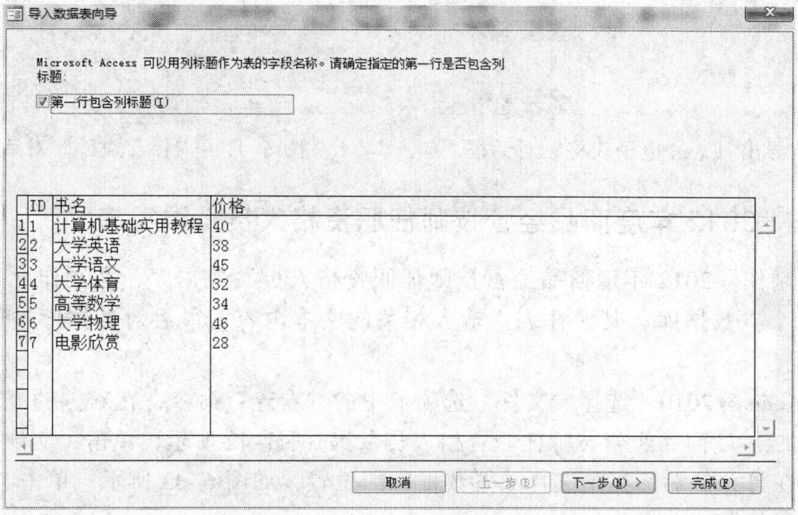

图 6-38　“导入文本向导”对话框

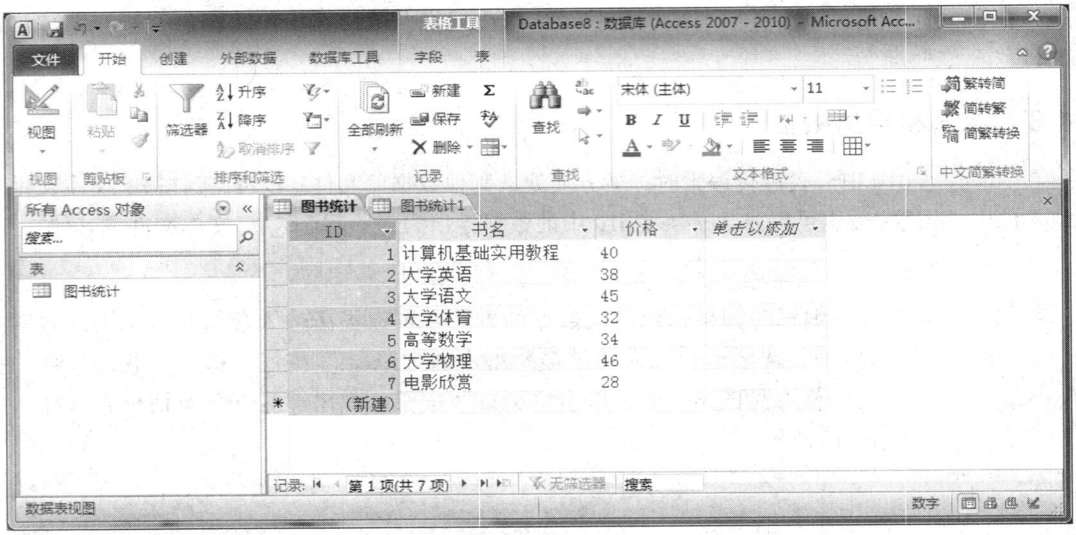

图 6-39　导入数据

2. 导出数据

单击“外部数据”选项卡“导出”组中的“Excel”按钮，弹出“导出-Excel 电子表格”对话框（见图 6-40），单击“浏览”按钮，弹出“保存文件”对话框，选择相应位置（见图 6-41），单击“保存”按钮，根据提示操作，完成导出数据的操作。

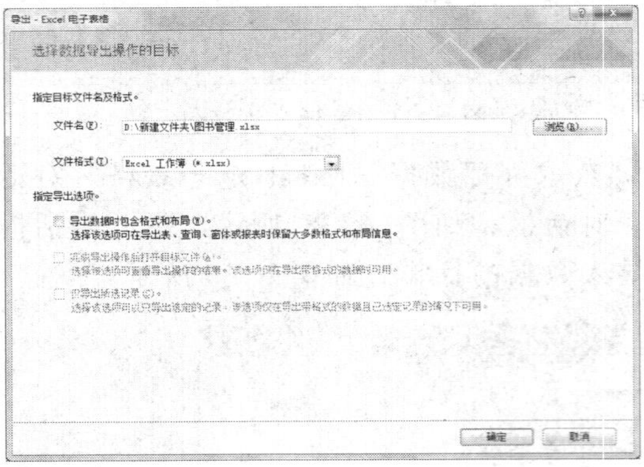

图 6-40　“导出-Excel 电子表格”对话框

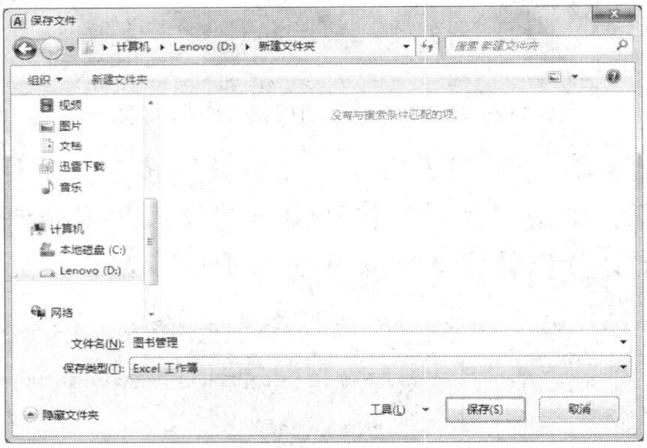

图 6-41　“保存文件”对话框

6.4.4　制作“2012 年度商品经营技师任职资格人员”数据库

本实例是制作“2012 年度商品经营技师任职资格人员”数据库，在制作此实例的过程中首先要创建一个空数据库；其次在表中输入相关的文本内容；最后对数据库进行重命名和保存操作。

① 启动 Access 2010，选择“文件”选项卡中的“新建”命令，在右侧的“文件名”文本框中输入“2012 年度商品经营技师任职资格人员”，如图 6-42 所示。单击“文件名”文本框后的打开按钮，在打开的对话框中选择放置数据库的位置，如图 6-43 所示。单击“确定”按钮，完成数据库存放位置的选择。

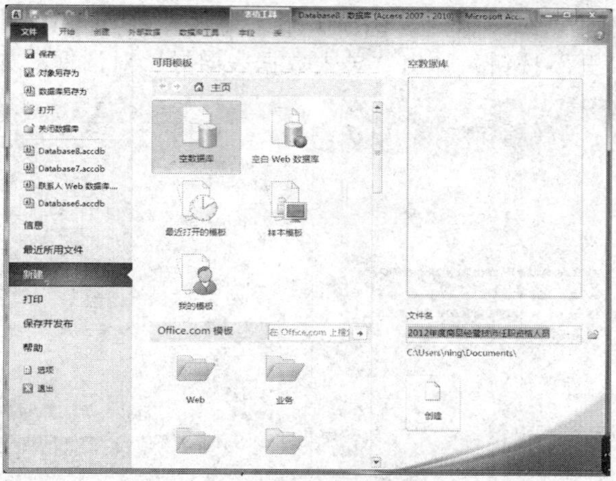

图 6-42　填写数据库名称

图 6-43　选择数据库放置位置

② 单击“创建”按钮，新建空数据库，按【Ctrl+S】组合键保存“表 1”，在“表 1”选项卡中右击，在弹出的快捷菜单中选择“关闭”命令，如图 6-44 所示。单击“外部数据”选项卡“导入并链接”组中的 Excel 按钮，弹出“获取外部数据-Excel 电子表格”对话框，如图 6-45 所示。

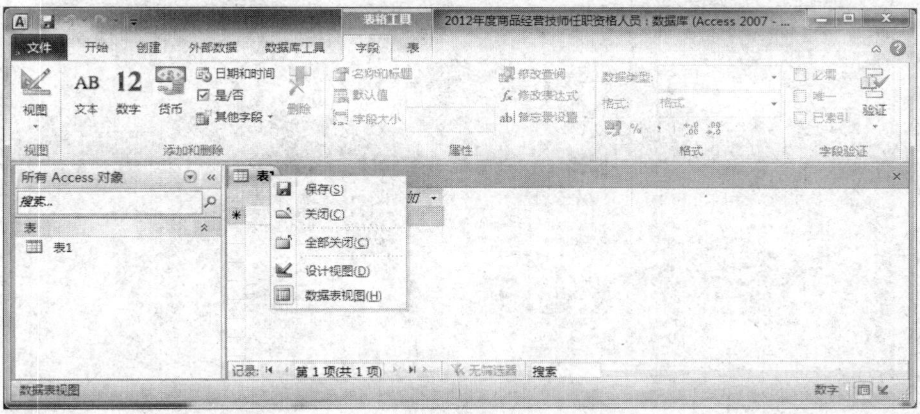

图 6-44　选择“关闭”命令

③ 单击对话框中的“浏览”按钮，在弹出的“打开”对话框中选择相应的电子文档，如图 6-46 所示。单击“打开”按钮，弹出“导入数据表向导”对话框，如图 6-47 所示。

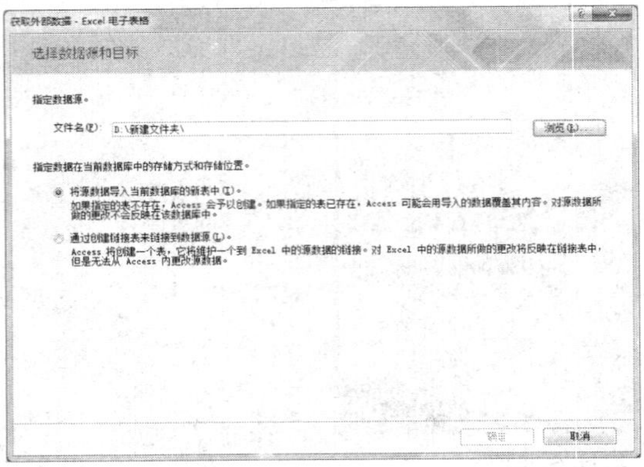

图 6-45 “获取外部数据-Excel 电子表格”对话框

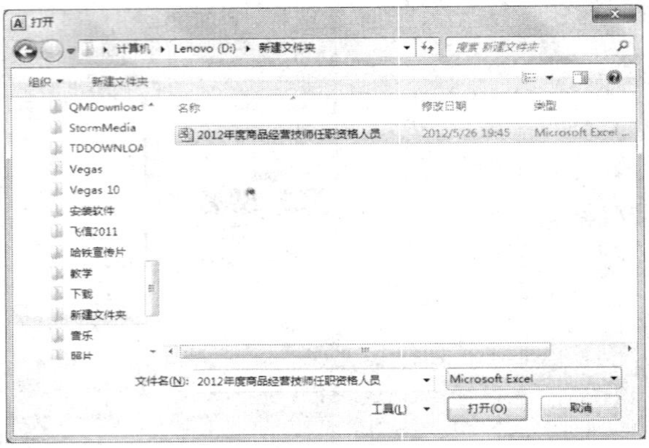

图 6-46 “打开”对话框

④ 在此对话框中选择默认设置，依次进行下一步操作，设置如图 6-48 所示，单击“完成”按钮。

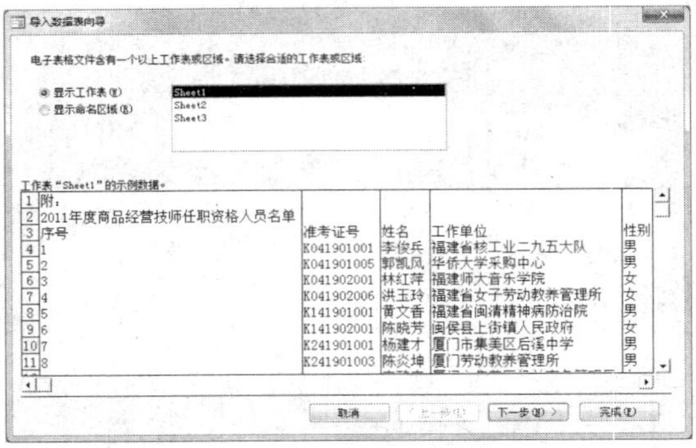

图 6-47 “导入数据表向导”对话框

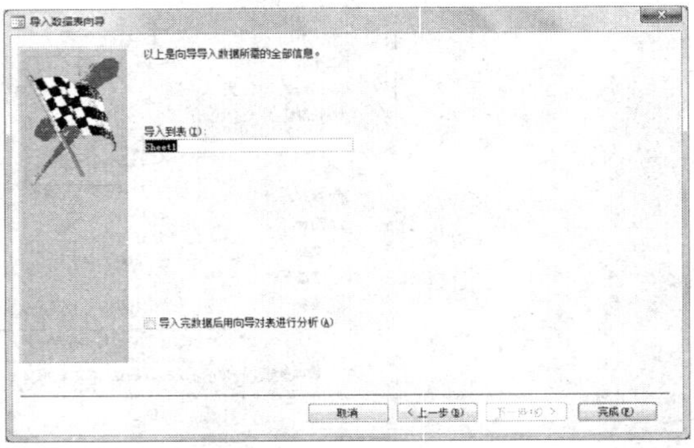

图 6-48 完成导入

⑤ 完成导入数据的操作，适当调整表的宽度，如图 6-49 所示。单击“开始”选项卡“视图”组中的“视图”下拉按钮，在打开的下拉菜单中选择“设计视图”命令，切换到设计视图中，在“字段名称”列表下输入相应的字段，如图 6-50 所示，按【Ctrl+S】组合键保存所做的更改。

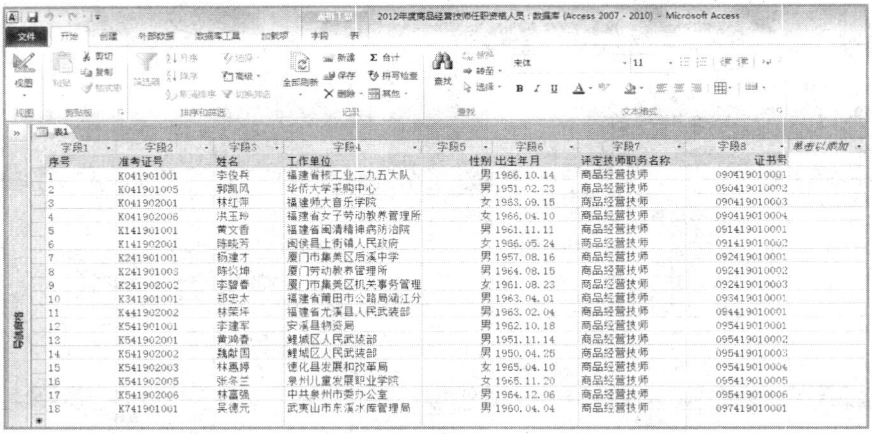

字段1	字段2	字段3	字段4	字段5	字段6	字段7	字段8
序号	准考证号	姓名	工作单位	性别	出生年月	评定技师职务名称	证书号
1	K041901001	李俊兵	福建省核工业二九五大队	男	1966.10.14	商品经营技师	090419010001
2	K041901005	郭凯风	华侨大学采购中心	男	1951.02.23	商品经营技师	090419010002
3	K041902001	林红萍	福建师大音乐学院	女	1963.09.15	商品经营技师	090419010003
4	K041902006	洪玉玲	福建省女子劳动教养管理所	女	1966.04.10	商品经营技师	090419010004
5	K141901001	黄文香	福建省闽清精神病防治院	男	1961.11.11	商品经营技师	091419010001
6	K141902001	陈晓芳	闽侯县上街镇人民政府	女	1966.05.24	商品经营技师	091419010002
7	K241901001	杨建才	厦门市集美区后溪中学	男	1957.08.16	商品经营技师	092419010001
8	K241901003	陈炎坤	厦门劳动教养管理所	男	1964.08.15	商品经营技师	092419010002
9	K241902002	李碧春	厦门市集美区机关事务管理	女	1961.08.23	商品经营技师	092419010003
10	K341901001	郑忠太	福建省莆田市公路局涵江分	男	1963.04.01	商品经营技师	093419010001
11	K441902002	林荣坪	福建省尤溪县人民武装部	男	1963.02.04	商品经营技师	094419010001
12	K541901001	李建军	安溪县物资局	男	1962.10.18	商品经营技师	095419010001
13	K541902001	黄鸿春	鲤城区人民武装部	男	1951.11.14	商品经营技师	095419010002
14	K541902002	魏献国	鲤城区人民武装部	男	1950.04.25	商品经营技师	095419010003
15	K541902003	林惠婷	德化县发展和改革局	女	1965.04.10	商品经营技师	095419010004
16	K541902005	张冬兰	泉州儿童发展职业学院	女	1965.11.20	商品经营技师	095419010005
17	K541902006	林富强	中共泉州市委办公室	男	1964.12.06	商品经营技师	095419010006
18	K741901001	吴德元	武夷山市东溪水库管理局	男	1960.04.04	商品经营技师	097419010001

图 6-49 适当调整宽度

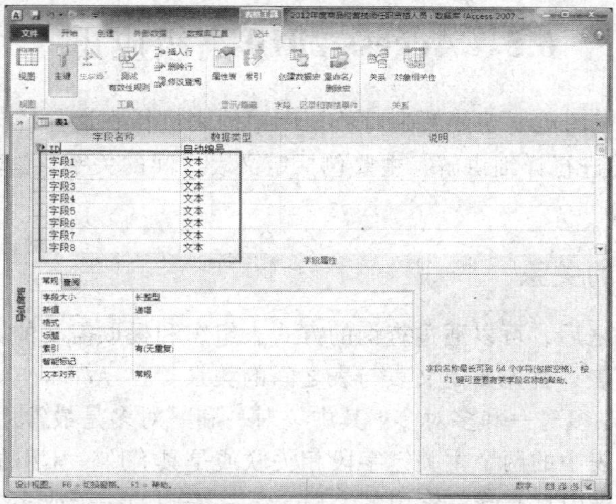

图 6-50　输入字段

⑥ 单击状态栏中的“数据表视图”按钮，切换选项卡，选中“出生日期”字段，单击后面的按钮，在打开的下拉菜单中选择“升序”命令，如图 6-51 所示，升序排序后的表如图 6-52 所示。按【Ctrl+S】组合键，保存文档，完成“2012 年度商品经营技师任职资格人员”数据库的制作。

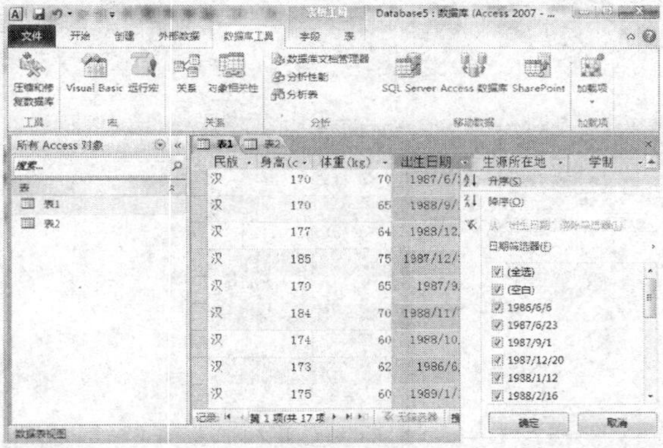

图 6-51　选中字段

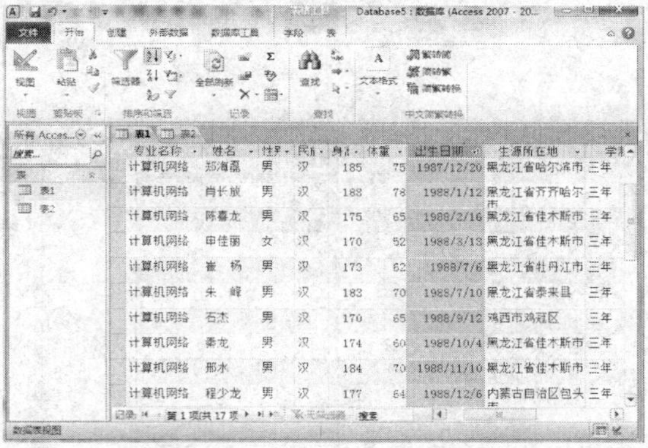

图 6-52　升序排列

6.4.5　字段的数据类型简介

① 文本：较短的文本内容，包括字母、数值等。

② 备注：较长的文本，用于产品详细说明。

③ 数字：数值。

④ 日期/时间：100～9999 年份的日期和时间值。

⑤ 货币：货币值。

⑥ 是/否：“是”和“否”以及包括其中的一个字段。

⑦ 附件：附加到数据库记录中的图像、电子表格文件、文档、图像及其他类型的受支持文件。

⑧ 超链接：存储为文本并用作超链接地址的文本或文本与数字的组合。

⑨ 查阅向导：显示从表或查询中检索到的一组值，或显示创建字段时指定的一组值。

⑩ 计算：计算的结果，计算必须引用同一表中的其他字段，可以用表达式生成器生成计算。

6.5 Access 2010 高级应用

Access 2010 数据库的重要功能就是对数据库中的表进行查询、统计等编辑操作。本节就Access 2010 的高级应用进行详细讲解，主要包括定义表之间的关系、创建查询、创建窗体、创建报表和设计窗体。

6.5.1 定义表之间的关系

创建完数据库和表之后，可以通过查询的方式来组织和提取需要的数据，如果要在多个表中创建查询、窗体和报表，首先要定义表与表之间的关系。在 Access 2010 中的表关系包括 4 种，即一对一、一对多、多对一和多对多。其中一对一和一对多是最常用的，下面将具体讲解。

- 一对一：指两个表中的两个主关键字段相关联或是具有唯一索引的两个字段相连接。
- 一对多：指一个表中具有唯一索引的字段与另一表中的一个或多个不具有唯一索引的字段相关联。

① 打开数据库“计算机学院学生信息.accdb”，单击“数据库工具”选项卡“关系”组中的“关系”按钮，弹出“显示表”对话框，如图 6-53 所示，在对话框中分别选中两张表，单击“添加”按钮，将其添加到“关系”窗格中，如图 6-54 所示。

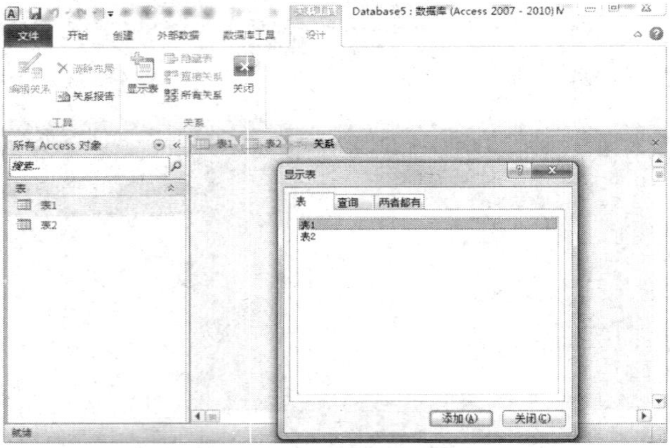

图 6-53 “显示表”对话框

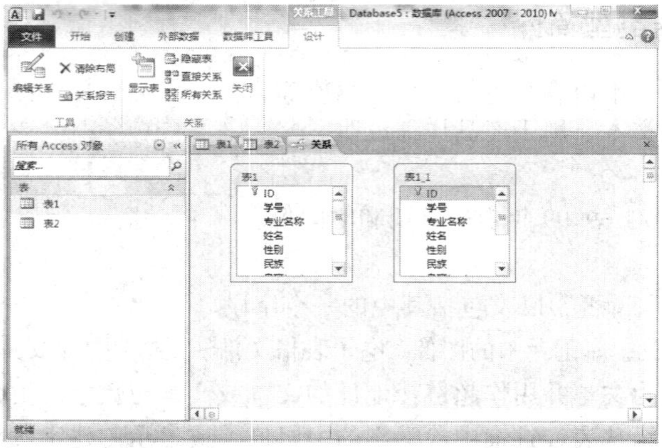

图 6-54 将表添加到“关系”窗格中

② 单击“设计”选项卡“工具”组中的“编辑关系”按钮，弹出“编辑关系”对话框，单击“新建”按钮，如图 6-55 所示，弹出“新建”对话框，在“左表名称”和“右表名称”下拉列表框中分别选择要创建关系的表，在其下的“左列名称”和“右列名称”下拉列表框中分别选择对应的字段，如图 6-56 所示。

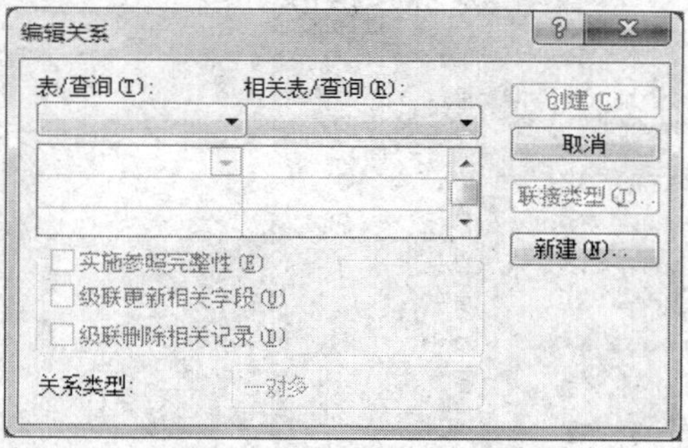

图 6-55　“编辑关系”对话框

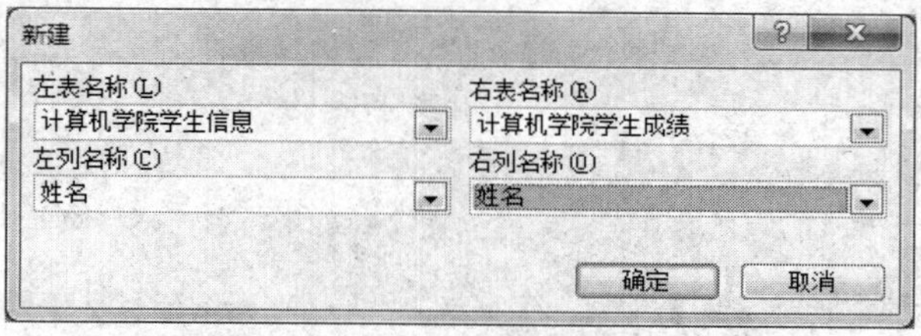

图 6-56　选择对应的字段

③ 单击“确定”按钮，返回到“编辑关系”对话框中，在此显示表之间的关系及对应的字段，如图 6-57 所示。单击“创建”按钮，可在表之间创建关系，并在定义了关系的表之间用关系连线连接有关系的字段，如图 6-58 所示。

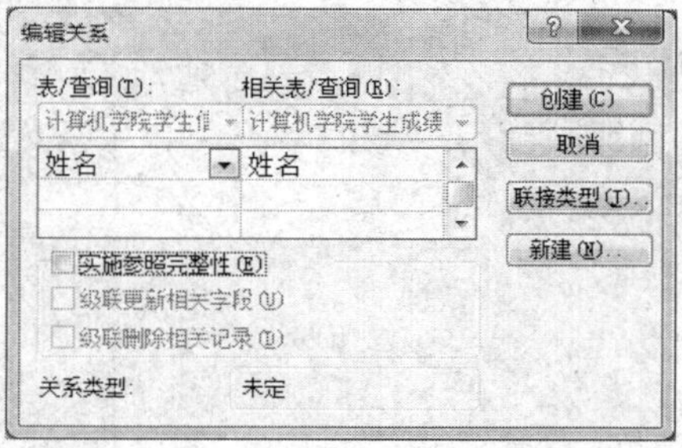

图 6-57　关系及对应的字段

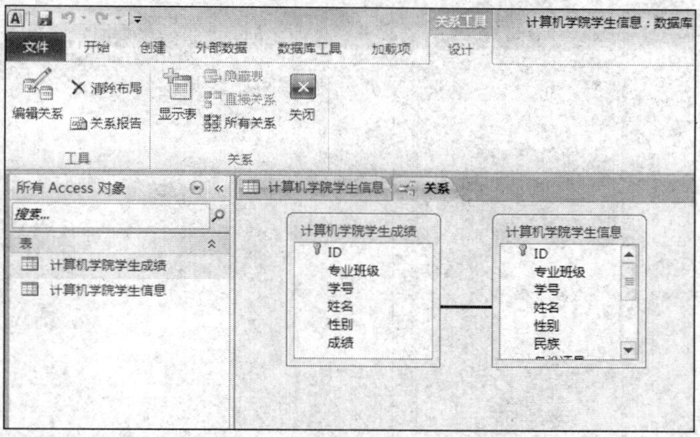

图 6-58　关系连线

6.5.2　创建窗体

使用窗体不但能对数据库中的资料进行查看和访问，而且还能对表或查询中的数据进行输入、编辑等操作。在 Access 2010 数据库中创建窗体的方法有以下几种。

1. 直接创建窗体

直接创建窗体可以方便地将数据库中的所有字段都呈现在窗体中。

在数据库中选择“表 1”选项卡，如图 6-59 所示，单击“创建”选项卡“窗体”组中的“窗体”按钮，即可直接创建一个窗体，如图 6-60 所示。

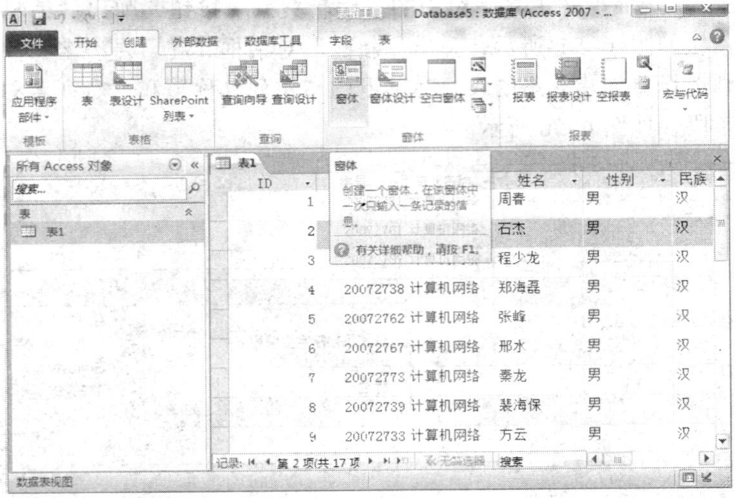

图 6-59 “表 1”选项卡

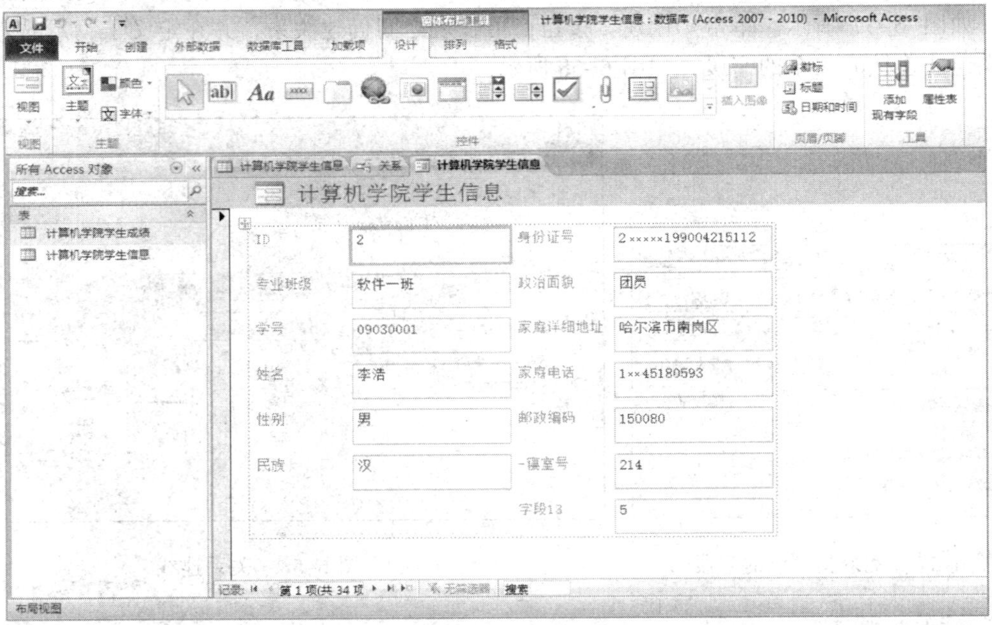

图 6-60 创建窗体

2. 使用设计视图创建窗体

使用设计视图创建窗体时可以对窗体内容的布局进行调整，除此之外，还可以为窗体添加页眉和页脚内容。

① 在数据库中选择“计算机学院学生信息”选项卡，单击“创建”选项卡“窗体”组中的“窗体设计”按钮，创建一个没有任何内容的窗体，如图 6-61 所示。单击“设计”选项卡“工具”组中的“添加现有字段”按钮，在工作界面右侧显示“字段列表”窗格，如图 6-62 所示，在此窗格中双击要使用的字段，可在窗体中添加该字段。

② 单击工作界面右下角的“数据表视图”按钮，即可查看设计的窗体效果。

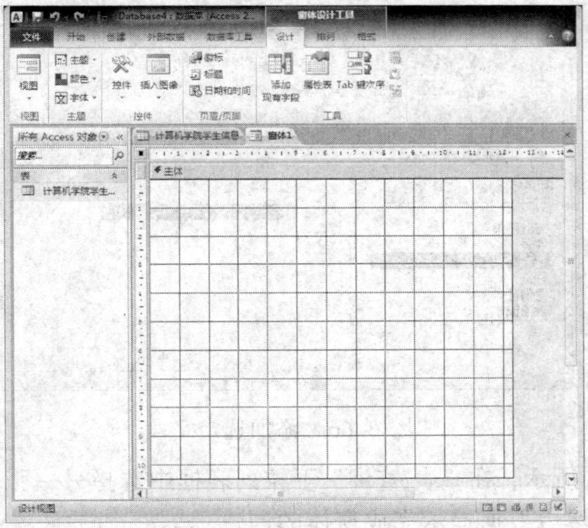

图 6-61　新建窗体

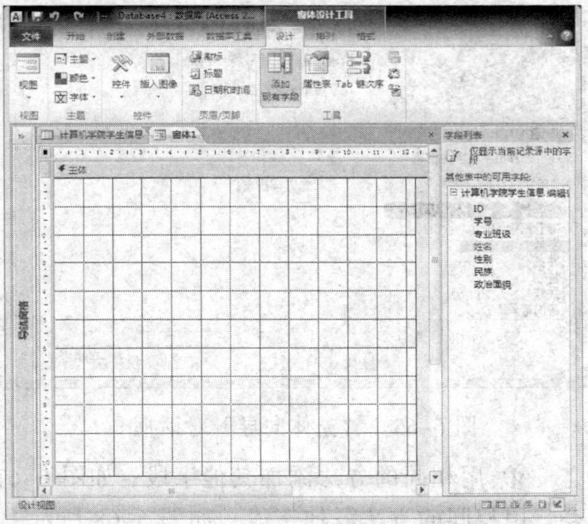

图 6-62　“字段列表”窗格

3．创建空白窗体

创建空白窗体后，可以手动在窗体中设置所需要的字段。

单击“创建”选项卡“窗体”组中的“空白窗体”按钮，创建一个空白窗体，如图 6-63 所示。在右侧的“字段列表”列表框中选择相应字段，按住鼠标不放，将字段拖到空白窗体中松开鼠标，可在空白窗体中添加字段，如图 6-64 所示。

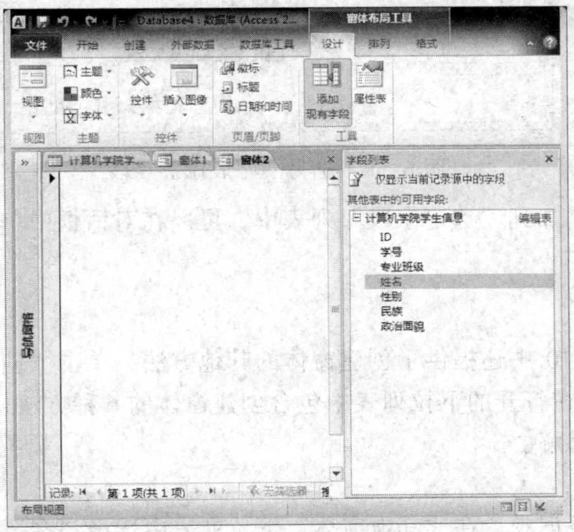

图 6-63　创建“空白窗体”

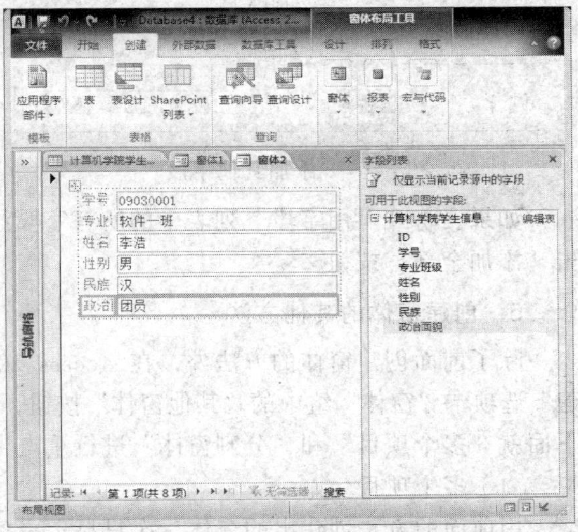

图 6-64　在空白窗体中添加字段

4．使用窗体向导创建窗体

使用窗体向导可以将多张表中要查询的信息组合在一起创建出新的窗体。

① 单击“创建”选项卡“窗体”组中的“窗体向导”按钮，弹出“窗体向导”对话框，如图 6-65 所示，在其中选择要使用的字段，单击“添加”按钮 >，将其添加到“选定字段”列表框中，如图 6-66 所示。

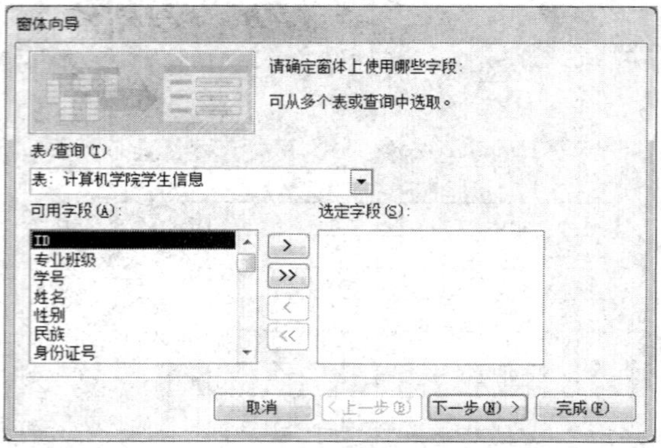

图 6-65 “窗体向导”对话框

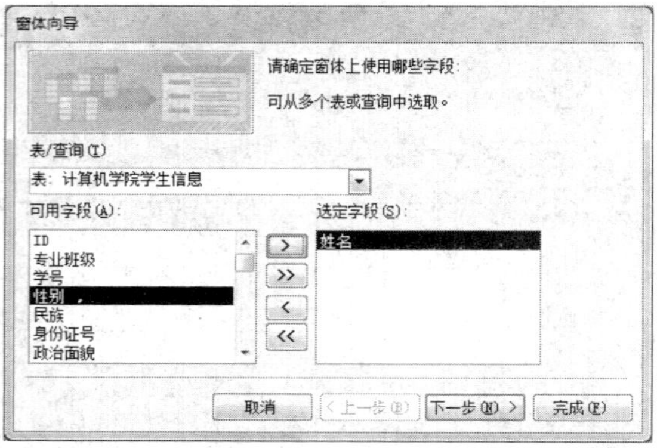

图 6-66 添加选定字段

② 用相同的方法添加其他字段，如图 6-67 所示，在“表/查询”下拉列表框中选择另一张表，用相同的方法添加字段，如图 6-68 所示，然后根据提示完成窗体的创建。

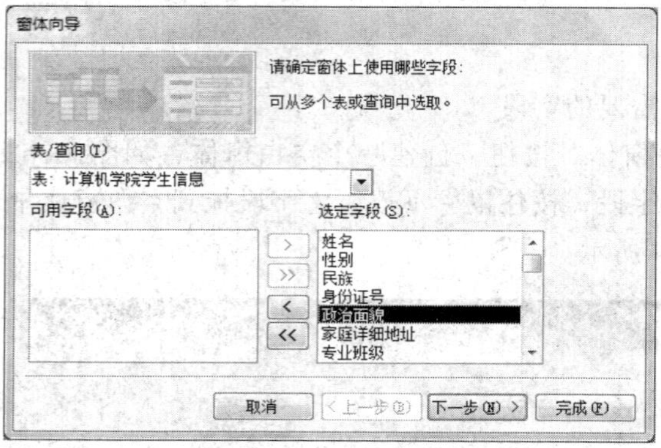

图 6-67 添加其他字段

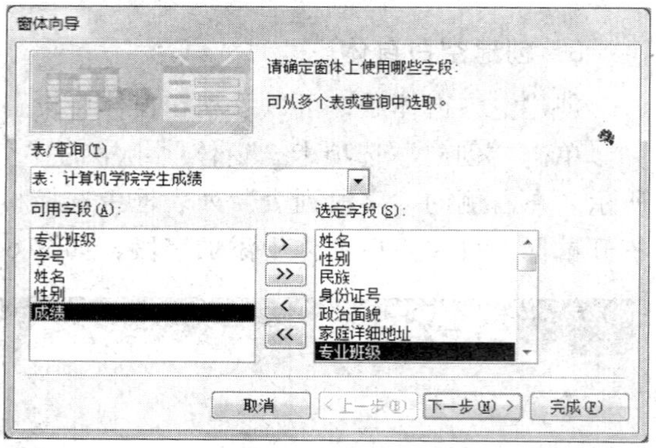

图 6-68 选另一张表添加字段

如果要将“可用字段”列表中的所有字段添加到“选定字段”列表中，可以在对话框中单击“添加全部”按钮 >> 。

5. 创建窗体的其他方法

除了前面创建窗体的方法外，在 Access 2010 中还提供了创建窗体的其他方法，单击“创建”选项卡“窗体”组中的“其他窗体”按钮，在打开的下拉列表中包含创建窗体的 6 种方法，下面就“多个项目”和“分割窗体”进行重点讲解。

（1）多个项目

用前面的方法创建出的窗体一次只显示一条记录。在“其他窗体”下拉列表中选择“多个项目”选项，系统可创建出显示多条记录的窗体，如图 6-69 所示。

（2）分割窗体

在“其他窗体”下拉列表中选择“分割窗体”命令，分割窗体可同时显示出窗体视图和数据表视图，如图 6-70 所示。这两种视图连接同一数据库，并呈现出同步状态。

创建窗体后，Access 2010 会自动激活“窗体布局工具”的“设计”“格式”“排列”选项卡，可在这些选项卡中执行相应的命令，对窗体进行编辑。

图 6-69　显示多条记录的窗体

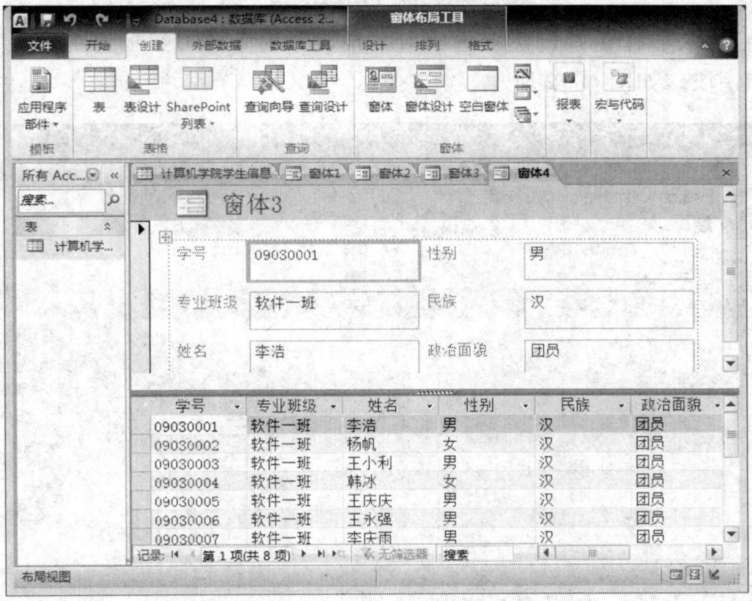

图 6-70　分割窗体

6.5.3　创建报表

报表可以打印的形式显示数据库，通过它可以对每个对象的显示方式和大小进行控制。报表经常用于打印输出，所以不能修改报表中的数据，而只能对数据的格式进行更改。

创建报表的方法与创建窗体的方法相似，包括以下几种方式。

① 直接创建报表：单击“创建”选项卡“报表”组中的“报表”按钮即可创建报表，如图 6-71 所示。

图 6-71 创建报表

② 创建空白报表：单击“创建”选项卡“报表”组中的“空报表”按钮，根据创建空白窗体的方法添加字段，如图 6-72 所示。

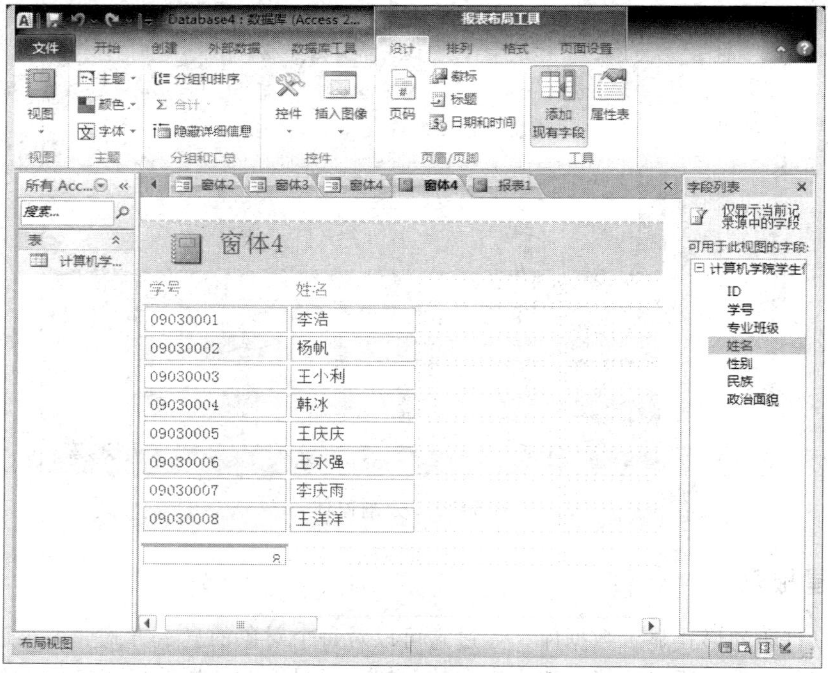

图 6-72 添加字段

③ 在视图设计中创建报表：单击“创建”选项卡“报表”组中的“报表设计”按钮，根据前面的方法调出“字段列表”列表，如图 6-73 所示。

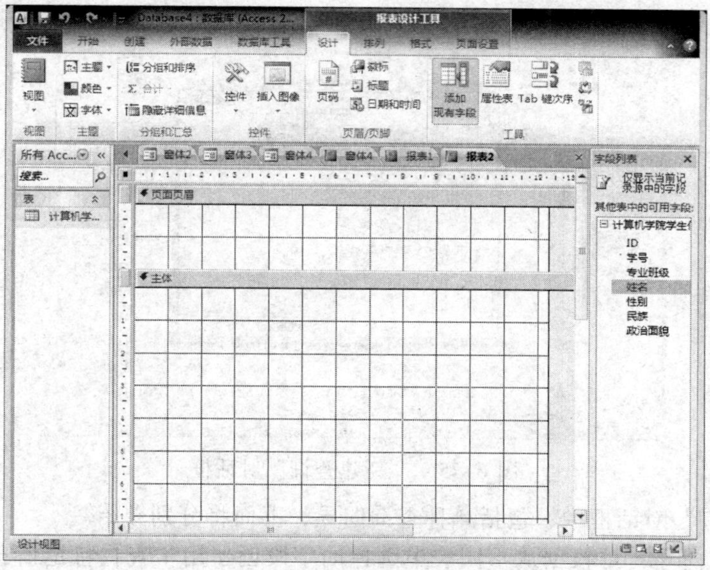

图 6-73　“字段列表”窗格

④ 使用报表向导创建报表：单击“创建”选项卡“报表”组中的“报表向导”按钮，弹出“报表向导”对话框，如图 6-74 所示，根据提示可完成报表的创建，其方法与根据“窗体向导”创建窗体相同。

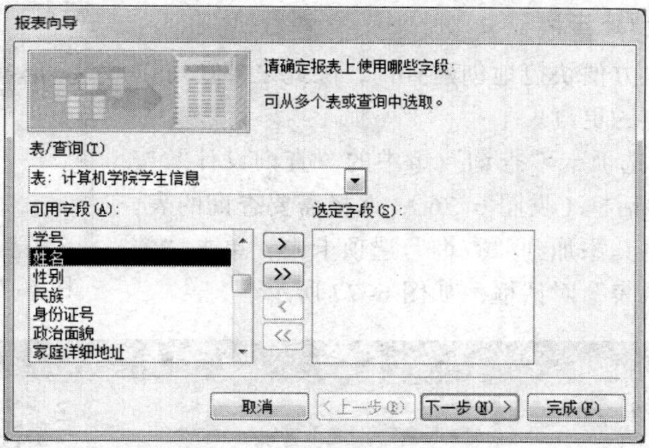

图 6-74　“报表向导”对话框

6.5.4　创建查询

查询可以对表中的数据进行查找和分析操作，使用它不但可以通过不同方式对数据进行查看、编辑和分析，而且还可以将查询生成的数据作为窗体和报表数据源来使用。下面将对创建查询的方法进行详细介绍。

1. 使用查询向导创建查询

选中数据表，单击“创建”选项卡“查询”组中的“查询向导”按钮，弹出“新建查询”对话框（见图 6-75），选择相应的查询向导，根据提示完成查询的创建，其方法与根据“窗体向导”创建窗体的方法一样。

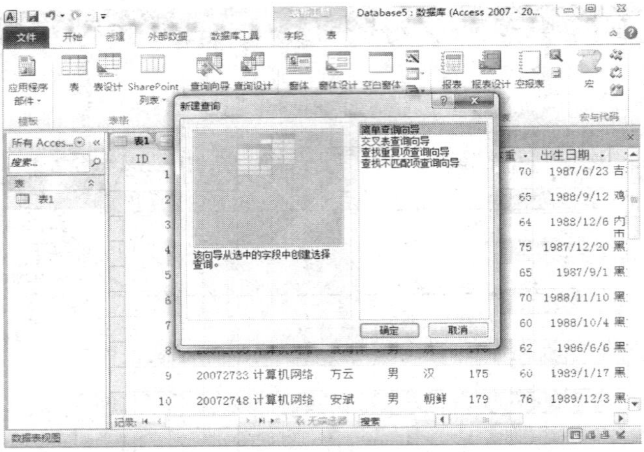

图 6-75　“新建查询”对话框

在“新建查询”对话框中，包括 4 种查询向导，下面将分别介绍。

① 简单查询向导：可根据从不同表中选择的字段创建用于查找特定信息的查询，除此之外，它还可以向其他数据库提供数据。

② 交叉表查询向导：查询将以类似于电子表格的形式呈现出所需要查找的数据。

③ 查找重复项查询向导：可在单一的表或查询中查找重复字段值的记录。

④ 查找不匹配项查询向导：可用于在一张表中查找另一张表中没有相关内容的记录。

2. 在设计视图中创建查询

在设计视图中可以方便快捷地创建查询，除此之外还可以对查询的内容进行相应的更改。

① 单击“创建”选项卡“查询”组中的“查询设计”按钮，弹出“显示表”对话框（见图 6-76），选择需要查询的表，单击“添加”按钮，将其添加到“查询”选项卡中，单击“关闭”按钮，关闭“显示表”对话框，如图 6-77 所示。

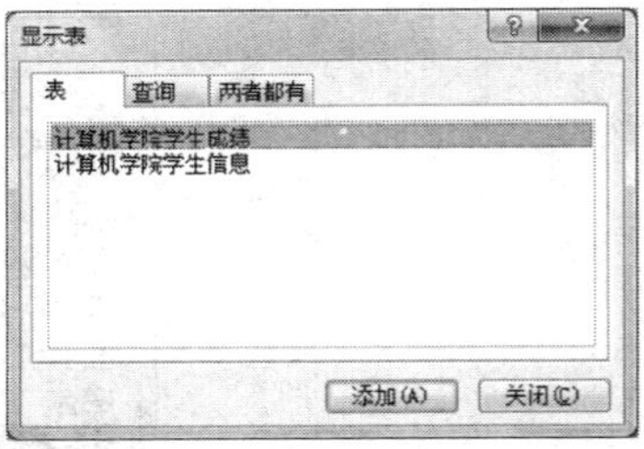

图 6-76　“显示表”对话框

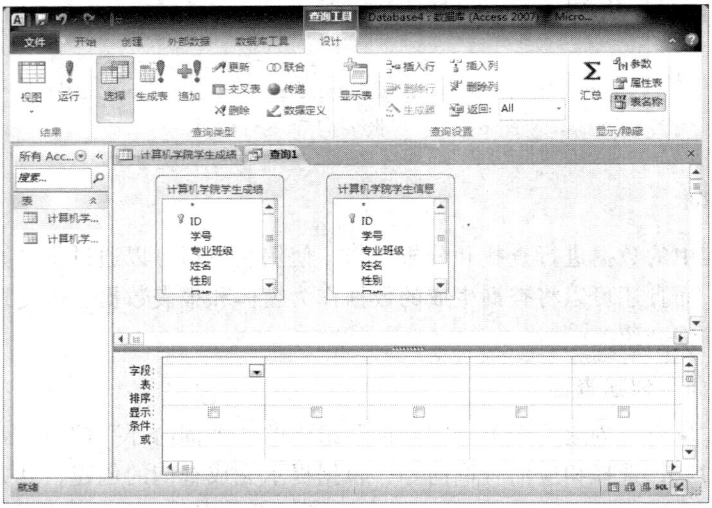

图 6-77　添加到查询的表

② 在下方的设计器中，选择所需要的字段双击添加到“字段”行，如图 6-78 所示，单击工作界面右下角的“数据表视图”按钮，切换到数据表视图，如图 6-79 所示。

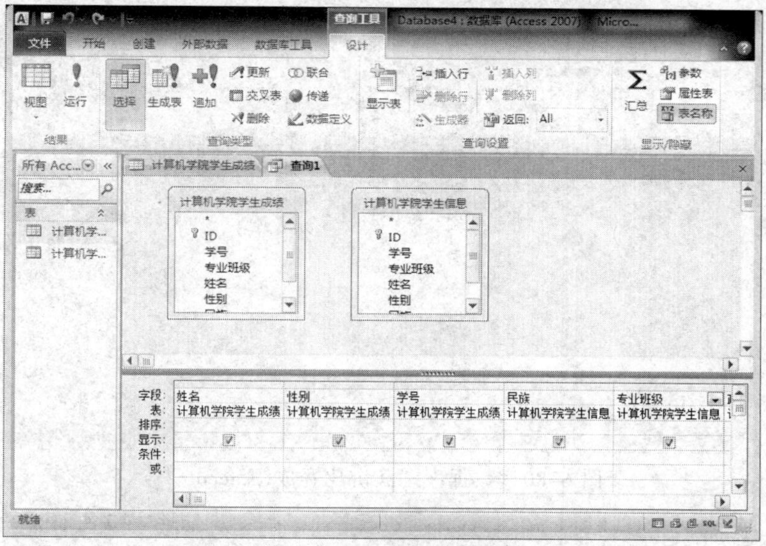

图 6-78　在“字段”行添加字段

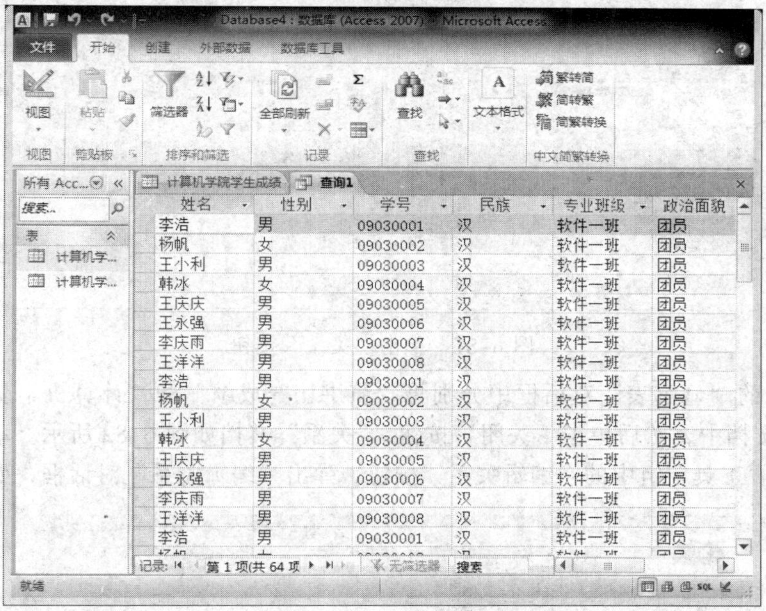

图 6-79　数据表视图

6.5.5　创建“演讲比赛成绩统计报表”

创建“演讲比赛成绩统计报表”，在制作过程中首先要创建两个表之间的关系；其次在此关系上对表进行创建报表操作；最后将其发布为 PDF 格式。通过本实例可以掌握创建报表的方法。

① 打开数据库“演讲比赛成绩.accdb”，如图 6-80 所示，单击“表格工具/表”选项卡“关系”组中的“关系”按钮，如图 6-81 所示。

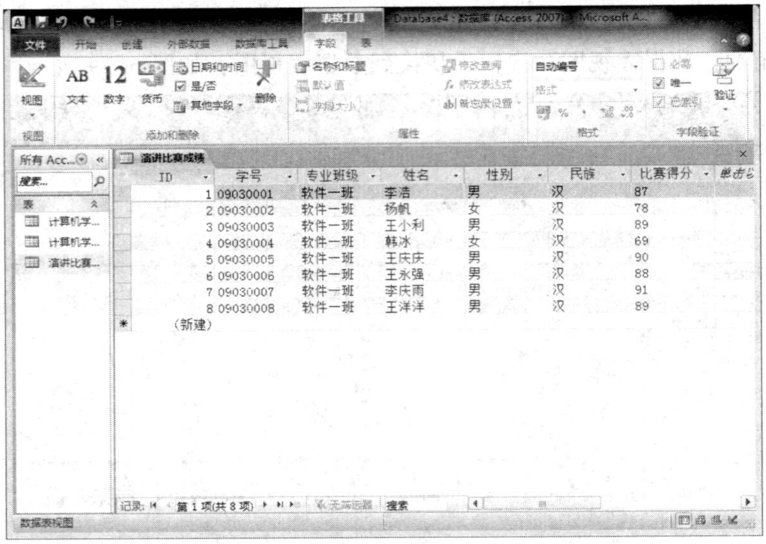

图 6-80　数据库“演讲比赛成绩.accdb”

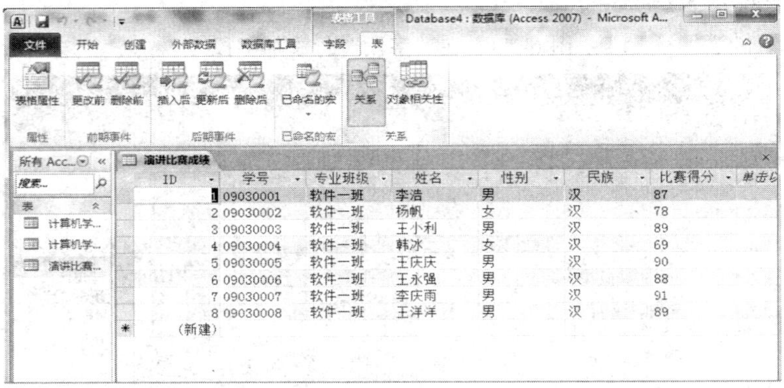

图 6-81　单击“关系”按钮

② 在弹出的“显示表”对话框中分别将“演讲比赛成绩”和“计算机学院学生信息”添加到“关系”文档中，然后单击“关闭”按钮，“关系”文档如图 6-82 所示。单击“关系工具/设计”选项卡“工具”组中的“编辑关系”按钮，弹出“编辑关系”对话框，如图 6-83 所示。

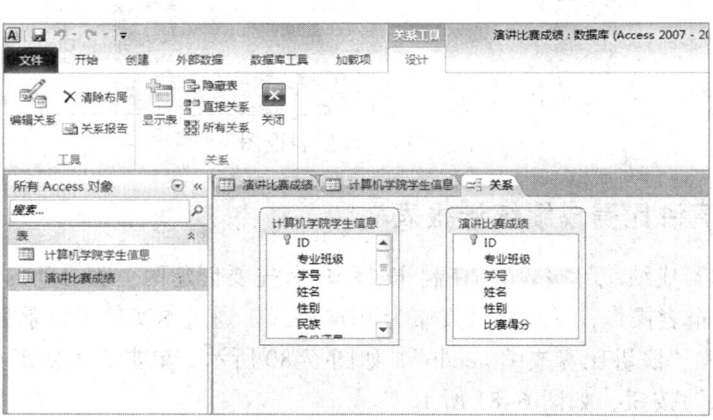

图 6-82　“关系”文档

③ 单击“编辑关系”对话框中的“新建”按钮，弹出“新建”对话框，分别在各个下拉列表框中选择相应的名称，如图 6-84 所示。创建完成后，单击“确定”按钮，可以在“关系”文档中将定义了关系的表之间用关系连线把有关系的字段连接起来，如图 6-85 所示。

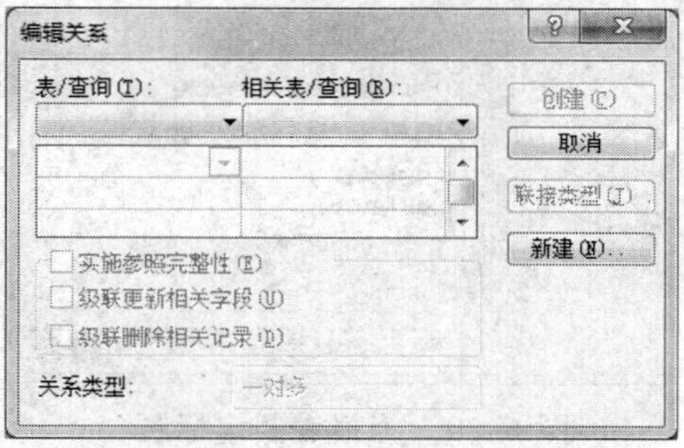

图 6-83　“编辑关系”对话框

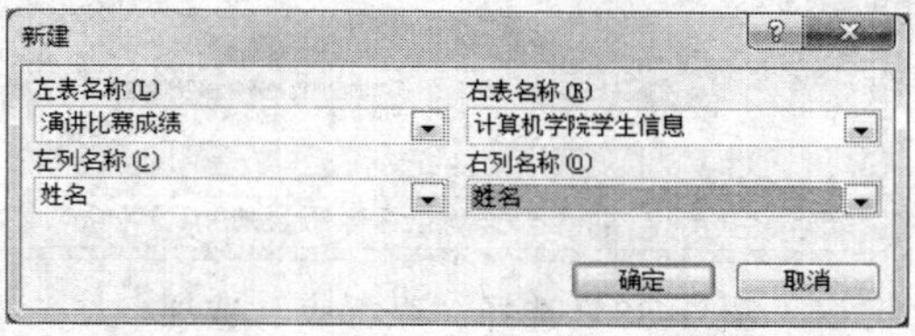

图 6-84　“新建”对话框

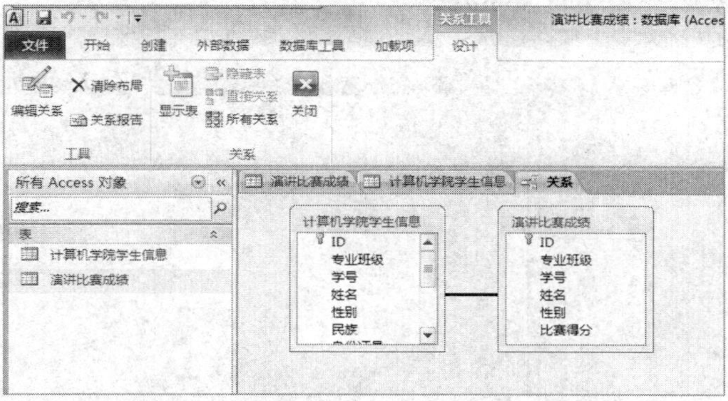

图 6-85　关系连线

④ 单击“创建”选项卡“报表”组中的“报表向导”按钮，弹出“报表向导”对话框，双击“可用字段”列表框中的字段将其添加到“选定字段”列表框中，如图 6-86 所示。在“表/查询”下拉列表框中选择“表：计算机学院学生信息”表，用相同的方法添加字段到“选定字段”中，如图 6-87 所示。

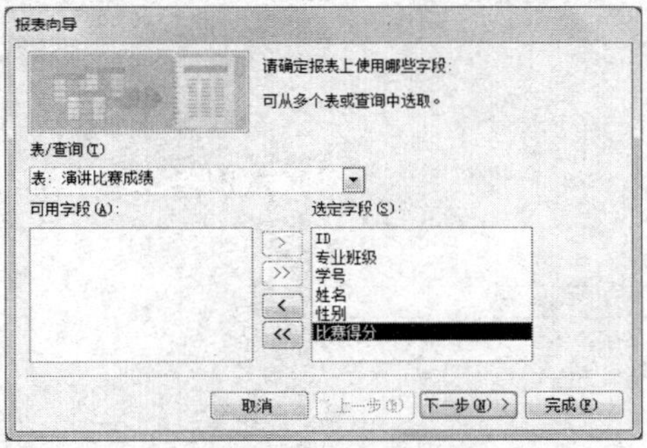

图 6-86　将“可用字段”添加到“选定字段”

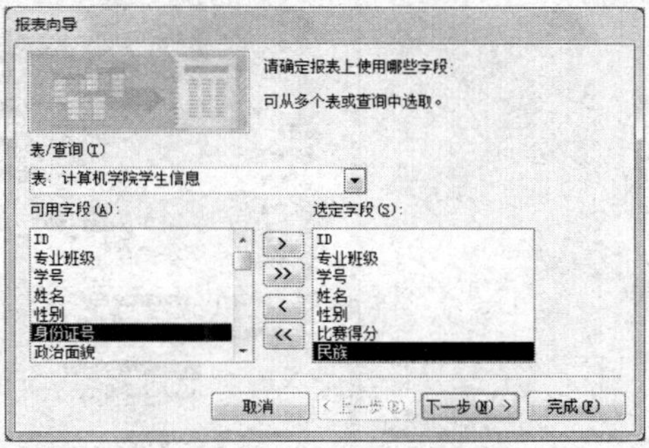

图 6-87　继续添加“选定字段”

⑤ 设置完成后，依次单击“下一步”按钮，在“布局”区域选择“纵栏表”单选按钮，如图 6-88 所示，继续单击“下一步”按钮，在“请为报表指定标题”文本框中输入标题，然后单击“完成”按钮，如图 6-89 所示。

⑥ 将报表切换到“打印预览”选项卡中，如图 6-90 所示，单击“打印预览”选项卡“数据”组中的“PDF 或 XPS”按钮，弹出“发布为 PDF 或 XPS”对话框，选择相应的位置，输入

相应的内容，如图 6-91 所示，单击“发布”按钮，即可发布为 PDF 格式。

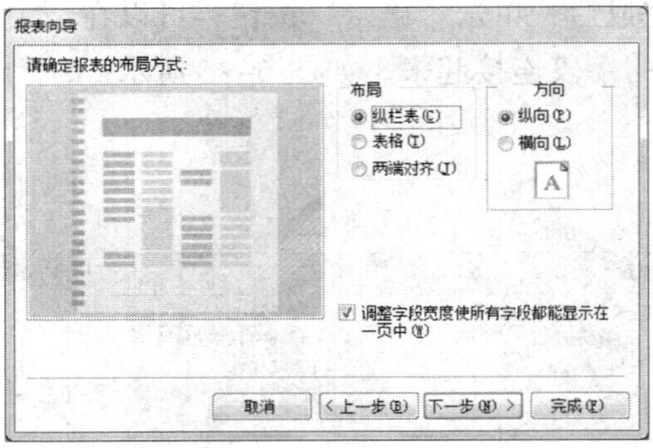

图 6-88　选择“纵栏表”选项

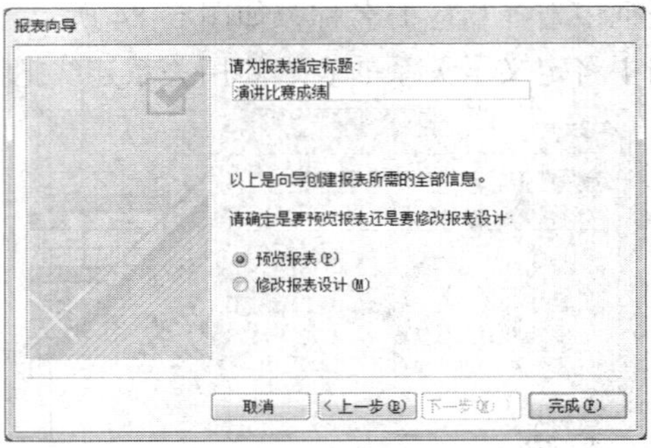

图 6-89　为报表制定标题

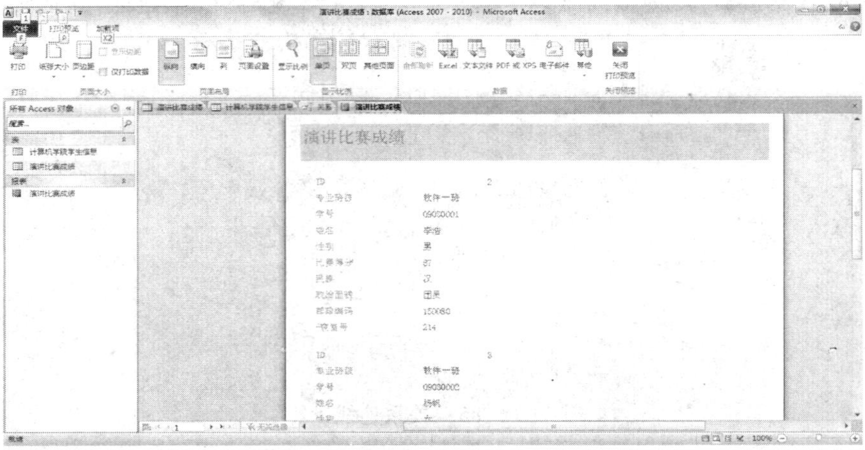

图 6-90　“打印预览”选项卡

图 6-91　“发布为 PDF 或 XPS”对话框

⑦ 选择“文件”选项卡中的“数据库另存为”命令，将其保存为“演讲比赛成绩统计报表.accdb”，完成“演讲比赛成绩统计报表”的制作。

第7章 电子邮件管理软件Outlook 2010

Outlook 2010 是 Microsoft Office 软件包中处理电子邮件的软件，可以实现在计算机中收发电子邮件。并且可以实现离线状态下阅读以前接收到的邮件。它不仅可以实现交换邮件，还可以加入新闻组交流思想与信息，也可以管理多个邮件和新闻账户，将邮件存放在服务器上以便从多台计算机上阅读邮件，以及将个人签名或信纸添加到邮件。

7.1 Outlook 2010 概述

如今大多数人习惯在网站上收发电子邮件，但 Outlook 可以实现在桌面联机收发电子邮件，方便在没有网络的条件下能够查看最后一次联网后收到的邮件。Outlook 2010 的功能很多，可以用它来收发电子邮件、管理联系人信息、记日记、安排日程、分配任务等。

7.1.1 创建电子邮件账号

要想在 Outlook 中收发电子邮件，需要用已经申请到的电子邮箱地址创建一个电子账号。创建电子邮件账号的具体操作如下：

单击“开始”按钮，选择“所有程序”→“Microsoft Office”→“Microsoft Outlook 2010”命令（见图 7-1），弹出“Microsoft Outlook 启动”向导，如图 7-2 所示。

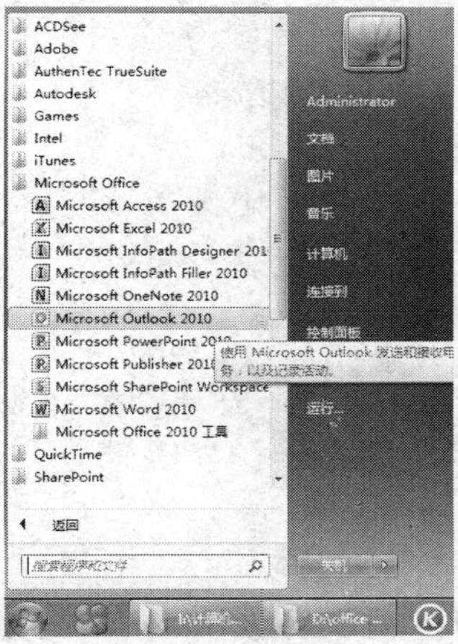

图 7-1 单击“开始”菜单启动 Outlook

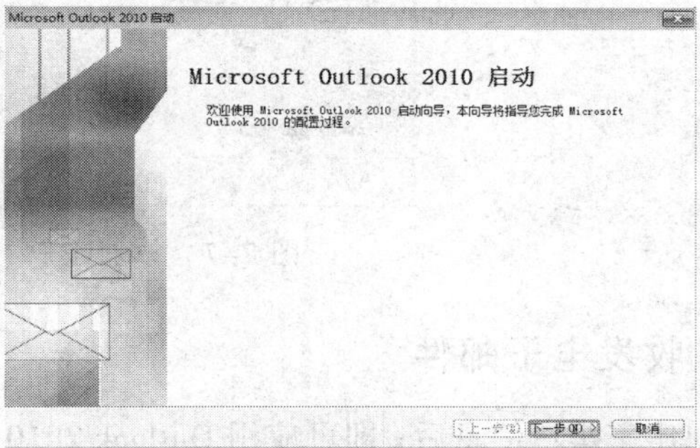

图 7-2 “Microsoft Outlook 启动”向导对话框

在图 7-2 所示界面中单击“下一步”按钮弹出图 7-3 所示的“账户配置”对话框，选择是否配置电子邮件账户，此处选择“是”单选按钮，单击“下一步”按钮，弹出图 7-4 所示的“添加新账户”对话框，在“您的姓名”文本框中输入用户姓名，在“电子邮件地址”文本框中输入已经注册使用的电子邮箱地址，然后在“密码”和“重新键入密码”文本框中输入两次邮箱对应的密码，然后单击“下一步”按钮，系统会自动以加密的形式对服务器进行配置，如图 7-5 所示。配置结束后弹出图 7-6 所示的“是否允许配置账户服务器设置”对话框，单击“允许”按钮，提示配置成功，如图 7-7 所示，单击“完成”按钮。

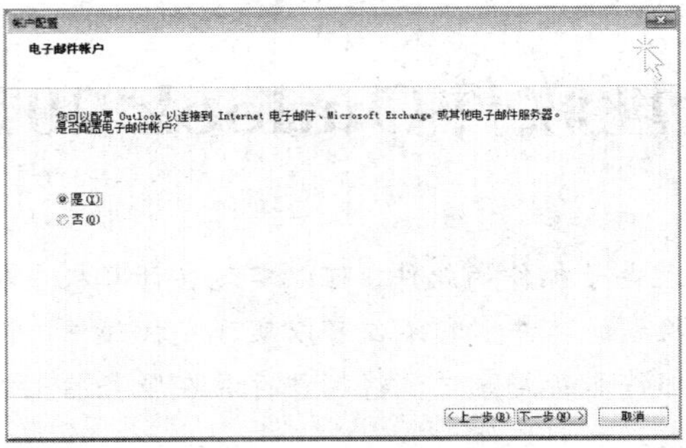

图 7-3 “账户配置”对话框

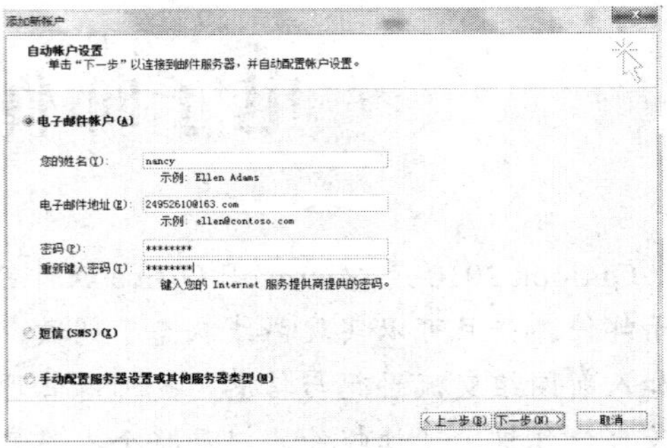

图 7-4 “添加新账户”对话框

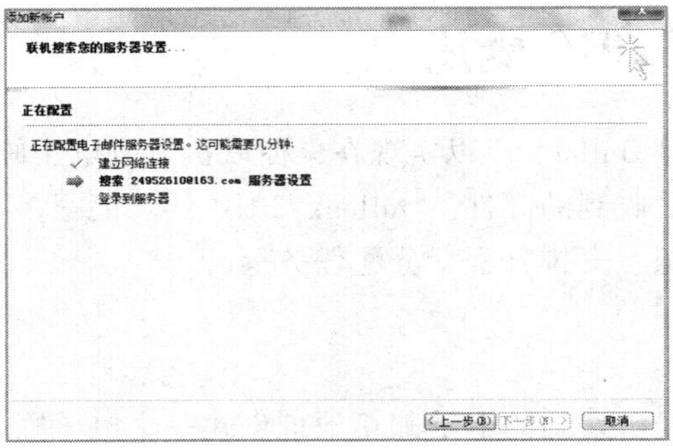

图 7-5 添加账户测试

图 7-6 “是否允许配置账户服务器设置”对话框

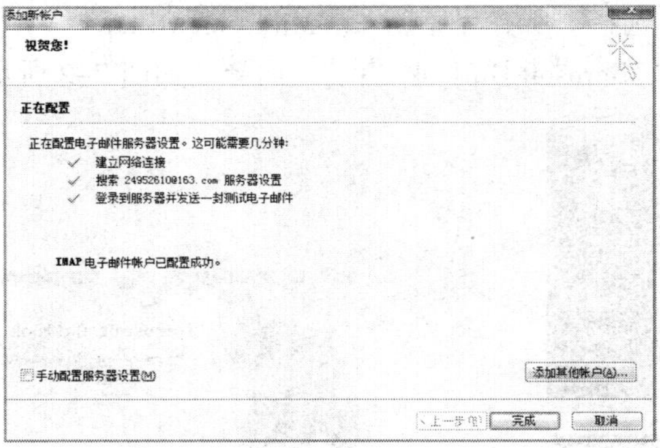

图 7-7 添加账户配置完成对话框

7.1.2 收发电子邮件

当创建完账户信息后，即可应用 Outlook 2010 收发电子邮件，每次启动 Outlook 时软件会自动从设置的邮件服务器中下载电子邮件，在 Outlook 2010 工作界面的内容区域可以进行查看，也可以双击邮件打开邮件窗口进行查看，如图 7-8 所示。

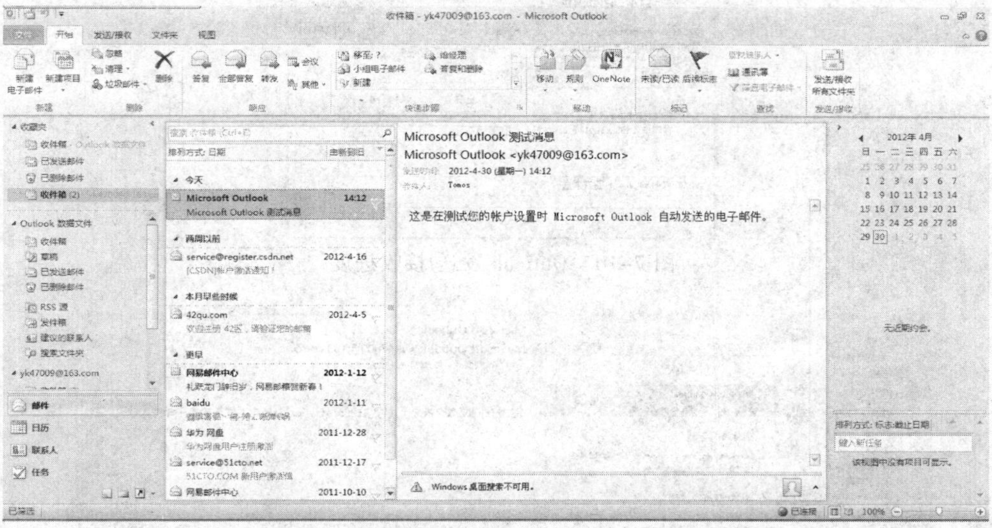

图 7-8　Outlook 2010 工作界面

1. 接收/发送和阅读电子邮件

启动 Outlook 2010 后，单击“发送/接收”选项卡“发送和接收”组中的“发送/接收所有邮件”，按钮（见图 7-9），弹出“Outlook 发送/接收进度”对话框，如图 7-10 所示。这样网络上的电子邮件就下载到本地计算机上了，而本地的计算机以前保存的要发送的电子邮件这时也会发送出去。

通过单击“收藏夹”下拉列表中设置的账户名下的“收件箱”，在任务窗口的“收件箱”列表中查看要阅读的邮件，在内容区域就可以看到邮件的具体内容，如图 7-11 所示，也可以通过双击查看，邮件中的附件也可以通过单击查看或下载。

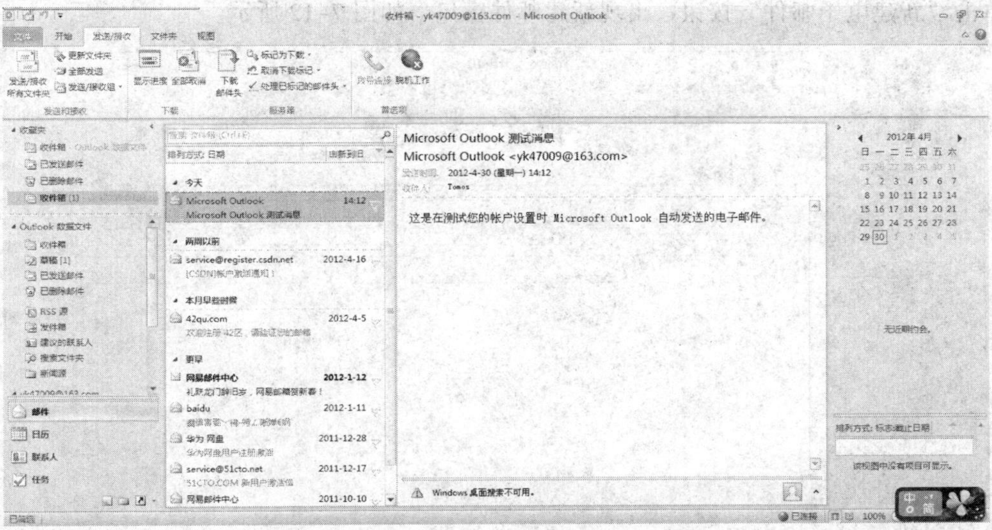

图 7-9　单击“发送/接收所有邮件”按钮

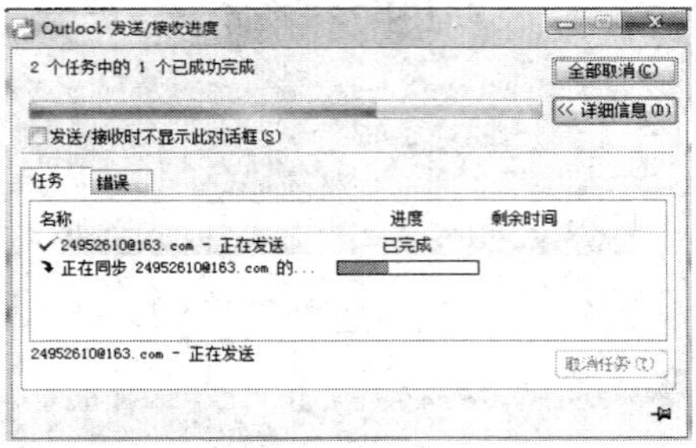

图 7-10　Outlook 发送/接收进度

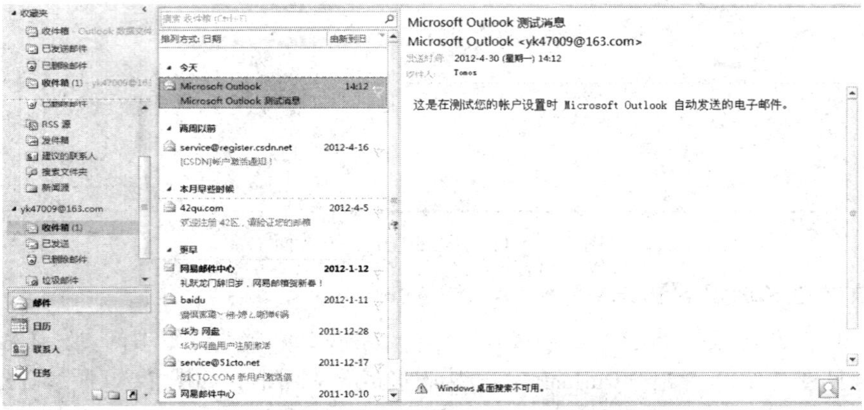

图 7-11　查看电子邮件

2. 新建电子邮件

当要发送电子邮件时，要新建电子邮件，首先要启动 Outlook 2010，单击“开始”按钮，选择“所有程序”→“Microsoft Office”→“Microsoft Outlook 2010”命令，打开图 7-8 所示界面，单击“新建电子邮件”按钮，出现新建邮件窗口，如图 7-12 所示。

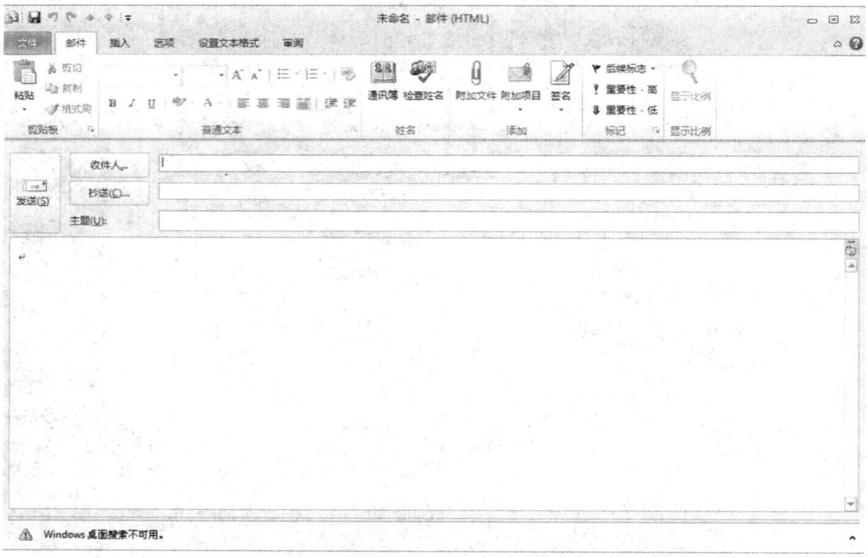

图 7-12　新建邮件窗口

在新建邮件窗口的“收件人”文本框中输入接收方的电子邮件地址，或者通过单击“通讯簿”或“收件人”按钮查找收件人地址；如果这封邮件想同时发送给多人，可以在“抄送”文本框中输入其他人的电子邮件地址，多个地址之间用逗号或分号隔开；在“主题”文本框中输入发送的邮件的标题；在邮件编辑区域输入邮件的正文内容，如图 7-13 所示；如果需要发送带附件的邮件，可单击“附加文件”按钮，在“插入文件”对话框中（见图 7-14）选择要随邮件一起发送的文件，单击“插入”按钮，返回到新建邮件窗口。如果当前能够连接网络可直接单击“发送”按钮，发出电子邮件，否则可以单击“保存”按钮，等能连接网络时再发送。

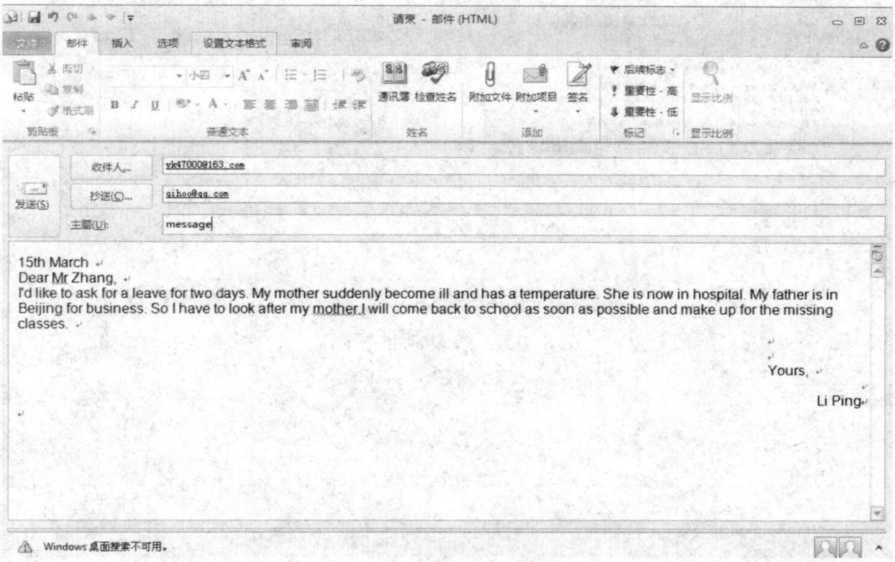

图 7-13　新建邮件窗口

图 7-14　“插入文件”对话框

3. 回复和转发电子邮件

通常阅读完收到的电子邮件后有时需要把邮件转发给别人，或者回复发件人一封邮件，在 Outlook 2010 中可以简单地完成这一操作。启动 Outlook 2010 软件环境，打开要回复或是要转发的电子邮件，单击“开始”选项卡“响应”组中的“答复”或“转发”按钮，单击“答复”按钮后，“收件人”和“主题”文本框中的内容会根据收到的邮件信息自动添加收件人和邮件主题，只需添加内容，如图 7-15 所示。单击“转发”按钮后，在“主题”后自动添加邮件的主题和邮件的内容，只需添加收件人的地址，如图 7-16 所示。

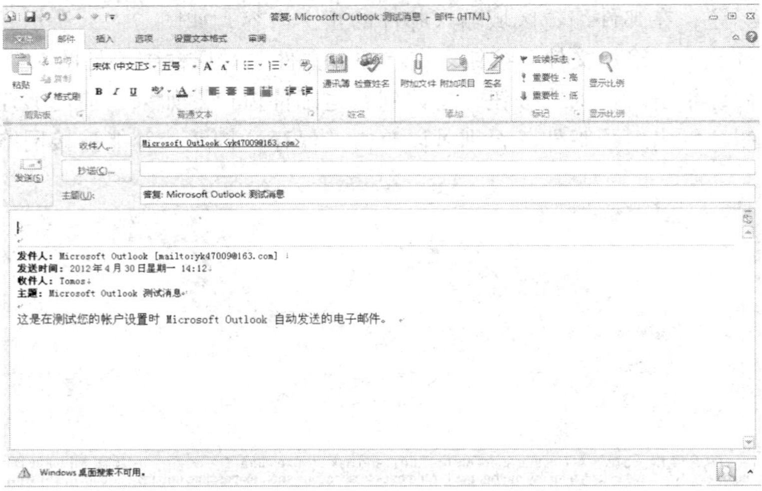

图 7-15　答复邮件窗口

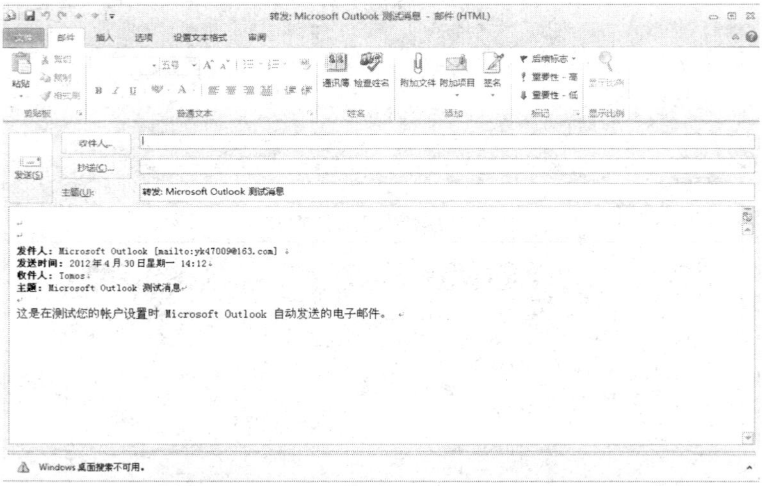

图 7-16　转发邮件窗口

4. 删除电子邮件

Outlook 2010 会对收到的电子邮件和已发送的电子邮件进行自动保存，时间长了会占用大量的硬盘空间，而且有的电子邮件为垃圾邮件，可以根据实际情况对过期的或系统邮件删除，从而节省硬盘资源。从收件箱中选中不再需要的电子邮件单击“删除”按钮即可完成，也可以直接按【Delete】键完成删除操作。

7.2　Outlook 2010 其他应用

Outlook 2010 除了可以方便地收发电子邮件之外，还可以通过添加联系人应用到不同的功能中，通过它还可以创建提醒约会、会议并制定任务，合理地安排日常任务等。

7.2.1 管理联系人

“联系人”在 Outlook 2010 中有着非常重要的作用，通过它可以将用户所有的联系对象存储在一起，并且可以将联系人的各种信息记录在里面，它还可以将联系人分类，使用户在查找联系人时不至于混淆。

1. 添加联系人

添加联系人的方式非常简单，在这里添加的联系人的每一条记录都可以在 Outlook 2010 的其他部分以及其他的 Microsoft Office 2010 应用程序中使用。通过单击功能选择区中的“联系人”按钮，打开图 7-17 所示的窗口。在联系人窗口中双击空白区域，打开图 7-18 所示的窗口，在新建联系人窗口中添加联系人的详细信息，填写完成后，如果要连续添加联系人，单击“保存并新建”按钮，否则单击“保存并关闭”按钮，返回到联系人窗口。

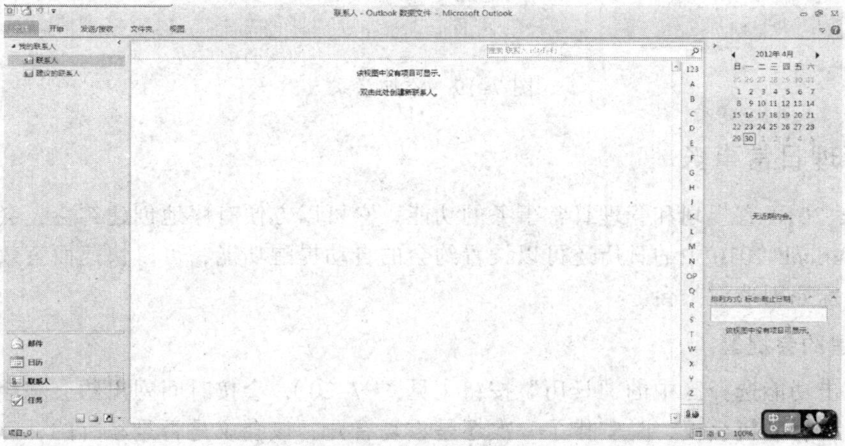

图 7-17 联系人窗口

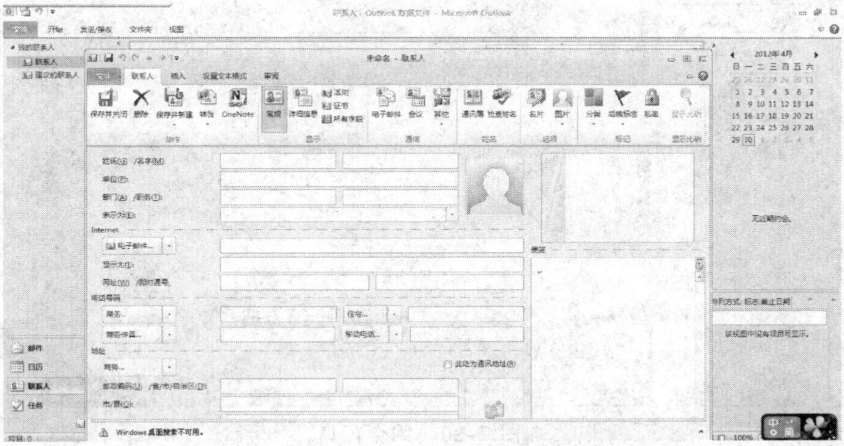

图 7-18 新建联系人窗口

2. 添加联系人到电子邮件

创建联系人后，在写邮件时可以单击邮件窗口中的“收件人”按钮直接选择联系人中的地址，不用手动输入邮件地址，使得向联系人发送电子邮件变得更加方便。在接收邮件时也可以将已收邮件的地址添加到联系人中，直接在已收邮件的发件人地址上右击，在弹出的快捷菜单中选择“添加到 Outlook 联系人”命令即可，如图 7-19 所示。

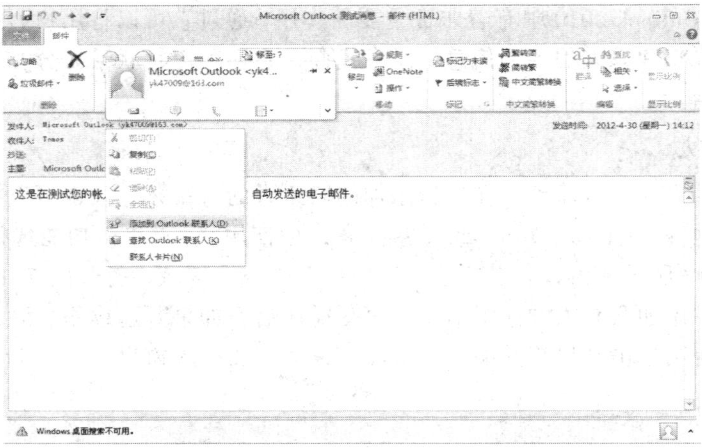

图 7-19　添加联系人

7.2.2　管理日常事务

Outlook 2010 有规划和管理日常事务的功能，它可以方便有序地创建约会、会议及制定任务。使用 Outlook 2010 中的日历还可以设置约会的自动提醒功能，可以快速而有效地避免因意外事件和特殊原因遗漏约会。

1. 创建约会提醒

通过单击功能选择区中的“日历”按钮（见图 7-20），会按时间列出约会和会议，每个约会都显示了是否联机会议，是安排了一次还是重复召开、该会议是否是私有的，以及是否为会议设置了提前提醒项目等。约会或会议的细节可以通过双击该项目完成查看和修改。

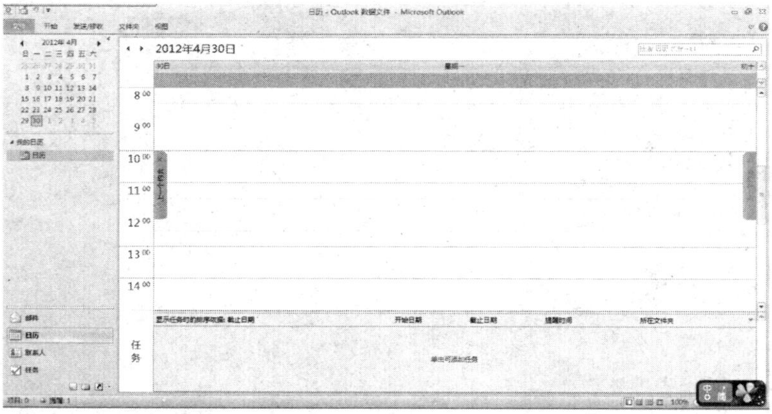

图 7-20　约会窗口

要创建新的约会提醒可以在启动 Outlook 2010 后，单击“开始”选项卡“新建”组中的“新建项目”下拉按钮（见图 7-21），在弹出的下拉菜单中选择“约会”命令，如图 7-22 所示，打开“未命名-约会”窗口。

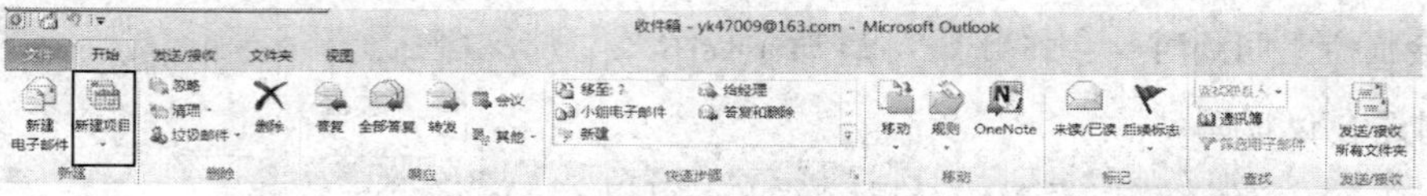

图 7-21　新建项目按钮

在“未命名-约会”窗口中输入约会具体内容，如约会的“主题”“地点”“开始时间”“结束时间”“约会内容”，并且可以根据实际情况更改约会提醒细节，包括“显示为”“提醒”“声音”等内容，保存后标题栏的窗口名称会变为主题名，如图 7-23 所示。

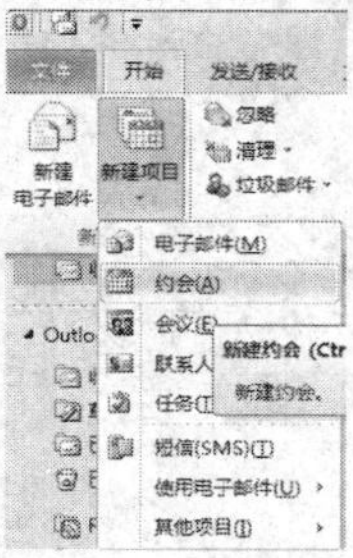

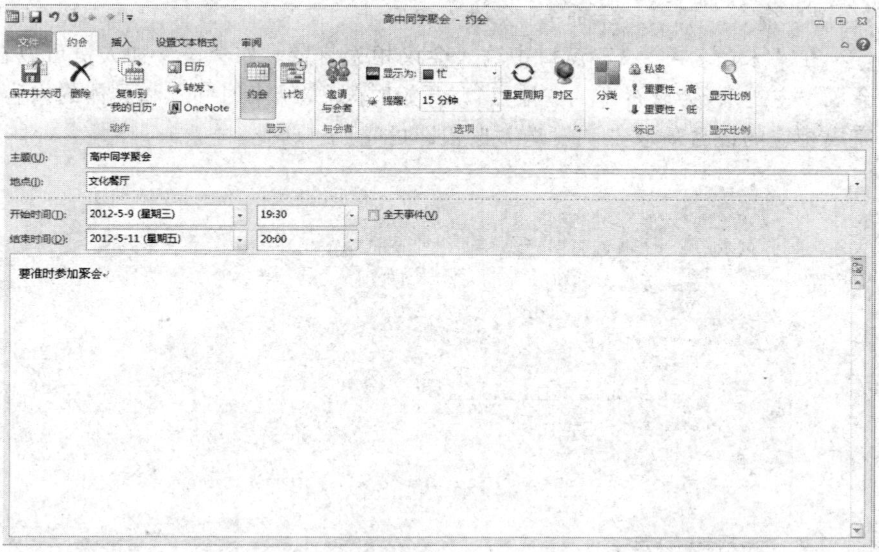

图 7-22　新建约会　　　　　　　　　　　　图 7-23　添加约会信息

单击“保存并关闭”按钮，在返回的窗口中单击功能选择区中的“日历”按钮，进入“日历”工作界面，打开“日历”窗口，在“开始”选项卡中单击“天”，即选择日历按天显示；选择“周”或“月”，同理选择日历按周或月显示约会。选择“周”选项，并选择新建约会的那周就可以查看所创建的约会了，如图 7-24 所示，可以通过双击此约会查看详细内容或修改约会细节。

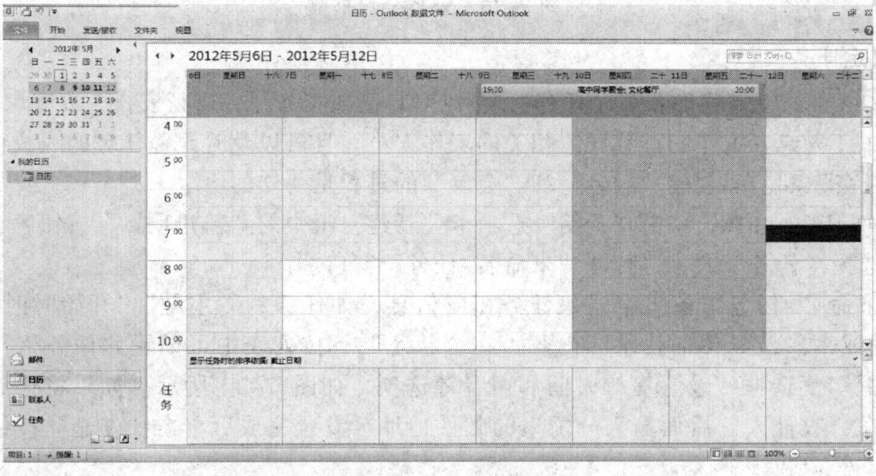

图 7-24　选择按周查看约会

当约会提醒时间到时，会弹出图 7-25 所示提示。

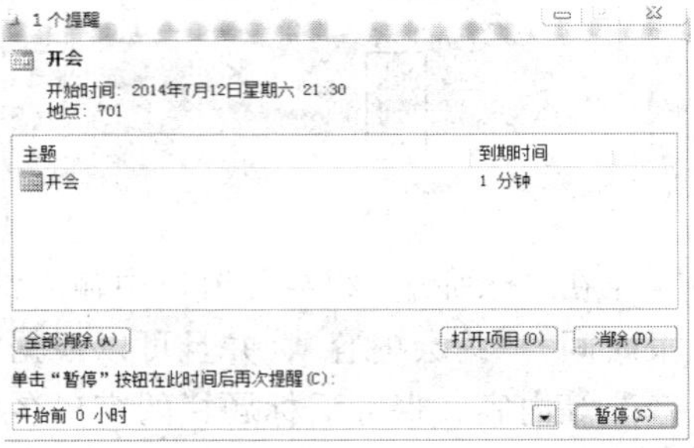

图 7-25　提醒约会

2. 创建会议提醒

Outlook 2010 除了可以设置约会提醒外，还可以通过设置会议功能向参加会议的成员发送邮件，邀请相应人员参加会议，以及提醒避免错过会议时间。

启动 Outlook 2010，单击“开始”选项卡“新建”组中的“新建项目”按钮，在打开的下拉菜单中选择“会议”命令，打开“未命名-会议”窗口。

在“未命名-会议”窗口中输入会议相关信息。如会议参加人员可以在“收件人”中输入，会议“主题”，会议召开的“地点”“开始时间”“结束时间”和具体的内容等，如图 7-26 所示。完成相应的设置后单击“发送”按钮即可完成。

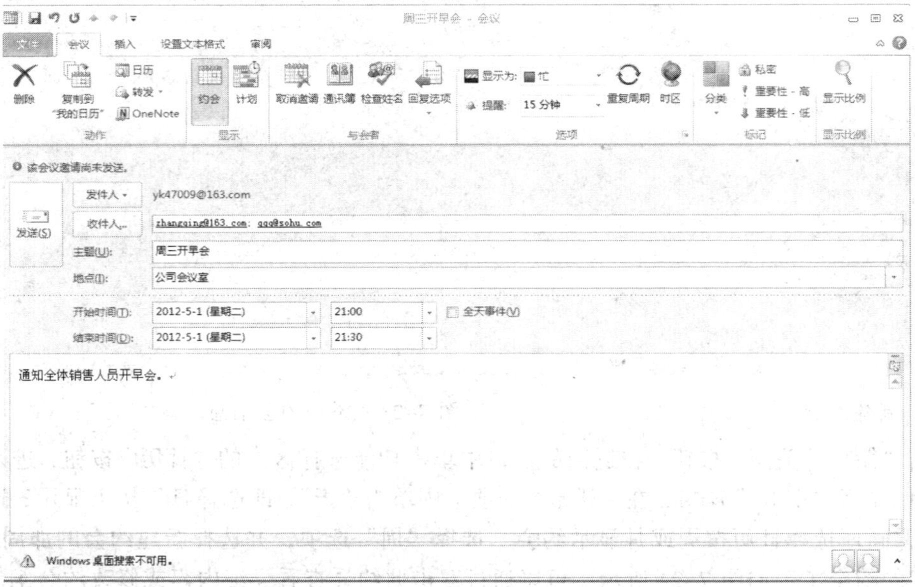

图 7-26　创建会议提醒

3. 制定任务

通过 Outlook 2010 中的新建“任务”，可以对自己的工作任务进行安排，新建“任务要求”可以将工作任务或者工作安排分派给相关的工作人员并且可以及时跟踪任务的完成情况。创建一个新“任务”和前面创建“约会”和“会议”的过程是一样的。

启动 Outlook 2010，单击“开始”选项卡“新建”组中的“新建项目”按钮，在打开的下拉菜单中选择“任务”命令，打开“未命名-任务”窗口。

在“未命名-任务”窗口中输入任务相应信息，如任务的“主题”“开始时时间”“结束时间”“完成率”及具体的要求和内容，在“状态”下拉列表中可设置此任务执行的进度，选择“提醒”复选框，设置提醒时间和声音等选项，如图 7-27 所示。如果将任务分配给其他人，要在“收件人”后面输入分配人的邮件地址。设置完成后单击“发送”按钮，发送制订的任务。

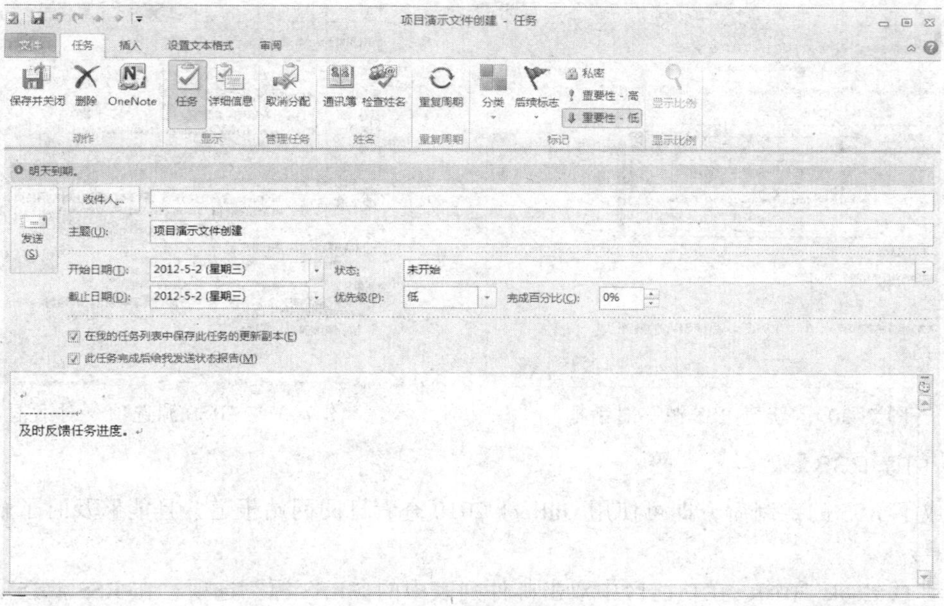

图 7-27　新建任务

7.2.3　使用 RSS

RSS（Really Simple Syndication）是真正简单的联合发布系统，即订阅者只需要将博客、新闻等一类网站添加到 RSS 中，它便自动收集这些网站的文章进行更新，从而保持与最新信息同步，通常在时效性比较强的内容上使用 RSS 订阅能更快速地获得信息。

1. 定制 RSS

如果想通过 RSS 阅读器浏览信息，就需要先定制 RSS，类似阅读报纸之前的定制一样。首先要启动 Outlook 2010，选择“文件”选项卡中的“信息”命令，在“账户信息”区域单击“账户设置”按钮，如图 7-28 所示，弹出图 7-29 所示的“账户设置”对话框，选择“RSS 源”选项卡，单击“新建”按钮，弹出图 7-30 所示的“新建 RSS 源”对话框，在其中输入源网站地址，单击“添加”按钮，如图 7-31 所示，保持默认设置，直接单击“确定”按钮。

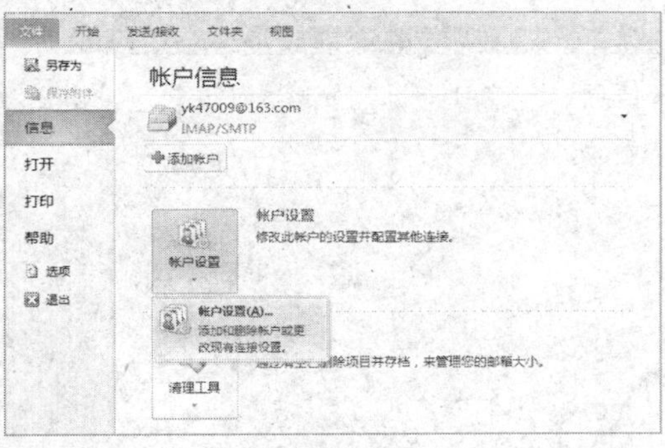

图 7-28　账户设置选择

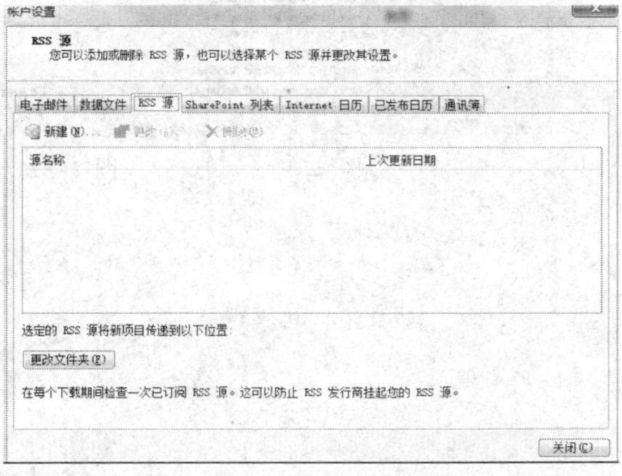

图 7-29　账户设置对话框

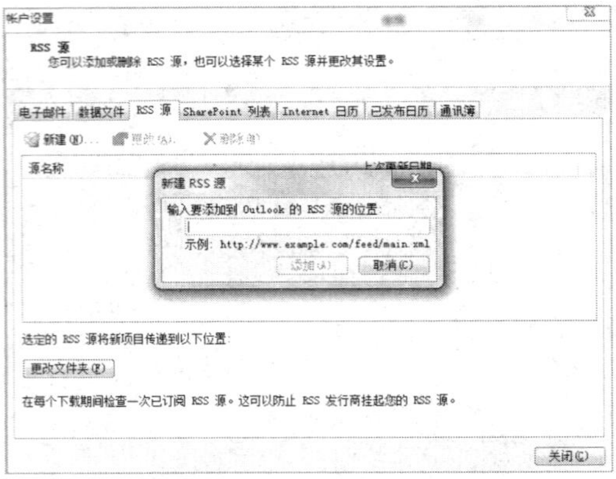

图 7-30 “新建 RSS 源”对话框

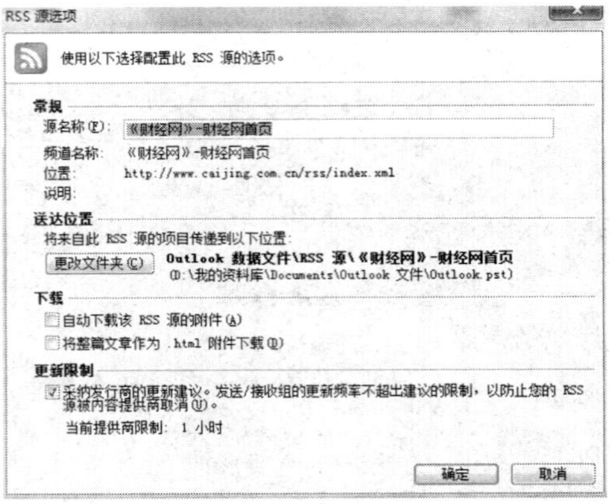

图 7-31 “RSS 源选项”对话框

2. 阅读 RSS

完成了 RSS 的定制后，即可使用 Outlook 2010 查看订阅网站报道并且能够及时了解需要的新闻信息。

启动 Outlook 2010，在功能区中双击邮件列表中的“RSS 源”选项，在 RSS 源选项中可以看到出现的未阅读项目，如图 7-32 所示。在“任务”窗口中选择要查看的信息，单击“查看文章”超链接，即可到指定的页面阅读文章。

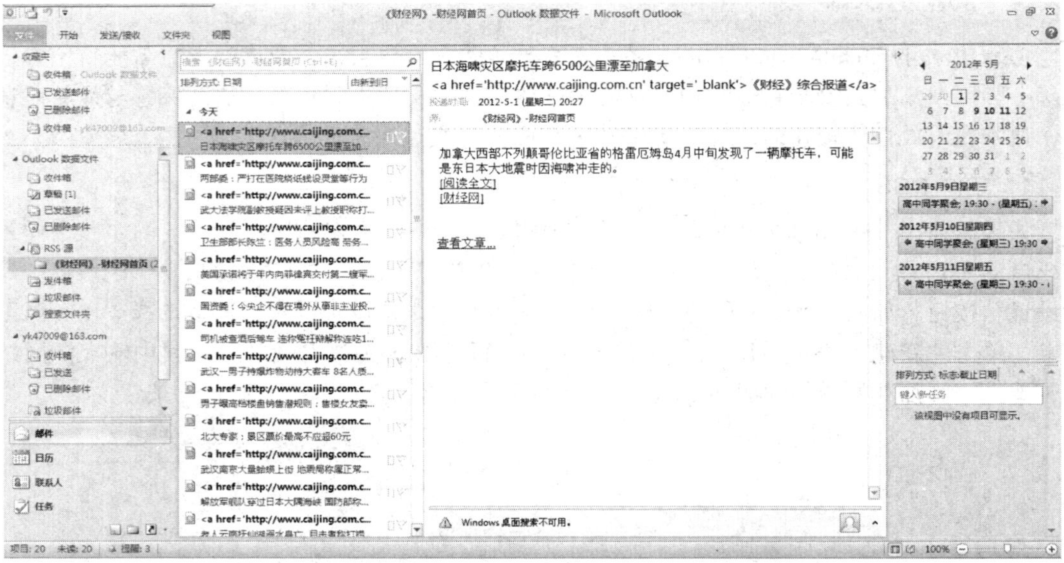

图 7-32 RSS 信息

第8章 计算机网络基础与Internet

计算机网络是当今发展最为迅速的科技之一，也是计算机应用中一个十分活跃的领域。计算机网络是计算机技术与通信技术相互渗透而又紧密结合的一门交叉学科。目前计算机网络已经广泛应用于办公自动化、企业管理与生产过程控制、金融与商业电子化、军事、科研、教育信息服务、医疗卫生等领域。计算机网络技术已经成为能够影响一个国家或地区经济的重要技术之一。

8.1 计算机网络概述

计算机网络是计算机技术与通信技术相结合的产物，具体来说是把分布在不同地理位置的独立的计算机按照网络协议，通过通信设备和线路连接起来的从而实现资源共享的系统。

8.1.1 计算机网络发展过程

计算机网络技术的产生和其他技术的产生是一样的，就是当技术发展成熟并且社会强烈需要这种技术时，它就会诞生。1946 年世界上第一台电子数字计算机 ENIAC 在美国诞生时，计算机与通信技术并没有直接联系，因为两项技术都不够成熟，直到 20 世纪 50 年代初，由于美国军方需要，美国半自动地面防空系统进行了计算机技术与通信技术的首次结合尝试，进行了集中的防空信息处理和控制。这种以单个主机为中心、面向终端的网络结构称为第一代计算机网络。由于终端设备不能为中心计算机提供服务，因此终端设备与中心计算机之间不提供相互的资源共享，网络功能以数据通信为主。

到了 20 世纪 60 年代初，美国航空公司建成了由一台计算机与分布在全美 2 000 多个终端组成的航空订票系统 SABRE-1。随着计算机应用的发展，出现了多台计算机互连的要求。这种需求主要来自军事、科学研究、国家或地区经济分析决策、大型企业经营管理。在这一阶段研究的典型代表是美国国防部高级研究计划局（ARPA，Advanced Research Projects Agency）的 ARPANET（通常称为 ARPA 网）。1969 年美国国防部高级研究计划局提出将多个大学、公司和研究所的多台计算机互连的课题。1969 年 ARPANET 只有 4 个结点，到 1973 年 ARPANET 发展到 40 多个结点，1983 年已经达到 100 多个结点。APRANET 通过有线、无线与卫星通信线路，使网络覆盖了从美国本土到欧洲与夏威夷的广阔地域。ARPA 网在网络的概念、结构、实现和设计方面奠定了计算机网络的基础，它标志着计算机网络的发展进入了第二个时代。与第一个时代的主要区别在于第二个时代的网络中的计算机都是具有自主能力的计算机，而不是终端到计算机，并且网络中的计算机是以资源共享为主，而不是以数据通信为主。

由于 ARPA 网的成功，到了 20 世纪 70 年代，不少公司推出了自己的网络体系结构。最著名的是 IBM 公司的 SNA（System Network Architecture）和 DEC 公司的 DNA（Digital Network Architecture）。不久，各种不同的网络体系结构相继出现。体系结构出现以后，对同一体系结构的网络设备互连是非常容易的，但不同体系结构的网络设备要想互连十分困难。然而社会的发展迫使不同体系结构的网络都要能互连。因此国际标准化组织 ISO（International Standard Organization）在 1977 年设立了一个分委员会，专门研究网络通信的体系结构，经过多年艰苦的工作，于 1983 年提出了著名的开放系统互连参考模型（Open System Interconnection/Reference Model,OSI/RM），给网络的发展提供了一个可以遵循的规则。从此，计算机网络走上了标准化的轨道。我们把体系结构标准化的计算机网络称为第三代计算机网络。

进入 20 世纪 90 年代，Internet 的建立，它把分散在各地的网络连接起来，形成了一个跨越国界范围、覆盖全球的网络。Internet 已经成为人类最重要、最大的知识宝库。网络互连和高速计算机网络的发展，使计算机网络进入到第四代。

由于 Internet 的商业化，使其业务量剧增，从而导致了它的性能降低。在这种情况下，一些大学申请了国家科学基金，以建立一个新的、独立的在 NSFNET（美国国家科学基金会，National Science Foundation）内部使用的网络，相当于一个专用的 Internet，供这些大学使用。1996 年 10 月，这种想法以 Internet2 的形式付诸实施。Internet2 是高级 Internet 开发大学合作组（UCAID）的一个项目。UCAID 是一个非营利组织，是由 NSF，美国能源部，110 多所研究性大学和一些私人商业组织共同合作创建的。他的宗旨还是组建一个为其成员组织服务的专用网络。其初始运行速率可达 10 Gbit/s。考虑到 Internet2 的实验特性，Cisco、IBM、Qwest、MCI、Worldcom 等公司已经提供了可观的资金和技术帮助。同时，Internet2 也得到了美国政府的资助。开发中的 Internet2 将应用于多媒体虚拟图书馆、远程医疗、远程教学、视频会议、视频点播 VOD、天气预报等领域。所有成员组织可以接入 Internet2，并且开发出支持这些应用的基本技术，但是其最终目的还是希望形成下一代 Internet 的技术与标准。Internet2 将使计算机网络进入一个崭新的时代。

8.1.2 计算机网络的功能

计算机网络的功能主要体现在信息交换、资源共享和分布式处理这三方面。

1. 信息交换

信息交换是计算机网络最基本的功能，主要完成网络中各个结点之间的通信。任何人都需要与他人交换信息，计算机网络提供了最快捷的途径。人们可以通过 WWW 方式访问各类信息系统，它包括政府、教育、艺术、保健、娱乐、科学、体育、旅游等方面的信息，甚至包括各类商业广告。电子邮件的广泛使用已经由初期的只能传送文本文件，发展到现在可以传送语音与图像文件。IP 电话也是基于计算机网络的一类典型的个人通信服务。

2. 资源共享

资源共享包括硬件资源、软件资源和数据资源的共享。在网络范围内各种输入/输出设备、大容量的存储设备、高性能的计算机等都是可以共享的网络资源，对于一些价格贵又不经常使用的设备，可以通过网络共享提高设备的利用率和节省重复投资。

3. 分布式处理

所谓分布式就是指网络系统中若干台计算机可以互相协作共同完成一个任务。可以将一项复杂的任务划分成多个部分，由网络内的各计算机完成有关部分，这样既提高了系统的可靠性又简化了任务的难度。

8.1.3　计算机网络的分类

计算机网络的分类方法可以多种多样，其主要有以下两种：

1. 按网络拓扑结构分类

抛开网络中具体的设备，把网络中的计算机等设备抽象为点，把网络中的通信介质抽象为线，这样从拓扑学的观点去看计算机网络，就形成了由点和线组成的几何图形，从而抽象出网络系统的具体结构。采用拓扑学方法描述各个结点之间的联系方式称为网络的拓扑结构。计算机网络常采用的拓扑结构有星状结构、总线结构、环状结构，如图 8-1 所示。在实际构造网络时，大量的网络是这三种拓扑结构的集合。

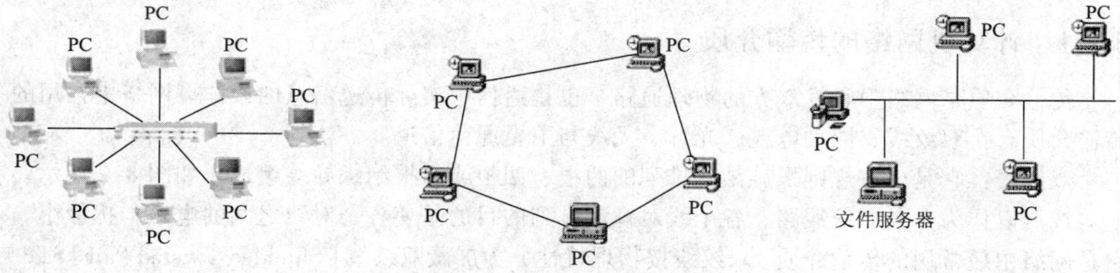

（a）星状结构　（b）环状结构　（c）总线结构

图 8-1　网络拓扑结构

星状拓扑结构的特点：在星状拓扑结构中，结点通过点到点通信线路与中心结点连接。任何两点之间进行通信必须通过中心结点。星状结构简单、易于实现，便于管理，但中心结点是全网的可靠性瓶颈，中心结点的故障可以导致全网瘫痪。

总线拓扑结构的特点：在总线拓扑结构中，以一根电缆作为传输介质（称为总线），在一条总线上装置多个 T 形头，每个 T 形头连接一个结点机，总线两端用端接器防止信号反射，结点之间按广播式方式进行通信，一个结点发送的信号其他结点均可接收。总线拓扑结构可靠性高、结构简单、布线容易，但是任务重易产生瓶颈问题。

环状拓扑结构的特点：在环状拓扑结构中，结点通过点到点通信线路连接成闭合环路。环状拓扑结构简单，传输延时确定，但是每两个结点之间的通信线路都会成为网络可靠性的瓶颈。环中任何一个结点出现故障，都可能造成网络瘫痪。

2. 按照覆盖范围与规模分类

计算机网络按照其覆盖的地理范围进行分类，可以很好地反映不同类型网络的技术特征。由于覆盖的地理范围不同，它们采用的传输技术也就不同，因而形成了不同网络技术特点与网络服务功能。按照覆盖地理范围可分为局域网、城域网、广域网。

局域网（Local Area Network，LAN）：是一种在小范围内实现的计算机网络，一般在一个建筑物内，或一个工厂、一个学校内。局域网覆盖范围可以在几十千米以内。它是当前计算机网络研究和应用的一个热点，也是目前技术发展最快的领域之一。局域网内传输速率高，误码率低，结构简单容易实现。

城域网（Metropolitan Area Network，MAN）：城市地区网络简称城域网。它是比局域网规模大的一种中型网络，它的设计目标是要满足几十千米范围内的大量企业、机关、公司的多个局域网互连的要求，以实现大量用户之间的数据、语音、图形与视频等多种信息的传输功能。

广域网（Wide Area Network，WAN）：广域网又称远程网。它所覆盖的范围从几十千米到几千千米。广域网覆盖一个国家、一个地区或跨几个州，形成国际性远程网络。

8.2 计算机网络组成

计算机网络系统由硬件、软件和规程三部分构成。硬件组成包括主体设备、连接设备和传输介质三大部分。软件包括网络操作系统和应用软件。规程涉及网络中的各种协议，而这些协议是以软件形式表示出来的。

8.2.1 计算机网络的传输介质

传输介质是网络中收发双方的物理通路，也是通信中实际传送信息的载体。网络中常用的传输介质有：双绞线、同轴电缆、光纤、无线与卫星通信信道。

双绞线：它是由按规则螺旋结构排列的两根、四根或八根绝缘导线组成，如图 8-2 所示。一对线可以作为一条通信线路，各个线对螺旋排列的目的是使各个对线之间的电磁干扰最小。它是网络中最常用的传输介质。双绞线按物理特性分为屏蔽双绞线（Shielded Twisted Pair，STP）和非屏蔽双绞线（Unshielded Twisted Pair，UTP）两种。屏蔽双绞线性能优于非屏蔽双绞线，但价格高。目前共有 5 类双绞线，其传输速率在 4～100 Mbit/s。

同轴电缆：它是由中心导体、外屏蔽层、绝缘层及外部保护组成，如图 8-2 所示。它是网络中应用十分广泛的传输介质之一。根据同轴电缆的带宽不同，它可以分为基带同轴电缆和宽带同轴电缆。基带同轴电缆使用的最大距离是几千米，而宽带同轴电缆最大传输距离可达几十千米。同轴电缆的造价介于双绞线与光纤之间，使用维护方便。

光纤：它是一种直径为 50～100 μm 的柔软、能传导光波的介质，多种玻璃和塑料可以用来制造光纤，使用超高纯度的石英玻璃纤维制造的光纤可以得到最低的传输损耗，如图 8-2 所示。在折射率较高的光纤外面，用折射率较低的包层包裹起来，即可以构成一条光纤通道。将多条光纤组成一束，就得以构成一条光缆。光纤按传输类型分为：单模与多模两类。作为单模光纤是指光信号与光纤轴承有单个可分辨角度的单光线传输。所谓多模光纤是指光纤的光信号与光纤轴承有多个可分辨角度的多光线传输。光纤具有低损耗、宽频带、高数据传输速率、低误码率、安全保密性好的特点，但光纤的价格高于同轴电缆和双绞线。

无线与卫星通信信道：无线传输采用无线频段、红外线、激光等进行传输。无线传输不受固定位置的限制，可以全方位实现三维立体通信和移动通信。目前无线传输还有不少缺陷，主要表现在无线传输速率低，数据安全性不高，容易受气候和电磁干扰的影响。

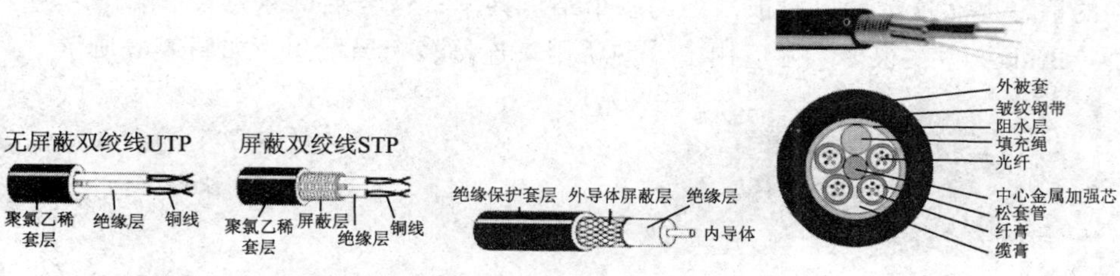

（a）双绞线　　（b）同轴电缆　　（c）光纤

图 8-2　有线传输介质

8.2.2　网络连接设备

常用的网络连接设备主要有：网卡、集线器、交换机、网桥、路由器、网关等。

网卡：网络接口卡（Network Interface Card，NIC）又称网卡，它是计算机网络的基本部件，如图 8-3 所示。网卡一面连接网络中的计算机，另一面连接局域网中的传输介质。按照网卡支持的计算机种类分为标准的以太网卡、PCMCIA（Personal Computer Memory Card International Association，个人计算机内存卡国际协会）网卡、无线网卡。标准的以太网卡用于台式计算机连网，而 PCMCIA 网卡与信用卡大小相似，用于将便携式计算机连入局域网，无线网卡可利用无线电波作为信息传输的媒介构成无线局域网（WLAN），与有线网络的用途十分类似，最大的不同在于传输媒介的不同，利用无线电技术取代网线，可以和有线网络互为备份使用。

图 8-3　网卡

集线器：又称 Hub，它是网络传输媒介的中心结点，具有对信号放大转发的功能，如图 8-4 所示。用于连接 RJ-45 端口的 Hub 一般有 8 个、12 个、16 个或更多的端口。使用 Hub 的用户可以通过双绞线与网络设备相连，Hub 上的端口彼此独立，不会因某一端口的故障影响到其他用户。集线器的类型分为无源、有源、智能 Hub 三种。无源集线器只负责把多个网段介质连在一起，不对信号做任何处理，它限制工作站到集线器之间的距离在 30 m 以内。有源集线器与无源集线器相似，具有对信号的放大作用和扩展通信介质的长度功能，它将工作站和集线器之间的距离扩大到 600 m，使网络的作用范围扩大。智能集线器除具有有源集线器的全部功能外，还提供网络管理、智能选择网络传输通路的功能。

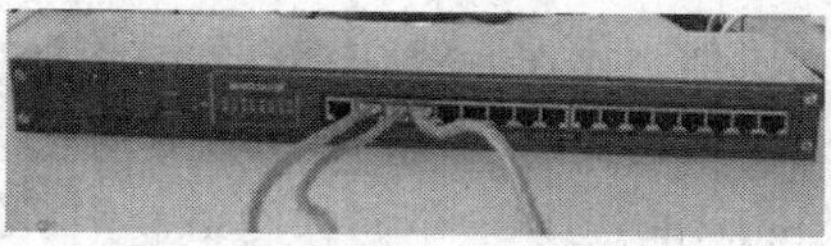

图 8-4　集线器

交换机（Switch）：也有人把它称为交换式集线器，如图 8-5 所示。交换机改变了“共享介质”的工作方式，使通过交换机端口连接的网络中的各结点之间实现并发传输数据，从而改善了局域网的性能和服务质量。例如，如果一个 10 Mbit/s 端口只连接一个结点，那么这个结点就可以独占 10 Mbit/s 的带宽，这类端口通常被称为专用端口；如果一个 10 Mbit/s 的端口连接一个网络的话，那么这个端口将被网络的多个结点共享，这类端口称为共享端口。

网桥（Bridge）：在很多实际应用中，网桥用来连接多个局域网，如图 8-6 所示。

图 8-5　交换机

图 8-6　网桥

路由器（Router）：随着网络的扩大，形成广域网时网桥的路由选择和网络管理就远远达不到要求，而路由器则大大加强了这方面的功能，如图 8-7 所示。

网关（Gateway）：网关又称协议转换器，其作用是处于通信网上采用不同高层协议的主机仍然相互合作，完成各种分布式应用，如图 8-8 所示。

图 8-7　路由器

图 8-8　网关

8.2.3　网络的主体设备

计算机网络中的主体设备称为 HOST（主机），一般可分为中心站（又称为服务器）和网络工作站（客户机）两类。

服务器是网络提供共享资源的基本设备，一般是采用高配置与高性能的计算机，其工作速度快、硬盘容量及内存容量的指标都要求高，携带外围设备多。服务器按功能分为文件服务器、打印服务器、域名服务器和通信服务器等。

网络工作站是网络用户入网操作的结点。用户既可以通过工作站共享网络上的公共资源，也可以不进入网络单独工作。网络工作站上的客户机一般配置要求不是很高，大多采用个人计算机及携带相应的外围设备，如打印机、扫描仪等。

8.2.4　网络操作系统

网络操作系统是具有网络管理功能的操作系统。它除了具有通用操作系统的功能外，还具有网络的支持功能，能管理网络的资源。主要的网络操作系统有 Windows NT Server，NetWare，Linux 和 UNIX。不同的网络操作系统具有不同的特点，但它们提供的网络服务功能有很多的相同点。一般来说，网络操作系统都具有以下八种基本功能：

1. 文件服务（File Service）

文件服务是最重要、最基本的网络服务功能。文件服务器以集中的方式管理共享文件，网络工作站可以根据所规定的权限对文件进行读/写以及其他各种操作，文件服务器为网络用户的文件安全与保密提供必需的控制方法。

2. 打印服务（Print Service）

打印服务也是最基本的网络服务功能之一。打印服务可以通过设置专门的打印服务器完成，或者由工作站或文件服务器来承担。通过网络打印服务功能，局域网中可以安装一台或几台网络打印机，网络用户就可以远程共享网络打印机。打印服务实现对用户打印请求接收、打印格式的说明、打印机的配置、打印队列的管理等功能。网络打印服务在接收用户打印请求后，本着先到先服务的原则，将多用户需要打印的文件排队来管理用户打印任务。

3．数据库服务（Database Service）

随着网络数据库服务变得越来越重要，选择适当的网络数据库软件，依照客户/服务器（Client/Server）工作模式，开发出客户端与服务器端数据库应用程序，这样客户端可以用结构化查询语言（SQL）向数据库服务器发送查询请求，服务器进行查询后将查询结果传送到客户端。它优化了局域网系统的协同操作模式，从而有效地改善了局域网的应用系统性能。

4．通信服务（Communication Service）

局域网提供的通信服务主要有：工作站与工作站之间的对等通信、工作站与网络服务器之间的通信服务等功能。

5．信息服务（Message Service）

局域网可以通过存储转发方式或对等方式完成电子邮件服务。目前，信息服务已经发展为文本、图像、数字视频与语音数据的传输服务。

6．分布式服务（Distributed Service）

网络操作系统为支持分布式服务功能，提出了一种新的网络资源管理机制，即分布式目录服务。分布式目录服务将分布在不同地理位置的网络资源，组织在一个全局性、可复制的分布式数据库中，网中多个服务器都有该数据库的副本。用户在一个工作站上注册，便可与多个服务器连接。对于用户来说，网络系统中分布在不同位置的资源都是透明的，这样就可以用简单方法去访问一个大型互连局域网系统。

7．网络管理服务（Network Management Service）

网络操作系统提供了丰富的网络管理服务工具，可以提供网络性能分析、网络状态监控、存储管理等多种管理服务。

8．Internet/Intranet 服务（Internet/Intranet Service）

为了适应 Internet 与 Intranet 的应用，网络操作系统一般都支持 TCP/IP 协议，提供各种 Internet 服务，支持 Java 应用开发工具，使局域网服务器很容易成为 Web 服务器，全面支持 Internet/Intranet 访问。

8.2.5　网络传输协议

目前在局域网上流行的数据传输协议有：

1．NetBEUI

NetBEUI（NetBIOS Extend User Interface）是网络基本输入/输出系统扩展用户接口。这一协议由 IBM 开发，是一个小但效率高的通信协议。

2．IPX/SPX

IPX/SPX 是 Novell 公司在它的 NetWare 局域网上实现的通信协议。IPX（Internet Packet Exchange Protocol）是在网络层运行互联网包交换协议。该协议提供用户网络层数据接口。IPX 是工作站上的应用程序通过它访问 NetWare 网络驱动程序。网络驱动程序直接驱动网卡，直接与互联网络内的其他工作站、服务器或设备互连。IPX 使得应用程序能够在互联网络上发送包和接收包。

SPX（Sequenced Packet Protocol）为运行在传输层上的顺序包交换协议，SPX 提供了面向连接的传输服务，在通信用户之间建立并使用应答进行差错检测和恢复。

3. TCP/IP

传输控制协议和网际互连协议组是一组工业标准，简称 TCP/IP。它具体包括了 100 多个不同功能的协议，是互联网络上的“交通规则”。其中最主要的是 TCP/IP。

TCP（Transmission Control Protocol）传输控制协议用于保证被传送信息的完整性。IP（Internet Protocol）网际互连协议负责将消息从一个地方传送到另一个地方。

TCP/IP 也采用分层结构，共分为 4 层：

① 应用层——常用的应用程序。例如，远程登录 Telnet、简单邮件传输协议 SMTP、文件传输协议 FTP、域名系统 DNS 等。应用程序协议负责将网络传输的东西转换成人们能够识别的信息。应用层包含的协议随着技术的发展在不断扩大。

② 传输层——提供端到端的通信。主要功能是信息格式化，数据确认和丢失重传等。传输层提供 TCP 与用户数据协议 UDP（User Datagram Protocol）。UDP 是一个非链接、高效服务的协议，用于简单交互场合。

③ 网际网络层——负责不同网络或同一网络中计算机之间的通信，主要处理数据包和路由。网际网络层的核心是 IP 协议。

④ 网络接口层——负责与物理网络的连接。它包含所有现行网络访问标准，如以太网、ATM、X.25 等。

TCP/IP 模型与 OSI 参考模型对照关系如图 8-9 所示。

OSI 参考模型	TCP/IP 模型
应用层	应用层
表示层	
会话层	传输层
传输层	
网络层	网际网络层
数据链路层	网络接口层
物理层	

图 8-9 TCP/IP 与 OSI 参考模型对照关系

TCP/IP 模型与 OSI 参考模型是不同的，OSI 参考模型来自于标准化组织，而 TCP/IP 模型不是人为制订的标准，它产生于 Internet 的研究和应用实践中。

8.3 Internet 基本知识及其应用

8.3.1 Internet 基本知识

Internet 又称因特网，它是将全球范围内不同类型的计算机，不同技术组成的各种计算机网络，按照一定的协议相互连接在一起，使网络中的每一台计算机或终端就像在一个网络中工作，从而实现资源共享。

Internet 上的资源分为信息资源和服务资源两类。Internet 的主要功能可分为 5 个方面：网上信息查询、网上交流、电子邮件、文件传输和远程登录。

网上信息查询和网上交流包括了万维网（WWW）、专题讨论（Usenet）、菜单式信息查询服务（Gopher）、广域信息服务系统（WAIS）、网络新闻组（Netnews）和电子公告栏（BBS）等。

电子邮件（E-mail）通过网络技术收发以电子文件格式编写的邮件。

文件传输通过FTP程序,用户可以将Internet上一台计算机内的文件复制到网上另一台计算机中。

远程登录通过 Telnet 或其他程序登录到 Internet 的一台主机上，使用户的计算机成为该台主机的远程终端，这样用户就可以使用主机上的资源。

8.3.2　Internet 的基本工作原理和连接方式

Internet 采用客户机/服务器方式访问资源。当用户连接 Internet 后，首先启动客户机软件，例如 Internet Explorer 或 Netscape，生成一个请求，通过网络将请求发送到服务器，然后等待回答。服务器由一些更为复杂的软件组成，它在接收到客户端发来的请求后分析请求并给予回答，应答信息也是通过网络返回到客户端。客户端软件收到服务器端发送的信息后将结果显示给用户。

与客户机不同，服务器程序必须一直运行着，随时准备好接收请求，客户机可以任何时候访问服务器。

要使用 Internet 上的资源，首先必须使自己的计算机通过某种方式与 Internet 上的某一台服务器连接起来，一旦完成这一连接过程，你就是 Internet 的一员了。Internet 的连接方式可以分为两类：单机连接和局域网连接。

1. 单机（PC）连接方式

这是一种最简单，最容易的方式，特别适合于个人、家庭用计算机。连接的线路根据计算机所在地的通信线路可以选择普通电话线、ISDN 或“三合一”有线电视网，还有无线上网的方式。

通过电话拨号方式接入网络：

这种方式是目前比较常见的网络接入方式，要通过电话线接入网络必须要有一个 Modem 和一条电话线，电话线连接到 Modem 上，再从 Modem 用网线连接到计算机上网卡上。计算机上要安装拨号软件，一种方式可在能上网的计算机中下载虚拟拨号软件复制到此计算机中，另一种方法是利用系统自带的软件创建，下面以 Windows 7 操作系统为例创建拨号器。

右击桌面上的“网络”图标，在弹出的快捷菜单中选择“属性”命令，或在“任务栏”通知区域单击“网络”图标。打开“网络和共享中心”窗口，如图 8-10 所示。

在“网络和共享中心”窗口中单击“设置新的连接或网络”超链接，弹出“设置连接或网络”对话框，如图 8-11 所示。

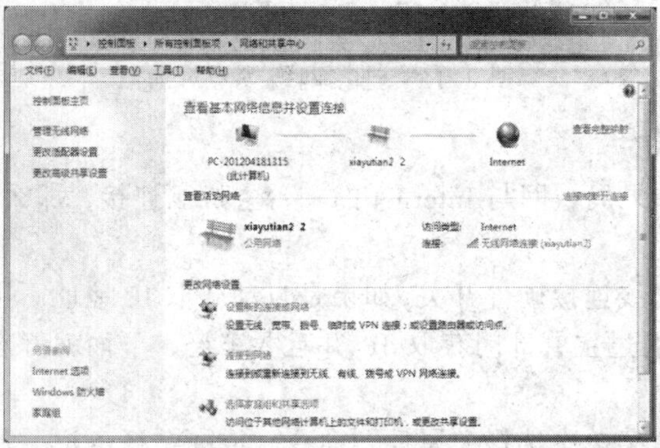

图 8-10　“网络和共享中心”窗口

图 8-11　“设置连接或网络”对话框

选择“连接到 Internet”选项，然后单击“下一步”按钮。在弹出的对话框中选择“宽带（PPPOE）”选项，如图 8-12 所示。

在弹出的对话框中输入从网络运营商处获取的 ADSL 用户名和密码，然后单击“连接”按钮，如图 8-13 所示。

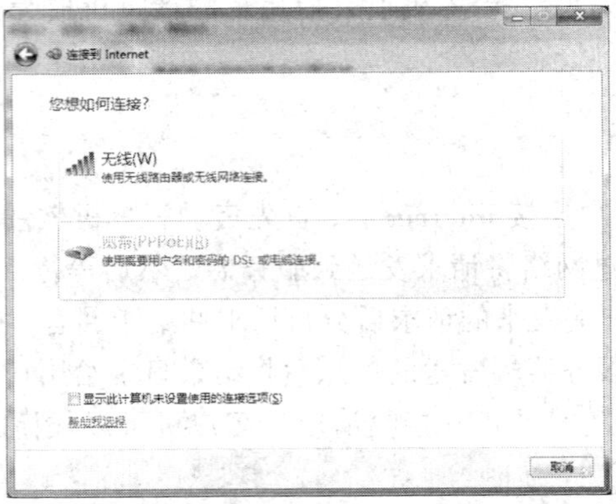

图 8-12　选择网络类型对话框

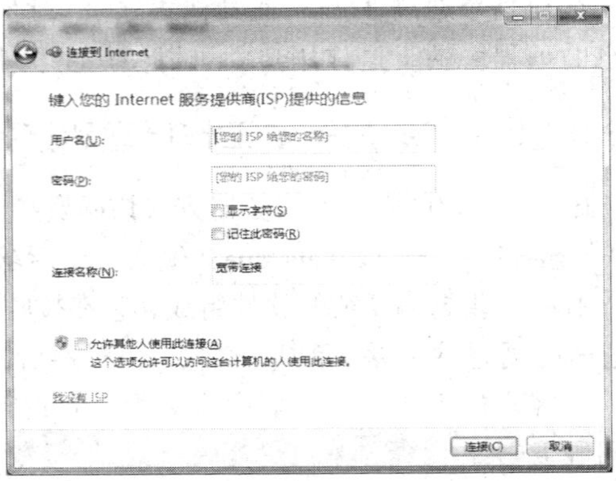

图 8-13　输入用户名和密码对话框

系统将自动进行拨号连接，连接成功即可上网。执行以上操作后在“网络和共享窗口”左侧单击“更改适配器设置”超链接，在打开的“网络连接”窗口中即可看到新建的宽带连接，如图 8-14 所示。

当拨号连接设置好后，就可以双击该连接，在弹出的对话框中输入相应的用户名和密码，然后单击“连接”按钮即可上网，如图 8-15 所示。

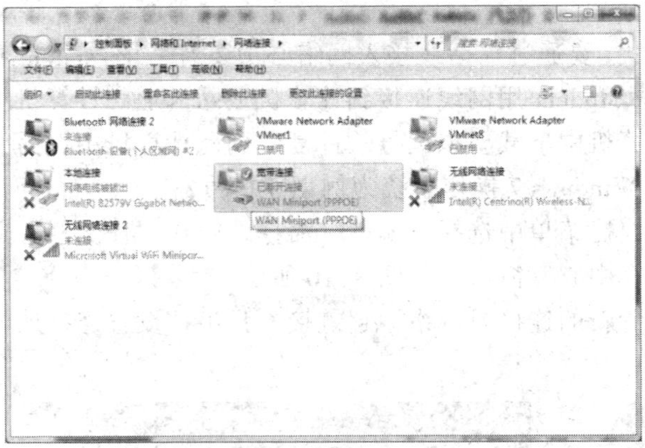

图 8-14　“网络连接”窗口

图 8-15　连接网络拨号对话框

2．局域网连接方式

很多企业和单位都建立了自己的局域网，如果局域网与 Internet 的一台主机已连接，那么，局域网用户无须增加设备就能访问 Internet 资源。

通过网线连接室内的端口与计算机或打开无线连接硬件开关，如果是自动获取 IP 地址不用进行任何设置即可上网，如果是静态 IP，需要通过主管部门获取 IP 并且要牢记，下面就静态 IP 讲述设置过程。

右击桌面上的“网络”图标，在弹出的快捷菜单中选择“属性”命令，或在“任务栏”通知区域单击“网络”图标，打开“网络和共享中心”窗口，如图 8-10 所示。

在“查看活动网络”栏中单击要设置的网络连接名称，如“无线网络连接”，如图 8-16 所示。在弹出的“无线网络连接状态”对话框中单击“属性”按钮，如图 8-17 所示。在弹出的“无线网络连接属性”对话框，选中“此连接使用下列项目”中的“Internet 协议版本 4(TCP/IPv4)”后单击“属性”按钮，如图 8-18 所示。弹出图 8-19 所示对话框，在“使用下面的 IP 地址栏”中输入相应的 IP 地址、子网掩码以及默认网关，在“使用下面的 DNS 服务器地址”栏中输入相应的 DNS 服务器的 IP 地址，输入结束后单击“确定”按钮，完成网络连接属性的设置。

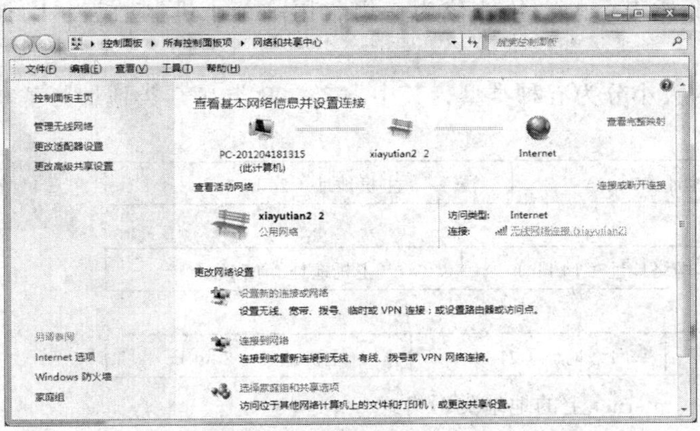

图 8-16　查看活动网络

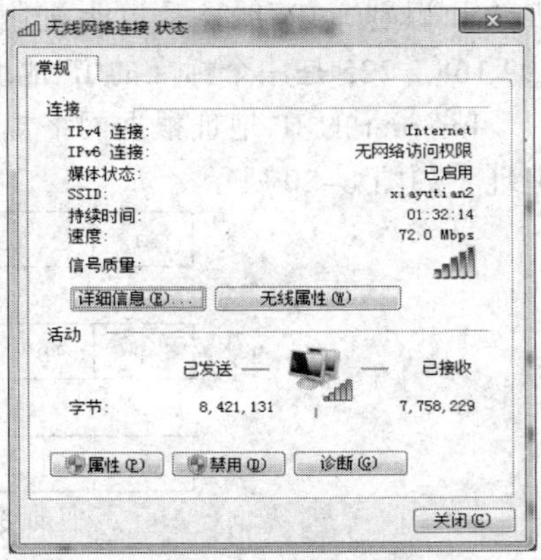

图 8-17　“无线网络连接状态”对话框

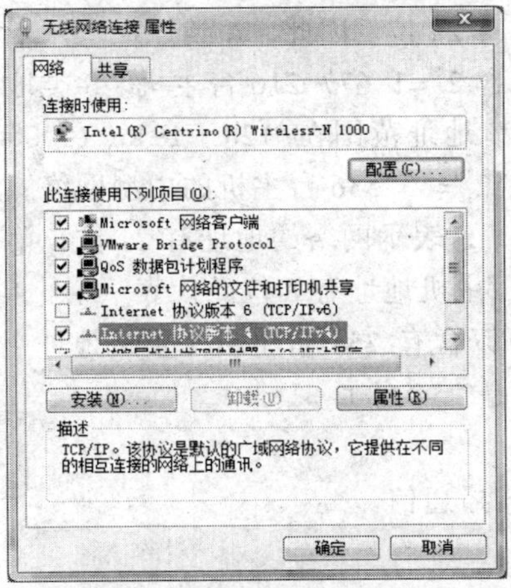

图 8-18　“无线网络连接属性”对话框

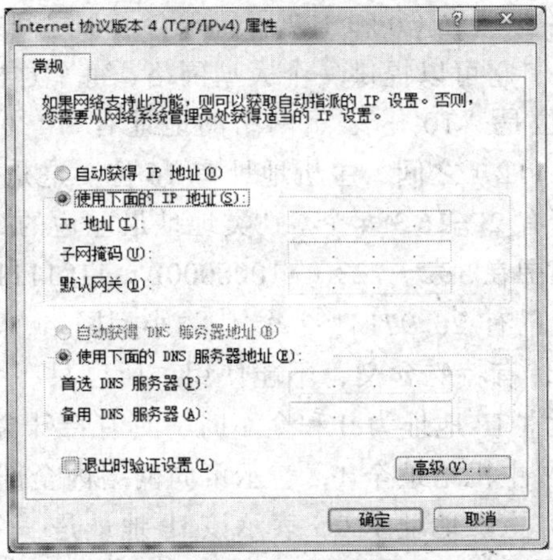

图 8-19　Internet 协议版本 4 (TCP/IPv4) 属性

8.3.3　Internet 的网络地址和域名系统

1. IP 地址

在计算机技术中，地址是一种标识符，用于标记某个设备在网络中的物理位置。在网络中有两种地址：物理地址和网间地址。物理地址是网卡地址，网卡地址随着网络类型的不同而不同。为了保证不同的物理网之间能够相互通信，需要对地址进行统一，但又不能改变原来的物理地址，网络技术就是将不同的物理地址统一起来的高层软件技术，它提供一个网间地址，使同一个系统内一个地址只能对应一台主机。IP 地址是 IP 协议提供的一种统一格式的地址，它为 Internet 上的每个网络和每个主机分配网络地址。每个 IP 地址在 Internet 上是唯一的，是运行 TCP/IP 协议的唯一标识。

为了确保 IP 地址在 Internet 上的唯一性，IP 地址统一由各级网络信息中心（Network Information Center，NIC）分配。NIC 面向服务和用户（包括不可见的用户软件），在其管辖范围内设置各类服务器。国际级的 NIC 中的 INTERNIC 负责美国其他地区的 IP 地址的分配，RIOPENIC 负责欧洲地区的 IP 地址的分配，APNIC 负责亚太地区的 IP 地址的分配。

IP 地址具有固定、规范的格式。它是由 32 位二进制数组成，分为四段，其中 8 位构成一段，这样每段所能表示的十进制数的范围最大不超过 255，段与段之间用“.”隔开。为了方便表达和识别，IP 地址是以十进制数形式表示的，每八位为一组，用一个十进制数表示。如 192.168.2.225 是一个标准的 IP 地址。

Internet 的 IP 地址根据网络规模的大小分为五种类型，其中 A 类、B 类和 C 类地址为基本地址，如图 8-20 所示。

A 类	0	网络地址（7 bit）	主机地址（24 bit）		
B 类	1	0	网络地址（14 bit）	主机地址（16 bit）	
A 类	1	1	0	网络地址（21 bit）	主机地址（8 bit）

图 8-20　Internet 上的地址类型格式

从地址的格式中可以看出，A 类地址最左边是“0”，表示网络地址有 7 位，第一字节地址范围在 1～126（0 和 127 有特殊含义）之间，主机地址有 24 位。因此，A 类地址适用于主机多的网络，它可以提供一个大型网络，每个这样的网络可含 2^{24}=1 677 216 台主机。B 类地址左边的 2 位是“10”，表示网络的地址有 14 位，第一字节地址范围在 128～191（10000000B～10111111B）之间，主机地址有 16 位。这是一个可含有 2^{16}=65 536 台主机的中型网络，这样的网络可有 2^{14}=16 384 个。C 类地址最左边的 3 位是“110”，表示网络的地址有 21 位，第一字节地址范围在 192～223（11000000B～11011111B）之间，主机地址有 8 位。代表一个小型网络。一共可以有 20 971 152 个 C 类小型网络，每个网络可以含有 254 台主机（主机地址中的全 0 和全 1，有特殊含义，不能使用，所以只有 254 台而不是 256 台）。

通常 IP 地址为 0 和全 1 时，具有特殊含义：

① 主机地址全 1，表示可向网络内全部主机进行广播通信。

② 主机地址全 0，表示该 IP 地址是一个网络地址。

③ 网络地址为全 0，表示标识本网络。若主机试图在本网络内通信但又不知道网络地址，此时可采用 0 地址。

2. 域名系统

由于数字表示的 IP 地址不便于人们记忆和理解，因此引入了用字符表示主机名的方法，也就是域名系统（Domain Name System，DNS），即用具有一定含义的字符串来标识网络上的一台计算机，也就是说用字符串来为计算机命名。但是如果让用户自己的计算机进行命名，就有很大的可能要出现重名的现象，从而导致不能唯一标识网络上的一台计算机。为了避免重名现象的发生，Internet 协会采用了在主机名后面加上多个后缀的方法，该后缀名就成为域名，用来表示主机的区域位置或机构特性等。DNS 服务器是提供主机的域名与 IP 地址之间进行互相转换的计算机系统，它通过反复转寄查询和递归两种方法来实现。

每个域名的最后一部分称为顶级域名，顶级域名又分为两种类型。一种用来表示区域位置，如 cn 表示中国、us 表示美国、ca 表示加拿大等。另一种用来表示机构特性，Internet 协会共规定了 7 类表示机构特性的顶级域名，分别为：

① com：商业机构组织。

② edu：教育机构组织。

③ inti：国际机构组织。

④ cov：政府机构组织。

⑤ mil：军事机构组织。

⑥ net：网络机构组织。

⑦ orc：非营利机构组织。

8.3.4 Internet 服务和浏览器的使用

1. Internet 的常用服务

（1）电子邮件（E-mail）

电子邮件又称 E-mail 是 Internet 上使用最广泛、最受欢迎的服务，使用它可以发送和接收文字、图像、声音等多媒体信息，它与现实的邮件最大的不同是可以把同一封邮件同时发送给多个接收者，并且电子邮件使用简便、快捷、可靠、成本低廉，因此备受网络用户的青睐。

（2）远程登录（Telnet）

远程登录服务是指一台计算机允许网络中的另一台计算机以远程登录的方式成为它的仿真终端，从而实现被登录的计算机上的资源全部开放，也可以进行数据库查询、资料检索等操作。

（3）文件传输（FTP）

在 Internet 上有许多文件。它们可以是文本文件，软件程序或者是多媒体文件，文件传输服务就是帮助用户获取网络上的这些文件，从而实现资源共享。

（4）万维网（WWW）

WWW 是基于 Internet 的信息服务系统，其全称为 World Wide Web。它以超文本技术为基础，利用面向文件的阅览方式，替代通常的菜单列表方式，可以提供具有一定格式的文本和图形。Web 将全球信息资源通过关键字方式建立链接，使信息不仅可按线性方式搜索，而且可按交叉方式访问。

（5）网络新闻（Usernet）

Usernet 即 Usernet's network，就是用户网络，简言之，它是一群有共同爱好的 Internet 用户为了相互传递信息而组成的一种无形的用户交流网。这些信息实际上是网络使用者相互交流的新闻。

2. Internet 浏览器的使用

用户通过使用浏览器可以连接到 Internet，从而访问网络中计算机的资源，并且可以从中搜索自己需要的信息，也可以把自己的信息提供给其他计算机使用。

（1）启动浏览器

双击桌面上的或任务栏中的 Internet Explorer 图标，或单击“开始”按钮，选择“所有程序”→“Internet Explorer”命令。

（2）浏览器界面

浏览器界面由浏览区、菜单栏、工具栏、地址栏、状态栏组成。

菜单栏中包括“文件”“编辑”“查看”“收藏”“工具”和“帮助”等菜单。通过选择菜单命令可以完成对浏览器的操作，菜单栏是不可改变的。

工具栏是用户最经常使用的，它是由按钮组成，用户可以添加或减少按钮。

地址栏是用来显示当前网页的地址或输入准备浏览的网页的地址，通过单击地址栏右边的下拉按钮，可以选择曾经访问过的网站。

状态栏位于浏览器窗口的最下方，它表示当前浏览器的工作状态，如显示当前链接地址，或者是打开网页的进度。

（3）浏览器的设置

① 设置主页。在浏览器窗口中选择“工具”→“Internet 选项”命令，在弹出的对话框中选择“常规”选项卡。“主页”选项组中有三个按钮：“使用当前页”是指上网浏览时单击该按钮可以将频繁查看的网页设置为主页，“使用默认页”是指将浏览器的起始页设置成主页，“使用空白页”是为了提高上网速度把主页设置为空白主页。

② 历史记录。IE 浏览器提供了历史记录功能，它可以自动记录用户浏览过的网站和网页的地址。如果用户需要查看在此之前某天浏览过的网站或网页，或者由于用户误操作关闭了正在浏览的网站或网页时，可以使用历史记录功能恢复。

③ 保存 Web 页的信息。在查看 Web 页时会发现有许多有用的信息，这时可以保存整个 Web 页，也可分别保存其中的文本、图像或链接的内容。

保存当前页可以在打开想要保存的网页后选择“文件”→“另存为”命令，在弹出的对话框中选择要保存的本地位置，在“文件名”文本框中输入该页名称后单击“保存”按钮。

保存图片可在图片上右击，在弹出的快捷菜单中选择“图片另存为”或“目标另存为”命令，在弹出的对话框中选择要保存的本地位置，单击“保存”按钮。

保存网页上的文本部分，可将要保存的文本信息用鼠标选定，然后选择“编辑”→“复制”命令，启动另一处理程序（如 Word 或写字板等），在其中执行粘贴命令保存。

8.3.5 建立小型局域网案例

要求把 2～3 台安装了 Windows 系统的计算机组成一个局域网，实现资源共享（文件共享、打印机共享、通过运行 NetMeeting 还能实现简单的网上会议功能）。

Windows 系统提供了一种很方便的局域网连接方式，即工作组联网方式。利用 Windows 系统的这一功能，可以很容易地把家庭之间或单位部门内部的计算机连成一个小局域网，不仅可以做到软硬件资源共享，而且通过运行 NetMeeting 还能实现简单的网上会议功能。

1. 硬件准备

硬件包括：带网卡的计算机、双绞线、RJ-45 接头、测线器、压线钳和集线器。可以根据自己的需要和局域网的规模对这些硬件的数量进行选择。

（1）网卡

建议使用 PCI 总线类型的以太网卡，因为 Windows 98 以上的操作系统一般可以自动识别这种类型的网卡并正确配置它的各项参数。若选用 ISA 总线类型的网卡，可能需要用户自己安装驱动程序并设置各项参数。

（2）双绞线和 RJ-45 接头

建议选用 5 类线（5 级 UTP 电缆）或超 5 类线和 RJ-45 接头。与集线器连接时，将 RJ-45 接头的卡子向下，由左至右编号为 1 ~ 8，依次接上 5 类线的白橙、橙、白绿、蓝、白蓝、绿、白棕、棕 8 根线。当然，接法并不是唯一的，只要保证直通即可，但 100 Mbit/s 的局域网最好采用这种接法。若两台计算机直接相连，则在连接头时须将编号为 1 和 3 以及 2 和 6 的两对线交叉连接。

（3）测线器

将掐好的线头两端分别插入测线器的两个孔中，打开测线器开关，如两端闪烁的灯依次从 1 到 8 闪烁，则连接线正常，否则应重新掐线直到正常为止。

（4）集线器

若仅将两台机器联网，可以不用集线器（即采用上述的交叉连线方式）。将部门内的多台机器联网时则需选用集线器，集线器有 5 口、8 口、16 口和 24 口之分，可根据联网的规模来选择相应口数的集线器。将网线两端 RJ-45 接头分别插入网卡和集线器的插孔中，硬件连接完成。

2．系统设置

下面以 Windows 7 系统为例说明系统设置的操作步骤。

（1）设置网卡

Windows 系统一般能自动识别并设置网卡。否则，可以打开“控制面板”窗口，单击“添加/删除硬件”超链接，利用向导将网卡添加到系统中，必要时还要安装驱动程序。安装设置完成后，打开“设备管理器”，若网卡工作正常，则在“网络适配器”中能看到网卡的图标（注意：图标上必须既无“×”也无“!”，否则可能是被禁用或工作不正常）。

（2）设置 IP 地址

右击桌面上的“网络”图标，在弹出的快捷菜单中选择“属性”命令，打开“网络和共享中心”窗口，在“查看网络活动”栏单击“本地连接”选项（该图标在正确安装设置完网卡后会自动出现），单击“属性”按钮，弹出“本地连接属性”对话框，如图 8-21 所示，在这里可以看到连接时选用的网卡和可采用的协议，选择“Internet 协议版本 4（TCP/IPv4）”选项，单击“属性”按钮，弹出“Internet 协议版本 4（TCP/IPv4）属性”对话框，如图 8-22 所示，选择“使用下面的 IP 地址”单选按钮，输入 IP 地址和相应的子网掩码，IP 地址建议使用 C 类地址，如 200.200.200.xxx，也可以根据实际情况输入固定分配的 IP 地址，子网掩码选择默认的即可（255.255.255.0），但需要注意的是，在所连接的局域网内部，各台计算机的 IP 地址必须不同。输入完 IP 地址和子网掩码后单击“确定”按钮即可完成 IP 地址的设置。在“本地连接属性”对话框中若选择“连接后在任务栏中显示图标”复选框，则局域网连接时，能够在任务栏上出现连接图标，并且当发送/接收数据时该图标会有相应的颜色变化。

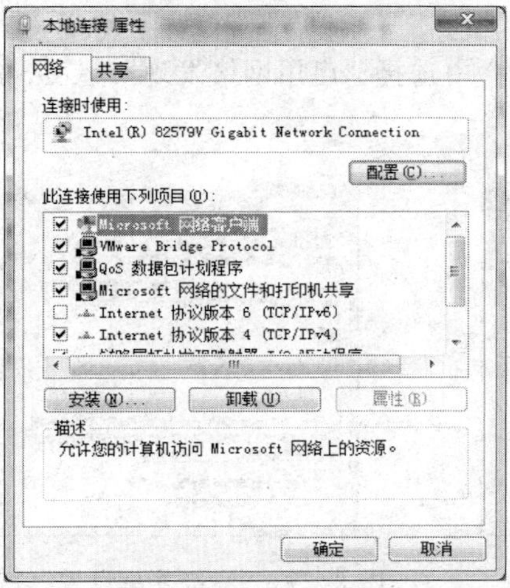

图 8-21　“本地连接属性”对话框

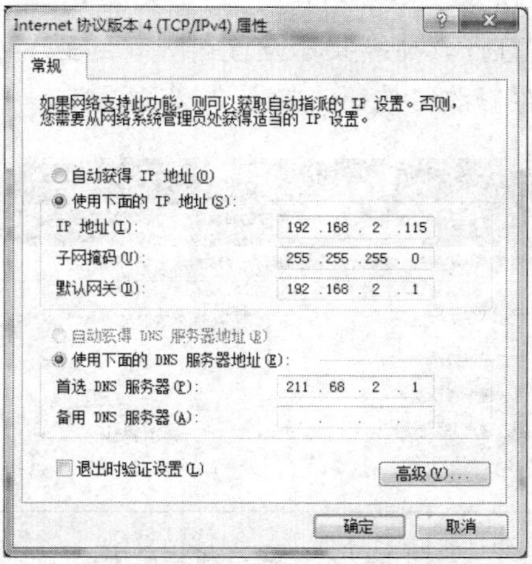

图 8-22　“Internet 协议版本 4（TCP/IPv4）属性”对话框

（3）设置网络标识

右击“计算机”图标，在弹出的快捷菜单中选择“属性”命令，打开“系统”窗口。在左侧窗格中单击“高级系统设置”超链接，如图 8-23 所示，弹出“系统属性”对话框。如图 8-24 所示。选择“计算机名”选项卡，单击“更改”按钮，弹出“计算机名\域更改”对话框，如图 8-25 所示。输入计算机名方便以后查找，并且注意不能和其他计算机重名，在“隶属于”区域中选择“工作组”单选按钮，并输入设定的工作组名。需要注意的是，局域网中的所有计算机必须隶属于同一工作组。单击“确定”按钮，完成对网络标识的设置。

图 8-23 “系统”窗口

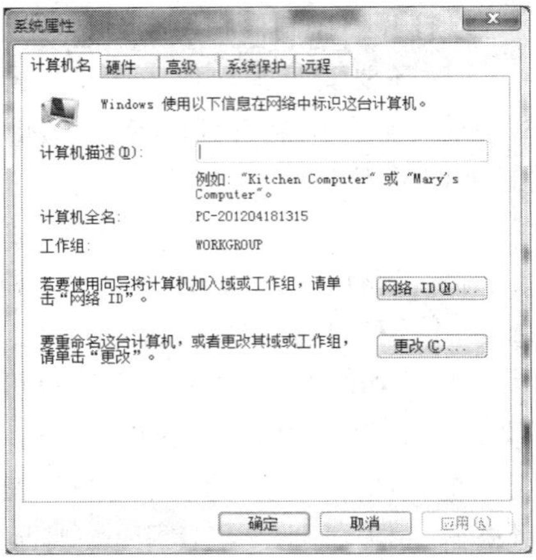

图 8-24 “系统属性”对话框

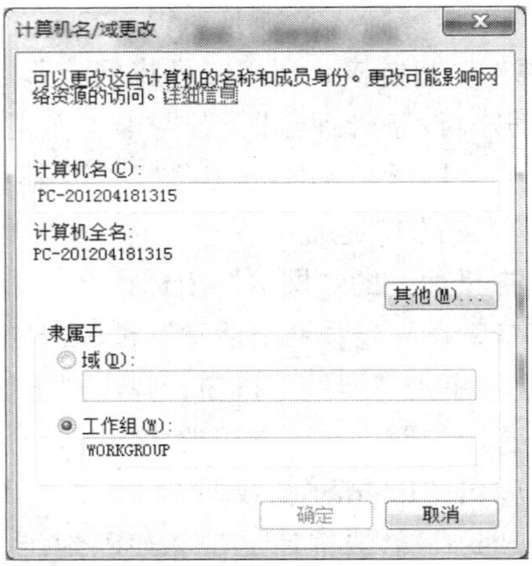

图 8-25 “计算机名/域更改”对话框

（4）设置共享资源

① Windows 7 系统在局域网中想要让系统自动查找其他用户，需要先启用“网络发现”功能，具体操作步骤如下：

a. 打开“网络和共享中心”窗口，在左侧列表中单击“更改高级共享设置”超链接，如图 8-26 所示。

b. 打开“高级共享设置”窗口，在“网络发现”栏中选择“启用网络发现”选项，然后单击“保存修改”按钮，如图 8-27 所示。

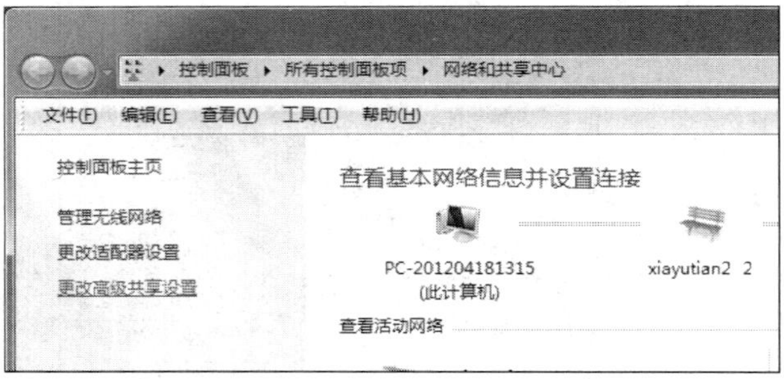

图 8-26 “网络和共享中心”窗口

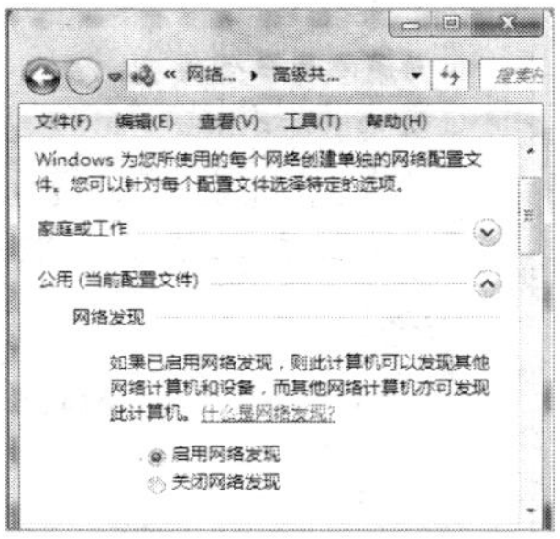

图 8-27 “高级共享设置”窗口

② 启用文件夹与打印机共享。打开“高级共享设置”窗口，在“文件和打印机共享”区域选择“启用文件夹和打印机共享”选项，然后单击“保存修改”按钮。

3. 系统应用

（1）访问共享资源

双击“网络”图标，进入“网络”窗口，即可看到列出的多个计算机名称，双击需要访问的计算机名，如图 8-28 所示。在弹出的窗口中会显示该用户共享的所有文件夹，双击要访问的文件夹即可，如图 8-29 所示。

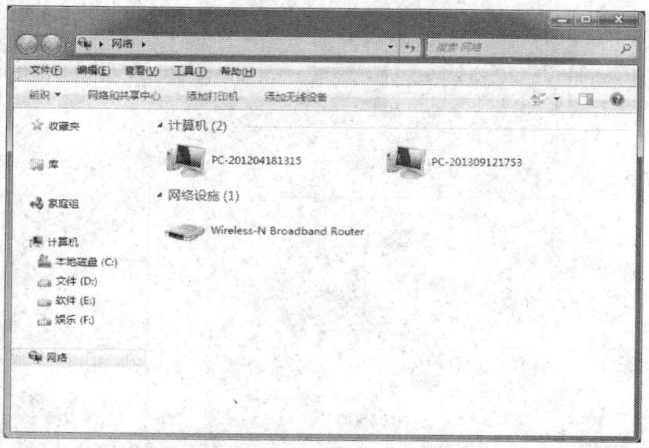

图 8-28 网络窗口

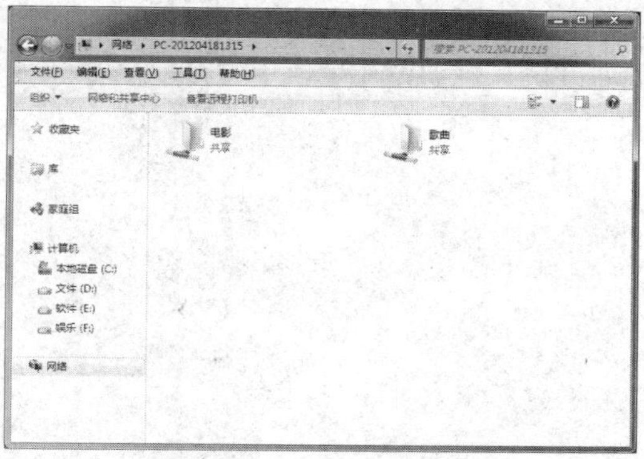

图 8-29 目标计算机窗口

（2）发送控制台消息

打开“控制面板”窗口，双击“管理工具”超链接，打开图 8-30 所示的“计算机管理”窗口，选择“操作”→“连接到另一台计算机”命令，弹出“选择计算机”对话框，输入要接收消息的计算机名称，单击“确定”按钮即可完成网络连接，如图 8-31 所示。

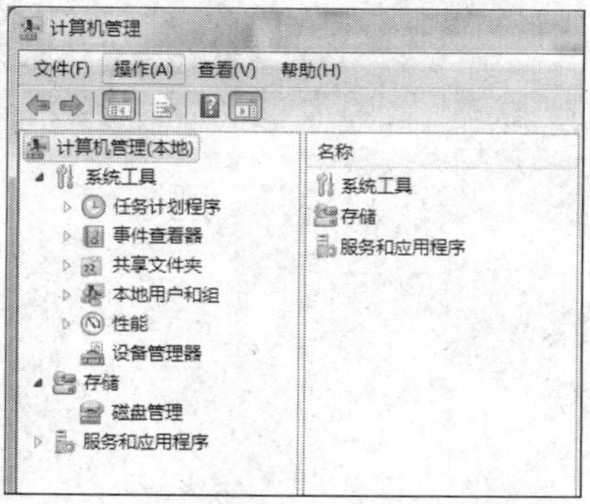

图 8-30 “计算机管理”窗口

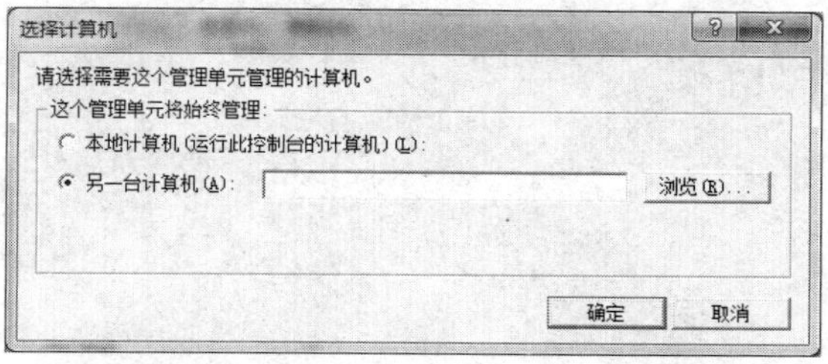

图 8-31 “选择计算机”对话框

（3）实现网上会议

使用 Microsoft 提供的 NetMeeting，单击“开始”按钮，选择“所有程序”→“附件”→“通讯”→“NetMeeting”命令可以实现简单的网上会议功能。第一次运行 NetMeeting 时，必须按照向导程序的指示对 NetMeeting 进行配置。首先，是 NetMeeting 的功能介绍，单击“下一步”按钮，打开“个人消息”窗口，这时需要输入必要的个人信息，包括姓名、电子邮件地址以及位置等，单击“下一步”按钮进行目录设置，取消选择“当 NetMeeting 启动时登录到目录服务器”选项，然后进行带宽设置，可选择“局域网”，接着选择“在桌面显示 NetMeeting 图标”

和“在任务栏上显示 NetMeeting 图标”选项，最后是调节音频设置，完成后便可随时启动 NetMeeting。要进行网上会议，必须保证局域网上的计算机都在运行 NetMeeting。邀请其他计算机参加会议，可在“呼叫”中选择“新呼叫”，然后输入要呼叫的计算机名称，单击“呼叫”按钮即可。呼叫成功后，双方即可通过麦克风和耳机（音箱）对话；通过对“共享程序”的设置来进行双方系统的互操作；通过“聊天室”可以与其他人进行键盘上的字符信息交互；通过“白板”可以与其他人进行图形方面信息的交互；通过“传送文件”可以与其他人进行文件交互等。NetMeeting 还有许多其他的功能，用户可以自己试试。

第9章 常用工具软件介绍

随着计算机的迅速发展和普及范围的不断扩大，使得对于计算机基础的要求也在提高。在掌握基本操作的同时也要掌握常用工具软件的使用。下面分别为用户介绍常用的几类工具软件。

9.1 网络资源下载

在广阔的网络世界里，人们除了可以浏览各式各样的信息之外，还可以下载自己需要的各种各样的网络资源。下载指的就是将网络上的资料保存到本地自己的计算机硬盘中。通过下载的方式，可以得到自己喜欢的最新版本的软件、音乐、电影、杂志、游戏等。

目前流行的下载方式主要有 Web 下载、BT（Bit Torrent）下载、P2SP 下载和流媒体下载 4 种方式。

9.1.1 Web 下载方式

Web 下载方式又可分为 HTTP（HyperText Transportation Protocal，超文本传输协议）和 FTP（File Transportation Protocol，文件传输协议）两种类型。它们是计算机之间交换数据的方式，也是两种最经典的下载方式，实现原理是用户通过两种协议和提供下载的服务器取得联系，并将需要的文件移动到自己的计算机中，从而实现下载。

采用 Web 下载方式的软件有 IE 浏览器、FlashGet（网际快车）、NetAnts（网络蚂蚁）等。

1. IE 浏览器下载

如果用户要下载某一软件，用户可以使用 IE 浏览器直接进行 Web 方式的下载。下面以下载 WinZip 为例，讲述操作方法。

首先在 IE 浏览器的地址栏中输入已知的下载网站的地址，如输入华军软件园的地址（http://www.onlinedown.net/）进入该网站搜索页面。由于这是一个专门提供下载的网站，可以通过站内搜索（见图 9-1），或通过分类查找的方式搜索（见图 9-2），找到要下载的 WinZip 下载页面，如图 9-3 所示。

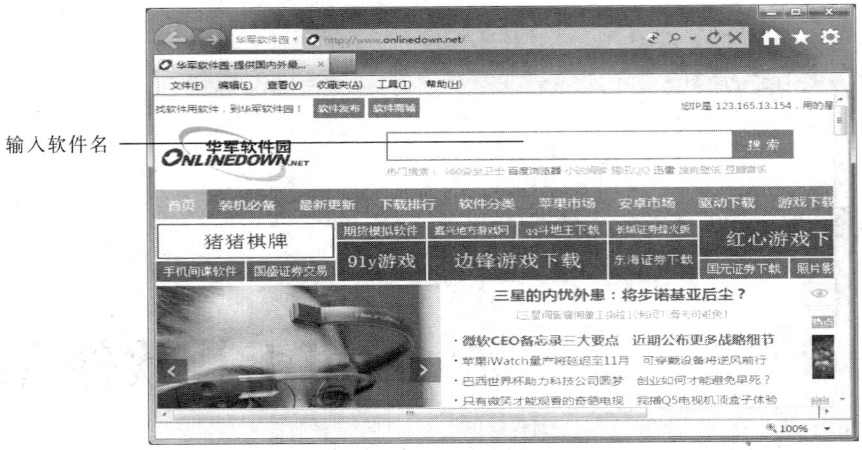

图 9-1　站内搜索

图 9-2　分类查找软件页面

图 9-3　WinZip 下载页面

然后找到下载提示链接，如单击“下载地址”按钮。网站会根据用户的 IP 地址选择适合的下载地址，如图 9-4 所示。

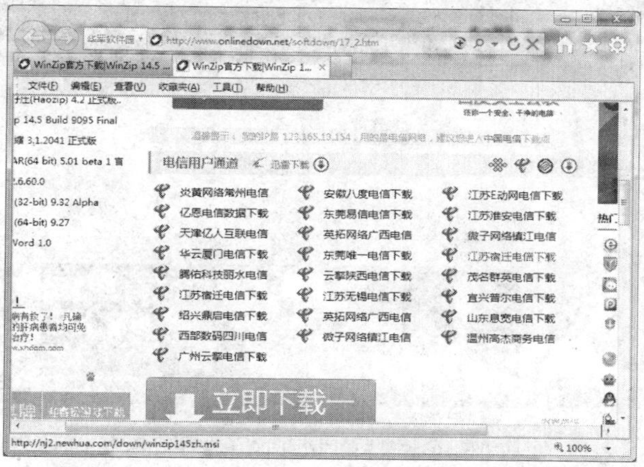

图 9-4　提示下载链接页面

单击建议的下载链接，系统会自动打开文件下载窗口，如图 9-5 所示。单击“保存”按钮，选择好保存位置后单击“立即下载”按钮，系统会自动下载。根据下载文件的大小和网络性能的不同，等待一段时间即可完成下载任务。

图 9-5　文件下载窗口

2. 网际快车——FlashGet

用户下载文件时，如何加快下载速度是一个不变的话题。而 FlashGet 采用了多线程技术，把一个文件分割成几个部分同时下载，从而成倍地提高了下载速度。同时 FlashGet 还提供下载文件的分类管理，并且支持多地址下载、下载任务排序、下载速度限制、支持代理服务器、支持多种语言等功能。

由于 FlashGet 是一款免费的软件，用户可以直接到该软件的官方网站去下载（http://www.flashget.com/cn/）最新版本，下载方式可采用浏览器下载。当下载完成后单击“打开”按钮或找到文件存放位置双击 setup.exe，按照向导提示完成安装，安装完毕后桌面上会出现 FlashGet 图标，双击此快捷方式图标，或单击“开始”按钮，选择“所有程序”→“快车”

→“启动快车”命令均可启动 FlashGet，启动后界面如图 9-6 所示。

图 9-6 FlashGet 的主界面

FlashGet 主界面由菜单栏、工具栏、目录栏、任务栏和文件下载信息窗口组成。工具栏中一些常用按钮的功能如下：

- 新建：新建一个下载任务。
- 开始：开始下载选定的文件。
- 暂停：暂停下载。
- 删除：删除选定下载的项目。
- 目录：打开 Windows 资源管理器，浏览下载文件所在目录。
- 选项：对 FlashGet 进行“常规”“代理服务器”“连接”等有关设置。
- 资源：帮助用户将某一站点中全部文件和文件夹探测并且显示出来。

用 FlashGet 下载资源时还是以从华军软件园下载 WinZip 为例，具体操作步骤如下：

首先在浏览器地址栏中输入华军软件园的地址（http://www.onlinedown.net/）进入该站，然后找到下载页面链接后右击，在弹出的快捷菜单中选择“使用网络快车下载”命令，如图 9-7 所示。

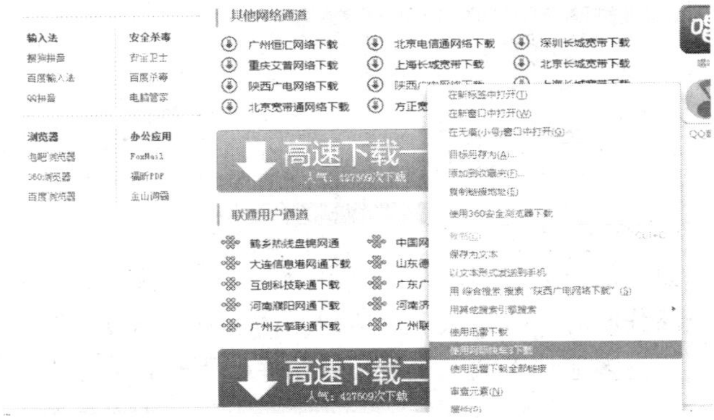

图 9-7 快车专用下载

在网页上单击“快车专用下载”超链接，快车会自动启动 FlashGet 并且弹出“新任务”对话框，如图 9-8 所示。软件会自动将相关信息添加到该对话框中，FlashGet 默认下载目录是 E:\Downloads\software，在这里可更改下载目录和下载的文件名称。

单击“立即下载”按钮，FlashGet 会自动开始文件的下载，悬浮窗口会提示下载进度，如图 9-9 所示。

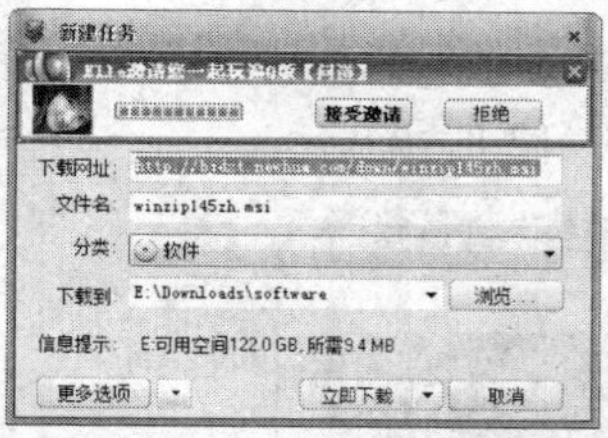

图 9-8　添加新的下载任务对话框

图 9-9　下载主程序窗口

在下载任务过程中，用户可以通过单击 FlashGet 工具栏中对应的按钮来控制任务的暂停、删除、修改优先等级等。

下载完毕后，用户可以切换到“完成下载”窗口，如图 9-10 所示。单击文件名即可查看该文件的相关信息，双击该文件名可以快速打开此文件。

在 FlashGet 中，用户可以根据自己的需要对其进行属性设置。选择“工具”→“选项”命令，弹出“选项”对话框，如图 9-11 所示。在此对话框中，用户可对 FlashGet“基本设置”“任务管理”“下载设置”“图形外观”等有关项进行配置。

图 9-10　任务窗口中的已下载文件夹

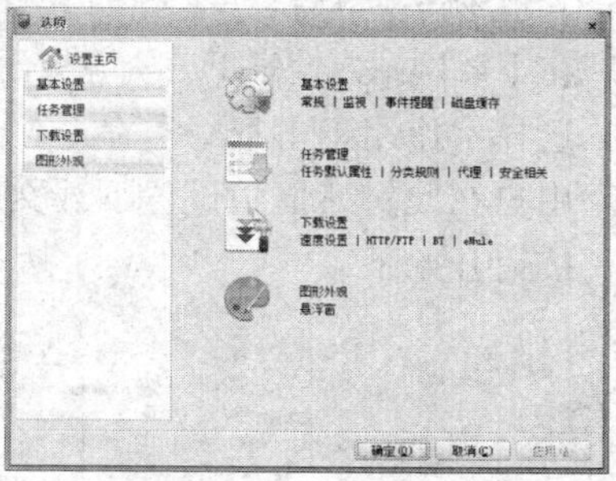

图 9-11　“选项”对话框

9.1.2　P2SP 下载方式

迅雷（Thunder）是一款基于 P2SP 技术的下载软件，能够将网络服务器中的资源和个人计算机中的资源进行有效整合，构成独特的迅雷网络。通过迅雷网络，各种数据文件能够以最快的速度进行传递。同时，它还具有互联网下载负载均衡功能，在不降低用户感受的前提下，迅雷网络可以对服务器资源进行均衡，有效降低了服务器的负担。其功能如下：

- 全新的多资源超线程技术，显著提升下载速度；
- 功能强大的任务管理功能，可以选择不同的任务管理模式；
- 智能磁盘缓存技术，有效防止了高速下载时对硬盘的损伤；
- 智能的信息提示系统，根据用户的操作提供相关的提示和操作建议；

- 独有的错误诊断功能，帮助用户解决下载失败问题；
- 病毒防护功能，可以保证下载文件的安全性；
- 自动监测新版本，提示用户及时升级软件；
- 提供多种皮肤，用户可以根据自己的爱好进行选择。

迅雷的安装非常简单，用户可以到其官方网站（http://www.xunlei.com）下载它的最新版本。下载完成后，双击执行安装程序，并按照安装提示向导的提示一步一步进行安装，安装完成后，桌面上会出现迅雷的快捷方式图标，双击该图标或单击“开始”按钮，选择“所有程序”→“迅雷软件”→“迅雷 7”→“启动迅雷 7”命令，其主界面如图 9-12 所示。

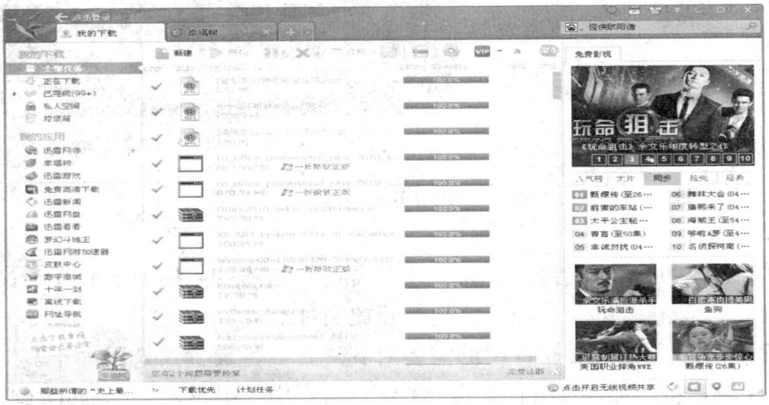

图 9-12　迅雷主界面

迅雷工具栏中的按钮功能与网际快车的相同。其下载方法与网际快车也相似，还是以下载 WinZip 为例，具体操作步骤如下：

在下载网站内搜索下载资源界面，然后在下载链接地址上右击，弹出的快捷菜单如图 9-13 所示。

选择“使用迅雷下载”命令，迅雷会自动运行并弹出“新建任务”对话框，如图 9-14 所示。用户在此对话框中设置下载文件保存路径，还可以更改文件的名称。设置完毕后单击“确定”按钮开始下载。

图 9-13　鼠标右键快捷菜单

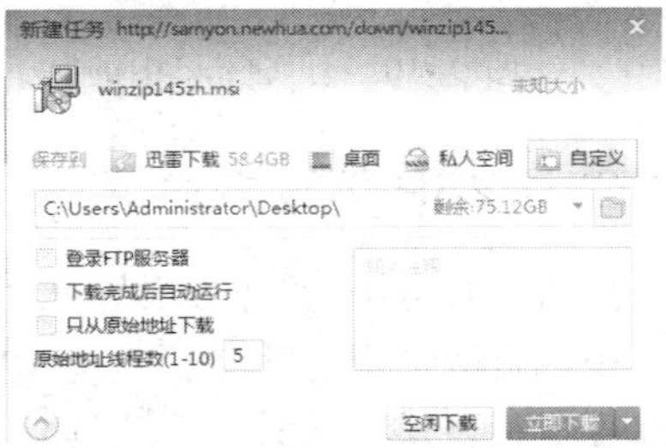

图 9-14　“新建任务”对话框

同 FlashGet 一样，迅雷在下载任务时也有下载进度，如图 9-15 所示，其主界面显示着各种状态。

当进度显示 100%后下载完成，切换到“已下载”窗口，即可看到刚刚下载的软件，双击它即可快速打开此文件。

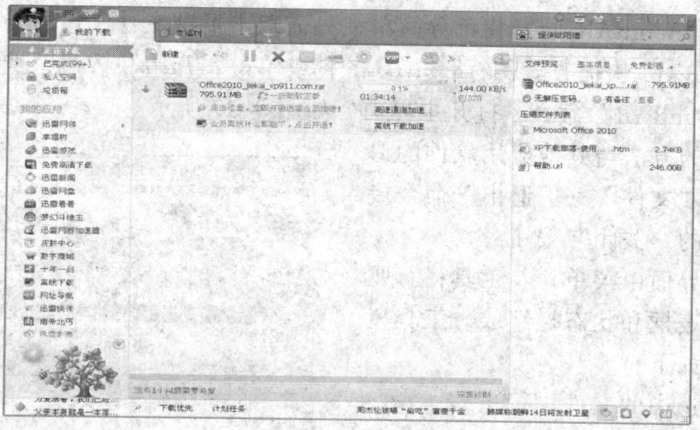

图 9-15　下载任务的各种状态

迅雷的设置可以通过选择“配置中心”命令，打开“配置中心”窗口，如图 9-16 所示。在此窗口中用户可对“常规设置”“任务默认属性”“监视设置”“网络设置”“外观设置”“BT 设置”“eMule 设置”“代理设置”“消息提示”“安全设置”等各项根据自己的需要进行配置。

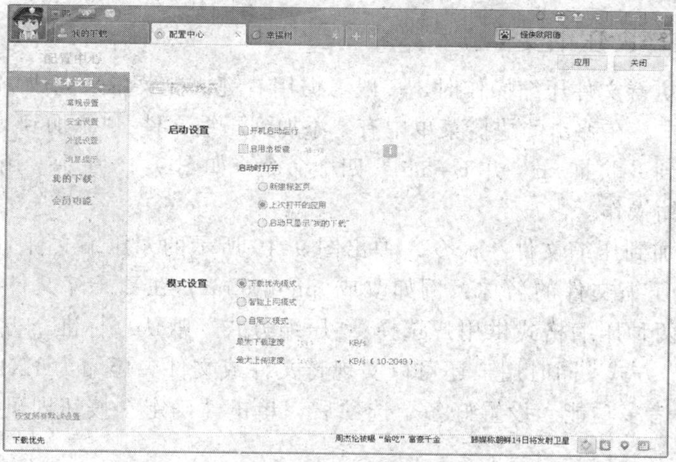

图 9-16　迅雷配置中心

9.2　文件压缩软件

目前用于压缩文件的软件很多，但流行和通用的压缩软件是 WinRAR 和 WinZip 两款软件，由于它们的使用方法基本相同，因此只以 WinRAR 为例进行介绍。

WinRAR 是一款集创建、管理和控制于一体的压缩文件管理软件。它能够备份用户数据，减少用户 E-mail 附件的大小，解压从 Internet 上下载的 RAR、ZIP 和其他格式的压缩文件，并且能够创建 RAR、ZIP 格式的压缩文件。它的压缩率非常高而且占用资源少，支持多媒体压缩，能够修复损坏的压缩文件，内含文件注释和加密等功能。

9.2.1　WinRAR 的安装、启动和退出

用户可以到 WinRAR 的官方网站（http://www.winrar.com.cn/）下载其最新版本，也可以到各

大型网站进行下载。WinRAR 的安装十分简单，只需双击下载文件，进行自动安装，安装完成后桌面会出现 WinRAR 快捷方式图标，双击它或单击“开始”按钮，选择“所有程序”→“WinRAR” →“WinRAR”命令，打开主界面，如图 9-17 所示。

退出 WinRAR 的方法与其他应用软件的退出方法类似，选择“文件”→“退出”命令或者单击窗口右上方的“关闭”按钮。

WinRAR 的主界面由菜单栏、工具栏、驱动器列表、文件列表框和状态栏组成。工具栏中主要按钮的作用如下：

添加：用于把选中的文件进行压缩。

解压到：用于对压缩文件解压。

测试：用于测试压缩文件是否损坏。

查看：用于显示所选中的文件中的内容。

删除：用于删除所选定的按钮。

修复：用于修复损坏的压缩文件。

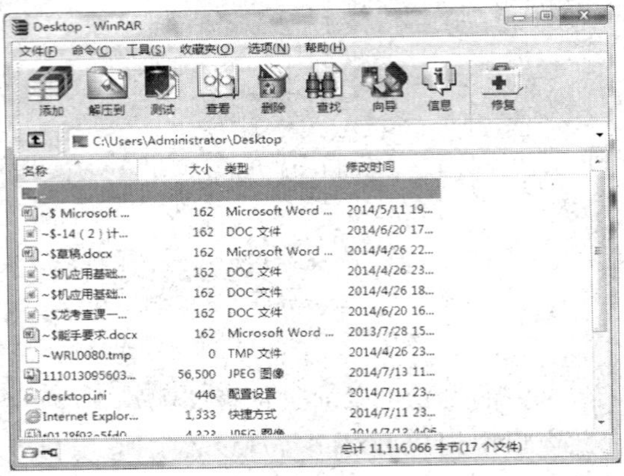

图 9-17　WinRAR 主界面

9.2.2　使用 WinRAR 压缩文件

使用 WinRAR 执行文件压缩操作时，一般习惯用右键快捷菜单来完成。首先选中要压缩的文件或文件夹并右击，在弹出的快捷菜单中有“添加到压缩文件”“添加到‘歌曲’.rar”“压缩并 E - mail”“压缩到‘歌曲.rar’并 E-mail”四个命令，如图 9-18 所示。用户根据需要选择相应命令即可完成压缩操作。

如果选择“添加到压缩文件”命令，弹出图 9-19 所示的“压缩文件名和参数”对话框，这里可以重新输入压缩文件的名称，例如改成 picture.rar；在“压缩文件格式”选项组中有“RAR”和“ZIP”两种压缩格式供用户选择；“压缩方式”默认“标准”方式，要提高压缩质量可以选择“最好”方式。同时用户还可以实现将文件或文件夹压缩为.EXE 的自解压缩文件，对压缩文件加密等诸多功能。设置好各个选项后，单击“确定”按钮即可对所选文件或文件夹进行压缩。

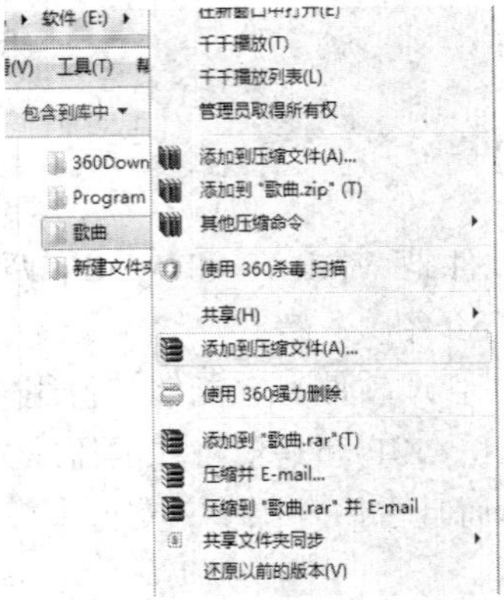

图 9-18　右键快捷菜单

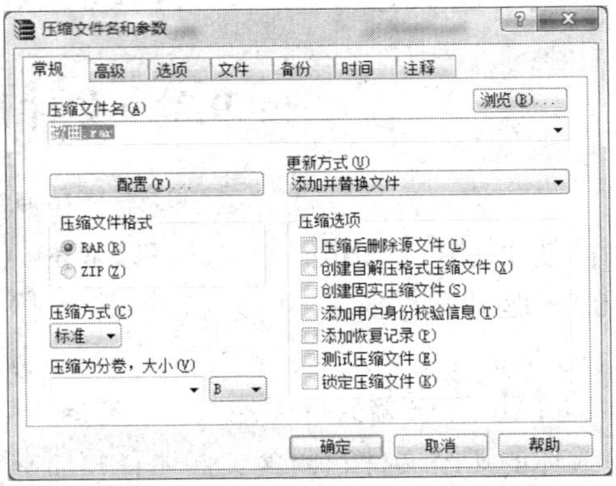

图 9-19　“压缩文件名称和参数”对话框

9.2.3　使用 WinRAR 解压缩文件

由于压缩后的文件不能直接使用，所以需要对其进行解压缩，解压缩就是将压缩后的文件解压缩恢复到原来的样子，首先选中需要解压缩的文件并右击在弹出的快捷菜单中包括“打开方式”“解压文件”“解压到当前文件夹”“解压到歌曲”等命令，如图 9-20 所示。根据需要选择相应的命令即可完成对应的解压缩操作。

如果选择“解压缩”命令，弹出图 9-21 所示的“解压路径和选项”对话框，设置解压缩后文件的保存路径和名称以及其他相关选项。完成各项设置后单击“确定”按钮即可将压缩文件解压。

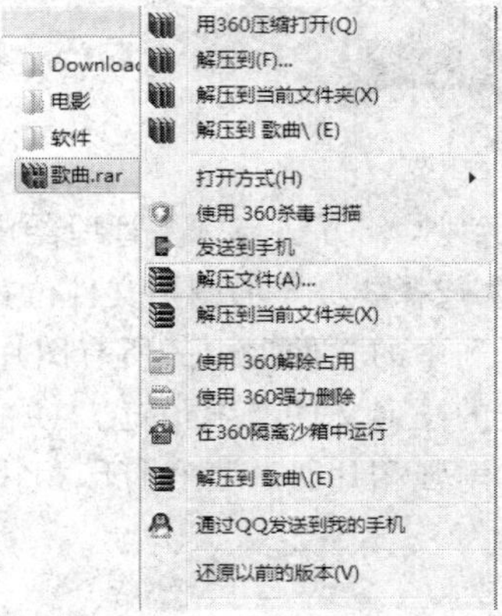

图 9-20　右键快捷菜单

图 9-21　“解压路径和选项”对话框

9.3　媒体播放软件

在计算机实际应用中，有许多多媒体播放工具软件供用户使用，但是根据特定的要求，选择一款合适的工具软件，不仅会使工作变得轻松愉快，还可以大大提高工作效率，下面介绍两款常用的媒体播放软件，一个是图形浏览软件 ACDSee，另一个是多媒体播放软件 RealPlayer。

9.3.1　图形浏览软件 ACDSee

ACDSee 是一款非常专业的图形浏览软件，它的功能非常强大，几乎支持目前所有的图形文件格式，是目前最流行的图形浏览工具。由于其版本众多，下面以 ACDSee 12.0 为例介绍。

1. ACDSee 的安装、启动和退出

ACDSee 安装文件的来源可以通过登录华军软件园（http://www.newhua.com/）进行下载，下载完成后双击下载的 setup.exe 文件，按照安装向导的提示完成安装。安装完成后可单击桌面上的快捷方式图标，或单击“开始”按钮，选择“所有程序”→“ACD Systems”→“ACDSee Photo Manager 12”命令，启动该程序。退出与其他应用软件方法一样，单击窗口右上角的“关闭”按钮。

2. ACDSee 的用户界面

启动 ACDSee 后用户工作界面如图 9-22 所示，包括标题栏、菜单栏、工具栏、状态栏、主窗口、文件夹窗口、预览窗口和任务面板等部分。

图 9-22 ACDSee 12.0 的用户工作界面

文件夹窗口：在工具栏下方左侧类似于资源管理器窗口，其操作方法与资源管理器相同，在这里可以对文件夹或文件进行复制、移动和删除等操作。用来选择要浏览的图形文件位置所在。

主窗口：它占整个工作界面的最大区域，在这里浏览所选中的文件夹中的所有图片。

预览窗口：在文件夹窗口下方，它可对浏览窗口中选定的图形文件产生预览。

任务面板：包括文件和文件夹任务、获取相片、修理和增强相片、共享和打印相片等工具面板。

状态栏：显示图形对象的详细信息。

3. ACDSee 的使用

（1）查看图片

通过文件夹窗口找到要查看的图形文件的位置，主窗口中会出现要查看图形文件的缩略图，单击该图，所要查看的图形会出现在预览窗口，双击该图片可进入“相片管理器”查看图片，如图 9-23 所示。

图 9-23 查看图片

（2）编辑图片

选择“工具”→“编辑”命令，可以进入 ACDSee 相片管理窗口中的编辑模式，也可直接在相片管理窗口中进行编辑。在这个窗口中可以对图片进行编辑，如图 9-24 所示。在编辑模式中，可根据需要在编辑面板中选择相应的工具进行编辑，在这里可对图片的颜色、锐化、大小等方面进行编辑，编辑好后单击“完成”按钮，退出编辑状态。

图 9-24　编辑模式

（3）批量转换格式

ACDSee 允许对图片现有的格式进行转换。在预览模式下选中要转换格式的图片，一个或多个都可以，选择“工具”→“批处理”→“转换文件格式”命令，弹出“格式转换”对话框，选择要转换的目标格式，设置好目标文件的存储位置和文件选项，单击“确定”按钮，如图 9-25 所示。即可完成文件格式的转换。

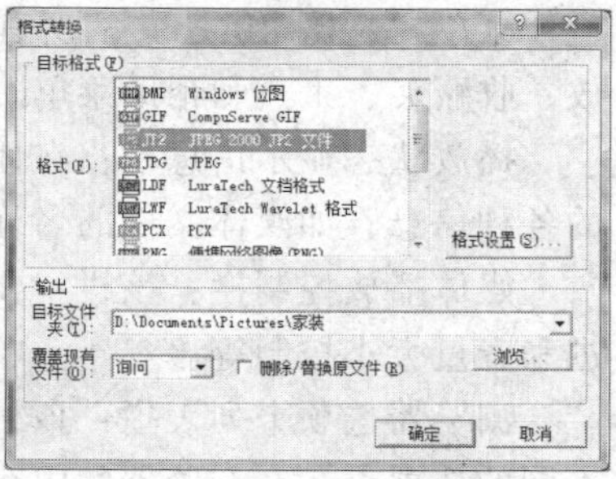

图 9-25　“格式转换”对话框

9.3.2　媒体播放软件——RealPlayer

RealPlayer 是一款功能强大的播放软件，它可以播放本地或网络上的视频、音频和 Flash 动画，并且能够在 Internet 上通过流媒体技术实现音频和视频的实时传输，从而实现在线观看的工具软件，使用它不必下载音频或者视频的全部内容，只要线路传输速率允许，就能完全实现在线播放，使用户方便地在网上收听和查找用户自己喜欢的广播、电视节目和电影。

1. RealPlayer 的安装与启动

用户可以到 RealPlayer 的官方网站（http://www.real.com/）下载其最新版本，值得注意的是下载的 RealPlayer 必须注册才能使用其全部功能，下载完毕后，双击下载的安装文件，按照安装向导的提示安装，安装完毕，桌面上会生成 RealPlayer 的快捷方式图标，双击图标或单击“开始”按钮，选择“所有程序”→“Real”→“RealPlayer”→“RealPlayer”命令，即可启动 RealPlayer。下面以 RealPlayer 10 为例介绍。

2. RealPlayer 的主界面

运行 RealPlayer 后，其主界面如图 9-26 所示。对于 RealPlayer 来说，其主界面实际上是由“播放浏览器”和“媒体浏览器”所组成的，“播放浏览器”用于播放用户选择的媒体文件，“媒体浏览器”用于帮助用户在网络上寻找符合用户要求的媒体文件及提供一些特殊的高等级应用功能。

图 9-26　RealPlayer 的主界面

菜单栏：RealPlayer 的所有命令功能都可以从菜单栏中找到。包括文件、编辑、视图、播放、收藏夹、工具和帮助菜单。

播放状态显示信息栏：在播放浏览器的下边，该工具栏用来显示当前正在播放的媒体文件的各种信息，如媒体文件的名称、传输速率、媒体播放总时间和媒体播放当前时间。

媒体播放控制栏：该栏主要包括控制媒体文件播放的工具按钮，如开始、结束、后退、前进和音量大小控制等。

浏览器选项卡列表栏：该栏以四个选项卡的形式向用户提供使用浏览器的四大功能，选择不同的选项卡，在浏览器的内容窗口区域将显示不同的功能内容。

①“Real Guide”选项卡用于打开 Real Guide 页面，显示每天更新的 Real 服务的内容，如音乐、新闻、体育和娱乐等。

②“音乐和我的媒体库”选项卡用于打开音乐和我的媒体库页面，使用户具有下载音乐收听 Internet 电台节目、播放和保存 CD 曲目，以及使用媒体剪辑库的权限。

③“刻录/传送”选项卡用于打开刻录/传送页面，使用此页面，用户可以添加、配置和访问能连接到计算机的各种便携式设备，CD 刻录也可以通过此页面进行控制。

④“搜索”选项卡用于打开搜索页面以及搜索在线内容或搜索我的媒体库中已下载到本地计算机中的内容。

媒体浏览控制器控制栏：该栏通过一系列工具按钮提供用户对浏览器进行快捷操作，例如访问页面地址、返回上一页面和停止当前页面内容传输等。

媒体浏览器内容显示区域：该区域主要用于根据用户的操作显示媒体浏览器相关方面的内容。

媒体浏览器状态栏：该栏用于显示媒体浏览器访问网络时各种状态的统计信息，如网页的传输速度、完成程度等。

3. 用 RealPlayer 播放本地媒体

启动 RealPlayer 后选择“文件”→“打开”命令（见图 9-27），弹出“打开文件”对话框。在对话框中可以选择播放本地计算机中的视频文件或音频文件，如图 9-28 所示。

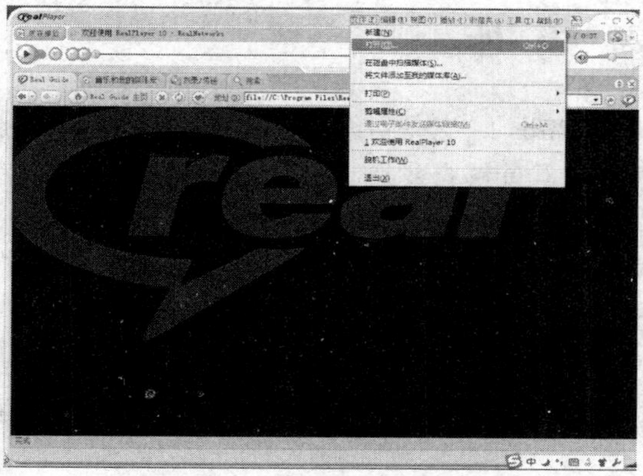

图 9-27 选择“打开”命令

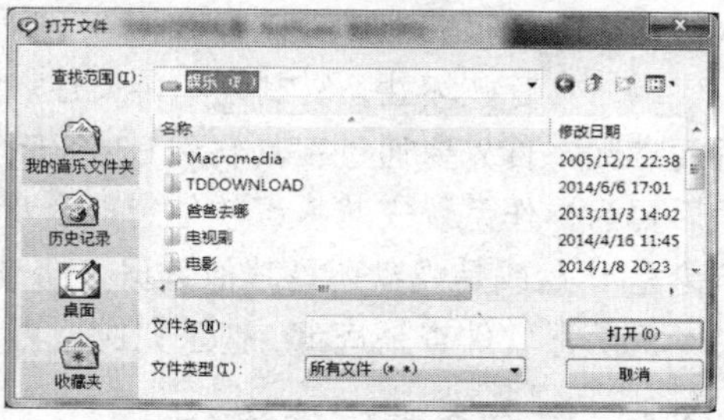

图 9-28 “打开文件”对话框

选择好本地计算机中要播放的媒体后，单击“打开”按钮，被选择的媒体文件就会被播放出来。控制媒体的播放可以使用媒体播放控制栏，它包括播放、停止、上一个剪辑/按住以快退、下一个剪辑/按住以快进、音量大小调整按钮，可将鼠标移动到按钮上，出现按钮名称的提示，如图 9-29 所示。根据用户的要求用户可以手动调整。

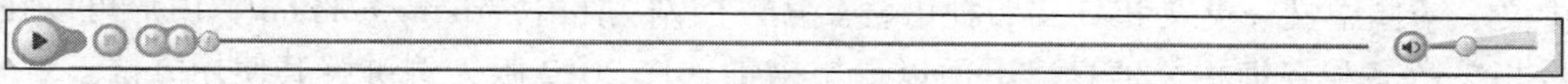

图 9-29 媒体播放工具栏按钮

如果当前是视频文件，可在播放浏览器窗口中右击，在弹出的快捷菜单中选择相应命令可对 RealPlayer 进行各种操作。

4. RealPlayer 的其他功能

网络用户可以通过选择媒体浏览器中的窗口选项卡，选择自己喜欢的内容。Real 提供了所有门户的服务，包括免费的音乐、游戏、影视等。用户可以搜索、试听、购买和下载可用 RealPlayer 播放、可传送至安全便携式媒体播放器，或可刻录至音频 CD 的音乐文件。Real 音乐提供了各种免费在线音乐和音频视频，同时还提供关于音乐及其创作艺术家论坛。如在 Real 主界面中单击媒体浏览器中的“音乐”选项卡，在浏览器内容显示区域就会显示该页内容，如图 9-30 所示。这时用户就可在媒体浏览器显示区域所列出的众多音乐项目中，选择某个音乐进行欣赏。

图 9-30 媒体浏览器音乐选项卡

9.4 杀毒软件

提到杀毒软件就不得不说计算机病毒（Computer Virus），它是指编制或者在计算机程序中插入的破坏计算机功能或者破坏数据，影响计算机使用并且能够自我复制的一组计算机指令或者程序代码。具有破坏性，复制性和传染性。它的危害是众所周知的，那么怎样才能有效地防治计算机病毒呢？首先要通过工具软件（360 安全卫士或瑞星卡卡等）为自己的操作系统打好系统补丁，然后要为操作系统安装杀毒软件定期全盘杀毒，最后要养成外来数据先查杀病毒再使用的习惯，不论是 U 盘或是光盘还是其他数据存储设备，不要着急双击打开盘符复制数据，要在盘符上右击用本机杀毒软件查杀病毒，查杀完成后再复制数据。下面以瑞星软件为例，介绍杀毒软件的使用。

9.4.1 瑞星杀毒软件简介

瑞星杀毒软件是针对目前流行的网络病毒和黑客攻击而研制的杀毒产品。它提供了智能反病毒引擎，具有对未知病毒、变种病毒、黑客木马、恶意网页程序、间谍程序进行查杀的能力，软件采用全新的体系结构，拥有及时便捷的升级服务和技术支持，能够给用户的计算机足够的安全保护。

瑞星杀毒软件有瑞星杀毒软件、瑞星全功能软件、瑞星杀毒网络版等相关产品，它们支持简体中文、繁体中文、英文和日文四种语言。官方网站为 http://rising.com.cn/，用户可以在此网站查看相关产品和咨询相关信息。下面以瑞星杀毒软件 2012 版为例讲解其使用方法。

9.4.2 瑞星杀毒软件 2012 的安装

如果计算机中已安装了其他杀毒软件或者个人防火墙，建议卸载相关软件，以避免软件冲突。启动计算机进入 Windows 系统，关闭正在运行的其他应用程序。将瑞星全功能安全软件光盘放入光驱。瑞星全功能安全软件光盘放入光驱后，系统会自动显示瑞星全功能安全软件的界面菜单。在安装界面中单击“安装瑞星全功能安全软件”按钮。如果没有自动显示瑞星全功能安全软件安装界面，可以浏览光盘，运行光盘根目录下的 Autorun.exe 程序手动打开瑞星全功能安全软件的界面菜单。安装程序启动后，软件会自动解压，并准备安装过程。

选择“安装瑞星杀毒软件”，在弹出的“语言选择”选择框中可以选择“中文简体”“中文繁体”“English”三种语言中的一种，如图 9-31 所示，然后单击“确定”按钮开始安装。

单击“下一步”按钮继续安装，仔细阅读“最终用户许可协议”，选择“我接受”选项，单击“下一步”按钮。

在“定制安装”窗口，可以根据自己的需要，选择需要安装的组件，选定组件后，单击“下一步”按钮，如图 9-32 所示。确认安装信息，单击“下一步”按钮，如图 9-33 所示。输入验证码，单击“下一步”按钮，如图 9-34 所示。程序开始安装。

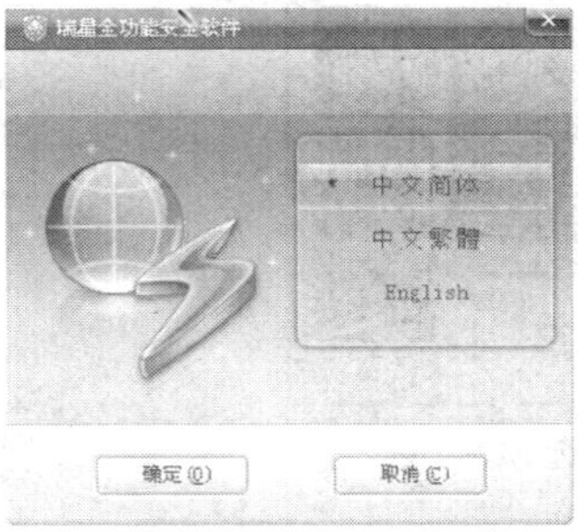

图 9-31 “语言选择”对话框

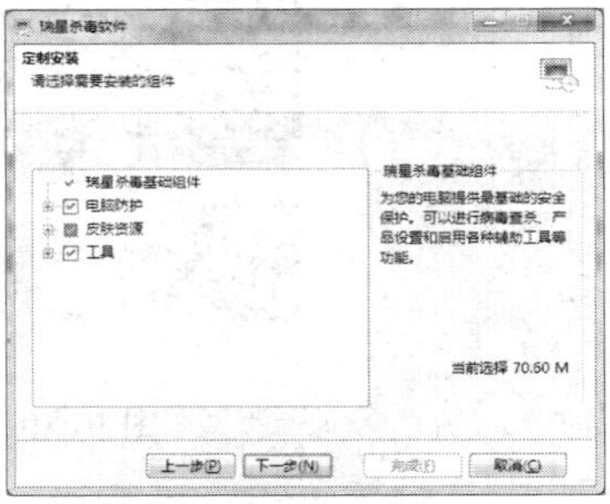

图 9-32 “定制安装”窗口

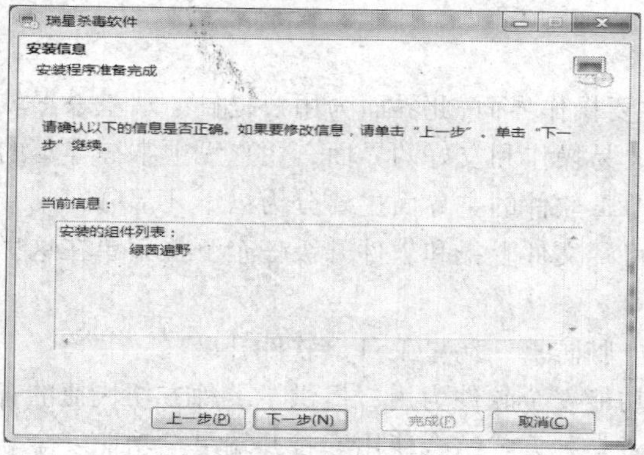

图 9-33　“安装信息”窗口

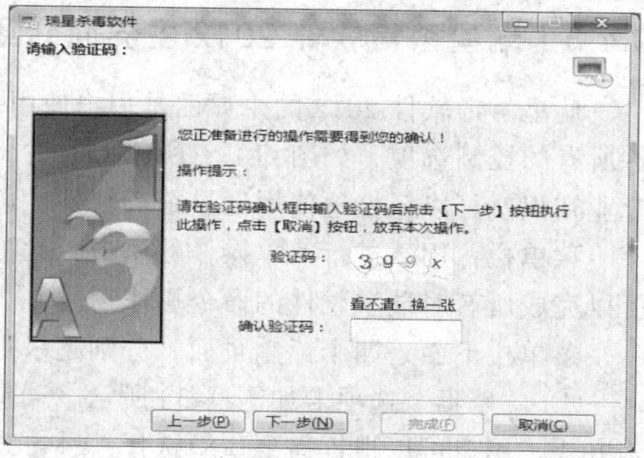

图 9-34　“输入验证码”窗口

当瑞星软件完成安装后，会自动显示“设置向导”窗口，分别为加入瑞星“云安全”计划；应用程序防护；常规设置，如图 9-35～图 9-37 所示。最后单击“完成”按钮结束。

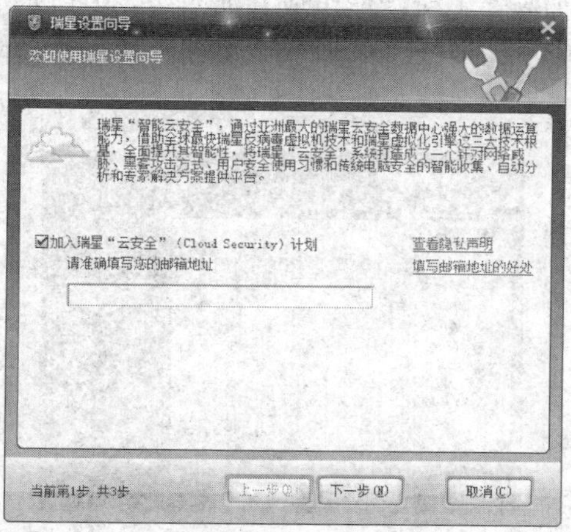

图 9-35　“加入瑞星‘云安全’计划”窗口

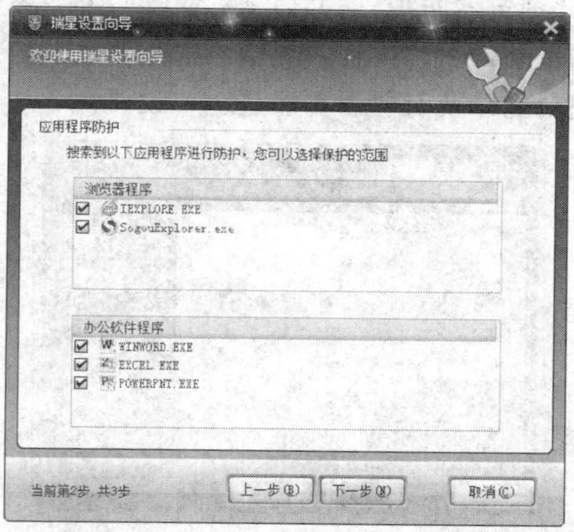

图 9-36　“应用程序防护”窗口

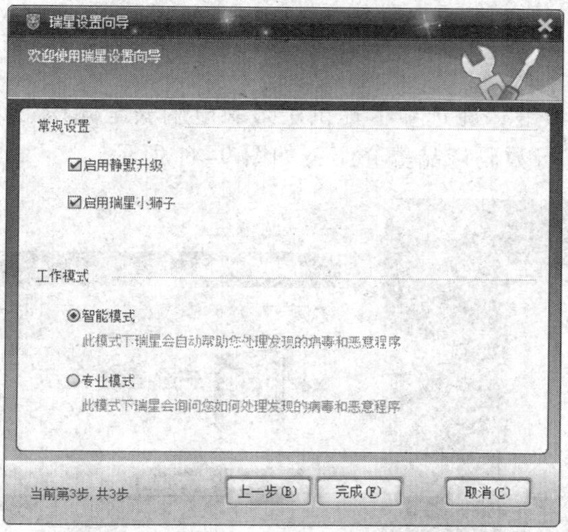

图 9-37　“常规设置”窗口

9.4.3 瑞星杀毒软件 2012 主界面介绍

瑞星杀毒软件 2012 的主界面是用户使用的主要操作界面，此界面为用户提供了瑞星杀毒软件所有的控制选项，如图 9-38 所示，通过简单、易操作和友好的界面，用户无须掌握丰富的专业知识就可以轻松地使用瑞星杀毒软件。瑞星杀毒软件的主界面主要分为以下几部分：

菜单栏：用于进行菜单操作的窗口，设置、可疑文件上报和软件升级三个下拉菜单在这里可以完成所有对瑞星软件的命令操作。

菜单栏下面是四个标签页面，分别是杀毒、电脑防护、瑞星工具、软件升级。

① “杀毒”选项卡如图 9-38 所示，瑞星全功能安全软件为用户提供了多种方便快捷的查杀方式。用户可以根据需要从中选择一种方式或者多种方式结合使用。打开瑞星全功能安全软件主程序的“杀毒”页面，在左侧的对象栏中选择“快速杀毒”“全盘杀毒”或“自定义杀毒”。

② 电脑防护基于瑞星“智能云安全”的三层防御架构，使用传统监控和智能主动防御功能，全面保护用户的电脑安全。瑞星电脑防护由“文件监控”“邮件监控”“U 盘防护”“木马防御”“浏览器防护”“办公软件防护”和“系统内核加固”七大功能组成，如图 9-39 所示。打开瑞星杀毒软件主程序界面，选择“电脑防护”选项卡，可以“开启”/“关闭”智能主动防御相关功能以及对各项功能进行“设置”。

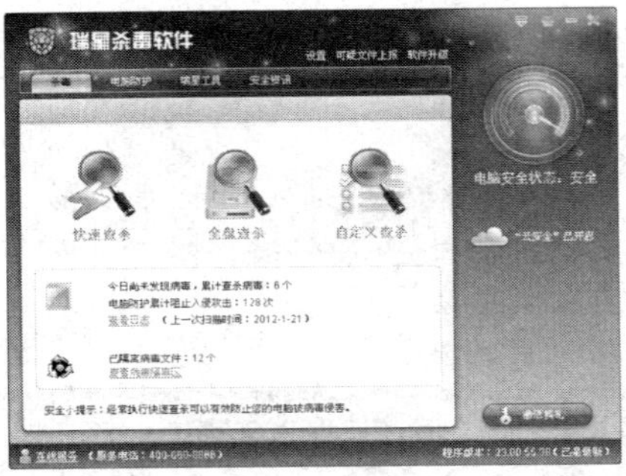

图 9-38　瑞星杀毒软件 2012 主界面

图 9-39　瑞星杀毒软件“电脑防护”选项卡

③ 瑞星杀毒软件为用户提供了以下工具，分别为：“瑞星助手”“瑞星安装包制作”“引导区还原”“卡卡上网安全助手”“Linux 引导盘制作”“病毒库 U 盘备份”和“账号保险柜”，如图 9-40 所示。

④ “安全资讯”选项卡：此选项卡提供了最新电脑安全知识、个人电脑使用技巧、病毒防范方法、业界新闻及流行数码产品等介绍，如图 9-41 所示。

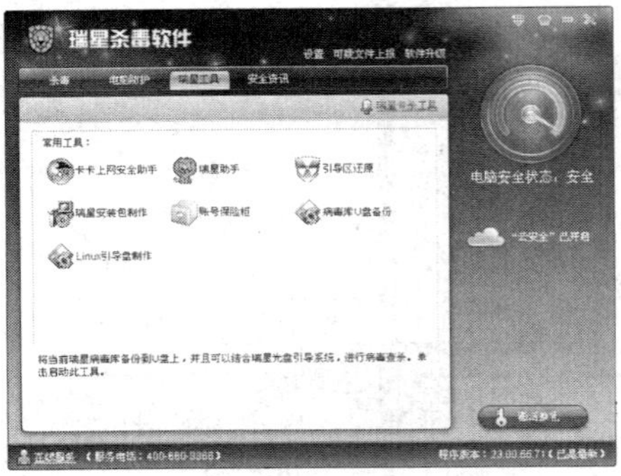

图 9-40　瑞星杀毒软件“电脑工具”选项卡

图 9-41　“安全资讯”选项卡

⑤ 病毒列表：若瑞星杀毒软件发现病毒，则会将文件名、所在文件夹、病毒名称和状态显示在窗口中。在每个文件名称前面有图标标明病毒类型，各图标的含义如图 9-42 所示。

未知病毒	引导区病毒	未知宏病毒
Dos下的com病毒	Windows下的le病毒	未知脚本病毒
Dos下的exe病毒	普通型病毒	未知邮件病毒
Windows下的pe病毒	Unix下的elf文件病毒	未知Windows病毒
Windows下的ne病毒	邮件病毒	未知Dos病毒
内存病毒	软盘引导区病毒	未知引导区病毒
宏病毒	硬盘主引导记录病毒	
脚本病毒	硬盘系统引导区病毒	

图 9-42　图标及其含义

9.4.4　瑞星杀毒软件 2012 的使用

综合大多数用户的普遍情况，瑞星杀毒软件已经预先做了合理的默认设置，因此，普通用户在通常情况下无须做任何改动即可进行病毒查毒，具体操作方法如下：

1．瑞星杀毒软件 2012 的启动

启动瑞星杀毒软件 2012，选择“快速查杀”可快速查杀用户计算机中的特种未知木马、后门、蠕虫等病毒易于存在的系统位置，如内存等关键区域，查杀速度快，效率高，节省时间。通常利用快速查杀就可以杀掉大多数病毒，防止病毒发作。选择“全盘杀毒”会扫描电脑的系统关键区域以及所有磁盘，全面清除特种未知木马、后门、蠕虫等病毒。“自定义杀毒”会扫描用户指定的范围。可以根据需要确定查杀目标后进行病毒查杀，适用于有一定电脑安全知识的用户。选定查杀目标后，单击设置栏中的“开始查杀”按钮，即开始进行查杀，查杀期间，可随时单击“暂停查杀”按钮暂时停止查杀病毒，单击“继续查杀”按钮可继续查杀病毒，也可以单击“停止查杀”按钮结束当前杀毒操作，如图 9-43 所示。如果需要对某一文件杀毒，也可以拖动该文件到瑞星全功能安全软件的主界面上。也可以选中该文件并右击，在弹出的快捷菜单中选择“使用瑞星杀毒”命令，此时瑞星全功能安全软件将自动转到开始查杀，并显示杀毒结果。

2．瑞星杀毒软件 2012 的设置

当瑞星杀毒软件安装完毕后，会出现“瑞星设置向导”对话框，或者单击瑞星杀毒软件主界面中的“设置”可完成对软件的设置，如图 9-44 所示。

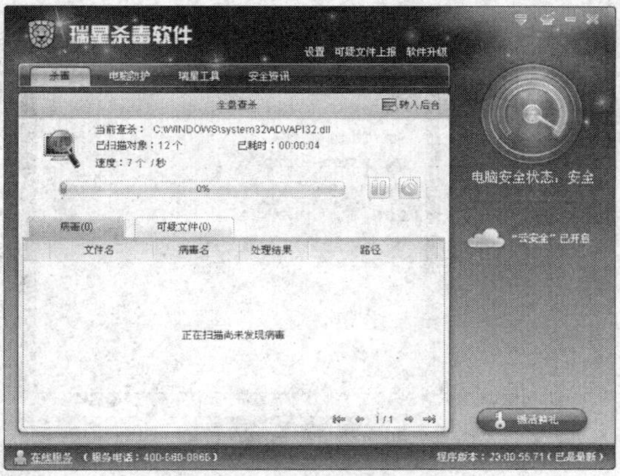

图 9-43　查杀病毒的使用

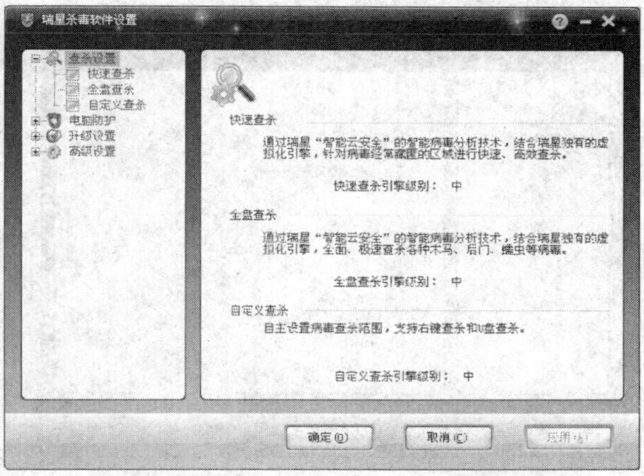

图 9-44　瑞星“设置”对话框

下面主要介绍一下查杀设置。

“查杀设置”为用户提供了“快速查杀”“全盘杀毒”“自定义杀毒”3种查杀病毒的设置，用户可以根据自己的实际需求,对手动查杀时的病毒处理方式和查杀文件类型进行不同的设置，也可以使用滑块调整查杀级别。在“自定义级别”中，用户同样可以对安全级别进行设置，单击“恢复默认级别”将恢复瑞星全功能安全软件的出厂设置，单击“应用”或“确定”按钮保存用户的全部设置，以后程序再次扫描即根据此级别的相应参数进行病毒扫描。处理方式有：①发现病毒时：询问我、清除病毒、删除染毒文件和不处理，还是自动处理。②杀毒结束后：显示查杀结果、关闭主程序、重启电脑和关机，如图9-45所示。

“电脑防护”电脑防护设置界面综合显示了电脑防护功能设置的总体概况，其中包括电脑防护包含的各项功能设置名称：“文件监控”“邮件监控”“U盘防护”“木马防御”“浏览器防护”“办公软件防护”和“系统内核加固”，以及部分功能设置中引擎的当前级别，如图9-46所示。

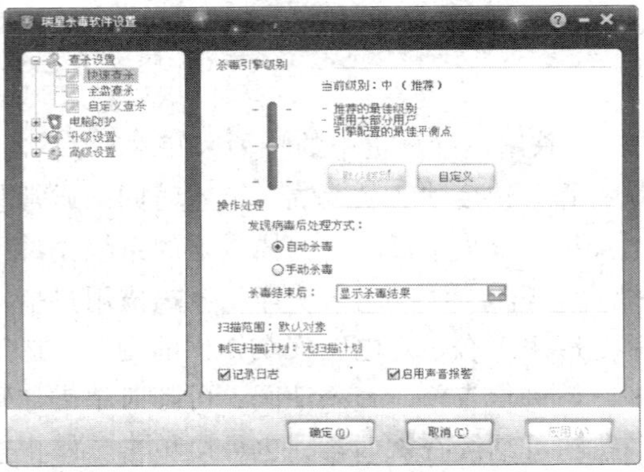

图9-45　查杀设置

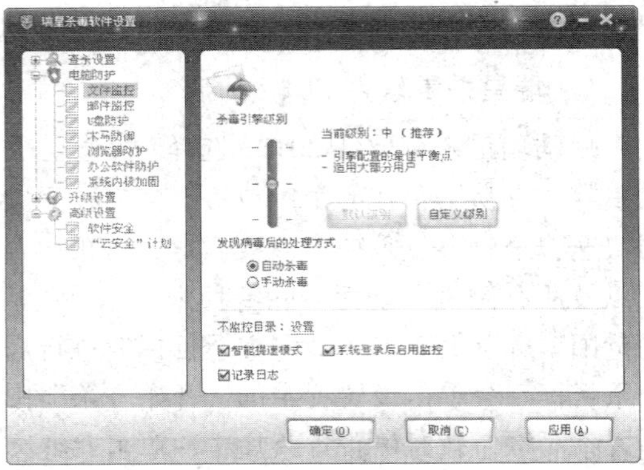

图9-46　电脑防护设置

“升级设置”当用户在升级设置中将升级频率设置为“每天”“每周”“每月”，软件会根据设定的时间进行定时升级，如图9-47所示。

“高级设置”高级设置可以让用户自由定制，从而进一步完善软件功能。可以在高级设置页面中，选中“显示安全资讯”“在登录系统前显示监控状态”“显示瑞星小狮子”和“自动备份染毒文件到病毒隔离区”复选框，以及设置日志保留的天数，如图9-48所示。

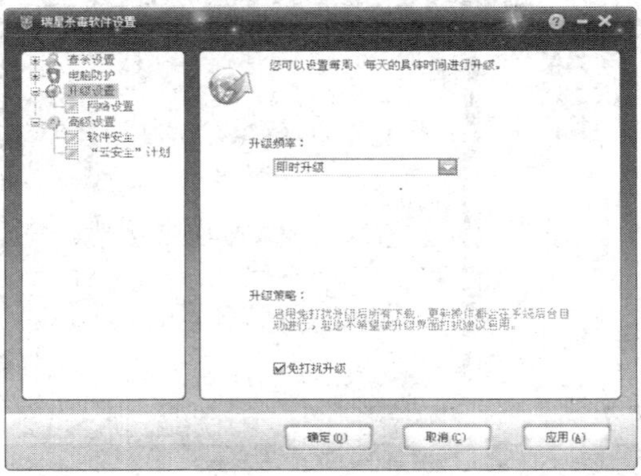

图9-47　升级设置

图9-48　高级设置

9.4.5　瑞星杀毒软件 2012 的在线升级

由于病毒的种类繁多，并且在不断演化。因此杀毒软件应该及时升级，保持对新出现的和变种的病毒防范能力。

在能上网的前提下，用户在主界面单击“软件升级”按钮，即可进行自动升级，并且自动安装，如图 9-49 所示。

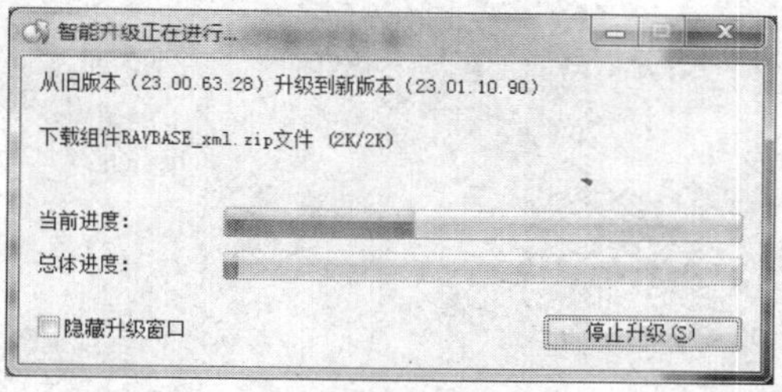

图 9-49　瑞星软件智能升级程序

如果安装有瑞星杀毒软件的计算机不方便上网，可以在具备上网条件的计算机上登录瑞星网站手动下载“安装/升级程序”文件来完成升级。瑞星网站定期提供“安装/升级程序”文件，这样在实现大跨度版本升级（如从 2012 版及其以前版本升级到 2016 版）以及由于安装程序版本陈旧导致安装失败或重新安装操作系统后再次安装瑞星软件时，都可以方便快速地更新瑞星杀毒软件的版本。

升级方法：登录瑞星网站左侧“产品升级”栏目，使用产品序列号和用户 ID 进入个人级产品升级更新服务页面。单击“安装/升级程序”文件的下载按钮即可开始下载，下载完成后复制到已经安装有瑞星杀毒软件的计算机上直接运行后，按照提示进行操作即可完成软件升级。

瑞星杀毒软件 2012 还有许多强大的功能，例如瑞星注册向导、linux 引导盘制作、引导区还原、瑞星安装包制作程序、病毒 U 盘备份工具、账号保险柜等，这里不再详细介绍，请自行尝试。